中文版Premiere Pro 2023从入门到实战（全程视频版）（上册）

167集教学视频+**119个**实例讲解+**赠送**海量资源+**在线交流**

☑ 配色宝典 ☑ 构图宝典 ☑ 创意宝典 ☑ 商业设计宝典 ☑ Photoshop 基础视频
☑ After Effects 基础视频 ☑ 3ds Max 基础视频 ☑ PPT 课件 ☑ 素材资源库

唯美世界　曹茂鹏　编著

中国水利水电出版社
www.waterpub.com.cn
· 北京 ·

内 容 提 要

《中文版Premiere Pro 2023从入门到实战（全程视频版）（全两册）》以“核心功能+实战提升”的形式系统讲述了Premiere Pro必备知识和视频剪辑、影视特效、关键帧动画、调色抠像、音频字幕等核心技术，以及Premiere Pro在广告动画、影视特效、电子相册、自媒体制作、短视频制作等方面的综合应用，是一本全面讲述Premiere Pro软件的完全自学教程、案例视频教程。全书共18章，包括Premiere Pro的核心功能部分和实战提升部分。核心功能部分包括Premiere Pro入门、认识Premiere Pro的界面、Premiere Pro常用操作、视频剪辑、常用视频效果、常用视频过渡效果、关键帧动画、调色、文字、抠像、音频效果和输出作品；实战提升部分则以案例的形式详细讲解了Premiere Pro在广告动画、视频特效、电子相册、高级转场效果、自媒体视频制作和短视频制作方面的综合应用，通过对Premiere Pro知识的综合演练来提高读者的实战技能。

《中文版Premiere Pro 2023从入门到实战（全程视频版）（全两册）》的各类学习资源包括：

（1）配套资源：167集教学视频和素材源文件。

（2）赠送相关软件学习资源：《After Effects基础视频教程》《Photoshop基础视频教程》《3ds Max基础视频教程》《Premiere常用快捷键》《17个高手设计师常用网站》。

（3）赠送设计理论及色彩技巧电子书：《配色宝典》《构图宝典》《创意宝典》《色彩速查宝典》《商业设计宝典》。

（4）练习资源：实用设计素材、动态视频素材。

（5）教学资源：《Premiere Pro 2023 基础教学PPT课件》。

《中文版Premiere Pro 2023从入门到实战（全程视频版）（全两册）》适合各类视频制作、视频后期处理的初学者学习使用， 也适合相关院校及培训机构作为教材使用，还可作为所有视频制作与设计爱好者的学习参考资料。本书使用Premiere Pro 2023版本编写，建议读者在此版本或以上的版本上学习，使用低版本可能会出现部分文件无法打开的情况。

图书在版编目（CIP）数据

中文版 Premiere Pro 2023 从入门到实战：全程视频版：全两册 / 唯美世界，曹茂鹏编著 . — 北京：中国水利水电出版社，2024.1 (2024.12重印).

ISBN 978-7-5226-1834-0

Ⅰ . ①中… Ⅱ . ①唯… ②曹… Ⅲ . ①视频编辑软件 Ⅳ . ① TN94

中国国家版本馆 CIP 数据核字 (2023) 第 189146 号

书　名	中文版Premiere Pro 2023从入门到实战（全程视频版）（上册） ZHONGWENBAN Premiere Pro 2023 CONG RUMEN DAO SHIZHAN
作　者	唯美世界　曹茂鹏　编著
出版发行	中国水利水电出版社 （北京市海淀区玉渊潭南路1号D座 100038） 网址：www.waterpub.com.cn E-mail：zhiboshangshu@163.com 电话：（010）62572966-2205/2266/2201（营销中心）
经　售	北京科水图书销售有限公司 电话：（010）68545874、63202643 全国各地新华书店和相关出版物销售网点
排　版	北京智博尚书文化传媒有限公司
印　刷	北京富博印刷有限公司
规　格	190mm×235mm　16开本　26.5印张（总）　835千字（总）　2插页
版　次	2024年1月第1版　2024年12月第2次印刷
印　数	5001—8000册
总 定 价	128.00元（全两册）

前 言
Preface

Premiere Pro（简称PR）软件是Adobe公司研发的世界顶级的、使用广泛的视频特效后期编辑软件。本书采用Premiere Pro 2023版本编写，因此建议读者安装Premiere Pro 2023版本进行学习和练习。

Premiere Pro 2023在日常设计中的应用非常广泛，视频剪辑、广告动画、视频特效、电子相册、高级转场效果、自媒体视频制作、短视频制作等都要用到它，它几乎成了各种视频剪辑和编辑的必备软件。Premiere Pro 2023的功能非常强大，但任何软件都不能实现面面俱到，学习视频编辑除了学习Premiere Pro之外，还建议学习After Effects，After Effects可以与Premiere Pro互相补充。“Premiere Pro+After Effects”是制作视频的完美搭档。

注意：Premiere Pro 2023版本无法在Windows 7版本的系统中安装，建议在Windows 10（64位）版本的系统中安装。

本书显著特色

1. 配备大量视频讲解，手把手教你学

本书配备了167集教学视频，涵盖全书所有实例、常用重要知识点，如同老师在身边手把手教你学习，更轻松、更高效！

2. 扫描二维码，随时随地看视频

本书在章首页、重点、难点等多处设置了二维码，手机扫一扫，可以随时随地看视频（若个别手机不能播放，可下载后在计算机上观看）。

3. 内容全面，注重学习规律

本书将Premiere Pro 2023的常用工具、命令融入实例中，以实战操作的形式进行讲解，知识点更容易理解吸收。同时采用“实例操作+选项解读+提示”的模式编写，也符合轻松易学的学习规律。

4. 实例丰富，强化动手能力

全书共119个实例，其中82个中小型练习实例、37个大型综合实例。实例类别涵盖视频剪辑、广告动画、视频特效、电子相册、高级转场效果、自媒体视频制作、短视频制作等设计领域，便于读者在模仿中学习。

5. 案例效果精美，注重审美熏陶

Premiere Pro只是工具，设计好的作品一定要有美的意识。本书实例效果精美，目的是加强读者的美感。

6. 配套资源完善，便于深度、广度拓展

除提供覆盖全书实例的配套视频和素材源文件外，本书还根据设计师必学的内容

赠送了大量教学与练习资源。

（1）软件学习资源包括《Premiere常用快捷键》《After Effects基础视频教程（50集）》《Photoshop基础视频教程（146集）》《3ds Max基础视频教程（72集）》《17个高手设计师常用网站》。

（2）设计理论及色彩技巧电子书包括《配色宝典》《构图宝典》《创意宝典》《色彩速查宝典》《商业设计宝典》。

（3）练习资源包括实用设计素材、动态视频素材。

（4）教学资源包括《Premiere Pro 基础教学PPT课件》。

7. 专业作者心血之作，经验技巧尽在其中

作者系艺术专业高校教师、中国软件行业协会专家委员、Adobe 创意大学专家委员会委员、Corel中国专家委员会成员，设计、教学经验丰富，大量的经验技巧融在书中，可以提高学习效率，让读者少走弯路。

8. 提供在线服务，随时随地交流学习

提供微信公众号、QQ群等资源下载和在线交流服务。

关于本书资源的使用及下载方法

（1）扫描并关注下面的“设计指北”微信公众号，输入“PRSZ18340”并发送到公众号后台，即可获取本书资源的下载链接，然后将此链接复制到计算机浏览器的地址栏中，根据提示下载即可。

（2）加入本书学习QQ群943402751（群满后，会创建新群，请注意加群时的提示，并根据提示加入相应的群），与广大读者进行在线学习与交流。

提示：本书提供的下载文件包括教学视频和素材等，教学视频可以演示观看。读者如果想按照书中实例操作，必须安装Premiere Pro 2023软件之后才可以进行。您可以通过如下方式获取Premiere Pro 2023简体中文版。

（1）登录Adobe官方网站查询。

（2）可到网上咨询、搜索购买方式。

关于作者

本书由唯美世界组织编写，其中曹茂鹏负责主要编写工作，参与本书编写和资料整理的还有瞿颖健、杨力、瞿学严、杨宗香、曹元钢、张玉华、孙晓军等。部分插图素材购买于摄图网，在此一并表示感谢。

编　者

目 录
Contents

目 录

目 录

扫一扫，看视频

Premiere Pro入门

本章内容简介：

本章主要讲解了学习 Premiere Pro的必备基础理论知识，包括 Premiere Pro的概念、Premiere Pro的行业应用、Premiere Pro的学习思路、安装 Premiere Pro，以及与 Premiere Pro相关的理论。

重点知识掌握：

- Premiere Pro第一课。
- 与Premiere Pro相关的理论。

佳作欣赏：

1.1 Premiere Pro第一课

扫一扫，看视频

5G时代已经到来，视频红利将井喷式爆发。各行各业对于视频应用的需求越来越多，短视频、VLOG等每天都占用用户大量的时间，图片将会逐渐被视频取代。因而视频的制作也将有更大的需求量，视频制作首选“Premiere Pro+After Effects”。

在开始学习 Premiere Pro的功能之前，你肯定有很多问题想问。例如，Premiere Pro是什么？对我有用吗？我能用 Premiere Pro做什么？学 Premiere Pro难吗？怎么学？这些问题将在本节中一一解答。

重点 1.1.1 Premiere Pro简介

Adobe Premiere Pro 2023是由Adobe Systems公司开发和发行的视频剪辑、影视特效处理软件。

为了更好地理解Adobe Premiere Pro，现在把这3个单词分开解释，Adobe就是Premiere Pro、Photoshop等软件所属公司的名称;Premiere Pro是软件名称，常被缩写为PR;2023是版本号。就像“腾讯QQ 2016”一样，“腾讯”是企业名称;QQ是产品的名称;2016是版本号。两者的图标如图1.1和图1.2所示。

图 1.1

图 1.2

提示：关于 Premiere Pro的版本号

Premiere Pro版本号中的CS和CC究竟是什么意思呢？ CS是Creative Suite的首字母缩写。Adobe Creative Suite（Adobe创意套件）是Adobe公司出品的一个集图形设计、影像编辑与网络开发于一体的软件产品套装。CC，即Creative Cloud的缩写，从字面上可以翻译为“创意云”。至此，Premiere Pro进入“云”时代，图1.3所示为Adobe CC套装中包括的软件。

Premiere Pro的版本主要经历了5个阶段，第一阶段主要的版本为 Premiere Pro 6.5、Premiere Pro 7.0；第二阶段主要的版本为 Premiere Pro 1.5、Premiere Pro 2.0；第三阶段主要的版本为 Premiere Pro CS3、Premiere Pro CS4、Premiere Pro CS5、Premiere Pro CS5.5、Premiere Pro CS6；第四阶段主要的版本为 Premiere Pro CC、Premiere Pro CC 2014、Premiere Pro CC 2015、Premiere Pro CC 2017、Premiere Pro CC 2018、Premiere Pro CC 2019、Premiere Pro 2020、Premiere Pro 2021、Premiere Pro 2022；第五阶段主要的版本为 Premiere Pro 2023。

图 1.3

随着技术的不断发展，Premiere Pro的技术团队也在不断地对软件功能进行优化，Premiere Pro经历了许多次版本更新。目前，Premiere Pro的多个版本都拥有数量众多的用户，每个版本的升级都会有性能上的提升和功能上的改进，但是在日常工作中并不一定要使用最新版本。要知道，新版本虽然可能会有功能上的更新，但是对设备的要求也会有所提升，在软件的运行过程中会消耗更多的资源。所以，在用新版本（如 Premiere Pro 2023）时可能会感觉特别卡，操作反应非常慢，影响工作效率。这时就要考虑是不是因为计算机配置较低，无法更好地满足 Premiere Pro的运行要求，可以尝试使用低版本 Premiere Pro。如果“卡”“顿”的问题得以缓解，那么就安心地使用这个版本吧！虽然是较早期的版本，但是其功能也非常强大，与最新版本之间并没有特别大的差别，几乎不会影响到日常工作。

重点 1.1.2 人们对Premiere Pro的第一印象：剪辑和视频特效处理

说到 Premiere Pro，人们的第一印象就是“剪辑”。在剪辑时通过对素材的分解、组接，将不同角度的镜头及声音等进行拼接，从而呈现出不同的视觉感受和心理感受，图1.4和图1.5所示为使用 Premiere Pro剪辑的影视作品。

图 1.4

图 1.5

Premiere Pro不仅剪辑功能强大，特效处理功能也非常出色。那么什么是“视频特效”呢？简单来说，视频特效就是指围绕视频进行各种编辑修改的过程，如添加特效、调色、抠像等。例如，将人物脸部美白，将灰蒙蒙的风景视频变得鲜艳明亮，为人物瘦身，视频抠像合成，如图1.6～图1.9所示。

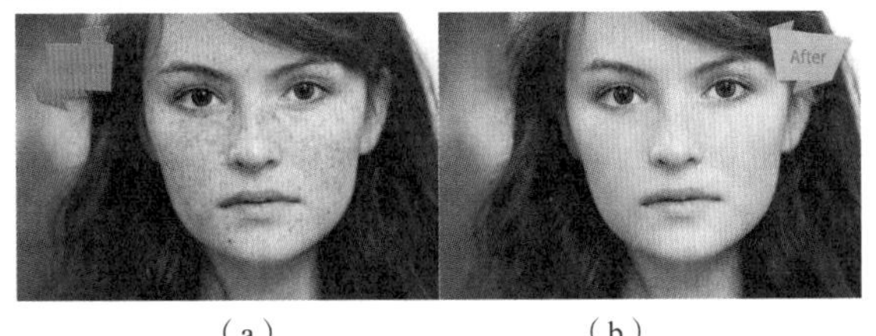

（a）　　（b）

图 1.6

（a）　　（b）

图 1.7

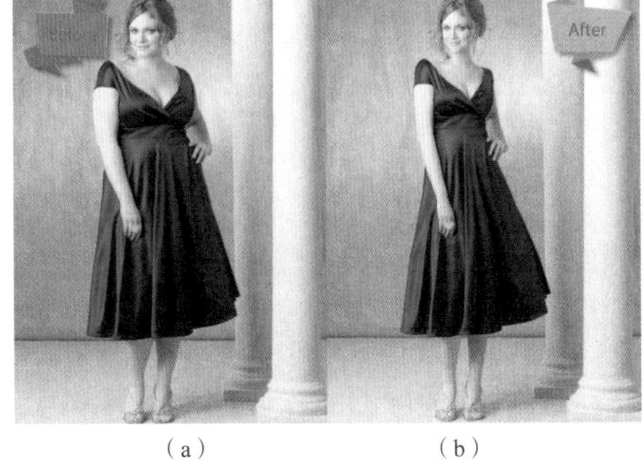

（a）　　（b）

图 1.8

（a）　　（b）

图 1.9

其实 Premiere Pro的视频特效处理功能远不止于此，对于影视从业人员来说，Premiere Pro绝对是集万千功能于一身的“特效玩家”。拍摄的视频太普通，需要合成飘动的树叶，广告视频素材不够精彩……有了Premiere Pro，再加上熟练的操作，这些问题统统都能解决，如图1.10和图1.11所示。

（a）　　（b）

图 1.10

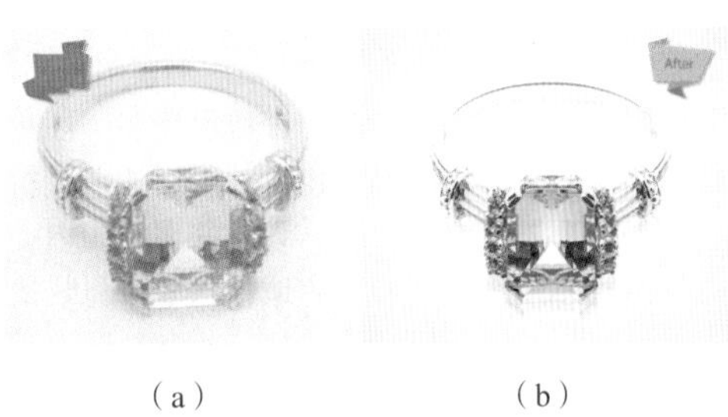

（a）　　（b）

图 1.11

充满创意的你肯定会有很多想法：想要和大明星“合影”，想要去火星“旅行”，想生活在童话世界里，想美到没朋友，想炫酷到炸裂，想变身机械侠，想飞上天，统统没问题！在Premiere Pro的世界中，只要你的“功夫”到位，就没有实现不了的画面，如图1.12和图1.13所示。

当然，Premiere Pro可不只是用来玩的，在各种动态效果设计领域里也少不了Premiere Pro的身影。下面就来看一下设计师的必备工具——Premiere Pro！

图 1.12

图 1.13

1.1.3 Premiere Pro的用处

“学会了 Premiere Pro，我能做什么？”这应该是学习 Premiere Pro的朋友最关心的问题。 Premiere Pro的功能非常强大，适合很多设计领域。熟练掌握 Premiere Pro，可以为我们打开更多的设计大门，在未来就业方面有更多的选择。目前的 Premiere Pro热点应用场景主要分为电视栏目包装，影视片头，自媒体微视频制作，自媒体、短视频、VLOG，影视特效合成，广告设计，微电影制作，MG动画，UI动效等。

1. 电视栏目包装

说到 Premiere Pro，很多人会想到“电视栏目包装”这个词语，这是因为 Premiere Pro非常适合用来制作电视栏目、设计包装。电视栏目包装是对电视节目、栏目、频道、电视台整体形象进行的一种特色化、个性化的包装宣传。其目的是突出节目、栏目、频道的个性特征和特色；增强观众对节目、栏目、频道的识别能力；建立持久的节目、栏目、频道的品牌地位；通过包装使整个节目、栏目、频道保持统一的风格；通过包装为观众提供更精美的视觉体验。

2. 影视片头

每部电影、电视剧、微视频等作品都会有片头及片尾，为了给观众更好的视觉体验，通常都会有极具特点的片头、片尾动画效果。其目的是既能有好的视觉体验，又能展示该作品的特色镜头、特色剧情、特色风格等。

3. 自媒体微视频制作

近年来，微视频作为快餐性文化快速发展，以“短”“精”作为其主要特点，广泛应用在电商平台广告视频、公众号等自媒体中。Premiere Pro作为剪辑性较强的软件，可轻松完成简单的合成、动画制作，因此，受到广大用户的青睐，是微视频制作常用的软件。

4. 自媒体、短视频、VLOG

随着移动互联网的不断发展，移动端出现了越来越多的视频社交软件APP，如抖音、快手、微博等，这些APP容纳了海量的自媒体、短视频、VLOG等内容。这些内容除视频录制、剪辑之外，还需要进行简单的包装，如创建文字动画、添加动画元素、设置转场、添加效果等。

5. 广告设计

广告设计的目的是宣传商品、活动、主题等内容。新颖的构图、炫酷的动画、舒适的色彩搭配、虚幻的特效是广告的重要组成部分。

6. 宣传片

Premiere Pro在婚礼宣传片（如婚礼纪录片）、企业宣传片（如企业品牌形象展示视频）、活动宣传片（如世界杯宣传视频）等的制作中发挥着巨大的作用。

7. 影视特效合成

Premiere Pro中最强大的功能就是特效。在大部分特效类电影或非特效类电影中都会有“造假”的镜头，这是因为很多镜头在现实拍摄中不易实现（如爆破、人在高楼之间跳跃、火海等），而在Premiere Pro中则比较容易实现。后期特效、抠像、合成、配乐、调色等都是影视作品中重要的环节，这些在 Premiere Pro中都可以实现。

8. 微电影制作

微电影是微型电影，简称“微影”，通常制作周期为7~15天或数周，时长一般短于电影时长，其规模小，投资少，并且能够通过互联网平台进行发行、观看，可单独成篇，也可系列成剧。

9. MG动画

MG动画的英文全称为Motion Graphics，即动态图形或图形动画，是近几年超级流行的动画风格。动态图形可以解释为会动的图形设计，是影像艺术的一种。如今MG已经发展成为一种潮流的动画风格，扁平化、点线面、抽象简洁是它的特点。

10. UI动效

UI动效主要是针对手机、平板电脑等移动端设备上运行的APP动画效果进行设计。随着硬件设备性能的提升，动效不再是视觉设计中的奢侈品。UI动效可以解决很多实际问题，如提高用户对产品的体验、增强用户对产品的理解、使动画过渡更平滑舒适、增加用户的应用乐趣、增加人机互动感等。

1.1.4 Premiere Pro不难学

千万别把学习 Premiere Pro想得太难！ Premiere Pro其实很简单，就像玩手机一样。手机可以用来打电话、发短信，也可以用来聊天、玩游戏、看电影。同样，Premiere Pro可以用来工作赚钱，也可以用来给自己的视频调色，或者“恶搞”好朋友的视频。所以，在学习Premiere Pro之前希望大家一定要把它当成一个有趣的玩具。首先你得喜欢去“玩”，想要去“玩”，这样学习的过程才会是愉悦且快速的。

前面铺垫了很多，相信大家对 Premiere Pro已经有了一定的认识，下面要开始告诉大家如何有效地学习 Premiere Pro。

1. 短教程，快入门

如果你想要在最短的时间内达到能够简单使用 Premiere Pro的程度。建议你先看一套非常简单、基础的教学视频，恰好你手中这本教材就配备了这样一套视频教程《新手必看—— Premiere Pro基础视频教程》。这套视频教程选取了 Premiere Pro中最常用的功能，讲解了必学理论或操作，时间都非常短，短到在你感到枯燥之前就结束了。视频虽短，但是建议你一定要打开 Premiere Pro，跟着视频一起练习，这样你就会对 Premiere Pro的操作方式、功能有基本的认识。

由于入门的视频教程时长较短，部分参数的解释无法完全在视频中讲解到，所以在练习的过程中如果遇到了问题，马上翻开书找到相应的小节，阅读这部分内容即可。

当然，一分努力一分收获，学习没有捷径。2小时与200小时的学习成果肯定是不一样的。只学习简单的内容是无法参透 Premiere Pro的全部功能的，但是此时你应该能够进行一些简单的操作了。

2. 翻开教材+打开Premiere Pro=系统学习

经过基础视频教程的学习后，应该已经“看上去”学会了Premiere Pro。但是要知道，之前的学习只接触到了 Premiere Pro的皮毛而已，很多功能只是做到了“能够使用”，而不一定做到“了解并熟练应用”。所以接下来开始系统地学习 Premiere Pro。你手中的这本教材主要以操作为主，所以在翻开教材的同时要打开 Premiere Pro，边看书边练习。 Premiere Pro是一门应用型技术，单纯的理论输入很难熟悉功能操作。而且 Premiere Pro的操作是“动态”的，每次鼠标的移动或单击都可能会触发指令，所以在动手练习的过程中能够更直观有效地理解软件功能。

3. 勇于尝试，一试就懂

在软件学习过程中，一定要勇于尝试。在使用 Premiere Pro中的工具或命令时，总能看到很多参数或选项设置。通过看书的确可以了解这些参数的作用，但是更好的办法是动手尝试。例如，随意勾选一个选项；把数值调到最大、最小、中档，分别观察效果；移动滑块的位置，看看有什么变化。

4. 别背参数，没用

另外，在学习 Premiere Pro的过程中，切忌死记硬背书中的参数。同样的参数在不同的情况下得到的效果各不相同，所以在学习过程中，需要理解参数为什么这么设置，而不是记住特定的参数。

其实 Premiere Pro的参数设置并不复杂，在创作的过程中，涉及参数设置时可以尝试设置不同的参数，从而得到自己需要的参数。

5. 抓住“重点”快速学

为了能够更有效快速地学习，在本书的目录中可以看到部分内容被标注为【重点】，这部分知识需要优先学习。在时间比较充裕的情况下，可以将非重点的知识一并学习。实例的练习是非常重要的，书中的练习实例非常多，通过实例的操作不仅可以练习本章节学过的知识，还能够复习之前学过的知识。在此基础上还能够尝试使用其他功能，为后面章节的学习做铺垫。

6. 在临摹中进步

经过以上阶段的学习，Premiere Pro的常用功能相信你都能够熟练地掌握了。接下来就需要通过大量的创作练习提升技术。如果此时恰好你有需要完成的设计工作或课程作业，那么这将是非常好的练习过程。如果没有这样的机会，那么建议在各大设计网站欣赏优秀的设计作品，并选择适合自己水平的优秀作品进行临摹。仔细观察优秀作品的构图、配色、元素、动画的应用及细节的表现，尽可能一模一样地制作出来。这个过程并不是教大家抄袭优秀作品的创意，而是通过对画面内容无限接近地临摹，尝试在没有教程的情况下提高独立思考、独立解决制图过程中遇到的技术问题的能力，以此来提升我们操作Premiere Pro的技术。图1.14和图1.15所示为临摹的作品。

（a）　　　　（b）

图 1.14

（a）　　　　（b）

图 1.15

7. 网上一搜，自学成才

当然，在独立作图的时候，肯定也会遇到各种各样的问题。例如，临摹的作品中出现了一个火焰燃烧的效果，这个效果可能是之前没有接触过的，那么这时“百度一下”就是最便捷的方式了。网络上有非常多的教学资源，善于利用网络自主学习是非常有效的自我提升的手段，如图1.16和图1.17所示。

图 1.16

图 1.17

8. 永不止步地学习

到这里 Premiere Pro软件技术对于我们来说已经不是问题了。克服了技术障碍，接下来就可以尝试独立设计了。有了好的创意和灵感，可以通过 Premiere Pro在画面中准确、有效地表达，这才是我们的终极目标。要知道，在设计的道路上，软件技术学习的结束并不意味着设计学习的结束。对国内外优秀作品的学习、新鲜设计理念的吸纳及设计理论的研究都应该是永不止步的。

想要成为一名优秀的设计师，自学能力是非常重要的。老师无法把全部知识塞进我们的脑袋，很多时候，网络和书籍更能够帮助我们。

提示：快捷键背不背

很多新手朋友会执着于背快捷键，熟练掌握快捷键的确很方便，但是快捷键速查表中有很多快捷键，要想背下所有快捷键可能会花上很长时间。而并不是所有的快捷键都适合使用，有的工具命令在实际操作中几乎用不到。所以建议大家先不用急着背快捷键，先尝试使用 Premiere Pro，在使用的过程中发现哪些操作是我们会经常使用的，然后看这个命令是否有快捷键，之后再背下来。

其实快捷键大多是很有规律的，很多命令的快捷键都与命令的英文名称相关。例如，“打开”命令的英文是OPEN，而快捷键就选取了首字母O并配合Ctrl键使用，快捷键为Ctrl+O;“新建序列”命令的快捷键则是Ctrl+N（N:“新”的英文NEW的首字母）。这样记忆就容易多了。

重点 1.2 安装 Premiere Pro 2023

带着一颗坚定要学好 Premiere Pro的心，开始美妙的 Premiere Pro学习之旅吧！首先来了解一下如何安装 Premiere Pro，不同版本的安装方式略有不同，本书讲解的是 Premiere Pro 2023，所以在这里介绍的也是 Premiere Pro 2023的安装方式。如果想要安装其他版本的 Premiere Pro，就可以在网络上搜索一下安装方法，非常简单。在安装了 Premiere Pro之后，熟悉一下 Premiere Pro的操作界面，为后面的学习做准备。

（1）打开Adobe的官方网站，单击右上角的“帮助与支持”按钮，在打开的下拉列表中选择“下载并安装”按钮，如图1.18所示。继续在打开的网页里向下滚动，找到Creative Cloud并单击“下载”按钮，如图1.19所示。

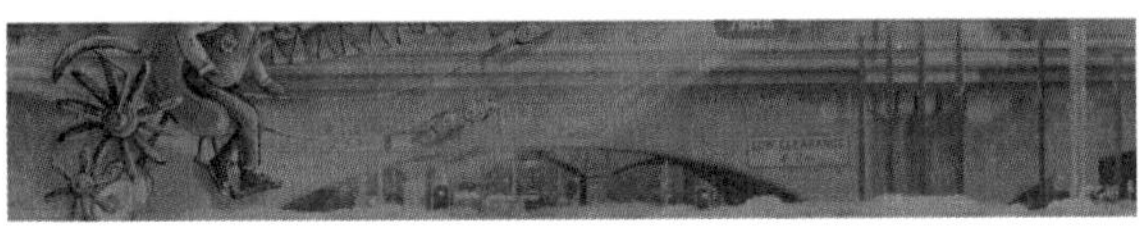

图 1.18

图 1.19

（2）弹出下载Creative Cloud的窗口，按照提示进行下载即可，如图1.20所示。下载完成后进行安装，如图1.21所示。

图 1.20　　图 1.21

（3）Creative Cloud的安装程序将会被下载到计算机上。双击安装程序进行安装，如图1.22所示。安装成功后，双击该程序的快捷方式，启动Adobe Creative Cloud，如图1.23所示。

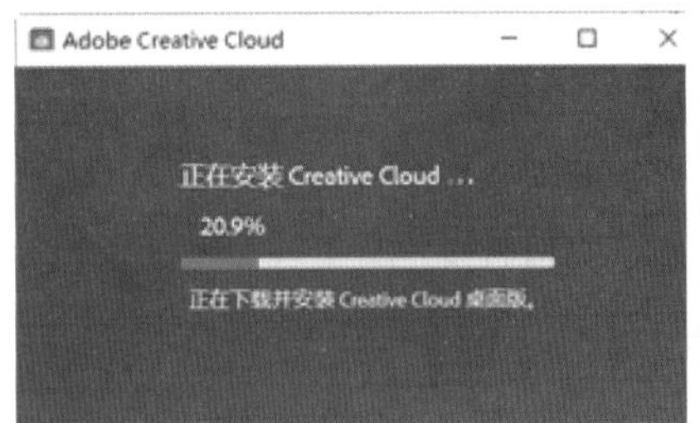

图 1.22　　图 1.23

（4）启动了Adobe Creative Cloud后，需要进行登录，如果没有Adobe ID，可以单击顶部的“创建账户”按钮，按照提示创建一个新的账户，并进行登录，如图1.24所示。打开Adobe Creative Cloud，在其中找到 Premiere Pro软件，并单击“试用”按钮，如图1.25所示。软件会被自动安装到当前计算机中。

图 1.24

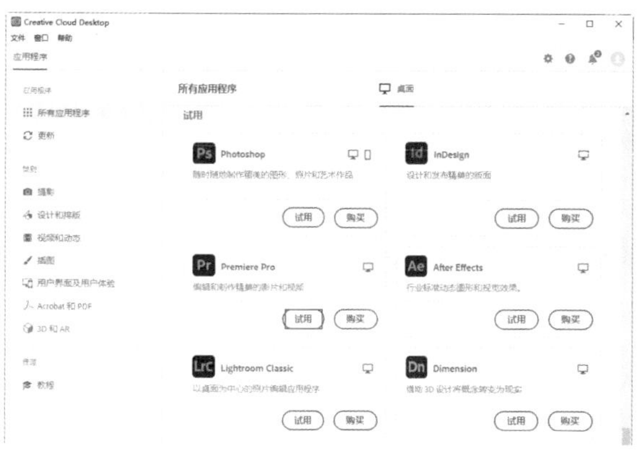

图 1.25

提示：试用与购买

在我们没有付费购买Premiere Pro软件之前，可以免费试用一小段时间。如果需要长期使用，则需要购买。

1.3 与 Premiere Pro相关的理论

在正式学习 Premiere Pro软件操作之前，应该对相关的影视理论有简单的了解，对影视作品的规格、标准有清晰的认识。本节主要了解常见的电视制式、帧、分辨率、像素长宽比。

重点 1.3.1 常见的电视制式

电视信号的标准也称为电视的制式。目前各国的电视制式不尽相同，制式的区分主要在于其帧频（场频）的不同、分解率的不同、信号带宽及载频的不同、色彩空间的转换关系不同等。

世界上主要使用的电视制式有PAL、NTSC、SECAM 3种，在中国的大部分地区都使用PAL制式，美国、日本、韩国等国家则使用NTSC制式，而俄罗斯使用SECAM制式。

1. NTSC制式

正交平衡调幅制（National Television Systems Committee）简称NTSC制。它是1952年由美国国家电视标准委员会指定的彩色电视广播标准，采用正交平衡调幅的技术方式，故也称为正交平衡调幅制。美国、加拿大等大部分西半球国家，以及日本、韩国、菲律宾等国家均采用这种制式。这种制式的帧速率为29.97fps（帧/秒），每帧525行262线，标准分辨率为720×480。图1.26所示为在 Premiere Pro中执行快捷键Ctrl+N，新建序列中NTSC制的类型。

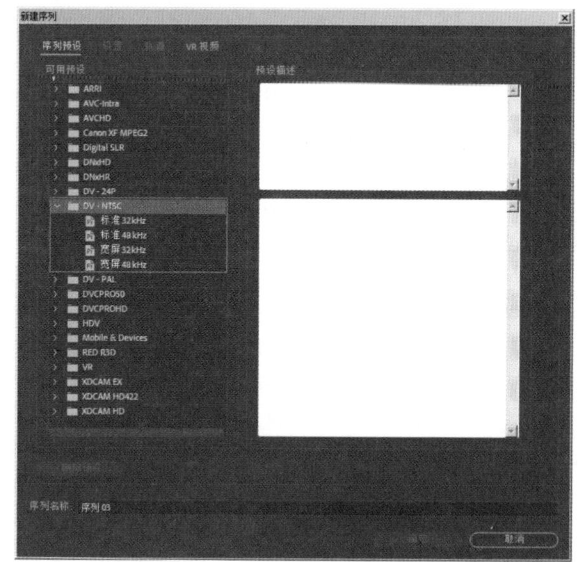

图 1.26

2. PAL制式

正交平衡调幅逐行倒相制（Phase-Alternative Line）简称PAL制。它是西德在1962年指定的彩色电视广播标准，采用逐行倒相正交平衡调幅的技术方法，克服了NTSC制相位敏感造成色彩失真的缺点。中国、英国、新加坡、澳大利亚、新西兰等国家采用这种制式。这种制式的帧速率为25.00fps，每帧625行312线，标准分辨率为720×576。图1.27所示为在 Premiere Pro中执行快捷键Ctrl+N，新建序列中PAL制的类型。

3. SECAM制式

行轮换调频制（Sequential Coleur Avec Memoire）简称SECAM制。它是顺序传送彩色信号与存储恢复彩色信号制，是由法国在1956年提出、1966年制定的一种新的彩色电视制式。它也克服了NTSC制相位失真的缺点，采用时间分隔法来传送两个色差信号。采用这种制式的有法国和东欧的一些国家。这种制式的帧速率为25fps，每帧625行312线，标准分辨率为720×576。

图 1.27

重点 1.3.2 帧

fps（帧速率）是指画面每秒传输的帧数，通俗地讲就是指动画或视频的画面数，帧是电影中最小的时间单位。例如，30fps是指每1秒钟由30张画面组成，因此30fps在播放时会比15fps流畅很多。通常NTSC制常用的帧速率为29.97fps，而PAL制常用的帧速率为25.00fps。图1.28和图1.29所示为在新建序列时，可以设置【序列预设】的类型，而【帧速率】会自动进行设置。

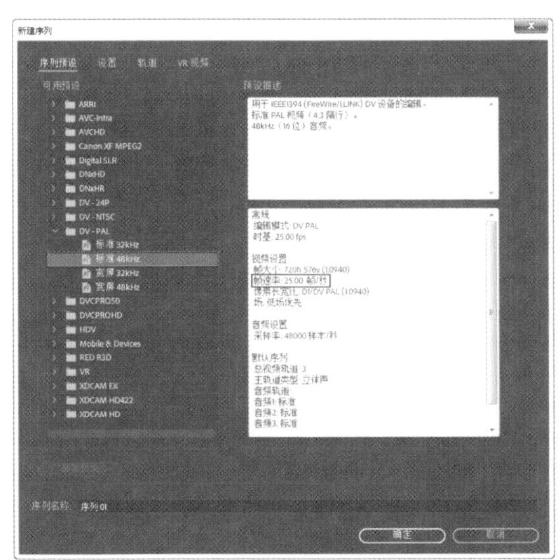

图 1.28

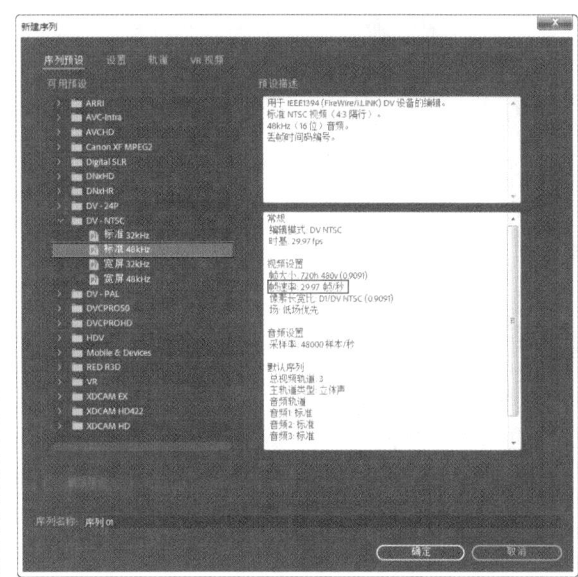

图 1.29

每秒24格是电影最早期的技术标准。而如今随着技术的不断提升，越来越多的电影在挑战更高的帧速率，给观众带来更丰富的视觉体验。例如，李安执导的电影作品《比利·林恩的中场战事》首次采用了120fps拍摄。

重点 1.3.3 分辨率

分辨率是用于度量图像内数据量多少的一个参数。例如，分辨率为720×576，是指在横向和纵向上的有效像素为720和576，因此在很小的屏幕上播放该作品时会清晰，而在很大的屏幕上播放该作品时由于作品本身像素不够，自然也就模糊了。

在数字技术领域，通常采用二进制运算，而且用构成图像的像素来描述数字图像的大小。当像素数量巨大时，通常用K表示。2的10次方即1024，因此，$1K=2^{10}=1024$，$2K=2^{11}=2048$，$4K=2^{12}=4096$。

打开Premiere Pro软件，在菜单栏中执行【文件】/【新建】/【项目】命令，然后执行【文件】/【新建】/【序列】命令，打开【新建序列】窗口，如图1.30所示。接着在窗口顶部单击【设置】按钮，单击【编辑模式】按钮，此时弹出多种分辨率的预设类型供大家选择，如图1.31所示。

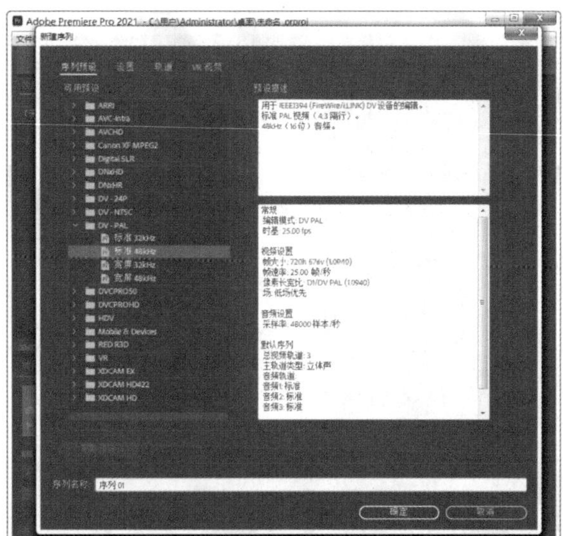

图 1.30

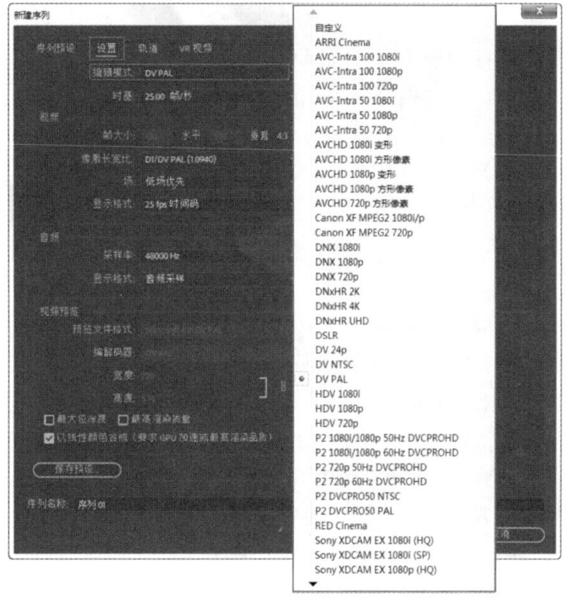

图 1.31

当设置宽度、高度数值后，序列的宽高比例也会随着数值进行更改。例如，设置【宽度】为720、【高度】为576，如图1.32所示。此时画面像素为720×576，如图1.33所示。需要注意的是，此处的【宽高比】是指在 Premiere Pro中新建序列整体的宽度和高度尺寸的比例。

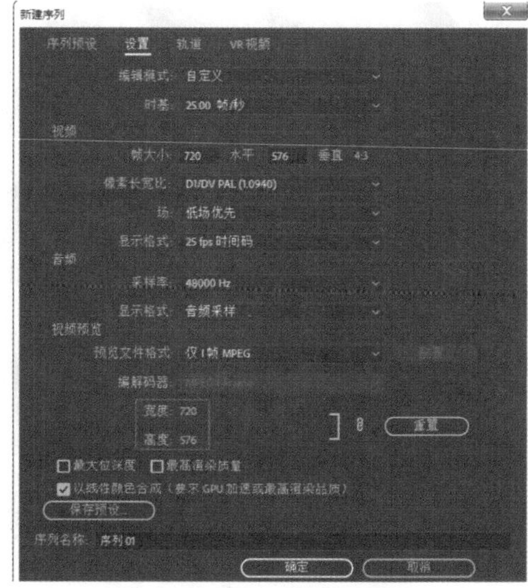

图 1.32

图 1.33

重点 1.3.4 像素长宽比

与上面讲解的宽高比不同，像素长宽比是指在放大作品到极限时看到的每一个像素的宽度和高度的比例。由于电视等播放设备本身的像素长宽比不是1∶1，因此，若在电视等设备上播放作品时就需要修改【像素长宽比】的数值。图1.34所示为设置【像素长宽比】为【方形像素(1.0)】和【D1/DV PAL 宽银幕16∶9(1.4587)】时的对比效果。因此，选择哪种像素长宽比取决于我们要将该作品放在哪种设备上播放。

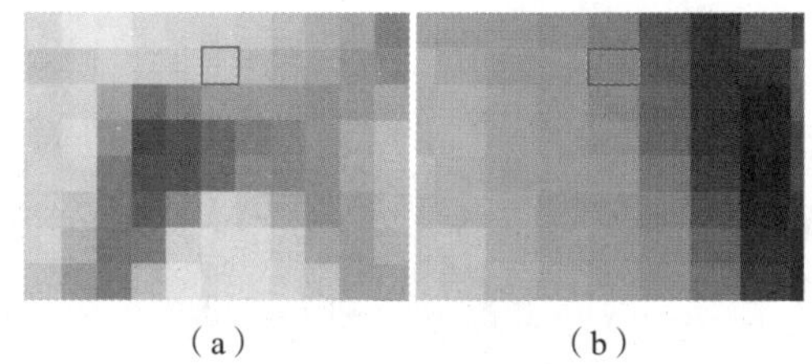

（a） （b）

图 1.34

通常在计算机上播放的作品的像素长宽比为1.0，而在电视、电影院等设备上播放的像素长宽比则大于1.0。在 Premiere Pro中设置【像素长宽比】，先将【设置】下方的【编辑模式】设置为【自定义】，方可显示出全部【像素长宽比】类型，如图1.35所示。

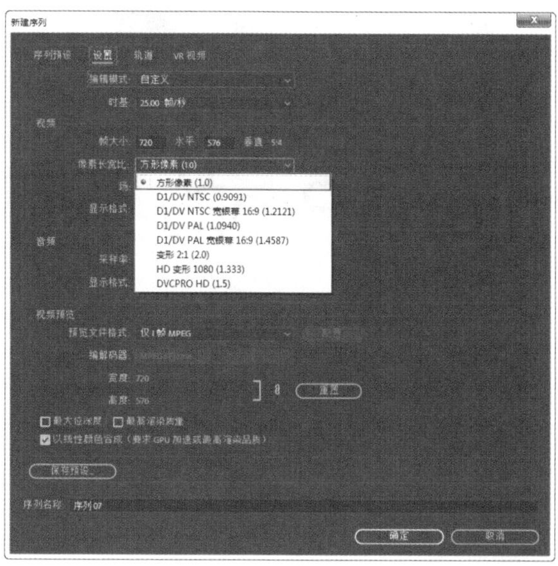

图 1.35

提示：有些格式的文件无法导入Premiere Pro中

为了使Premiere Pro能够导入MOV格式、AVI格式的文件，需要在计算机上安装特定文件使用的编解码器。例如，需要安装QuickTime软件才可以导入MOV格式，安装常用的播放器软件会自动安装常见编解码器，即可导入AVI格式。

如果在导入文件时，提示错误消息或视频无法正确显示，那么可能需要安装该格式文件使用的编解码器。

Chapter 2
第2章

扫一扫，看视频

认识Premiere Pro的界面

本章内容简介：

本章是基础知识章节，主要讲解Premiere Pro的界面。熟悉Premiere Pro 2023的界面是制作作品的基础。零基础读者可通过本章学习每个常用面板的功能，为后续学习奠定坚实的基础。通过本章的学习，我们能够了解Premiere Pro 2023的工作界面、自定义工作区、面板等内容。

重点知识掌握：

- 认识Premiere Pro 2023的工作界面。
- 自定义工作区。
- Premiere Pro 2023的面板。

佳作欣赏：

重点 2.1 认识Premiere Pro 2023的工作界面

Premiere Pro 2023是由Adobe公司推出的一款优秀的视频编辑软件，它可以帮助用户完成视频的剪辑、编辑、特效制作、输出等，实用性极为突出。图2.1所示为Premiere Pro 2023的启动界面。

扫一扫，看视频

图 2.1

重点 2.1.1 认识各个工作界面

Premiere Pro 2023的工作界面主要由标题栏、菜单栏、工作区组成，工作区是由各个面板组成的，如图2.2所示。

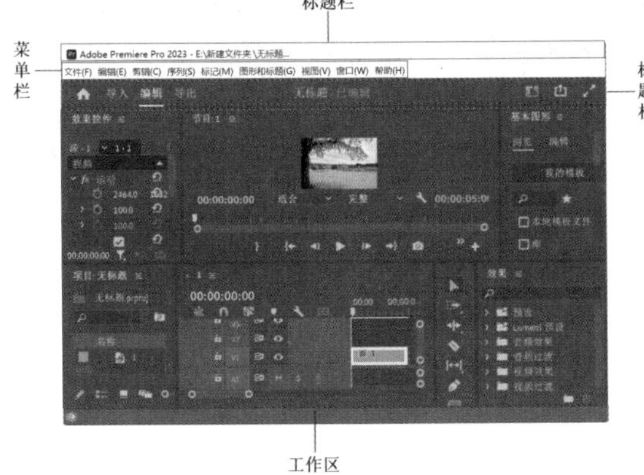

图 2.2

- 标题栏：用于显示程序、文件名称、文件位置。
- 菜单栏：按照程序功能分为多个菜单，包括文件、编辑、剪辑、序列、标记、图形和标题、视图、窗口、帮助。
- 【效果控件】面板：可在该面板中设置视频的效果参数及默认的运动属性、不透明度属性及时间重映射属性。
- 【Lumetri范围】面板：用于显示素材文件的颜色数据。
- 【源监视器】面板：预览和剪辑素材文件，为素材设置出入点及标记等，并指定剪辑的源轨道。
- 【音轨混合器】面板：用于对音频素材的左右声道进行处理。
- 【项目】面板：用于素材的存放、导入及管理。
- 【媒体浏览器】面板：用于查找或浏览用户计算机中各磁盘的文件信息。
- 【监视器】面板：可播放序列中的素材文件并对文件进行出入点设置等。
- 【工具】面板：编辑【时间轴】面板中的视频、音频素材，如剪辑视频。
- 【时间轴】面板：用于编辑和剪辑视频、音频素材，并为视频、音频提供存放轨道。
- 【音频仪表】面板：显示混合声道输出音量大小的面板。当音量超出安全范围时，在柱状顶端会显示红色警告，用户可以及时调整音频的增益，以免损伤音频设备。
- 【效果】面板：可为视频、音频素材文件添加特效。
- 【基本图形】面板：用于浏览和编辑图形素材。
- 【基本声音】面板：可对音频文件进行对话、音乐、XFX及环境编辑。
- 【Lumetri颜色】面板：对所选素材文件的颜色校正调整。
- 【库】面板：可以连接Creative Cloud Libraries并应用库。
- 【标记】面板：可在搜索框中快速查找带有不同颜色标记的素材文件，方便剪辑操作。
- 【历史记录】面板：在面板中可显示操作者最近对素材的操作步骤。
- 【信息】面板：显示【项目】面板中所选择素材的相关信息。

重点 2.1.2 各个模式下的工作界面

在菜单栏中，操作者可根据平时操作习惯设置不同模式的工作界面。例如，在使用Premiere Pro进行编辑操作时，建议切换为【编辑】模式；使用Premiere Pro设置特效时，建议切换为【效果】模式。在菜单栏中执行【窗口】/

【工作区】命令，即可对工作区域进行更改，如图2.3所示。

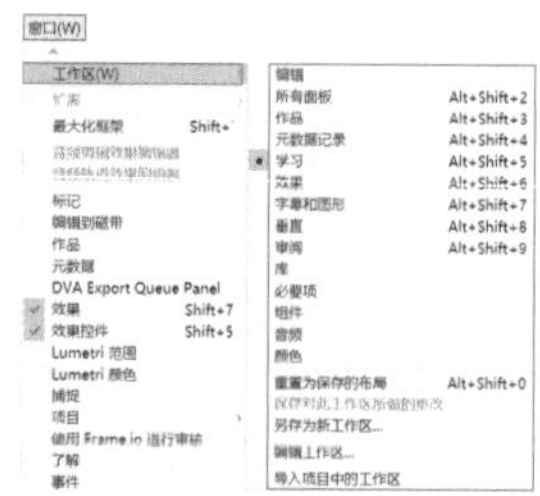

图 2.3

以下面4种模式为例进行讲解。

1.【编辑】模式

在菜单栏中执行【窗口】/【工作区】/【编辑】命令，此时界面进入【编辑】模式，【监视器】面板和【时间轴】面板为主要工作区域，适用于视频编辑，如图2.4所示。

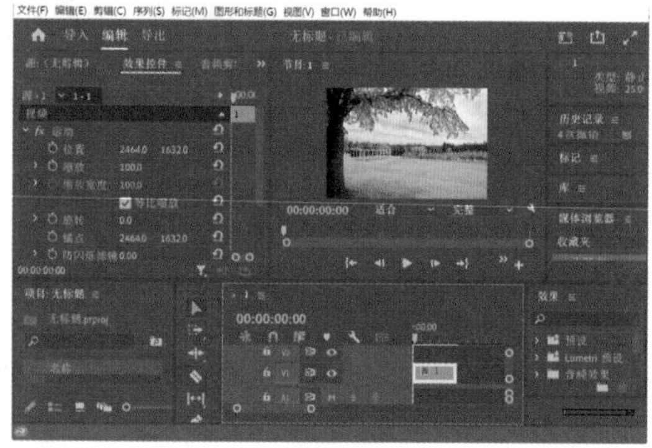

图 2.4

2.【所有面板】模式

在菜单栏中执行【窗口】/【工作区】/【所有面板】命令，此时界面进入【所有面板】模式，如图2.5所示。

图 2.5

3.【学习】模式

在菜单栏中执行【窗口】/【工作区】/【学习】命令，此时界面进入【学习】模式，如图2.6所示。

图 2.6

4.【效果】模式

在菜单栏中执行【窗口】/【工作区】/【效果】命令，此时界面进入【效果】模式，如图2.7所示。

图 2.7

2.2 自定义工作区

Premiere Pro 2023提供了可自定义的工作区，在默认工作区状态下包含面板组和独立面板，用户可以根据自己的工作风格及操作习惯将面板重新排列。

2.2.1 修改工作区顺序或删除工作区

（1）如果想要修改当前工作区顺序，可单击工作区菜单右侧的按钮，在弹出的菜单中执行【编辑工作区】

命令，如图2.8所示。此时会弹出一个【编辑工作区】对话框，如图2.9所示。也可在菜单栏中执行【窗口】/【工作区】/【编辑工作区】命令，打开【编辑工作区】对话框。

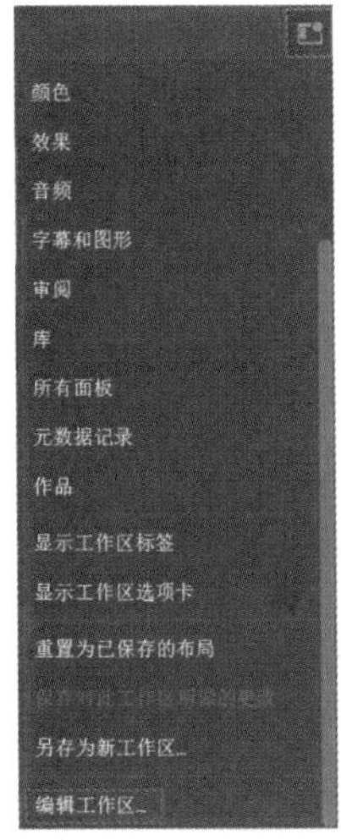

图 2.8

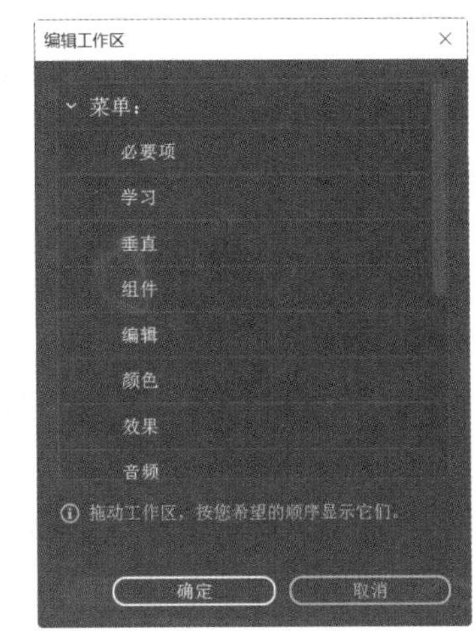

图 2.9

（2）在【编辑工作区】对话框中选择想要移动的界面，按住鼠标左键移动到合适的位置，释放鼠标后即可完成移动，单击【确定】按钮，此时工作区界面完成修改，如图2.10所示。若不想移动，单击【取消】按钮即可取消当前操作。

（3）若想删除工作区，可选择需要删除的工作区，单击【编辑工作区】对话框左下角的【删除】按钮，然后单击【确定】按钮，即可完成删除操作，如图2.11所示。删除所选工作区后，下次启动 Premiere Pro 时，将使用新的默认工作区，其他界面会依次向上移动，填补此处。

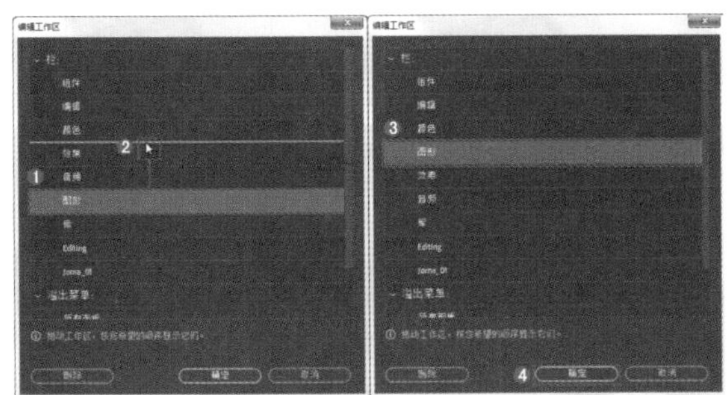

图 2.10

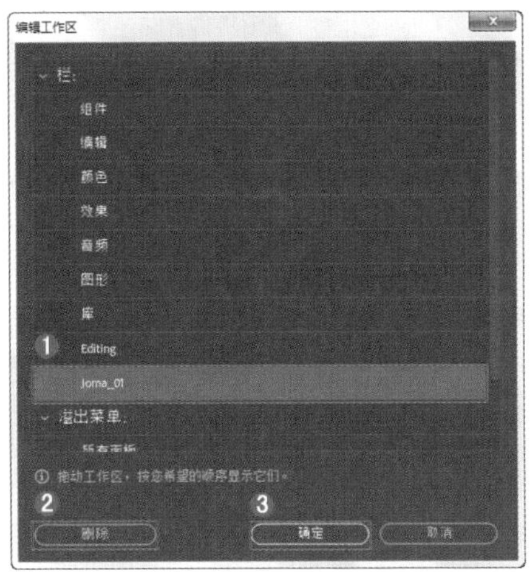

图 2.11

2.2.2 保存或重置工作区

在自定义工作区完成后，界面会随之发生变化，可以存储最近的自定义布局。若想持续使用自定义工作区，可在菜单栏中执行【窗口】/【工作区】/【另存为新工作区】命令，保存新的自定义工作区，以便下次使用，如图2.12所示。

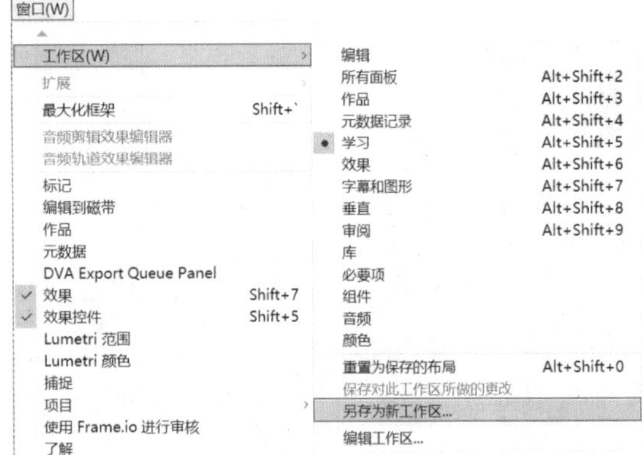

图 2.12

重置当前工作区，可使当前的界面布局恢复到默认布局。在菜单栏中执行【窗口】/【工作区】/【重置为保存的布局】命令，或使用快捷键Alt+Shift+0，如图2.13所示。

图 2.13

2.2.3 停靠、分组或浮动面板

Premiere Pro 的工作面板可进行停靠、分组或浮动。当按住鼠标左键拖动面板时，放置区的颜色会比其他区域相对亮一些，如图2.14所示。放置区决定了面板插入的位置、停靠和分组。将面板拖动到放置区时，应用程序会根据放置区的类型进行停靠或分组。在拖动面板的同时按住 Ctrl键，可使面板自由浮动。

图 2.14

- 停靠区：位于面板、组或窗口的边缘。停靠在所选面板上，所选面板会置于现有组附近，同时会根据新区域的加入而调整界面中各区域的大小。
- 分组区：位于面板或组的中间位置，沿面板选项卡区域延伸。将面板放置到分组区域上时，该面板会与其他面板进行堆叠，更利于节省界面空间位置。
- 浮动区：按住Ctrl键或Command键，并将面板或组从其当前位置拖离。释放鼠标左键后，该面板或组会显示在新的浮动窗口中，可通过浮动窗口来使用辅助监视器或创建类应用程序的工作区，如图2.15所示。

图 2.15

在面板左/右上角单击☰按钮，此时会弹出一个快捷菜单，在快捷菜单中执行【浮动面板】命令（图2.16），此时该面板为浮动状态。

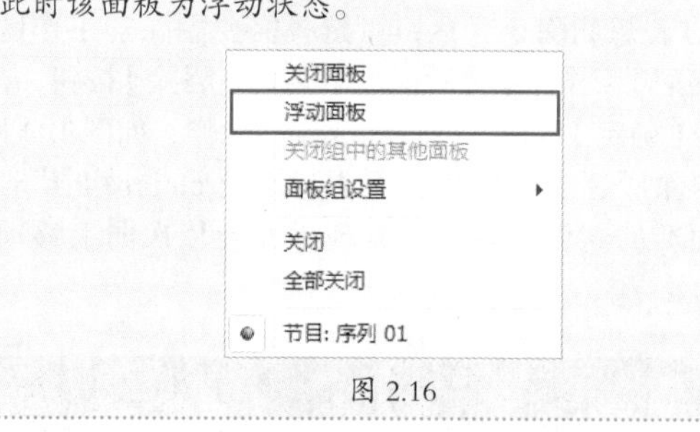

图 2.16

2.2.4 调整面板组的大小

（1）当光标放置在相邻面板组之间的隔条上时，光标会变为⇔，此时按住鼠标左键拖动光标，隔条两侧相邻的面板组面积会增大或减小，如图2.17所示。

（2）若想同时调节多个面板，可将光标放置在多个面板组的交叉位置，此时光标变为✥，按住鼠标左键进行拖动，即可改变多个面板组的大小，如图2.18所示。

图 2.17

图 2.18

2.2.5 打开、关闭和滚动面板

若想在界面中打开某一面板组，可在【窗口】菜单中勾选各个命令，如图2.19所示。此时所选中的命令会在Premiere Pro界面中自动打开。同理，若想关闭某一面板，可在【窗口】菜单中取消勾选该命令，或单击面板中的≡按钮，在弹出的快捷菜单中执行【关闭面板】命令（图2.20），此时面板在界面中消失。

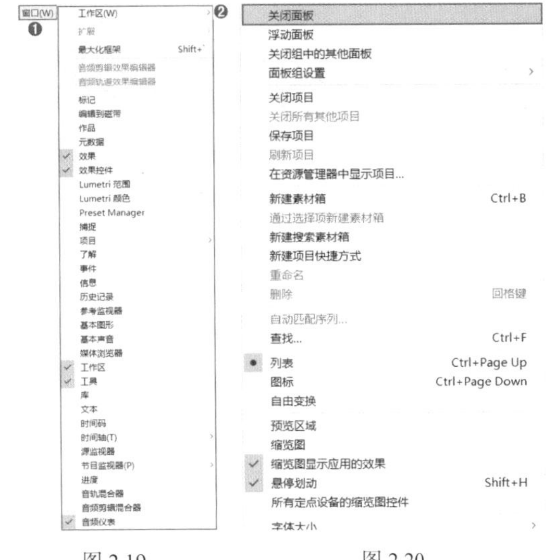

图 2.19　　图 2.20

重点 2.3 Premiere Pro 2023的面板

了解和掌握Premiere Pro的面板是学好Premiere Pro的基础，通过各面板上的操作，即可轻松畅快地制作视频。接下来将会对Premiere Pro 2023的面板进行详细的讲解。

扫一扫，看视频

重点 2.3.1 【项目】面板

【项目】面板用于显示、存放和导入素材文件，如图2.21所示。

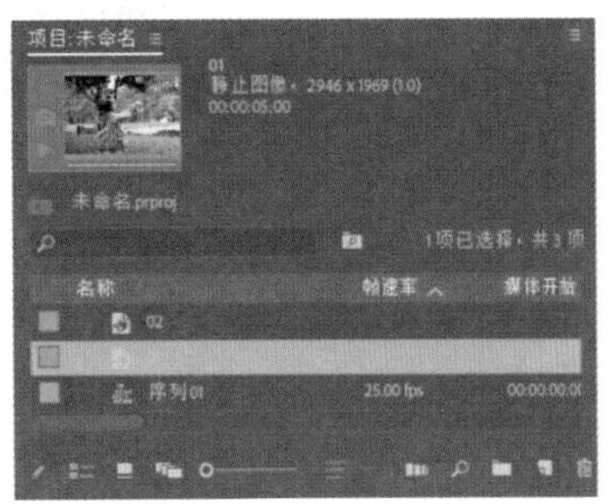

图 2.21

1. 预览区

【项目】面板上部的预览区可对当前选择的静帧素材文件进行预览，如图2.22所示。在显示音频素材文件时，会将声音时长及频率等信息显示在面板中，如

图 2.23 所示。

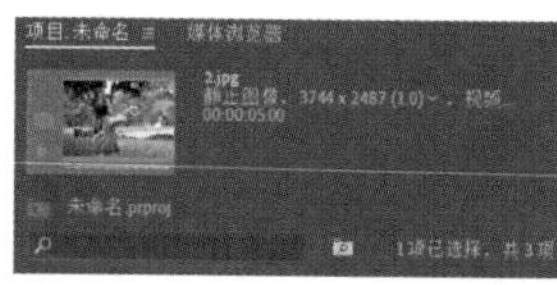

图 2.22

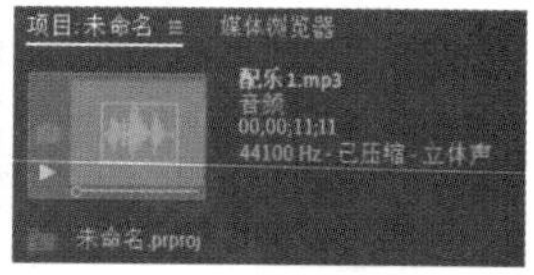

图 2.23

- （标识帧）：拖动预览窗口底部的滑块，可为视频素材设置标识帧。
- （播放）：单击【播放】按钮，即可对音频素材进行播放。

2. 素材显示区

素材显示区用于存放素材文件和序列。同时【项目】面板底部包括了多个工具按钮，如图 2.24 所示。

- （项目可写）：单击该按钮，可将项目切换为只读模式。
- （列表视图）：将【项目】面板中的素材文件以列表的形式呈现。
- （图标视图）：将【项目】面板中的素材文件以图标的形式呈现，如图 2.25 所示。

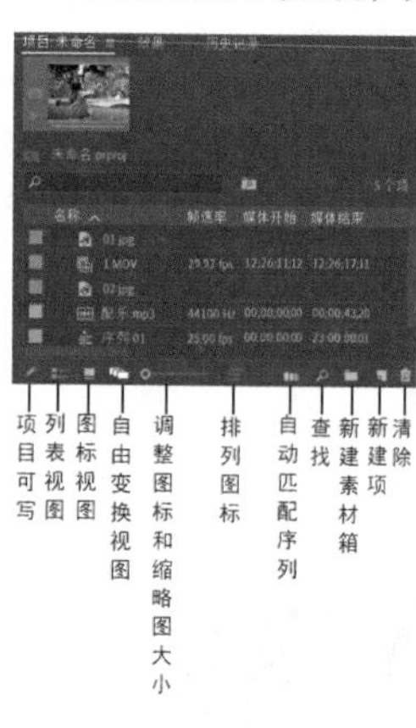

图 2.24

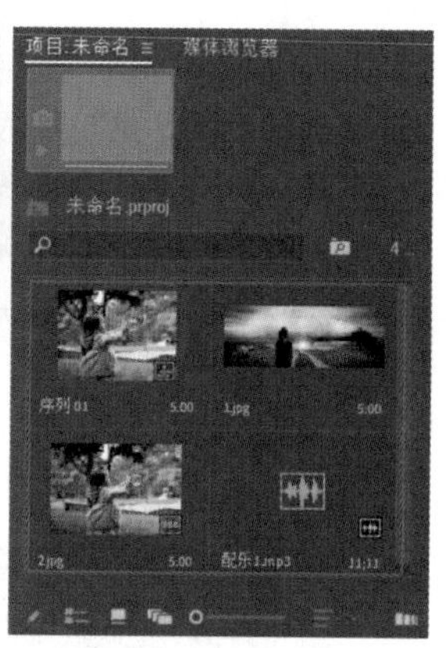

图 2.25

- （自由变换视图）：可将【项目】面板中的素材文件以自由视图方式呈现。
- （调整图标和缩略图大小）：通过左右拖动滑块，可以调整【项目】面板中的素材文件的图标和缩略图的大小。
- （排列图标）：可以将【项目】面板中的素材文件以不同的类型进行排列。
- （自动匹配序列）：可将文件存放区中选择的素材按顺序排列。
- （查找）：单击该按钮，在弹出的【查找】对话框中可查找所需的素材文件，如图 2.26 所示。
- （新建素材箱）：可在文件存放区中新建一个文件夹。将素材文件移至文件夹中，方便素材的整理。
- （新建项）：单击该按钮，可在弹出的快捷菜单中快速地执行命令，如图 2.27 所示。

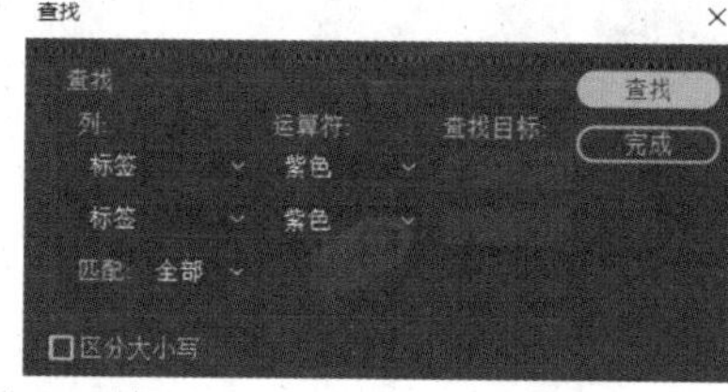

图 2.26

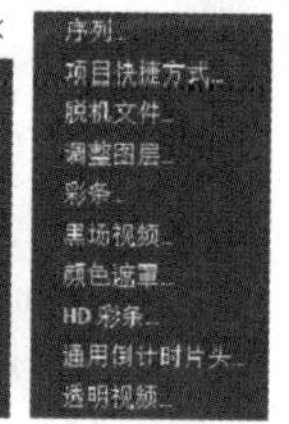

图 2.27

- （清除）：选择需要移除的素材文件，单击该按钮，可将素材文件移除，快捷键为 BackSpace。

3. 右键快捷菜单

在【素材显示区】的空白处右击，会弹出如图 2.28 所示的快捷菜单。

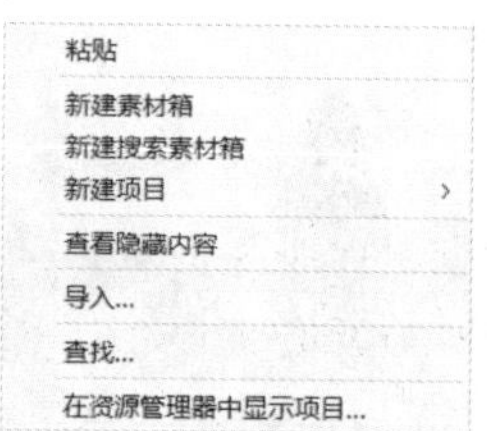

图 2.28

- 粘贴：将【项目】面板中复制的素材文件进行粘贴，此时会出现一个相同的素材文件。
- 新建素材箱：执行该命令，可在【素材显示区】新建一个文件夹。
- 新建搜索素材箱：与（新建项目）按钮功能相同。
- 新建项目：与（新建项）按钮功能相同。
- 查看隐藏内容：可将隐藏的素材文件显现出来。
- 导入：可将计算机中的素材导入【素材显示区】。
- 查找：与（查找）按钮功能相同。
- 在资源管理器中显示项目：执行该命令，可在资源管理器中显示项目。

4.【项目】面板菜单

单击【项目】面板右上角的按钮，会弹出一个快捷菜单，如图 2.29 所示。

- 关闭面板：执行该命令，当前面板会从界面中消失。
- 浮动面板：可将面板以独立的形式呈现在界面中，

变为浮动的独立面板。

- 关闭组中的其他面板：执行该命令会关闭组中的其他面板。
- 面板组设置：该命令中包含6个子命令，如图2.30所示。

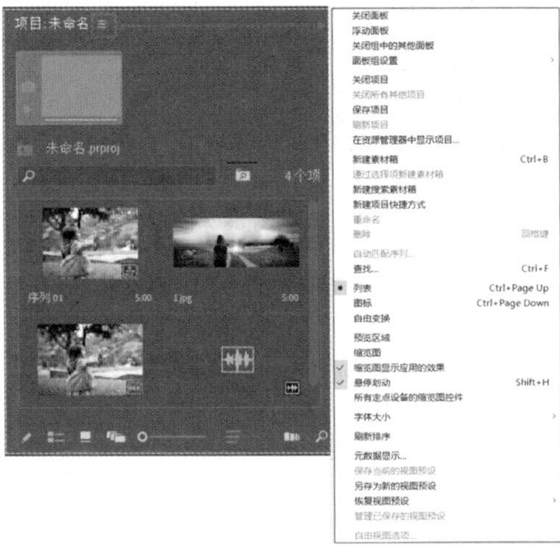

图 2.29

关闭面板组
取消面板组停靠
最大化面板组
堆叠的面板组
堆栈中的单独面板
✓ 小选项卡

图 2.30

- 关闭项目：执行该命令，当前项目会从界面中消失。
- 保存项目：执行该命令，会保存当前项目。
- 刷新项目：执行该命令，会刷新当前项目。
- 新建素材箱：与 (新建素材箱)按钮功能相同。
- 新建搜索素材箱：与 (新建项目)按钮功能相同。
- 重命名：可将素材文件名称重新命名。
- 删除：与 (清除)按钮功能相同。
- 自动匹配序列：与 (自动匹配序列)按钮功能相同。
- 查找：与 (查找)按钮功能相同。
- 列表：与 (列表视图)按钮功能相同。
- 图标：与 (图标视图)按钮功能相同。
- 预览区域：勾选该命令，可以在【项目】面板上方显示素材预览图，如图2.31所示。
- 缩览图：素材文件会以缩览图的方式呈现在列表中。
- 缩览图显示应用的效果：此设置适用于【图标】和【列表】视图中的缩览图。
- 悬停划动：控制素材文件是否处于悬停的状态。

图 2.31

- 所有定点设备的缩览图控件：执行该命令后，可在【项目】面板中使用相应的控件。
- 字体大小：调整面板的字体大小。
- 刷新排序：将素材文件重新调整，按顺序排列。
- 元数据显示：执行该命令，在弹出的对话框中可以对素材进行查看，并修改素材的属性，如图2.32所示。

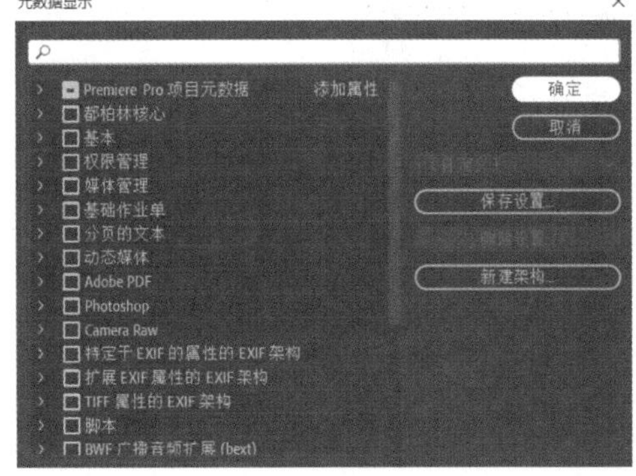

图 2.32

重点 2.3.2 【监视器】面板

【监视器】面板主要用于预览视频、音频素材，监视【项目】面板中的内容，并在素材中设置入点、出点、改变静帧图像持续时间和设置标记等，如图2.33所示。Premiere Pro 2023中提供了4种模式的监视器，分别为双显示模式、修剪监视器模式、Lumetri范围模式和多机位监视器模式，接下来进行详细讲解。

图 2.33

1. 双显示模式

双显示模式由【源监视器】面板和【节目监视器】面板组成，可方便、快速地进行视频编辑，选择【时间轴】面板中带有特效的素材文件，此时在【节目监视器】面板中即可显现当前素材文件的状态，如图2.34所示。在菜单栏中执行【窗口】/【源监视器】命令，即可打开【源监视器】面板，然后在【时间轴】面板中双击素材文件，此时在【源监视器】面板中可显现出该素材文件未添加特效之前的原始状态，如图2.35所示。

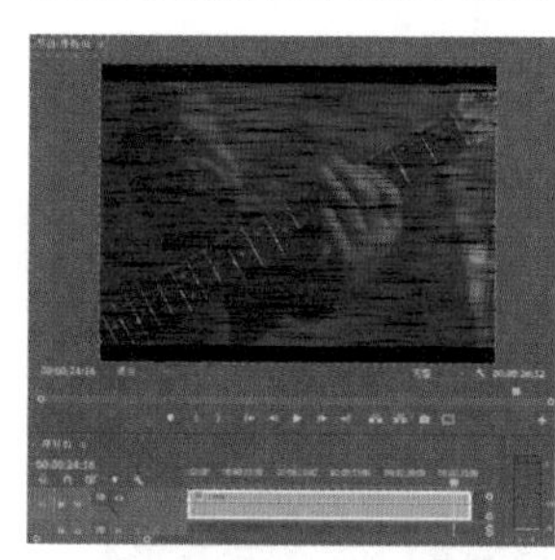

图 2.34

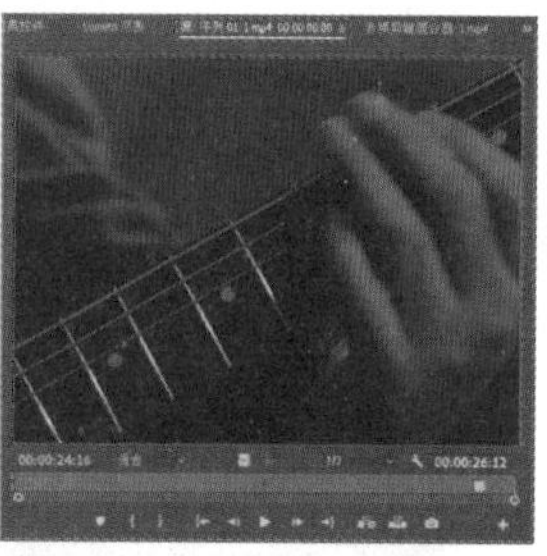

图 2.35

此时界面呈现双显示模式，如图2.36所示。

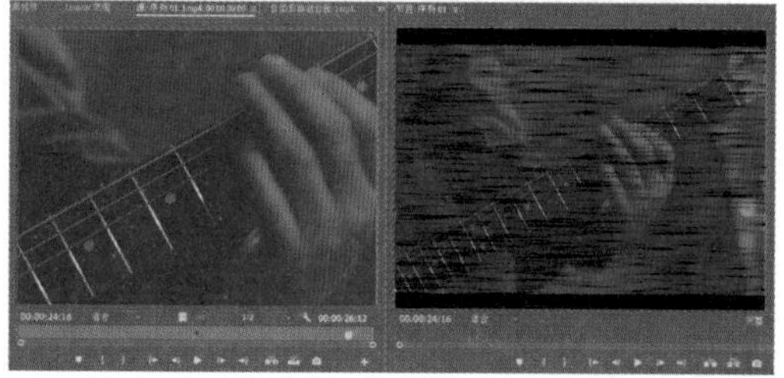

图 2.36

在【显示器】右下角单击（按钮编辑器）按钮，在弹出的对话框中选择需要的按钮将其拖动到工具栏中即可进行使用，如图2.37所示。

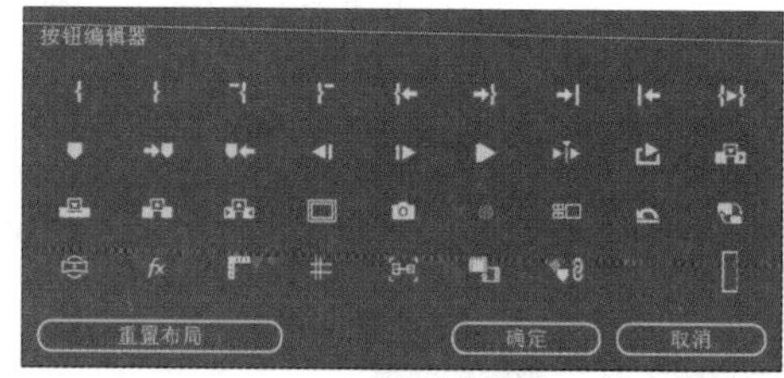

图 2.37

- （标记入点）：单击该按钮后，可设置素材文件的入点，按住Alt键再次单击即可取消设置。
- （标记出点）：单击该按钮后，可设置素材文件的出点，按住Alt键再次单击即可取消设置。
- （添加标记）：将时间线拖动到相应位置，单击该按钮，可为素材文件添加标记。
- （转到入点）：单击该按钮，时间线自动跳转到入点位置。
- （转到出点）：单击该按钮，时间线自动跳转到出点位置。
- （从入点到出点播放视频）：单击该按钮，可以播放从入点到出点之间的内容。
- （转到上一标记）：单击该按钮，时间线可以跳转到上一个标记点位置。
- （转到下一标记）：单击该按钮，时间线可以跳转到下一个标记点位置。
- （后退一帧）：单击该按钮，时间线会跳转到当前帧的上一帧的位置。
- （前进一帧）：单击该按钮，时间线会跳转到当前帧的下一帧的位置。
- （播放-停止切换）：单击该按钮，【时间轴】面板中的素材文件被播放，再次单击该按钮即可停止播放。
- （播放邻近区域）：单击该按钮，可以播放时间线附近的素材文件。
- （循环）：单击该按钮，可以将当前的素材文件循环播放。
- （安全边框）：单击该按钮，可以在画面周围显示出安全框。
- （插入）：单击该按钮，可以将正在编辑的素材插入当前的位置。

- （覆盖）：单击该按钮，可以将正在编辑的素材覆盖到当前位置。
- （导出帧）：单击该按钮，可以输出当前停留的画面。

2. 修剪监视器模式

当视频进行粗剪后，通常在素材与素材的交接位置会出现连接不一致现象，此时应进行边线的修剪。当对粗剪素材两端端点进行编辑设置时，可以看到在正常状态下选中素材后，只能将粗剪的素材在结束位置向右侧拖动，对素材进行拉长，如图2.38所示；但在素材的起始位置将素材向左侧拖动时素材不发生任何变化，如图2.39所示。

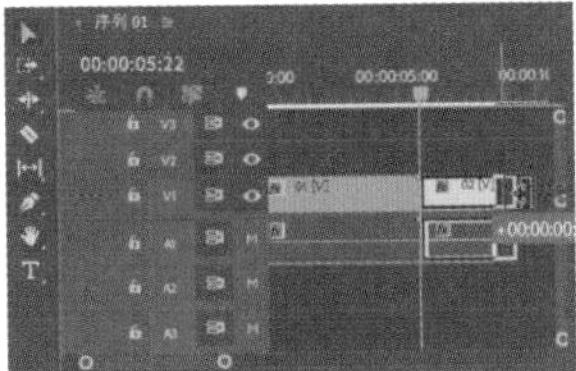

图 2.38

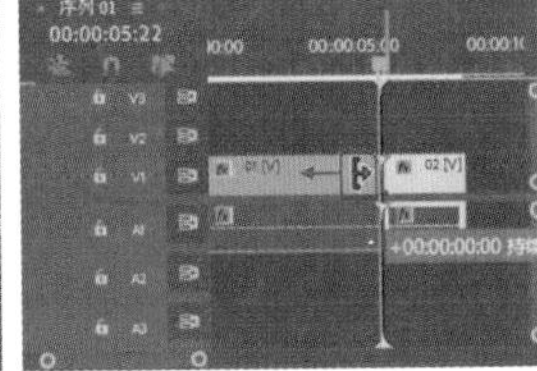

图 2.39

这时需要切换到修剪监视器模式，便于对素材进行精确剪辑。单击工具箱中的（波纹编辑工具）按钮，将光标移动到想要修剪的素材上方的起始位置处，当光标变为时，按住鼠标左键向左侧拖动，如图2.40所示。此时监视器中素材呈现双画面效果，如图2.41所示。释放鼠标后素材变长，如图2.42所示。

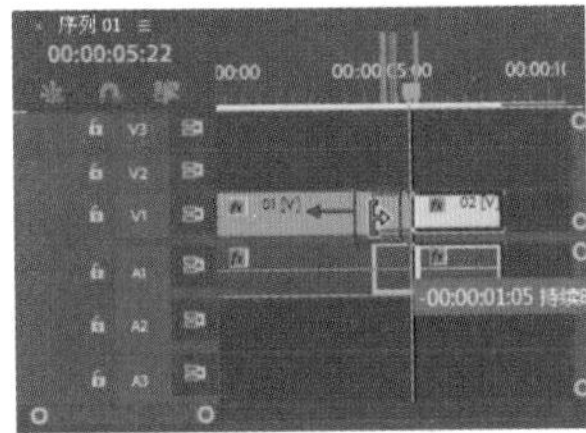

图 2.40

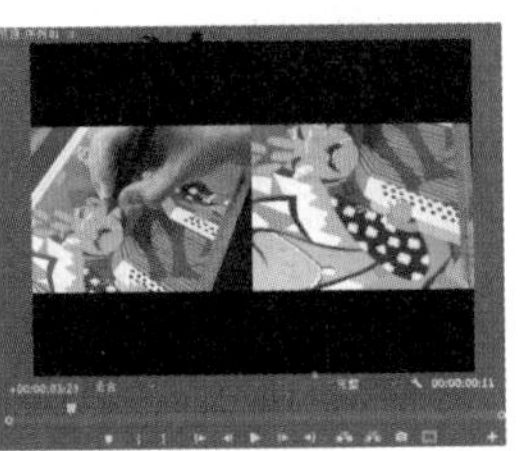

图 2.41

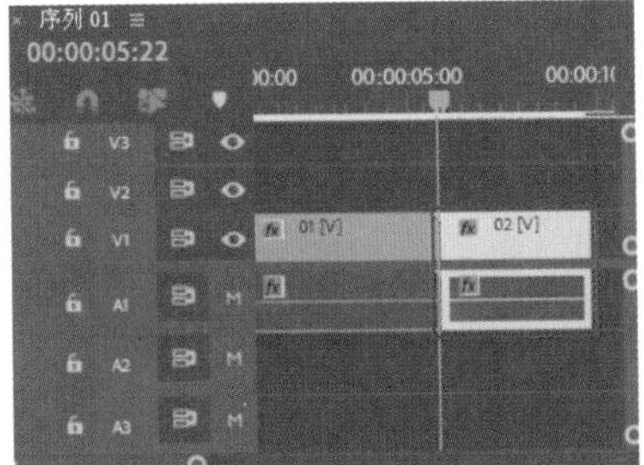

图 2.42

在修剪监视器模式下，当编辑线上的两段视频前后交接，并且粗剪的前部分素材的结束部分有剩余和后部分素材开始部分有剩余时，可使用【波纹编辑工具】改变素材时长，且总时长不变。

在工具箱中长按（波纹编辑工具）按钮，此时在弹出的工具组中单击（滚动编辑工具）按钮，然后将光标放在【时间轴】面板中两个素材的交接位置，按住鼠标左键向左或向右拖动，改变两个素材的持续时间，此时【节目监视器】面板中呈现双画面状态，如图2.43所示。在【时间轴】面板中改变单个素材的时长时，总时长不变，如图2.44所示。

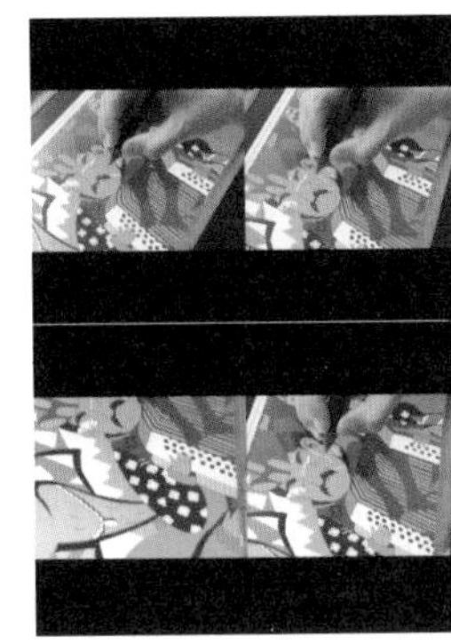

图 2.43

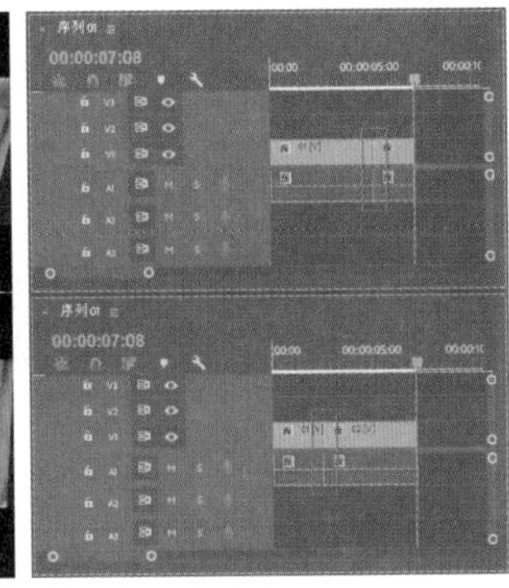

图 2.44

3. Lumetri范围模式

在Lumetri范围模式下，可以显示素材的波形并与【节目监视器】面板中的素材进行统调，在【节目监视器】面板中查看实时素材的同时还可以对素材进行颜色和音频的调整，如图2.45所示。

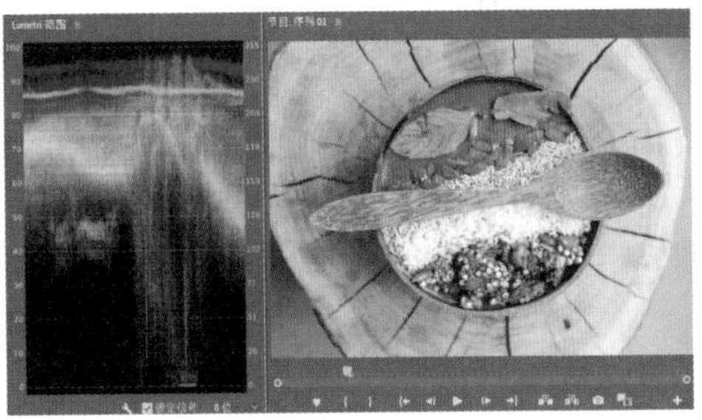

图 2.45

4. 多机位监视器模式

首先我们将两个视频素材分别拖动到【时间轴】面板中的V1、V2轨道上，如图2.46所示。选中这两个素材并右击，在弹出的快捷菜单中执行【嵌套】命令，如图2.47所示。

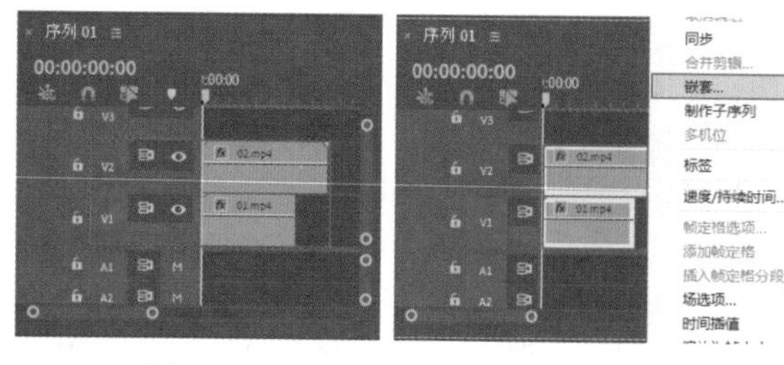

图 2.46　　图 2.47

此时弹出【嵌套序列名称】对话框，设置合适的名称后单击【确定】按钮，如图2.48所示。【时间轴】面板中的两个素材文件变为一个，且颜色变为绿色，如图2.49所示。

图 2.48　　图 2.49

在【时间轴】面板中右击嵌套的素材，在弹出的快捷菜单中执行【多机位】/【启用】命令，如图2.50所示。单击【节目监视器】面板中的🔧（设置）按钮，在弹出的快捷菜单中执行【多机位】命令，如图2.51所示。

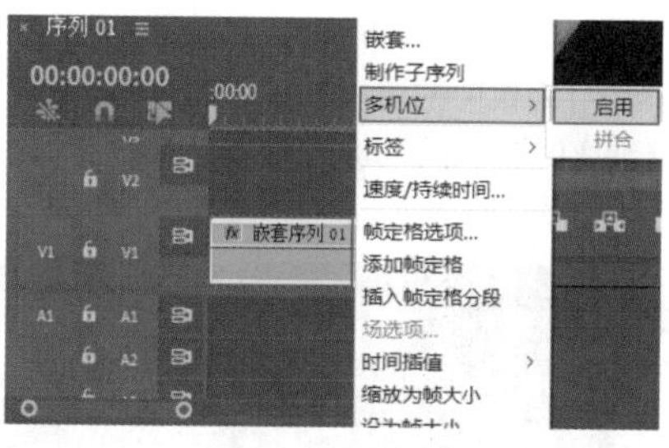

图 2.50

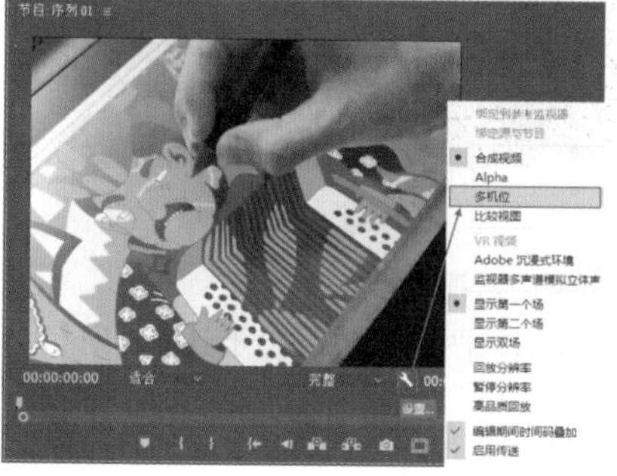

图 2.51

此时监视器中的画面一分为二。在多机位监视器模式下，可以编辑从不同的机位同步拍摄的视频素材，如图2.52所示。

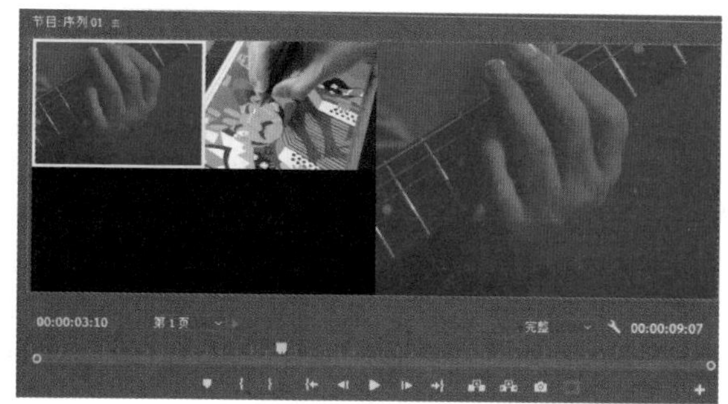

图 2.52

提示：

多机位剪辑手法常用于剪辑一些分镜画面，如会议视频、晚会活动、MV画面及电影等，剪辑时最好在同一个音频下将音频声波对齐，这样能更准确地对画面进行剪辑转换，如图2.53所示。

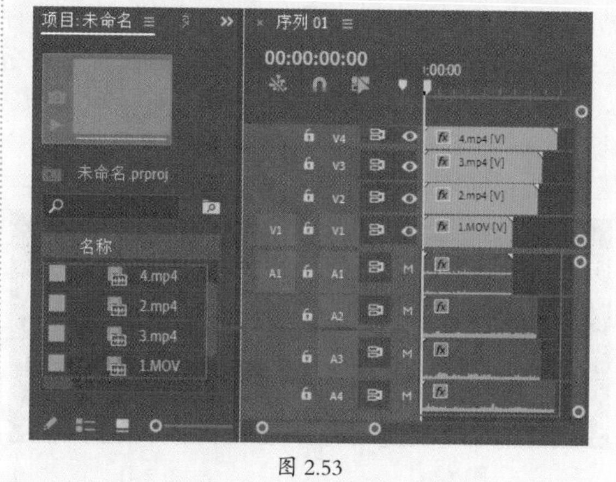

图 2.53

重点 2.3.3　【时间轴】面板

【时间轴】面板可以编辑和剪辑视频、音频文件，为文件添加字幕、效果等，是Premiere Pro 2023界面中较为常用的面板之一，如图2.54所示。

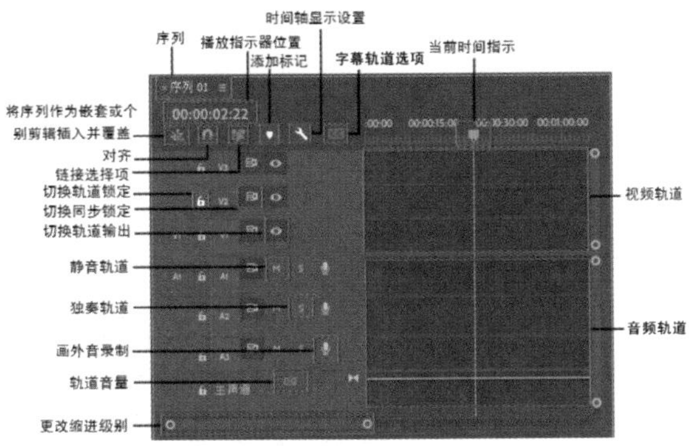

图 2.54

- 00:00:02:22（播放指示器位置）：显示当前时间线所在的位置。
- （当前时间指示）：单击并拖动【当前时间指示】滑块即可显示当前素材的时间位置。
- （切换轨道锁定）：单击此按钮，该轨道停止使用。
- （切换同步锁定）：可限制在修剪期间的轨道转移。
- （切换轨道输出）：单击此按钮，即可隐藏该轨道中的素材文件，以黑场视频的形式呈现在【节目监视器】面板中。
- M（静音轨道）：单击此按钮，音频轨道会将当前声音静音。
- S（独奏轨道）：单击此按钮，该轨道可成为独奏轨道。
- （画外音录制）：单击此按钮可进行录音操作。
- 0.0（轨道音量）：数值越大，轨道音量越高。
- （更改缩进级别）：更改时间轴的时间间隔，向左滑动级别增大，素材所占面积变小；反之，级别变小，素材所占面积变大。
- V1（视频轨道）：可在轨道中编辑静帧图像、序列、视频文件等素材。
- A1（音频轨道）：可在轨道中编辑音频素材。

重点 2.3.4 【基本图形】面板

在【基本图形】面板中可以编辑文字和形状，或为文字和形状添加描边、阴影等效果。在菜单栏中执行【窗口】/【基本图形】命令，如图2.55所示。此时即可打开【基本图形】面板，如图2.56所示。

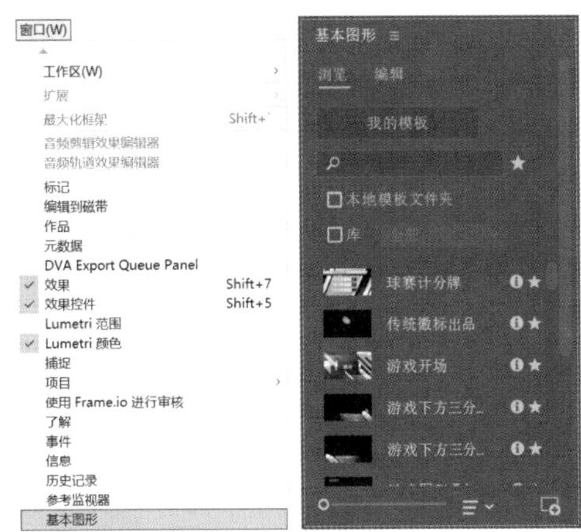

图 2.55　　图 2.56

【基本图形】面板主要包括【浏览】和【编辑】两个部分，在【浏览】选项中，可以选择合适的图形模板将其添加到素材上，效果如图2.57所示。

图 2.57

在【编辑】选项中，单击（新建图层）按钮，可以创建【文本】和【图形】，如图2.58所示。在【节目监视器】面板中可以查看画面效果，如图2.59所示。

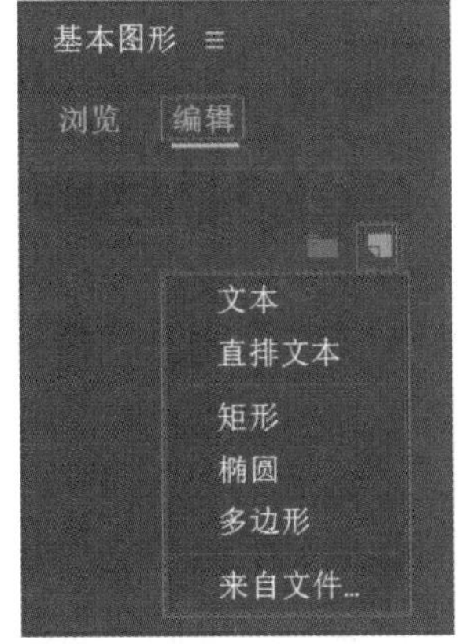

图 2.58

图 2.59

重点 2.3.5 【效果】面板

【效果】面板可以更好地对视频和音频进行过渡及效果的处理，如图 2.60 所示。

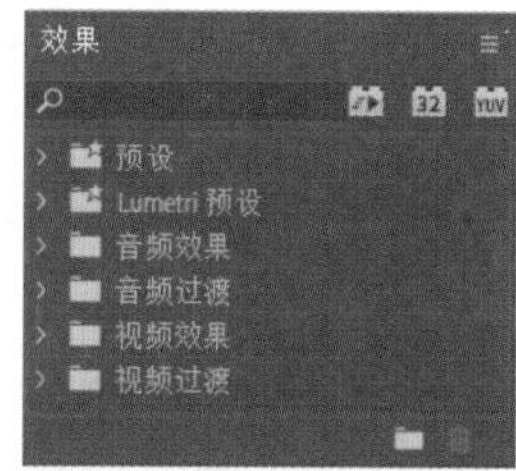

图 2.60

在【效果】面板中选择合适的视频效果，按住鼠标左键拖动到素材文件上，即可为素材文件添加效果，如图2.61 所示。如果想调整效果参数，那么可以在【效果控件】面板中展开该效果进行调整，如图2.62 和图2.63 所示。

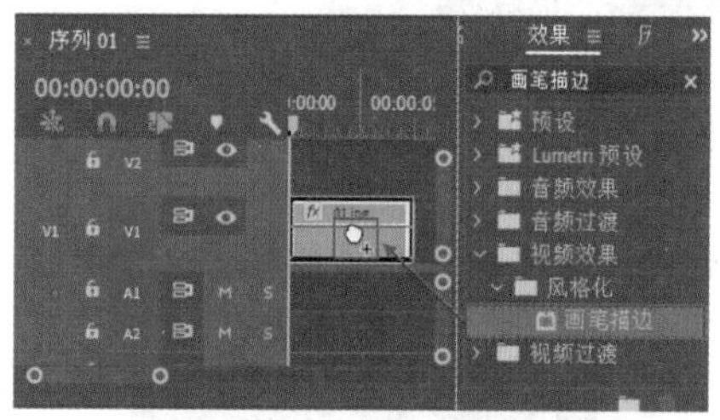

图 2.61

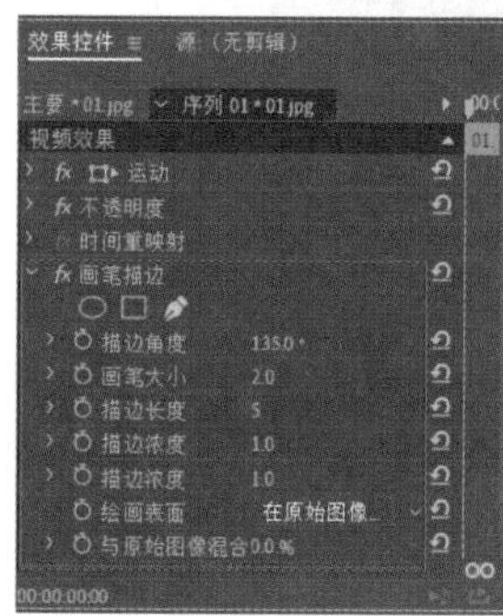

图 2.62

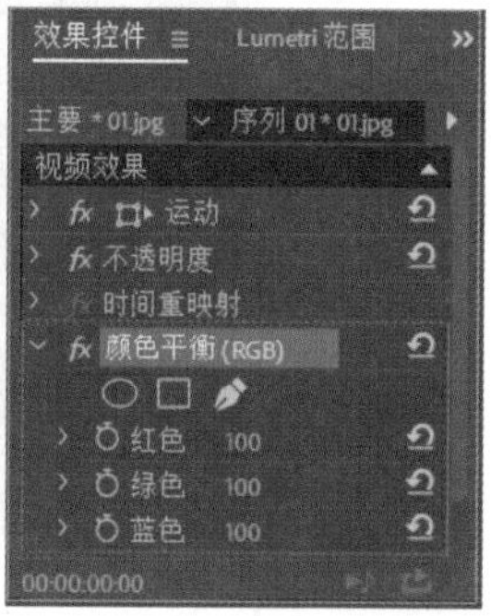

图 2.63

2.3.6 【音轨混合器】面板

在【音轨混合器】面板中可调整音频素材的声道、效果及音频录制等，如图 2.64 所示。

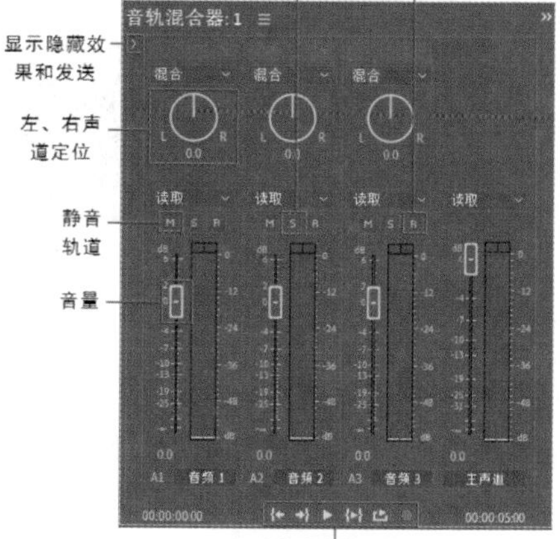

图 2.64

重点 2.3.7 【工具】面板

【工具】面板主要用于编辑【时间轴】面板中的素材文件，如图 2.65 所示。

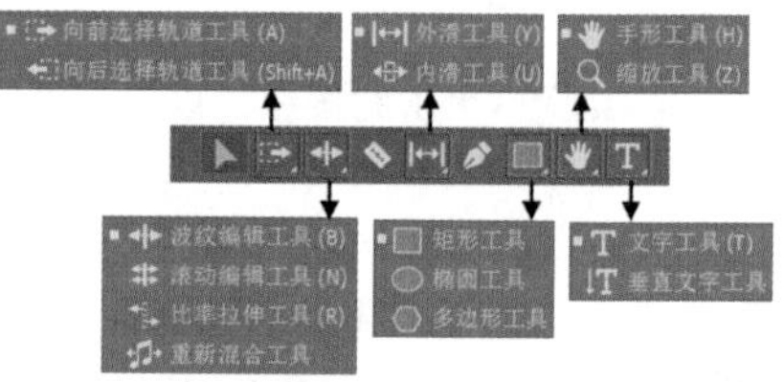

图 2.65

- (选择工具)：用于选择时间线轨道上的素材文件，快捷键为V，选择素材文件时，按住Ctrl键即可进行加选。
- (向前选择轨道工具)/(向后选择轨道工具)：选择箭头方向的全部素材。
- (波纹编辑工具)：选择该工具，可调节素材文件长度，将素材缩短时，该素材后面的素材文件会自动向前跟进。
- (滚动编辑工具)：选择该工具，更改素材的出入点时相邻素材的出入点也会随之改变。
- (比率拉伸工具)：选择该工具，可以更改素材文件的长度和速率。

- (重新混合工具)：可以重新定义音频素材的时间，以便于视频匹配。
- (剃刀工具)：使用该工具剪辑素材文件，可以将剪辑后的每一段素材文件进行单独调整和编辑，按住Shift键可以同时剪辑多条轨道中的素材。
- (外滑工具)：用于改变所选素材的出入点位置。
- (内滑工具)：改变相邻素材的出入点位置。
- (钢笔工具)：可以在【监视器】面板中绘制形状或在素材文件上方创建关键帧。
- (矩形工具)：可以在【监视器】面板中绘制矩形形状。
- (椭圆工具)：可以在【监视器】面板中绘制椭圆形形状。
- (多边形工具)：可以在【监视器】面板中绘制多边形形状。
- (手形工具)：按住鼠标左键即可在【节目监视器】面板中移动素材文件的位置。
- (缩放工具)：可以放大或缩小【时间轴】面板中的素材。
- (文字工具)：可在【监视器】面板中单击输入横排文字。
- (垂直文字工具)：可在【监视器】面板中单击输入竖排文字。

重点 2.3.8 【效果控件】面板

在【时间轴】面板中若不选择素材文件，则【效果控件】面板为空，如图2.66所示。若选择素材文件，则可在【效果控件】面板中调整素材效果的参数，默认状态下会显示【运动】【不透明度】【时间重映射】3种效果，可为素材添加关键帧并制作动画，如图2.67所示。

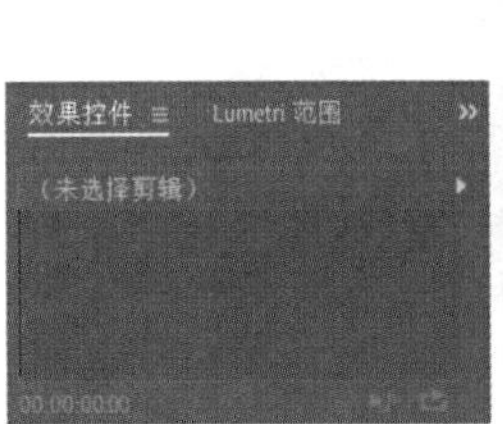

图 2.66

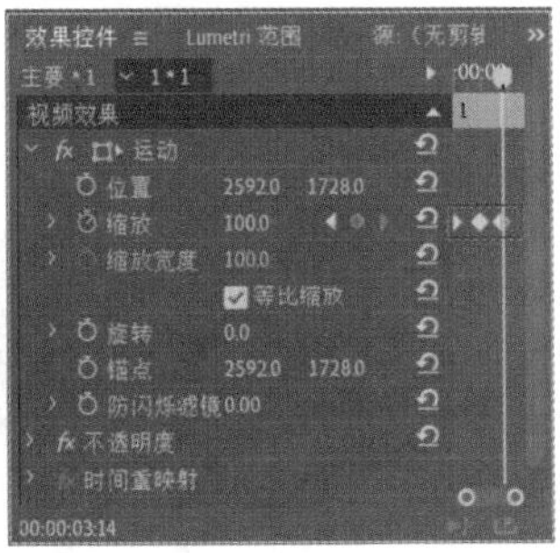

图 2.67

2.3.9 【历史记录】面板

【历史记录】面板用于记录所操作过的步骤。在操作时若想快速回到前几步，可在【历史记录】面板中选择想要回到的步骤，此时位于该步骤下方的步骤会变为灰色，如图2.68所示。若想清除全部历史步骤，可在【历史记录】面板中右击，在弹出的快捷菜单中执行【清除历史记录】命令，此时会弹出一个【清除历史记录】对话框，单击【确定】按钮，即可清除所有步骤，如图2.69所示。

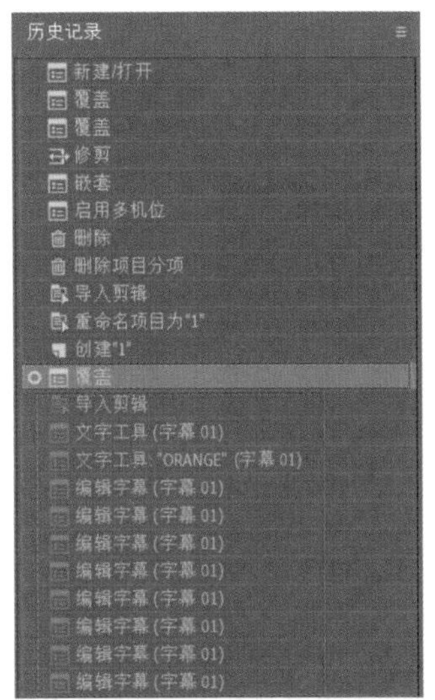

图 2.68

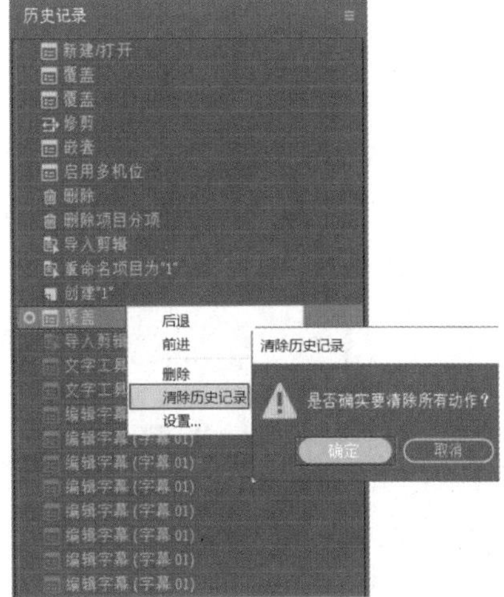

图 2.69

2.3.10 【信息】面板

【信息】面板主要用于显示所选素材文件的剪辑或效果信息，如图2.70所示。【信息】面板中所显示的信息会随着媒体类型和当前窗口等因素的不同而发生变化，若在界面中没有找到【信息】面板，可以在菜单栏中执行【窗口】/【信息】命令，弹出【信息】面板，如图2.71所示。

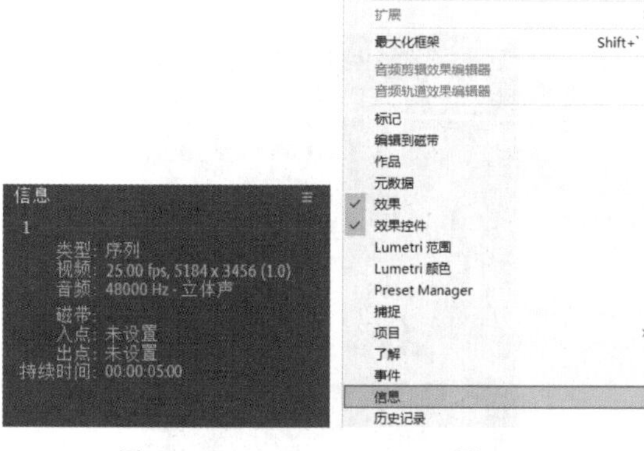

图 2.70　　图 2.71

2.3.11 【媒体浏览器】面板

在【媒体浏览器】面板中可查看计算机中各磁盘信息，同时可以在【源监视器】面板中预览所选择的路径文件，如图2.72和图2.73所示。

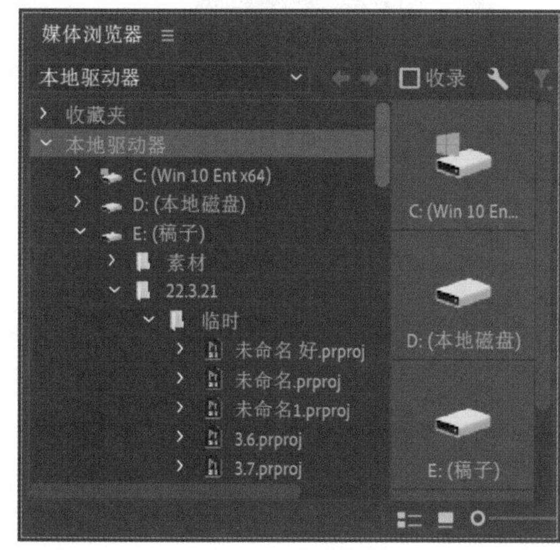

图 2.72

图 2.73

2.3.12 【标记】面板

【标记】面板可对素材文件添加标记，快速定位到标记的位置，为操作者提供方便，如图2.74所示。若素材中的标记点过多，容易出现混淆现象，为了快速准确地查找位置，可赋予标记不同的颜色，如图2.75所示。

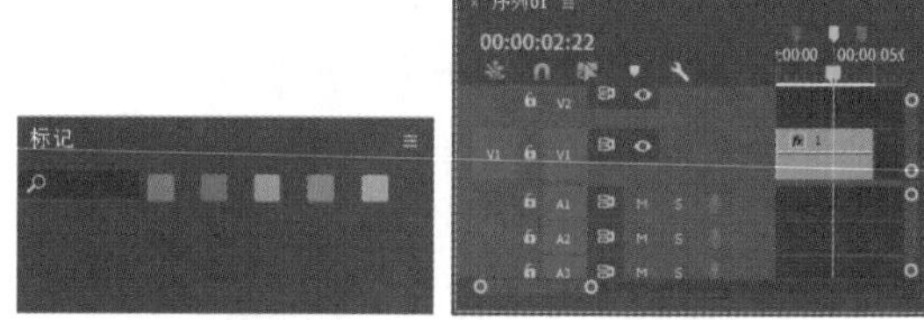

图 2.74　　图 2.75

若想更改标记颜色或添加注释，可在【时间轴】面板中将光标放置在标记上方，双击鼠标左键，此时在弹出的对话框中即可进行标记的编辑，如图2.76所示。

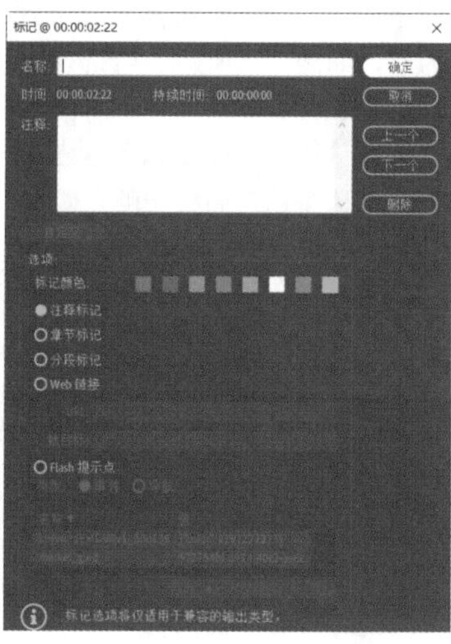

图 2.76

2.4 Premiere Pro 2023对计算机的要求

本书使用Premiere Pro 2023版本。

2.4.1 Windows上运行Premiere Pro 2023的最低推荐配置

配置要求如下。

（1）Intel® 第7代或更新版本的CPU或AMD同等产品。

（2）Windows 10（64位）V20H2或更高版本。

（3）16GB内存。

（4）4GB GPU VRAM。

（5）1920×1080或更大的显示器分辨率。

2.4.2 Mac OS上运行Premiere Pro 2023的最低推荐配置

配置要求如下。

（1）Intel® 第7代或更新款的CPU。

（2）Mac OS v11.0 (Big Sur) 或更高版本。

（3）16GB内存。

（4）8 GB RAM。

（5）1920×1080或更大的显示器分辨率。

扫一扫，看视频

Premiere Pro常用操作

本章内容简介：

要想熟练地完成影片制作，掌握常用操作是一堂必修课。在本章中主要讲解使用Premiere Pro进行创作的常用步骤、导入素材的方法、项目文件和编辑素材文件的基础操作及Premiere Pro的外观设置等。

重点知识掌握：

- 在Premiere Pro中剪辑视频的常用步骤。
- 如何导入素材文件。
- 编辑素材和项目的基本操作。
- 自定义界面设置。

佳作欣赏：

重点 3.1 轻松动手学：在Premiere Pro中创作作品的常用步骤

扫一扫，看视频

文件路径：第3章 Premiere Pro常用操作→轻松动手学：在Premiere Pro中创作作品的常用步骤

Adobe Premiere Pro 2023是一款功能强大的视频剪辑、编辑软件。在使用该软件创作作品之前，首先需要了解作品的创作步骤。

3.1.1 收集和整理素材到文件夹

在视频制作之前，首先需要收集大量与主题相符的图片、视频或音频素材，将素材整理到一个文件夹中，如图3.1所示。接下来在文件夹中进行二次挑选，并将挑选的素材文件移动到新的素材文件夹中作为最终素材，并按照使用素材的先后顺序编辑素材名称，在这里将素材重命名为1、2、3，如图3.2所示。

图 3.1

图 3.2

3.1.2 新建项目

步骤 01 将光标放在Adobe Premiere Pro 2023图标上方，双击鼠标左键打开软件，如图3.3所示。

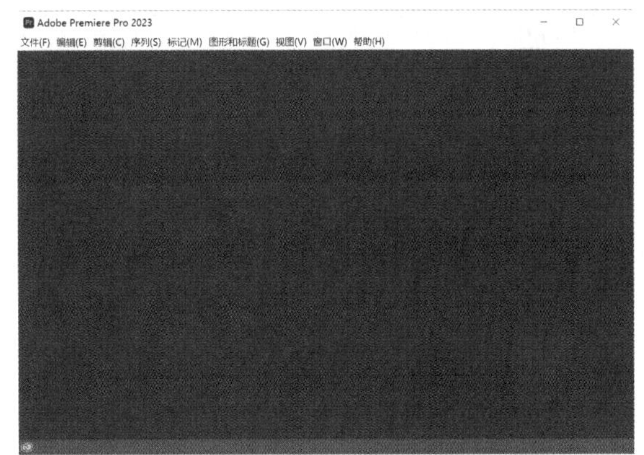

图 3.3

步骤 02 在菜单栏中执行【文件】/【新建】/【项目】命令或按快捷键Ctrl+Alt+N，在弹出的【导入】对话框中设置合适的【项目名】，接着单击【项目位置】右侧的保存路径，然后单击【选择位置】，在弹出的【项目位置】对话框中单击【选择文件夹】按钮，为项目选择合适的路径文件夹。在【导入】对话框中单击【创建】按钮，如图3.4所示。

步骤 03 进入Premiere Pro界面，如图3.5所示。

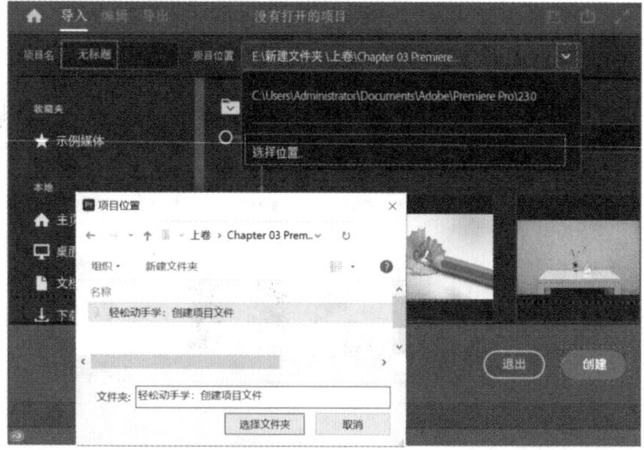

图 3.4

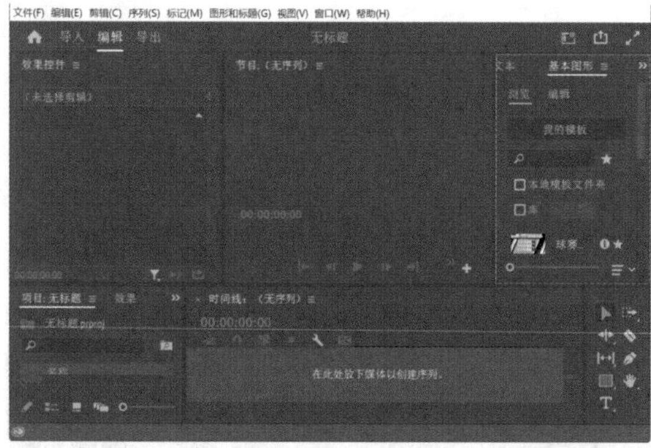

图 3.5

3.1.3 新建序列

新建序列是在新建项目的基础上进行操作的，可根据素材大小选择合适的序列类型。

1. 方法一

步骤 01 新建项目完成后，在菜单栏中执行【文件】/【新建】/【序列】命令或按快捷键Ctrl+N，弹出【新建序列】对话框。在【新建序列】对话框中默认选择HDV文件夹下的HDV 1080p24，设置合适的序列名称，然后单击【确定】按钮，如图3.6所示。此时新建的序列出现在【项目】面板中，如图3.7所示。

步骤 02 若想进行自定义序列设置，可在【新建序列】对话框中单击【设置】按钮，设置【编辑模式】为【自定义】，接着在下方设置视频参数及【序列名称】，设置完成后单击【确定】按钮，完成新建自定义序列，如图3.8所示。此时在【节目监视器】面板中即可显现出新建序列的尺寸，如图3.9所示。

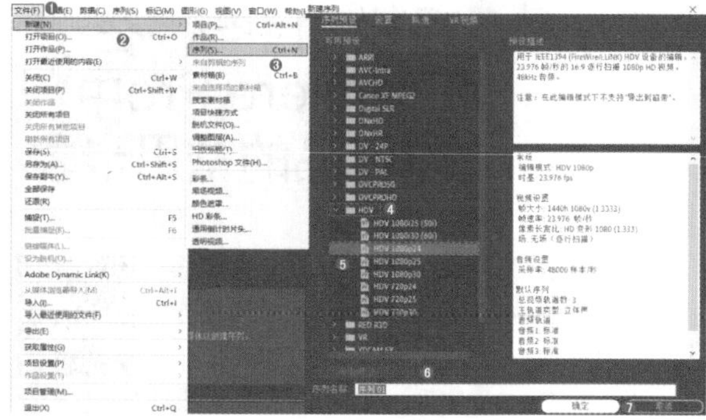

图 3.6

图 3.7

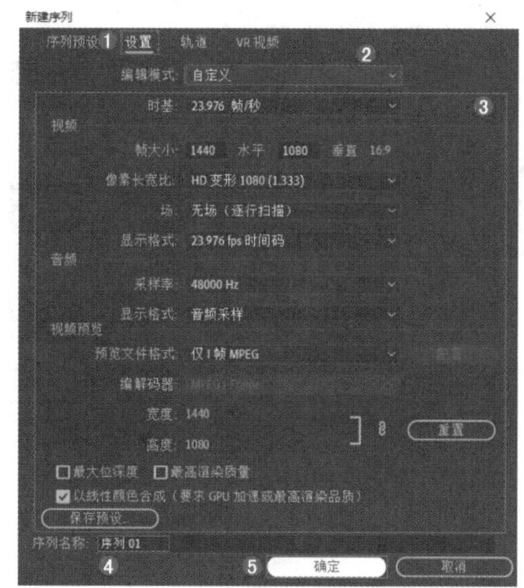

图 3.8

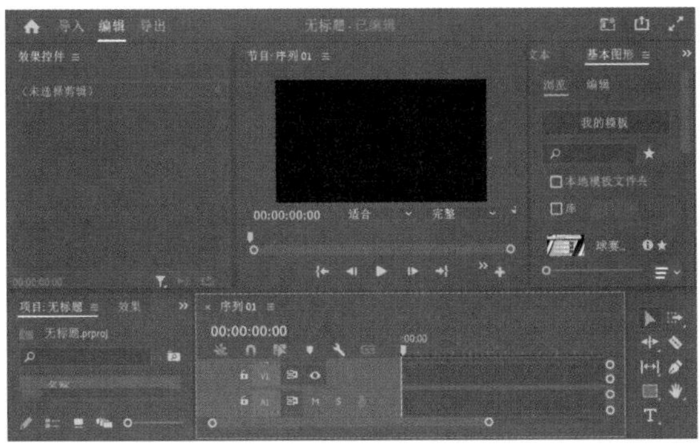

图 3.9

2. 方法二

在【项目】面板的空白处右击，在弹出的快捷菜单中执行【新建项目】/【序列】命令，弹出【新建序列】对话框。在【新建序列】对话框中默认选择HDV文件夹下的HDV 1080p24，如图3.10所示。此时新建的序列即可出现在【项目】面板中，如图3.11所示。

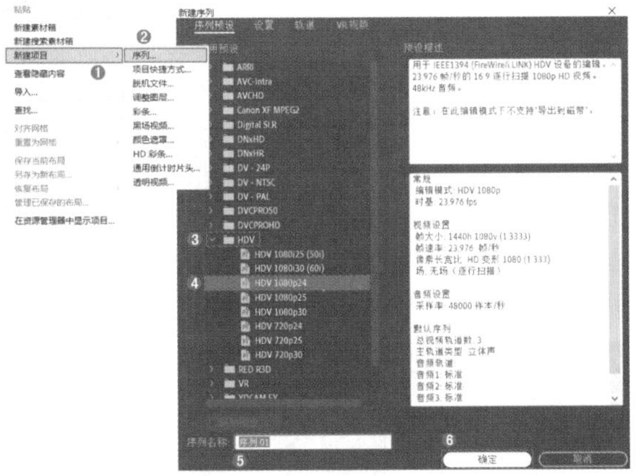

图 3.10

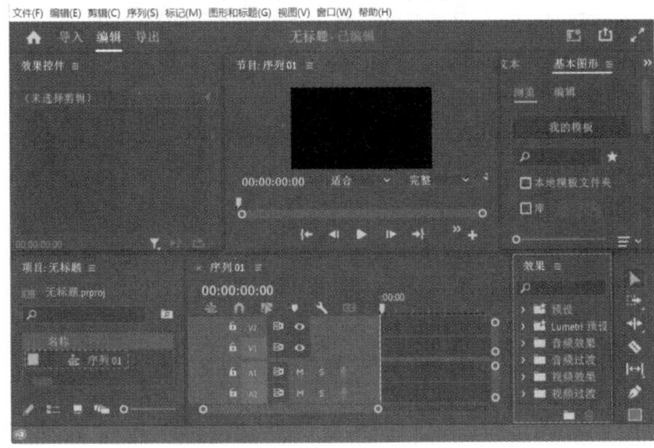

图 3.11

3.1.4 导入素材

步骤 01 在界面中新建项目和序列后，需要将制作作品时需要用的素材导入Premiere Pro的【项目】面板中。此时在【项目】面板下方的空白处双击鼠标左键(图3.12)或按快捷键Ctrl+I，弹出【导入】对话框，选择素材后单击【打开】按钮即可进行导入，如图3.13所示。

步骤 02 此时素材导入到【项目】面板中，如图3.14所示。

步骤 03 将【项目】面板中的1.mp4素材文件拖动到【时间轴】面板中的V1轨道上，此时会出现一个【剪辑不匹配警告】对话框，单击【保持现有设置】按钮，如图3.15所示。

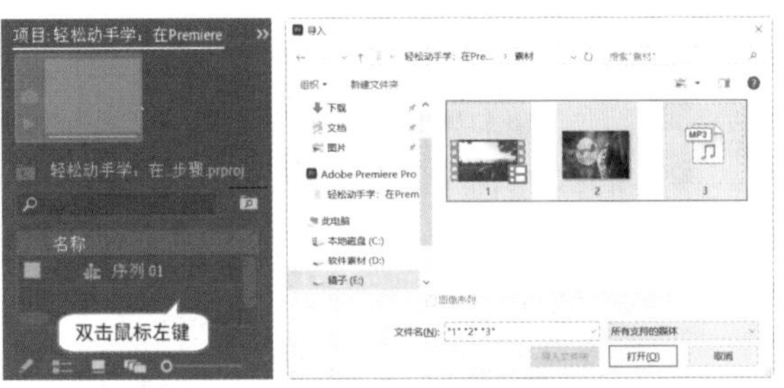

图 3.12　　图 3.13

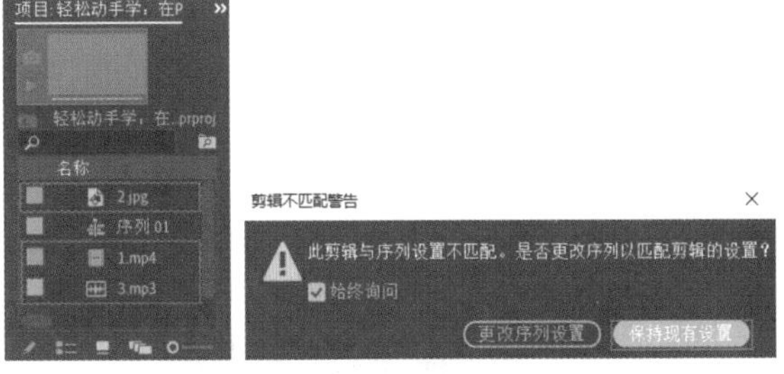

图 3.14　　图 3.15

提示：剪辑不匹配警告

若将【项目】面板中影片格式的素材文件拖动到【时间轴】面板中时，会弹出一个【剪辑不匹配警告】对话框，若在对话框中单击【更改序列设置】按钮，此时【项目】面板中已设置完成的序列将根据影片尺寸进行修改和再次匹配；若单击【保持现有设置】按钮，则会不改变序列尺寸，但要注意此时影片素材可能会与序列大小不匹配，这时可针对影片素材的大小进行调整。

步骤 04 将【项目】面板中的2.jpg素材文件拖动到【时间轴】面板中的V1轨道上，如图3.16所示。

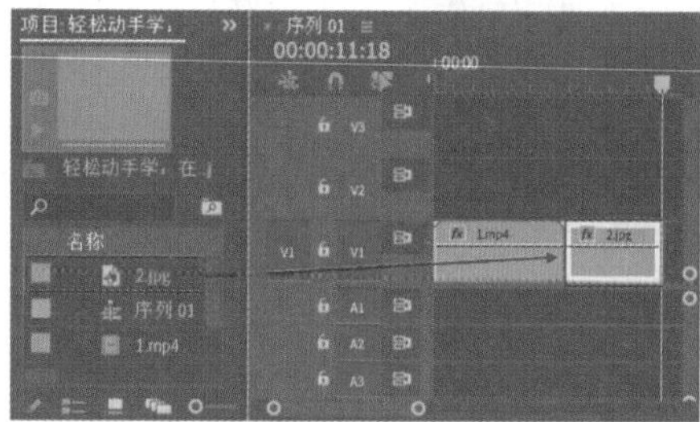

图 3.16

步骤 05 将【项目】面板中的3.mp3素材文件拖动到【时间轴】面板中的A1轨道上，如图3.17所示。

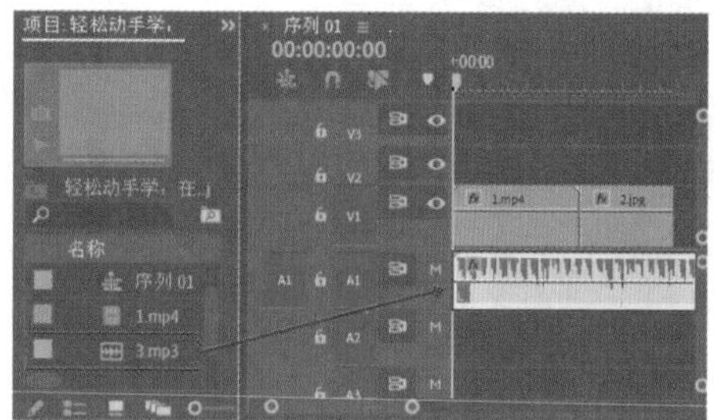

图 3.17

3.1.5 剪辑素材

步骤 01 单击【工具】面板中的 (剃刀工具)按钮或按快捷键C，选择【时间轴】面板中的1.mp4素材文件，将时间线拖动到00:00:04:20（4秒20帧）的位置，单击对影片素材进行剪辑操作，如图3.18所示。

图 3.18

步骤 02 单击【工具】面板中的 (选择工具)按钮或按快捷键V，选择1.mp4素材文件后半部分并右击，在弹出的快捷菜单中执行【波纹删除】命令，如图3.19所示。此时该素材文件被删除的同时后面的素材文件会自动向前跟进，如图3.20所示。

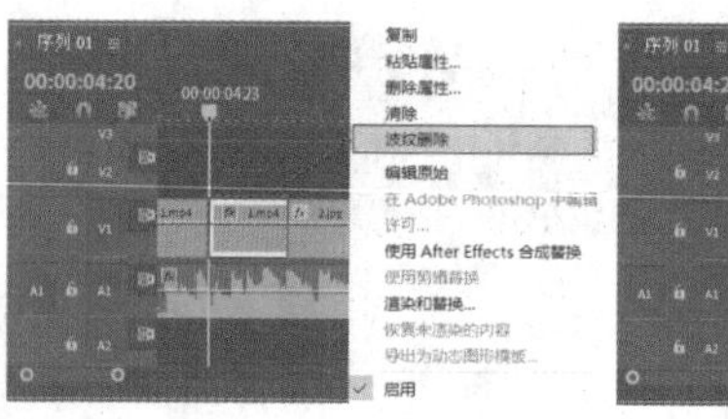

图 3.19

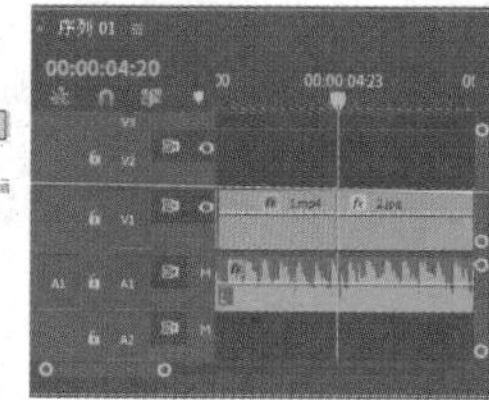

图 3.20

步骤 03 在【时间轴】面板中选择2.jpg图层，在【效果控件】面板中设置【缩放】为150，如图3.21所示。此时画面效果如图3.22所示。

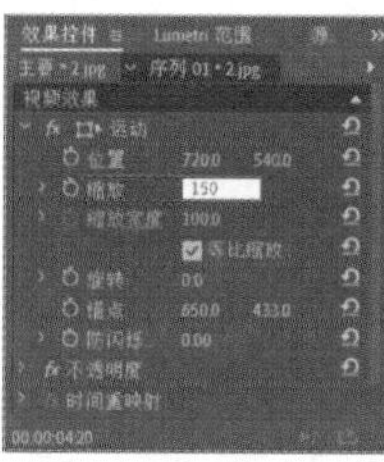

图 3.21

图 3.22

步骤 04 剪辑音频文件。将时间线拖动到00:00:09:20（9秒20帧）的位置，选择音频素材文件，使用【剃刀工具】在当前位置剪辑音频素材，如图3.23所示。

步骤 05 按V键将光标切换为【选择工具】，选择3.mp3素材文件的后半部分内容，然后按下Delete键将多余的部分删除，使其与视频素材文件对齐，如图3.24所示。

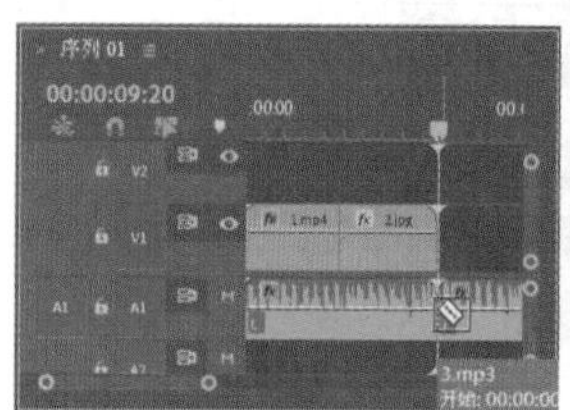

图 3.23

图 3.24

3.1.6 为素材添加字幕效果

步骤 01 将时间线滑动至起始位置，单击【工具】面板中的 T (文字工具)按钮，在工作区域右下角输入文字内容，如图3.25所示。

步骤 02，在【时间轴】面板中选中文字图层，在【效果控件】面板中展开【文本】/【源文本】，设置【字体系列】为【华文新魏】，【字体大小】为160，【颜色】为白色，勾选【阴影】复选框，设置【不透明度】为50%，【角度】

为100°，【距离】为10.0，【大小】为0.0，【模糊】为30，接着展开【变换】，设置【位置】为(224.6,958.9)，如图3.26所示。

图 3.25

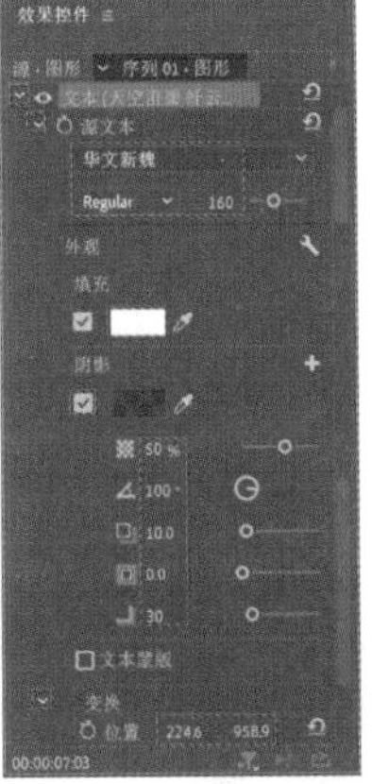

图 3.26

步骤 03 在【时间轴】面板中设置文字图层的结束时间与下方素材对齐(按住鼠标左键拖动起始或结束位置即可改变素材时长)，如图3.27所示。此时画面效果如图3.28所示。

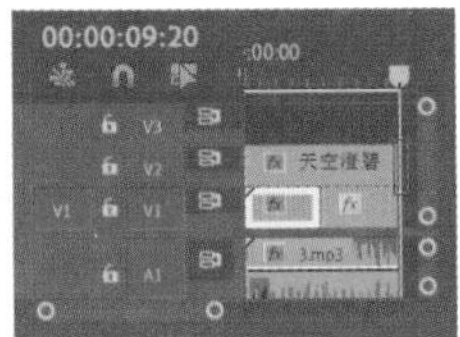

图 3.27

图 3.28

3.1.7 为素材添加特效

在【效果】面板的搜索框中搜索【带状内滑】效果，然后按住鼠标左键将效果拖动到V1轨道上的1.mp4素材文件和2.jpg素材文件的中间位置，如图3.29所示。此时画面的过渡效果如图3.30所示。

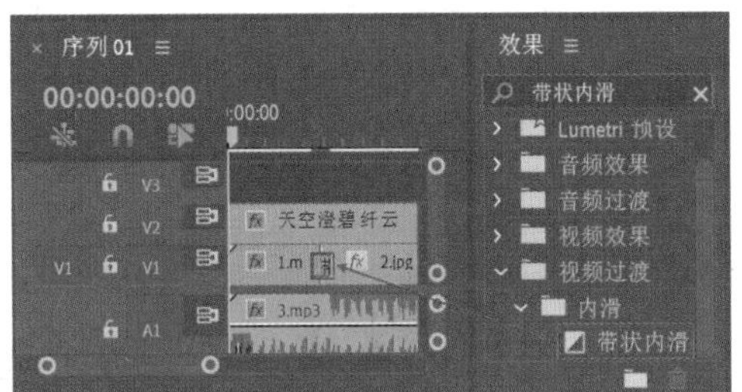

图 3.29

图 3.30

3.1.8 输出作品

当视频文件制作完成后，需要将作品进行输出，使作品在便于观看的同时也便于存储。

步骤 01 选择【时间轴】面板，在菜单栏中执行【文件】/【导出】/【媒体】命令或按快捷键Ctrl+M，弹出【导出】对话框，如图3.31所示。

图 3.31

步骤 02 在【导出】对话框中单击【位置】后方的路径，在弹出的【另存为】对话框中设置【保存路径】及【文件名】，单击【保存】按钮返回【导出】对话框，将【格式】设置为H.264，勾选【使用最高渲染质量】复选框，可增强画质，设置完成后单击【导出】按钮，如图3.32所示。

图 3.32

步骤 03 此时在弹出的对话框中显示渲染进度条，如图3.33所示。等待一段时间后即可完成渲染，并且在刚才设置的路径中就会找到输出的视频，如图3.34所示。

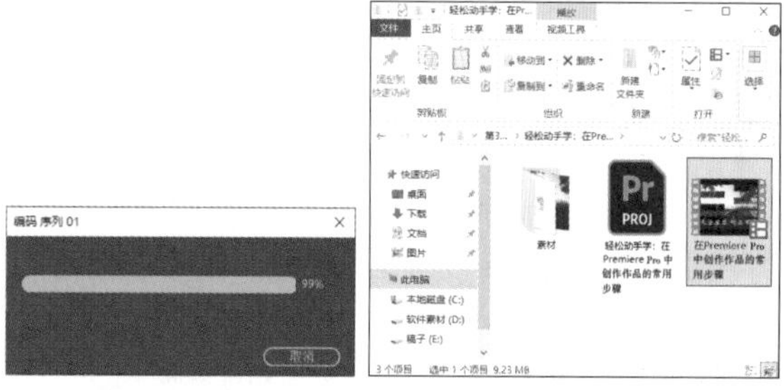

图 3.33　　图 3.34

重点 3.2 导入素材文件

在Premiere Pro中可以导入的素材格式有很多种，其中最常用的有导入图片、视频、音频素材，导入序列素材，以及导入PSD素材等。

3.2.1 实例：导入视频素材

扫一扫，看视频

文件路径：第3章 Premiere Pro常用操作→实例：导入视频素材

本实例首先在软件中新建项目和序列，然后在软件中导入视频素材并进行一系列操作。

步骤 01 在菜单栏中执行【文件】/【新建】/【项目】命令，在弹出的【导入】对话框中设置【项目名】并单击【项目位置】后方的路径，单击【选择位置】按钮并设置保存路径，单击【创建】按钮，如图3.35所示。在【项目】面板的空白处右击，在弹出的快捷菜单中执行【新建项目】/【序列】命令，在弹出的【新建序列】对话框中选择HDV文件夹下方的HDV 1080p24，如图3.36所示。

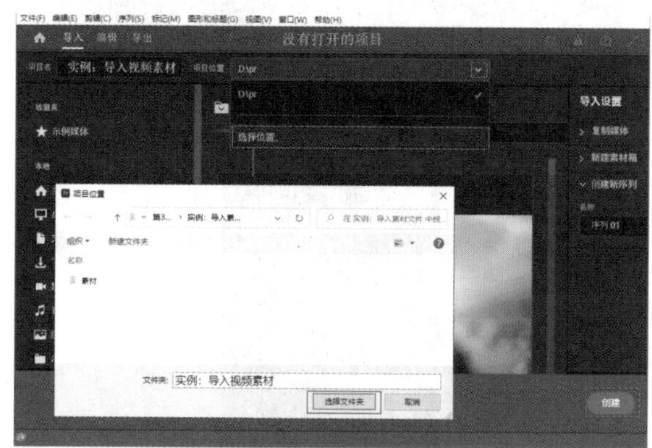

图 3.35

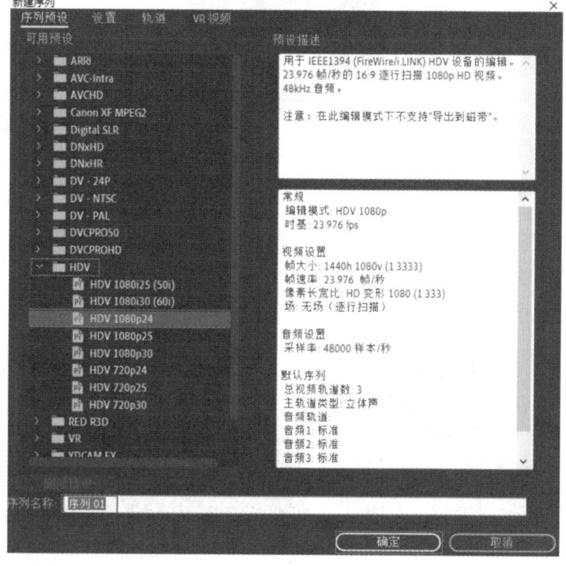

图 3.36

步骤 02 在【项目】面板的空白处双击，导入1.mp4素材文件，单击【打开】按钮导入素材，如图3.37所示。

图 3.37

步骤 03 在【项目】面板中选择1.mp4素材文件，并按住鼠标左键将其拖动到V1轨道上，如图3.38所示。

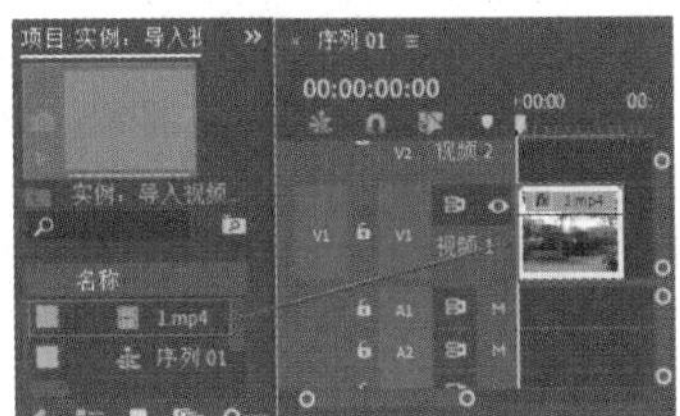

图 3.38

步骤 04 此时会弹出【剪辑不匹配警告】对话框，单击【保持现有设置】按钮，如图3.39所示。此时即可以当前序列的尺寸显示视频大小，如图3.40所示。

图 3.39

图 3.40

3.2.2 实例：导入序列素材

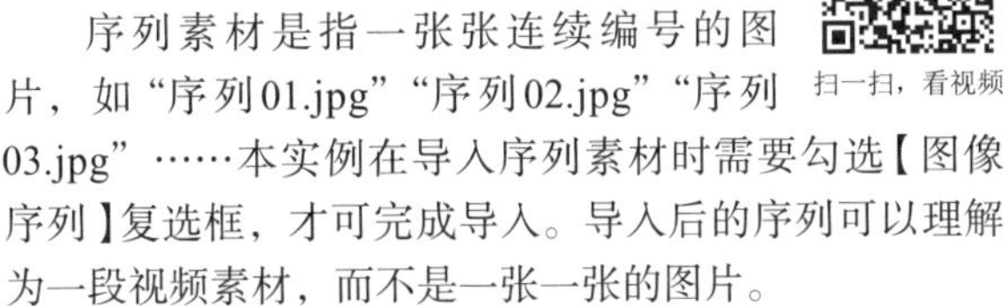

扫一扫，看视频

文件路径：第3章 Premiere Pro常用操作→实例：导入序列素材

序列素材是指一张张连续编号的图片，如“序列01.jpg”“序列02.jpg”“序列03.jpg”……本实例在导入序列素材时需要勾选【图像序列】复选框，才可完成导入。导入后的序列可以理解为一段视频素材，而不是一张一张的图片。

步骤 01 执行【文件】/【新建】/【项目】命令，在弹出的【导入】对话框中设置【项目名】并单击【项目位置】后方的路径，单击【选择位置】按钮并设置保存路径，单击【创建】按钮，如图3.41所示。在【项目】面板的空白处右击，在弹出的快捷菜单中执行【新建项目】/【序列】命令，在弹出的【新建序列】对话框中选择DV-PAL文件夹下的【标准 48kHz】，设置【序列名称】为【序列01】，单击【确定】按钮，如图3.42所示。

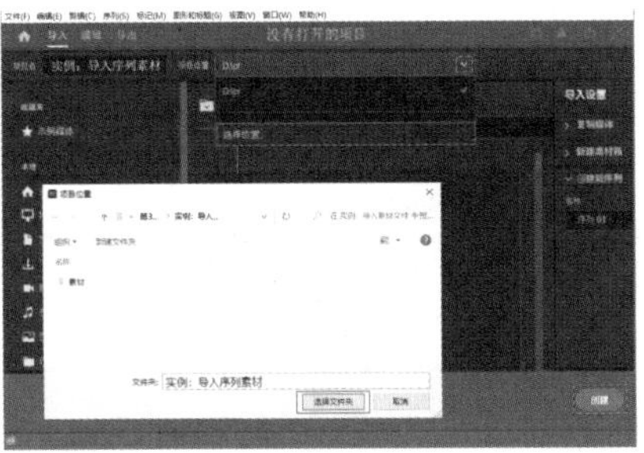

图 3.41

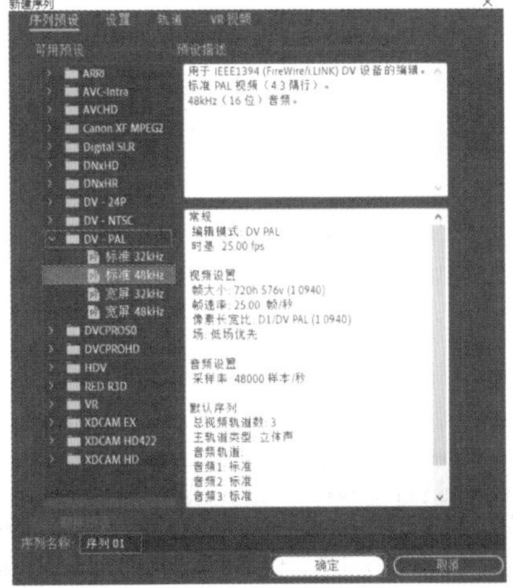

图 3.42

步骤 02 在【项目】面板的空白处双击鼠标左键，弹出【导入】对话框，选择【序列0100.jpg】素材文件，勾选【图像序列】复选框，然后单击【打开】按钮进行导入，如图3.43所示。

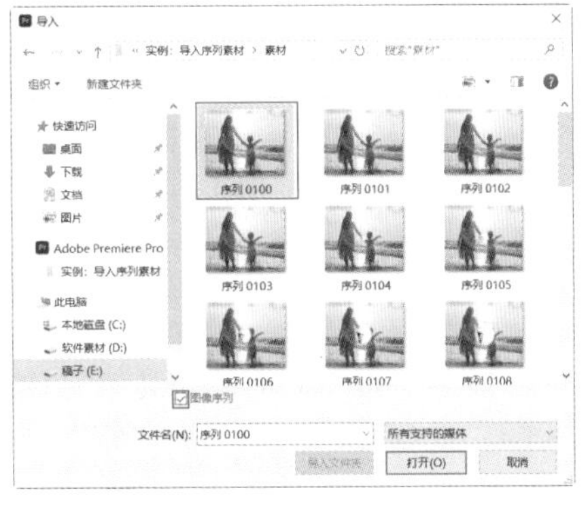

图 3.43

步骤 03 此时【项目】面板中出现了序列素材【序列0100.jpg】，然后按住鼠标左键将该序列拖动到【时间轴】面板中的V1轨道上，如图3.44所示。

步骤 04 此时拖动时间线进行查看即可以动画的形式显示，如图3.45所示。

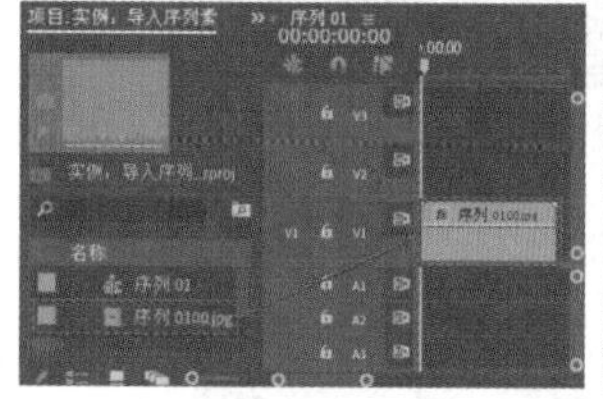

图 3.44

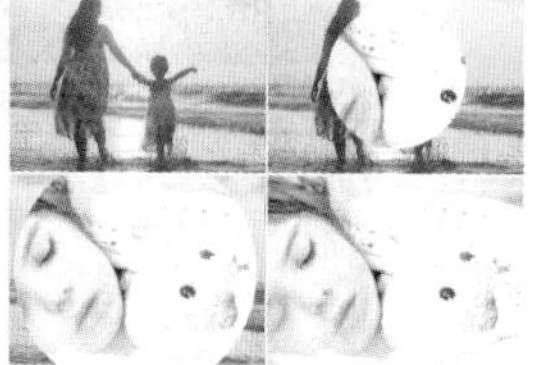

图 3.45

3.2.3 实例：导入PSD素材

扫一扫，看视频

文件路径：第3章 Premiere Pro常用操作→实例：导入PSD素材

本实例讲解了如何将PSD格式的文件导入Premiere Pro中。

步骤 01 执行【文件】/【新建】/【项目】命令，弹出【导入】对话框中，设置【项目名】并单击【项目位置】后方的路径，接着单击【选择位置】按钮并设置保存路径，接着单击【创建】按钮，如图3.46所示。

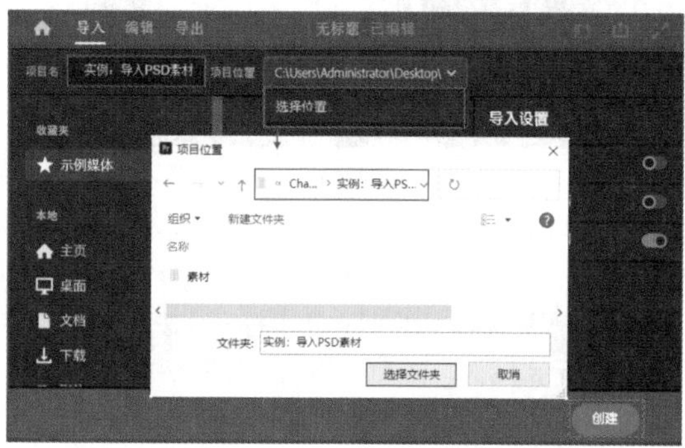

图 3.46

步骤 02 在【项目】面板的空白处双击鼠标左键，弹出【导入】对话框，在对话框中选择1.psd素材文件，并单击【打开】按钮进行导入，如图3.47所示。此时在Premiere Pro中会弹出一个【导入分层文件】对话框，可以在【导入为】右侧选择导入类型，在本实例中选择【合并所有图层】选项，选择完成后单击【确定】按钮，如图3.48所示。

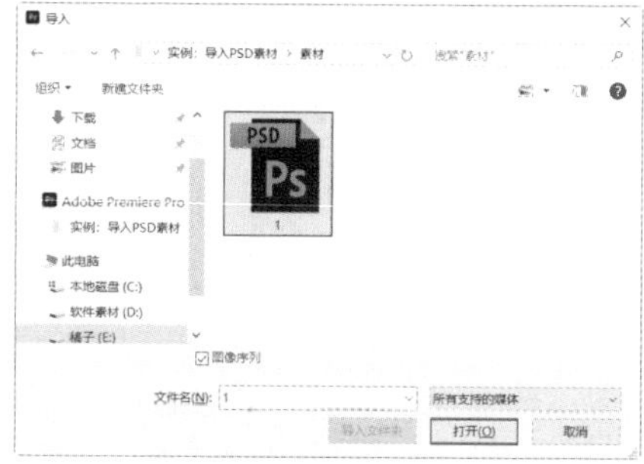

图 3.47

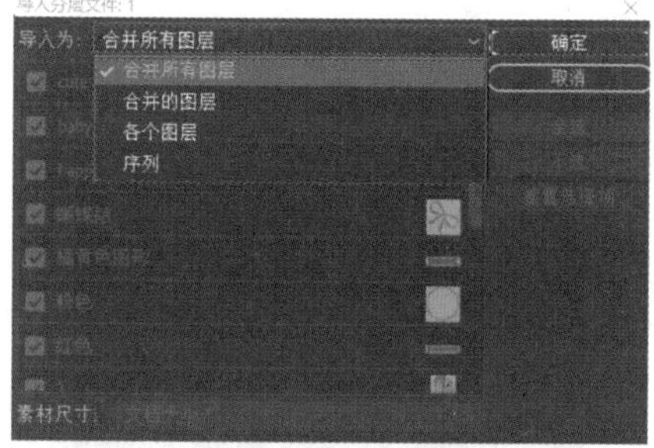

图 3.48

步骤 03 在【项目】面板中会以图片的形式显示导入的1.psd合层素材，按住鼠标左键将其拖动到【时间轴】面板中的V1轨道上，如图3.49所示。此时在【项目】面板中自动生成与图片等大的序列。画面效果如图3.50所示。

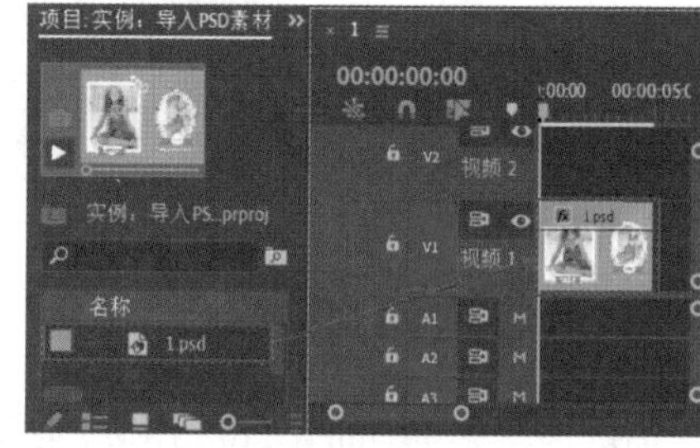

图 3.49

图 3.50

提示：在导入PSD格式文件时，也可导入多个图层

（1）在导入PSD素材文件时，将【导入为】设置为【各个图层】，如图3.51所示。

（2）在【项目】面板中出现PSD文件中的各个素材图层，如图3.52所示。

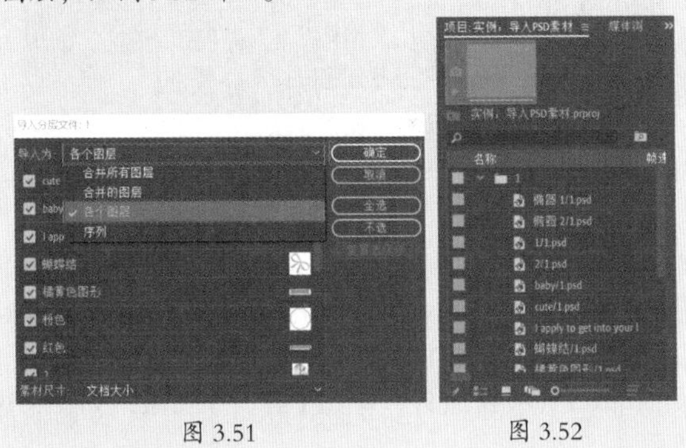

图 3.51　　图 3.52

提示：有一些格式的视频无法导入Premiere Pro

Premiere Pro支持的视频格式有限，普遍支持AVI、WMV、MPEG等，若视频格式为其他类型，可使用视频格式转换软件，如格式工厂等。若视频为以上类型但仍然无法导入，建议安装QuickTime软件及其他播放器软件。

3.3 项目文件的基本操作

在视频制作时，首先要熟练掌握项目文件的基本操作才能编辑出精彩的视频文件。下面针对项目文件的操作进行讲解。

重点 3.3.1　轻松动手学：创建项目文件

文件路径：第3章　Premiere Pro常用操作→轻松动手学：创建项目文件

扫一扫，看视频

步骤 01 在菜单栏中执行【文件】/【新建】/【项目】命令或按快捷键Ctrl+Alt+ N，在弹出的【导入】对话框中设置【项目名】并单击【项目位置】后方的路径，单击【选择位置】按钮并设置保存路径，单击【创建】按钮，如图3.53所示。

步骤 02 新建的项目如图3.54所示。

图 3.53

图 3.54

步骤 03 在编辑文件之前新建序列。在【项目】面板的空白处右击，在弹出的快捷菜单中执行【新建项目】/【序列】命令或按快捷键Ctrl+N。在弹出的【新建序列】对话框中选择DV-PAL文件夹下的【标准48kHz】，如图3.55所示。此时【项目】面板中出现新建的序列，用户也可通过【节目监视器】面板查看序列大小，如图3.56所示。

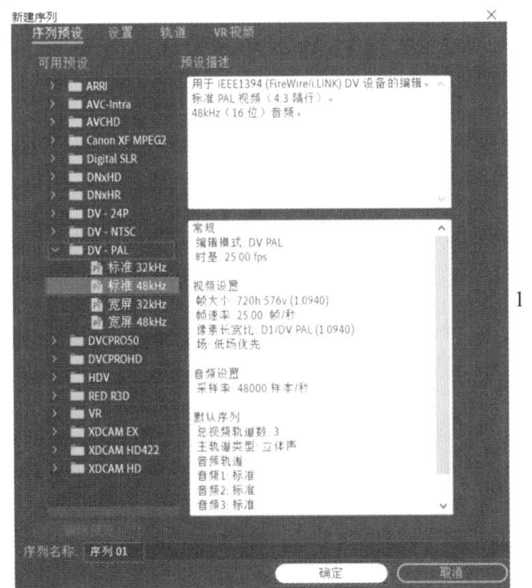

图 3.55

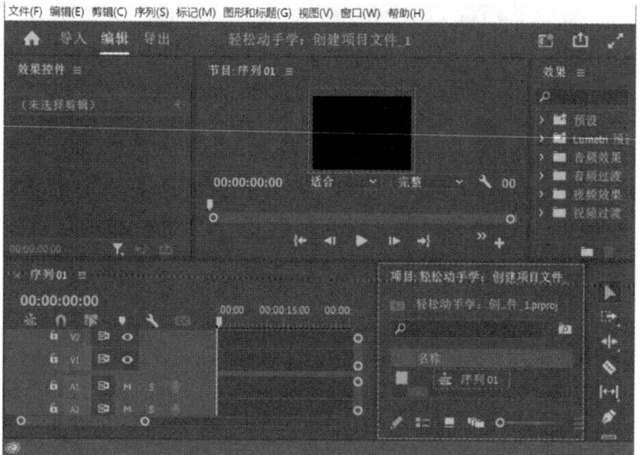

图 3.56

重点 3.3.2 轻松动手学：打开项目文件

扫一扫，看视频

文件路径：第3章 Premiere Pro常用操作→轻松动手学：打开项目文件

1. 方法一

步骤 01 打开Premiere Pro软件，在菜单栏中执行【文件】/【打开项目】命令，在弹出的【打开项目】对话框中选择文件所在的路径文件夹，在文件夹中选择已制作完成的Premiere Pro项目文件，单击【打开】按钮，如图3.57所示。

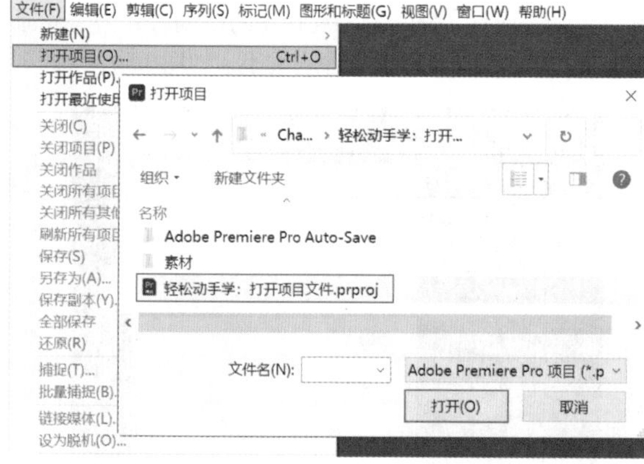

图 3.57

步骤 02 此时选择的文件在Premiere Pro中打开，如图3.58所示。

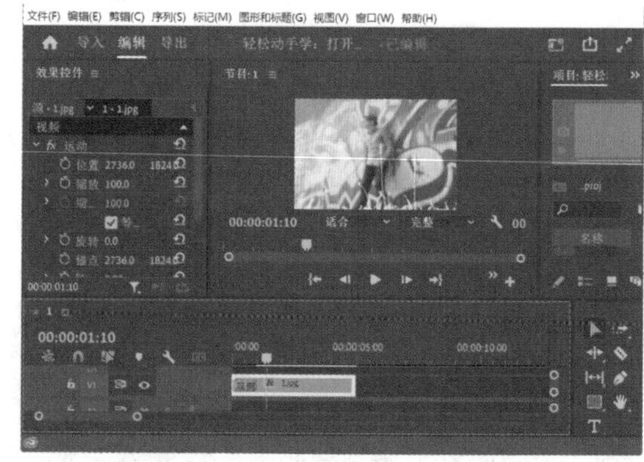

图 3.58

2. 方法二

步骤 01 按快捷键Ctrl+O，在弹出的【打开项目】对话框中选择项目文件的路径文件夹，在文件夹中选择Premiere Pro项目文件，单击【打开】按钮，如图3.59所示。

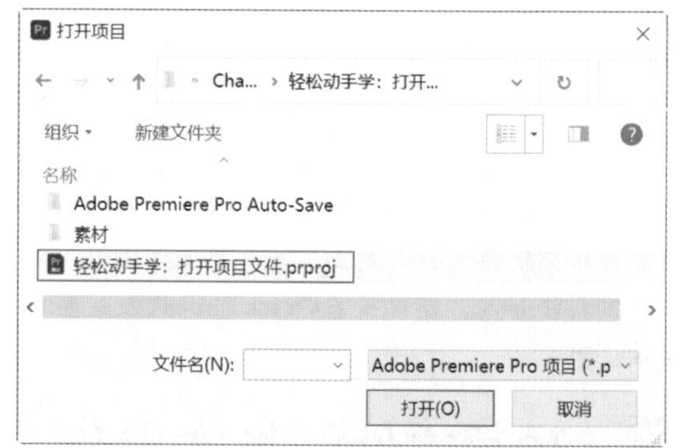

图 3.59

步骤 02 此时项目文件在Premiere Pro中被打开，如图3.60所示。

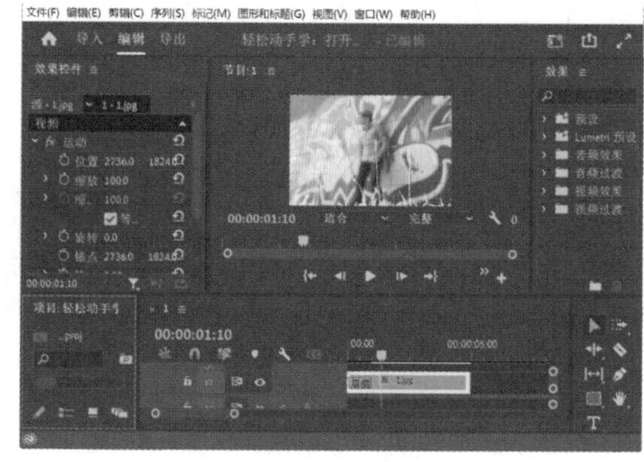

图 3.60

3. 方法三

打开项目文件的路径文件夹，在文件夹中选择需要打开的项目文件，如图3.61所示。双击鼠标左键，即可在Premiere Pro中打开，如图3.62所示。

图 3.61

图 3.62

重点 3.3.3 轻松动手学：保存项目文件

文件路径：第3章 Premiere Pro常用操作→轻松动手学：保存项目文件

扫一扫，看视频

步骤 01 当文件制作完成后，要将项目文件及时进行保存。执行【文件】/【另存为】命令（图3.63）或按快捷键Ctrl+Shift+S，弹出【保存项目】对话框，在该对话框中设置合适的【文件名】及【保存类型】，设置完成后单击【保存】按钮，如图3.64所示。

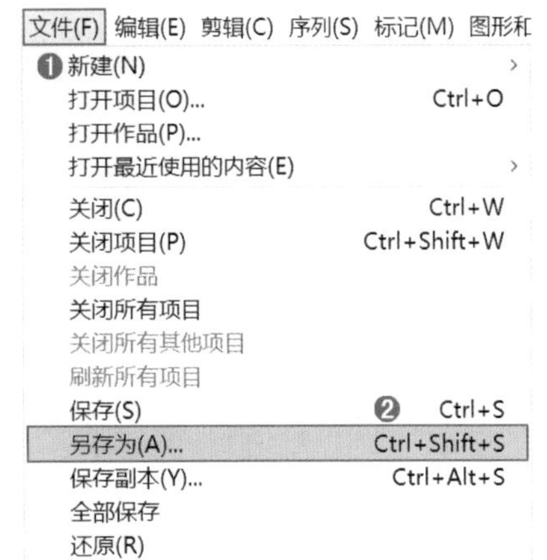

图 3.63

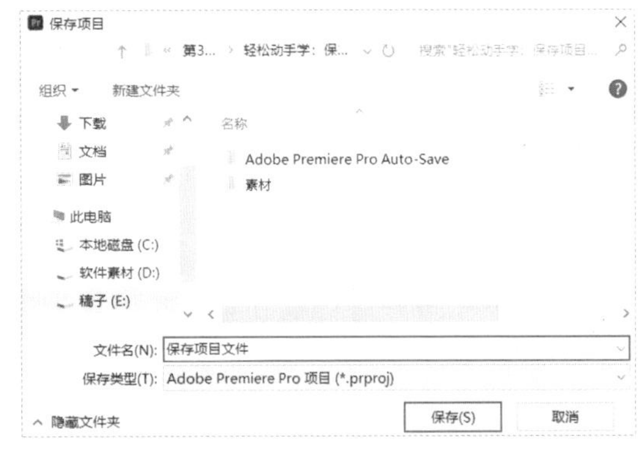

图 3.64

步骤 02 此时在选择的文件夹中出现刚刚保存的Premiere Pro项目文件，如图3.65所示。

图 3.65

提示：在Premiere Pro中制作作品时要及时保存

在Premiere Pro中制作作品时，有时会出现卡顿现象，导致Premiere Pro文件丢失，停止当前工作，所以在制作视频时要及时按快捷键Ctrl+S保存当前的步骤，以免软件停止工作，导致文件丢失。

重点 3.3.4 轻松动手学：关闭项目文件

扫一扫，看视频

文件路径：第3章 Premiere Pro常用操作→轻松动手学：关闭项目文件

步骤 01 项目保存完成后，在菜单栏中执行【文件】/【关闭项目】命令，或按快捷键Ctrl+Shift+W进行快速关闭，如图3.66所示。此时Premiere Pro界面中的项目文件被关闭，如图3.67 所示。

文件(F) 编辑(E) 剪辑(C) 序列(S) 标记(M) 图形和
❶ 新建(N) ›
打开项目(O)... Ctrl+O
打开作品(P)...
打开最近使用的内容(E) ›
关闭(C) ❷ Ctrl+W
关闭项目(P) Ctrl+Shift+W
关闭作品
关闭所有项目
关闭所有其他项目
刷新所有项目
保存(S) Ctrl+S

图 3.66

图 3.67

步骤 02 若在Premiere Pro中同时打开多个项目文件，关闭时可执行【文件】/【关闭所有项目】命令，如图3.68所示。此时Premiere Pro中打开的所有项目被同时关闭，如图3.69 所示。

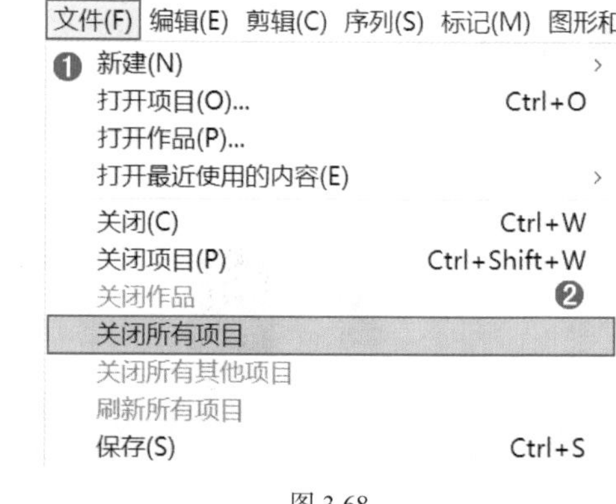

图 3.68

图 3.69

重点 3.3.5 找到自动保存的文件

当Premiere Pro意外退出或因计算机突然断电等外界因素导致正在操作的Premiere Pro项目文件未能及时保存时，可以通过搜索Premiere Pro的自动保存路径来找到其备份文件。

步骤 01 确定Premiere Pro所在的位置。右击Premiere Pro图标，在弹出的快捷菜单中执行【属性】命令，弹出【Adobe Premiere Pro 2023属性】对话框，在该对话框中找到【起始位置】，查看Premiere Pro 2023的安装位置，如图3.70所示。可以看到在该计算机中Premiere Pro软件安装在C盘中。

图 3.70

步骤 02 打开计算机的本地磁盘C盘，在右上角的搜索框中搜索Auto-Save文件夹，此时在C盘中自动搜索带有Auto-Save文字的所有文件夹，如图3.71所示。当搜索完成后，选择Adobe Premiere Pro Auto-Save文件夹（图3.72），双击将其打开。

图 3.71

图 3.72

步骤 03 在文件夹中可以看到本计算机中所有Premiere Pro备份文件。为了方便查找，可单击【修改日期】按钮，此时文件会按操作时间自动排列顺序，如图3.73所示。

步骤 04 在文件夹中，将最近保存的几个备份文件复制到一个新文件夹中，再次进行备份，以免在原文件夹中将备份文件改动而失去原始文件信息。打开新备份的文件夹，如图3.74所示。在文件夹中将最近保存的备份文件打开查看，检查是否与丢失时的操作步骤相近，选择丢失步骤较少的项目文件，此时丢失的文件即可被找回。

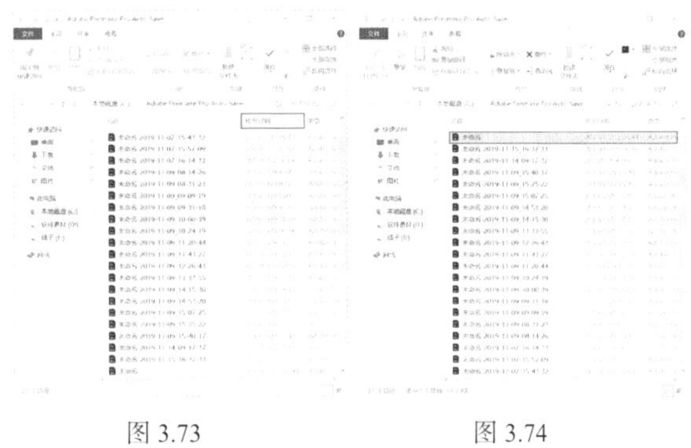

图 3.73　　　　图 3.74

3.3.6 实例："横屏"视频秒变"竖屏"视频

文件路径：第3章 Premiere Pro常用操作→实例："横屏"视频秒变"竖屏"视频

扫一扫，看视频

随着抖音等平台的兴起，手机竖屏视频的需求量与日俱增，但是很多视频是横屏拍摄的，那么本实例将使用Adobe Premiere Pro 2023的新功能快速更改横竖屏。实例效果如图3.75所示。

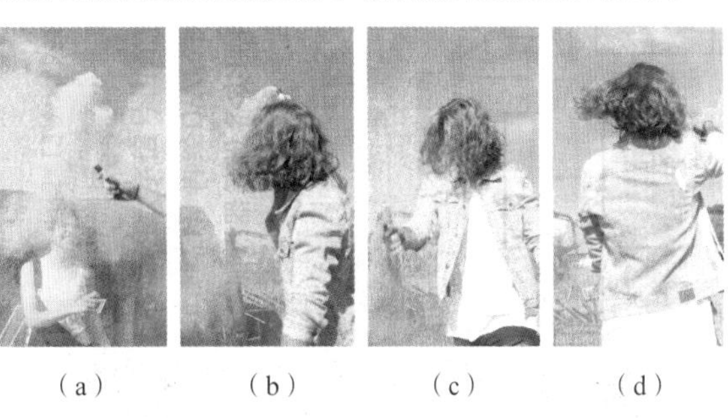

（a）　（b）　（c）　（d）

图 3.75

步骤 01 执行【文件】/【新建】/【项目】命令，新建一个项目，如图3.76所示。

文件(F) 编辑(E) 剪辑(C) 序列(S) 标记(M) 图形和标题(G) 视图(V) 窗
新建(N) 项目(P)... Ctrl+Alt+N
打开项目(O)... Ctrl+O 作品(R)...
打开作品(P)... 序列(S)... Ctrl+N
打开最近使用的内容(E) 来自剪辑的序列

图 3.76

步骤 02 此时界面如图3.77所示。

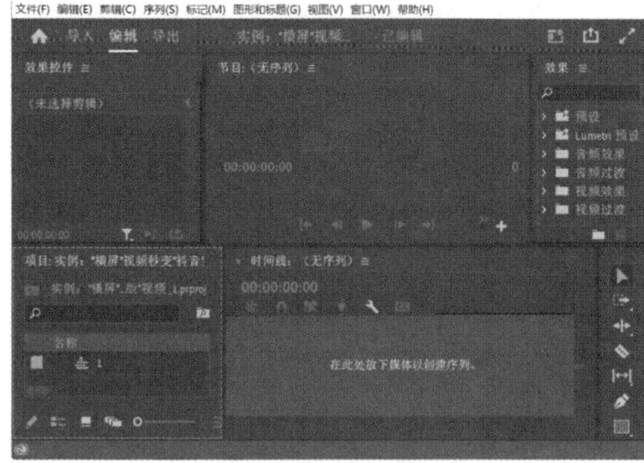

图 3.77

步骤 03 将素材文件1.mp4拖动到【项目】面板中，如图3.78所示。

图 3.78

步骤 04 将【项目】面板中的素材文件1.mp4拖动到【时间轴】面板中的V1轨道上，如图3.79所示。

图 3.79

步骤 05 播放此视频，此时画面效果如图3.80所示。

（a）（b）

（c）（d）

图 3.80

步骤 06 但是发现在录制时采用横屏录制，如果将视频传至抖音等平台，不太利于传播，因此想将其转换为竖屏的视频。在【时间轴】面板中选中素材，在菜单栏中执行【序列】/【自动重构序列】命令，如图3.81所示。

步骤 07 在弹出的【自动重构序列】对话框中设置【长宽比】为【垂直9 ：16】，单击【创建】按钮，如图3.82所示。

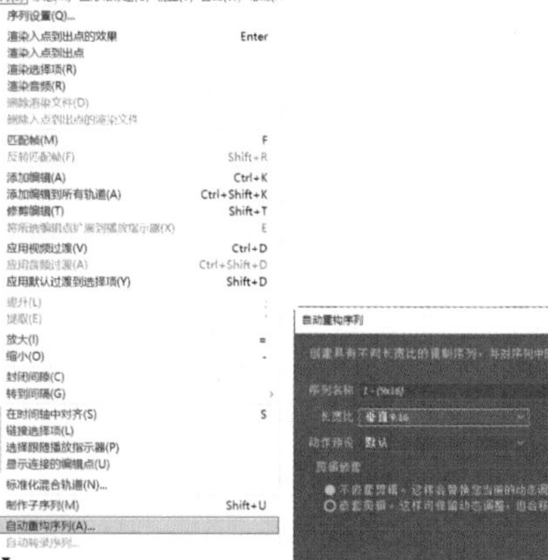

图 3.81 图 3.82

步骤 08 此时画面中出现了【正在分析......】的字样，如图3.83所示。

图 3.83

步骤 09 等待一会，视频就会自动变为竖屏视频，而且会自动以最优的方式显示人物。竖屏视频很适合抖音等平台。视频效果如图3.84所示。

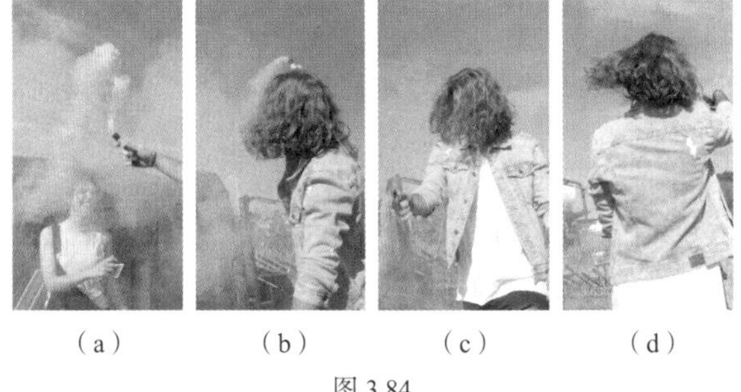

（a）（b）（c）（d）

图 3.84

重点 3.4 编辑素材文件的操作

素材作为在Premiere Pro中操作的基础，可根据视频编辑需要，将素材进行打包、编组、嵌套等操作，在方便操作的同时更加便于素材的浏览和归纳。

3.4.1 实例：导入素材文件

扫一扫，看视频

文件路径：第3章 Premiere Pro常用操作→实例：导入素材文件

本实例主要可通过双击【项目】面板中的空白处导入文件，也可使用快捷键进行快速导入。

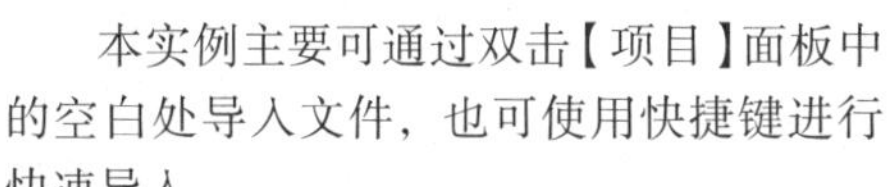

步骤 01 执行【文件】/【新建】/【项目】命令，在弹出的【导入】对话框中设置合适的【项目名】和【项目位置】，单击【创建】按钮，如图3.85所示。

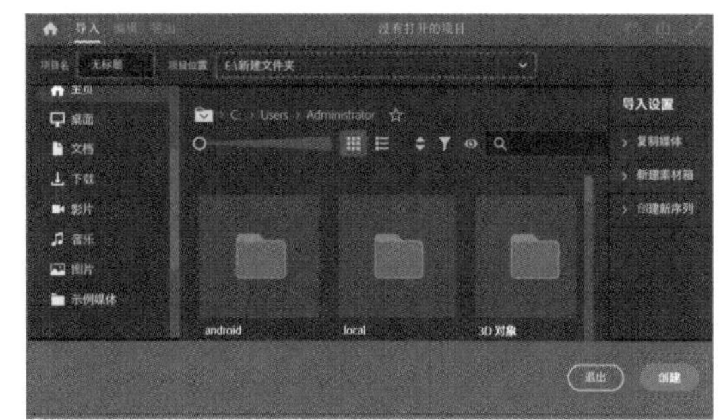

图 3.85

步骤 02 在【项目】面板的空白处双击鼠标左键或按快捷键Ctrl+I，在弹出的对话框中选择1.jpg素材文件，单击【打开】按钮导入素材，如图3.86所示。

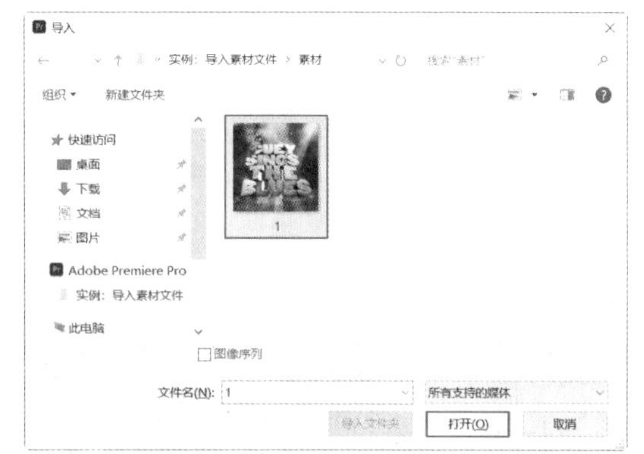

图 3.86

步骤 03 在【项目】面板中选择1.jpg素材文件，按住鼠标左键将素材拖动到【时间轴】面板中的V1轨道上，如图3.87所示。此时在【项目】面板中自动生成与素材尺寸等大的序列。

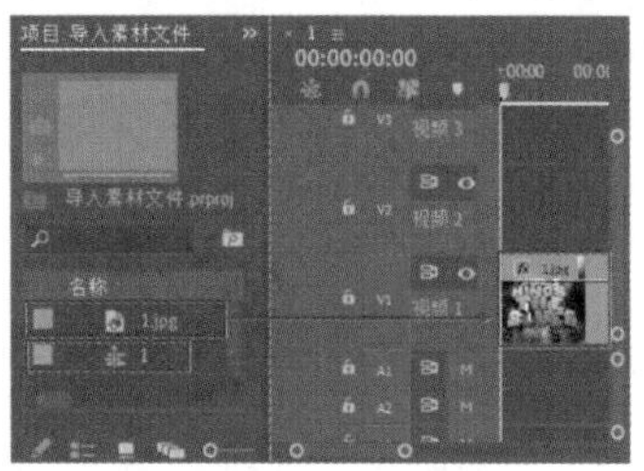

图 3.87

3.4.2 实例：打包素材文件

扫一扫，看视频

文件路径：第3章 Premiere Pro常用操作→实例：打包素材文件

在制作文件时经常会将文件进行备份

或将其移动到其他位置，那么在移动位置后，通常会出现素材丢失等现象，所以需要对文件进行打包处理，方便该文件移动位置后的再次操作。

步骤 01 打开素材文件【打包素材文件.prproj】，如图3.88所示。

步骤 02 在Premiere Pro的菜单栏中执行【文件】/【项目管理】命令，弹出【项目管理器】对话框，如图3.89所示。在该对话框中勾选1复选框，因为该序列是需要应用的序列文件。在【生成项目】选项组中选中【收集文件并复制到新位置】单选按钮，单击【浏览】按钮选择文件的目标路径。单击【确定】按钮，完成素材的打包操作。需要注意的是，应尽量选择空间较大的磁盘进行存储。

图 3.88

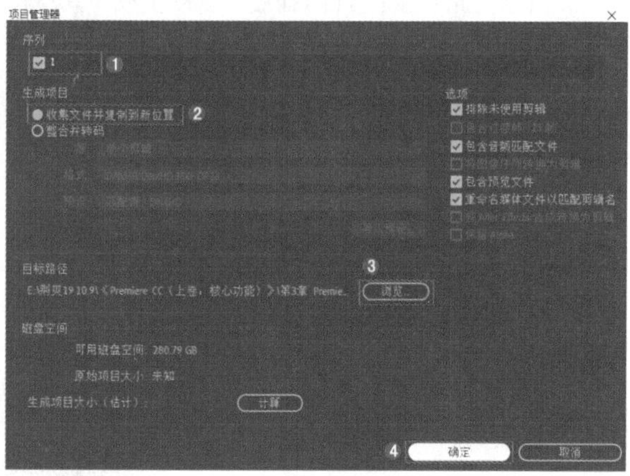

图 3.89

步骤 03 此时在打包时所选择的路径文件夹中即显示打包的素材文件，如图3.90所示。

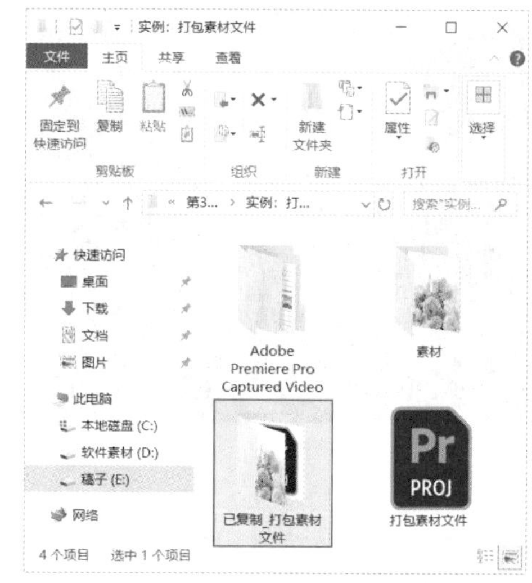

图 3.90

3.4.3 实例：编组素材文件

扫一扫，看视频

文件路径：第3章 Premiere Pro常用操作→实例：编组素材文件

在操作时通过对多个素材进行编组处理，将多个素材文件转换为一个整体，可同时选择或添加效果。

步骤 01 在菜单栏中执行【文件】/【新建】/【项目】命令，在弹出的【导入】对话框中设置合适的【项目名】和【项目位置】，如图3.91所示。在【项目】面板的空白处右击，在弹出的快捷菜单中执行【新建项目】/【序列】命令，在弹出的【新建序列】对话框中选择DV-PAL文件夹下的【标准48kHz】，如图3.92所示。

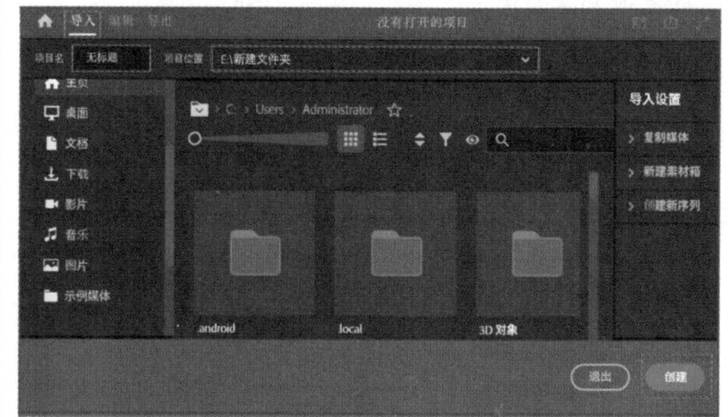

图 3.91

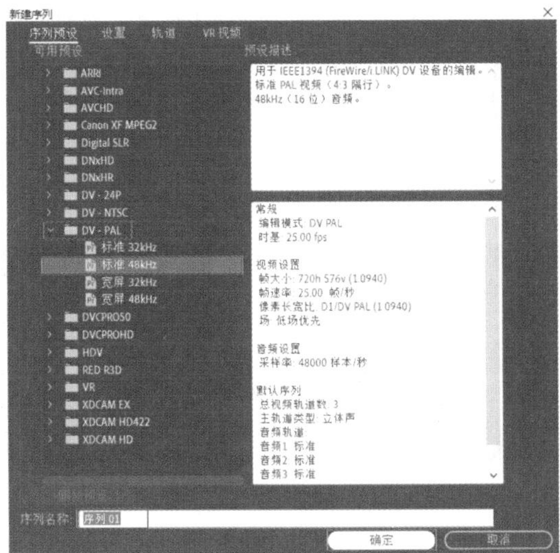

图 3.92

步骤 02 在【项目】面板的空白处双击鼠标左键或按快捷键Ctrl+I，在弹出的对话框中选择全部素材文件，单击【打开】按钮导入素材，如图3.93所示。

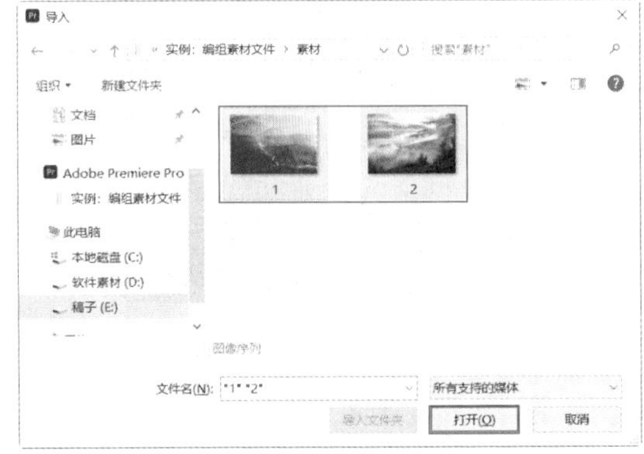

图 3.93

步骤 03 在【项目】面板中选择1.jpg、2.jpg素材文件并将其拖动到V1轨道上，如图3.94所示。

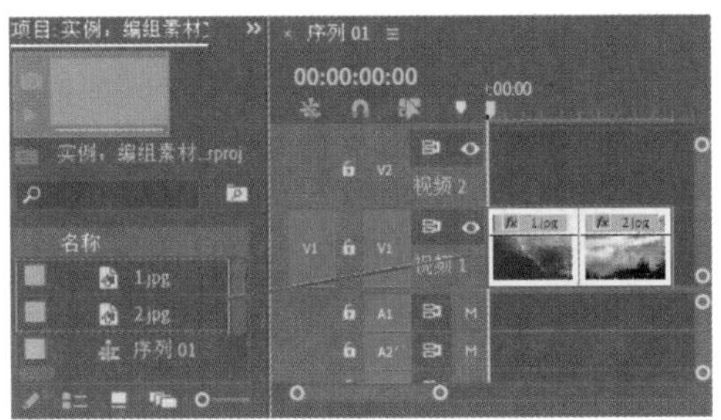

图 3.94

步骤 04 对1.jpg、2.jpg素材文件进行编组操作，方便为素材添加相同的视频效果。选中1.jpg、2.jpg素材文件并右击，在弹出的快捷菜单中执行【编组】命令，如图3.95所示。此时可以对这两个素材文件同时进行选择或移动，如图3.96所示。

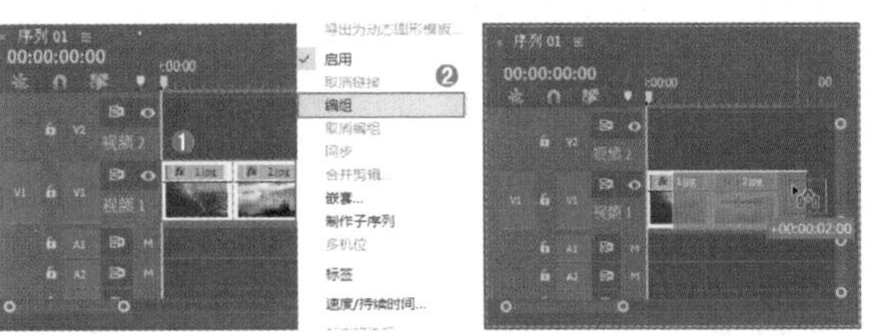

图 3.95　　图 3.96

> **提示：素材编组的作用**
>
> 在Premiere Pro中选中多个素材，为素材进行编组，可以让多个对象锁定在一起，方便移动的同时也方便为编组素材添加效果。

3.4.4　实例：嵌套素材文件

文件路径：第3章 Premiere Pro常用操作→实例：嵌套素材文件

扫一扫，看视频

在操作过程中，将【时间轴】面板中的素材文件以嵌套的方式转换为一个素材文件，便于素材的操作与归纳。

步骤 01 在菜单栏中执行【文件】/【新建】/【项目】命令，在弹出的【导入】对话框中设置合适的【项目名】和【项目位置】，如图3.97所示。按快捷键Ctrl+N，弹出【新建序列】对话框，在该对话框中选择DV-PAL文件夹下方的【标准48kHz】，如图3.98所示。

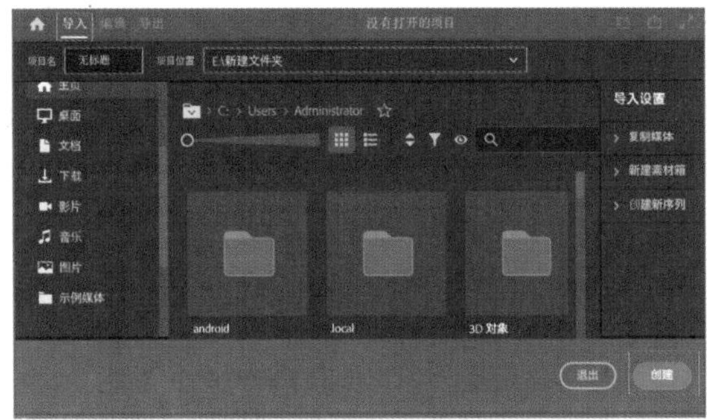

图 3.97

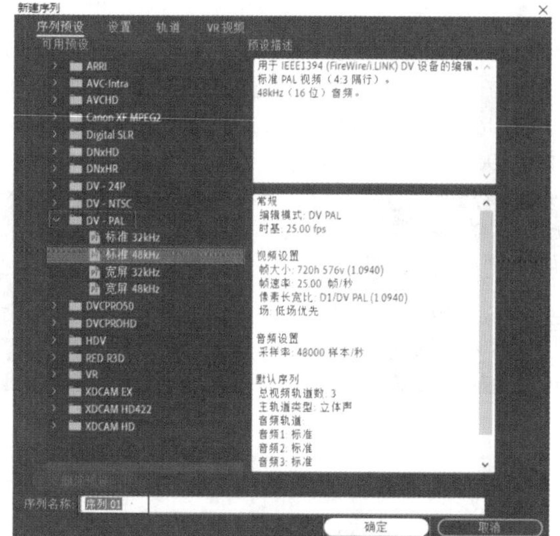

图 3.98

步骤 02 在【项目】面板的空白处双击鼠标左键或按快捷键Ctrl+I，在弹出的对话框中选择1.jpg和2.jpg素材文件，单击【打开】按钮导入素材，如图3.99所示。

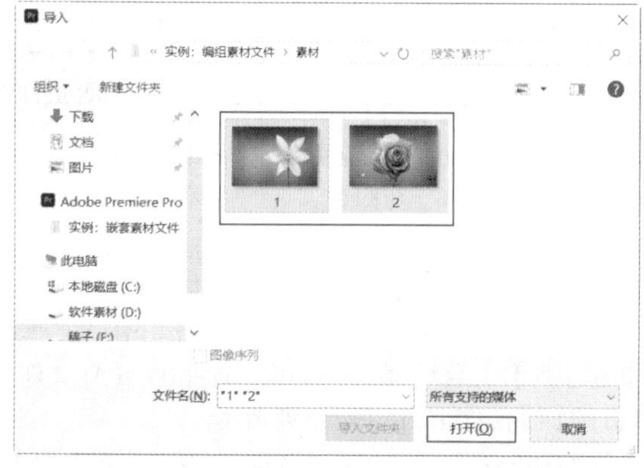

图 3.99

步骤 03 在【项目】面板中依次选择1.jpg和2.jpg素材文件，将其拖动到V1轨道上，如图3.100所示。

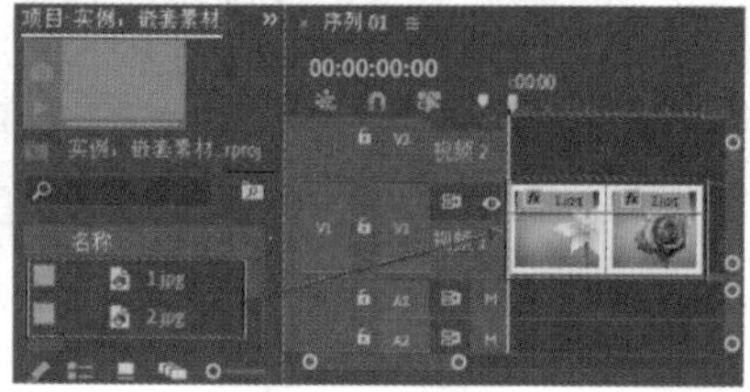

图 3.100

步骤 04 对素材进行嵌套。选择V1轨道上的两个素材文件并右击，在弹出的快捷菜单中执行【嵌套】命令，在弹出的【嵌套序列名称】对话框中设置合适的名称，然后单击【确定】按钮，如图3.101所示。在【时间轴】面板中得到【嵌套序列01】图层，如图3.102所示。

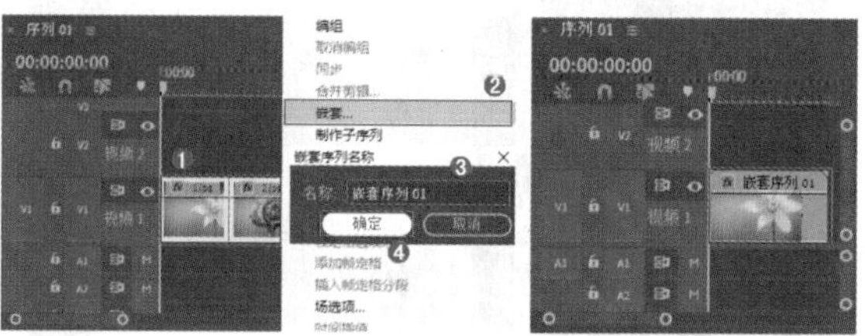

图 3.101　　图 3.102

步骤 05 嵌套序列可把处理过的多个素材合并成一个新的完整序列，方便后期运用，已经处理过的素材不会消失，双击嵌套的序列即可打开图层，继续进行处理，如图3.103所示。

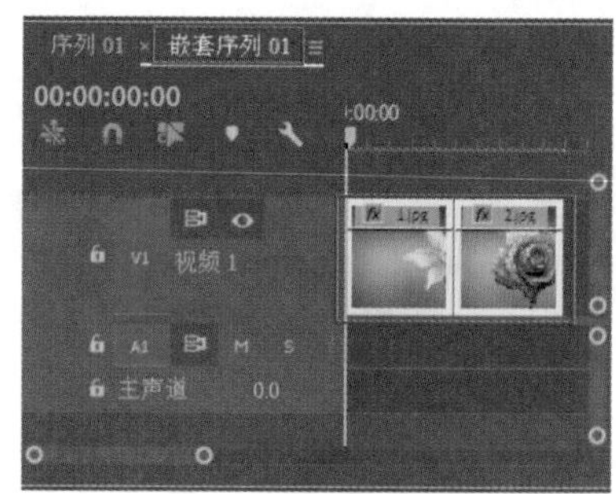

图 3.103

3.4.5　实例：重命名素材

扫一扫，看视频

文件路径：第3章　Premiere Pro常用操作→实例：重命名素材

将下载素材的图片以1.jpg、2.jpg等的名称顺序进行排列，在操作时可以使思路更加清晰，同时便于素材的整理。

步骤 01 在菜单栏中执行【文件】/【新建】/【项目】命令，在弹出的【导入】对话框中设置合适的【项目名】和【项目位置】，如图3.104所示。在【项目】面板的空白处右击，在弹出的快捷菜单中执行【新建项目】/【序列】命令，弹出【新建序列】对话框，在DV-PAL文件夹下选择【标准48kHz】，如图3.105所示。

图 3.104

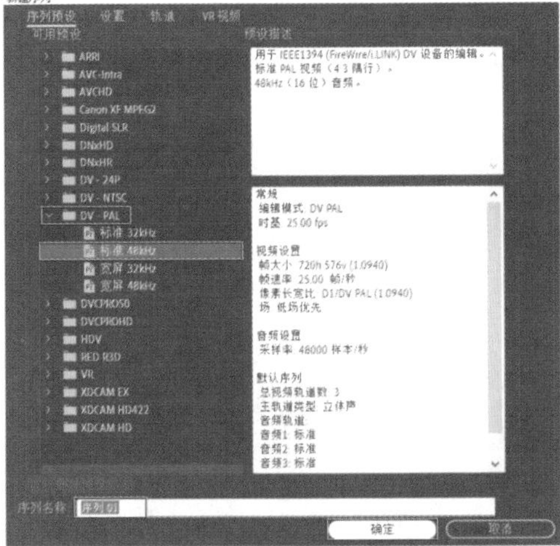

图 3.105

步骤 02 在【项目】面板的空白处双击鼠标左键或按快捷键Ctrl+I，在弹出的对话框中选择168484987.jpg和115454611486.jpg素材文件，单击【打开】按钮导入素材，如图3.106所示。

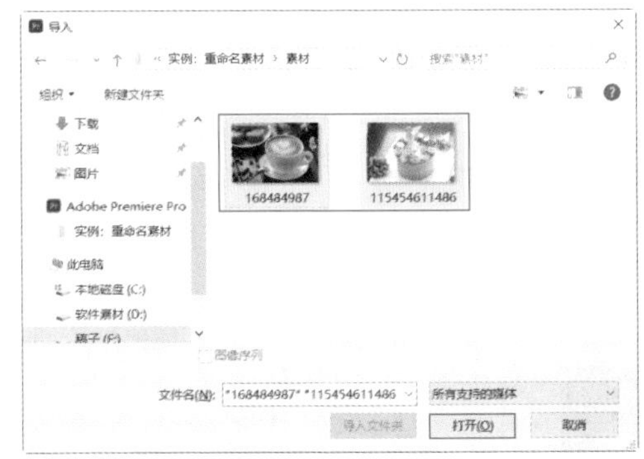

图 3.106

步骤 03 为了便于操作，对素材进行重命名。右击168484987.jpg素材文件，在弹出的快捷菜单中执行【重命名】命令，如图3.107所示。

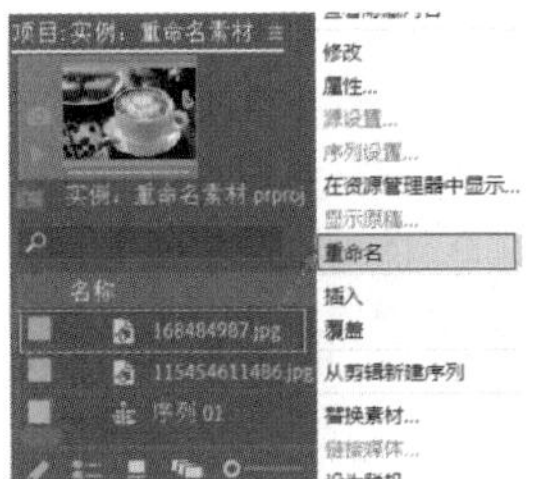

图 3.107

步骤 04 此时在素材上方重新编辑名称1.jpg（图3.108），输入完成后单击【项目】面板的空白处即可完成重命名操作。

步骤 05 还可直接在【项目】面板中选择素材文件，这里选择115454611486.jpg素材文件，在素材名称上单击即可重新编辑素材名称，如图3.109所示。

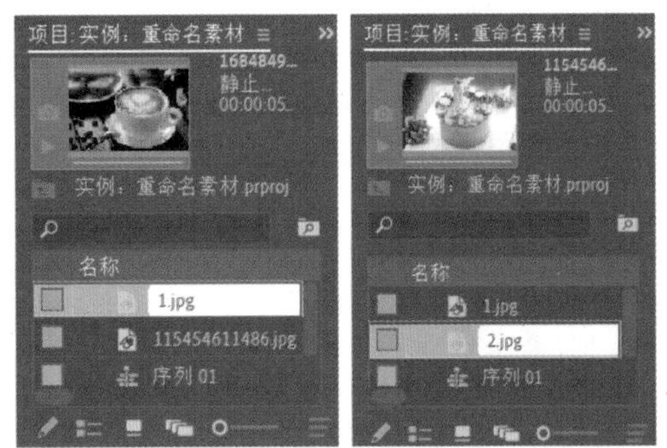

图 3.108　　图 3.109

3.4.6 实例：替换素材

文件路径：第3章 Premiere Pro常用操作→实例：替换素材

扫一扫，看视频

在创作作品时，假如已经对某个素材添加了效果，并修改了参数，但这时想更换该素材，就可以使用【替换素材】命令，该命令在替换素材的同时还能保留原来素材的效果。另外，当由于素材的路径被更改、素材被删除等问题导致素材无法识别时，也可使用该方法进行素材更换。

步骤 01 在菜单栏中执行【文件】/【新建】/【项目】命令，在弹出的【导入】对话框中设置合适的【项目名】和【项目位置】，如图3.110所示。在【项目】面板的空白处右击，在弹出的快捷菜单中执行【新建项目】/【序列】

命令，弹出【新建序列】对话框，在DV-PAL文件夹下选择【标准48kHz】，如图3.111所示。

图 3.110

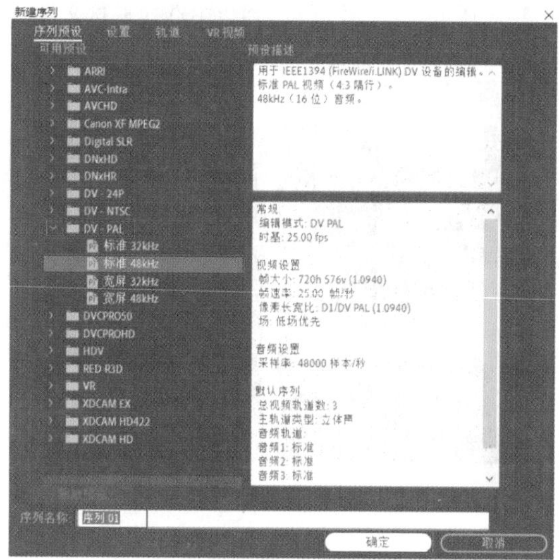

图 3.111

步骤 02 在【项目】面板的空白处双击鼠标左键或按快捷键Ctrl+I，在弹出的对话框中选择1.jpg素材文件，单击【打开】按钮进行导入，如图3.112所示。

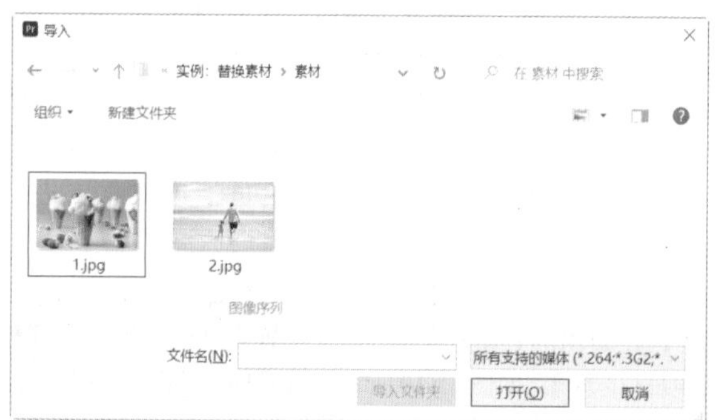

图 3.112

步骤 03 将【项目】面板中的1.jpg素材文件拖动到V1轨道上，如图3.113所示。

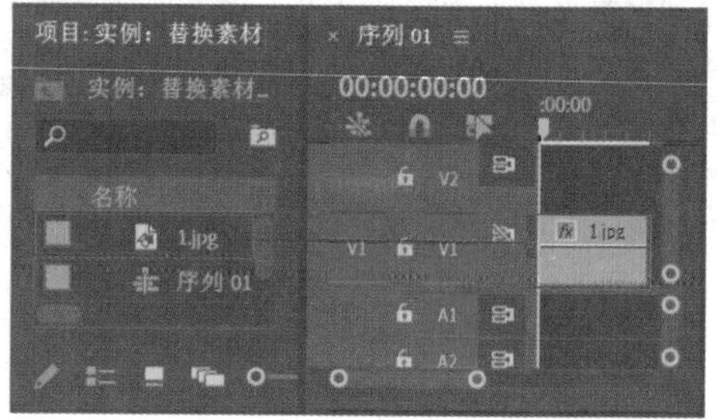

图 3.113

步骤 04 此时【节目监视器】面板中的图像如图3.114所示。

图 3.114

步骤 05 进行替换素材。可在【项目】面板中右击1.jpg素材文件，在弹出的快捷菜单中执行【替换素材】命令，如图3.115所示。此时会弹出一个【替换“1.jpg”素材】对话框，在该对话框中选择2.jpg素材文件，单击【选择】按钮，如图3.116所示。

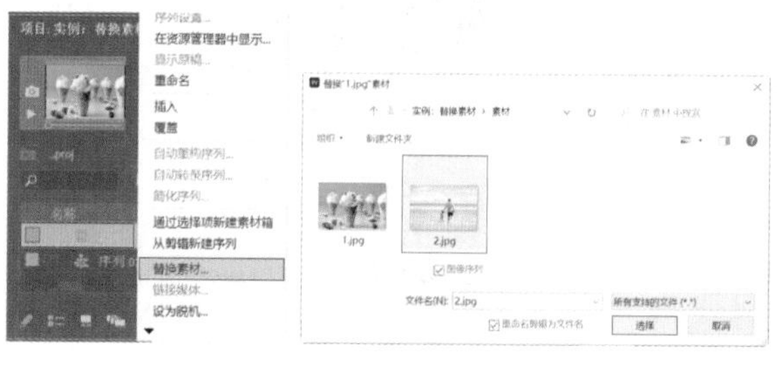

图 3.115　　图 3.116

步骤 06 此时【项目】面板中的1.jpg素材文件被替换为

2.jpg素材文件，如图3.117所示。画面效果不发生变化，如图3.118所示。

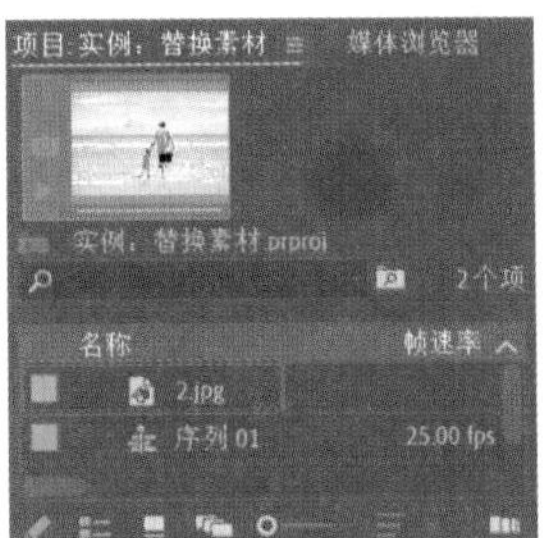

图 3.117

图 3.118

提示：如果由于更换素材位置、误删素材、修改素材名称导致打开文件时提示错误，怎么办

如果由于更换素材位置、误删素材、修改素材名称导致打开文件时提示错误(图3.119)，那么可以按照下面两种方法进行修改。

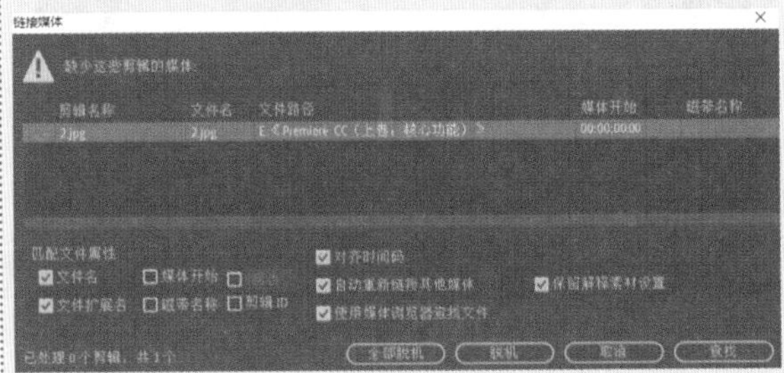

图 3.119

方法1：查找。该方法比较适用于素材名称未被更改，只是不小心修改了文件所在路径的情况。

(1)自动查找与缺失的素材同名的文件。单击【查找】按钮，如图3.120所示。

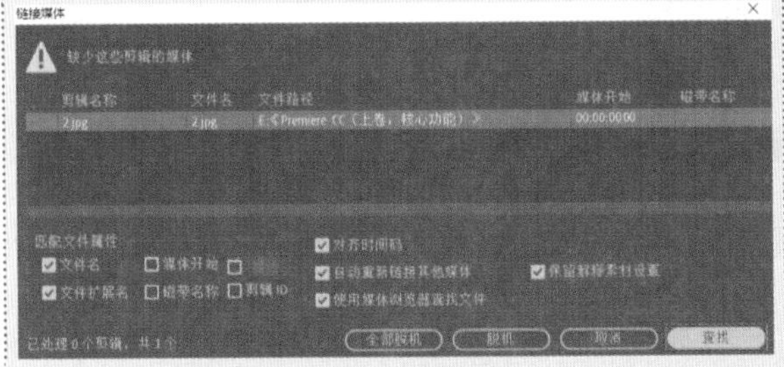

图 3.120

(2)在左侧选择【本地驱动器】，并单击右下角的【搜索】按钮，如图3.121所示。

图 3.121

(3)此时在全盘进行搜索，等待一段时间搜索完毕，如果能搜到与缺失的素材同名的文件，则可勾选【仅显示精确名称匹配】复选框，并单击【确定】按钮，如图3.122所示。

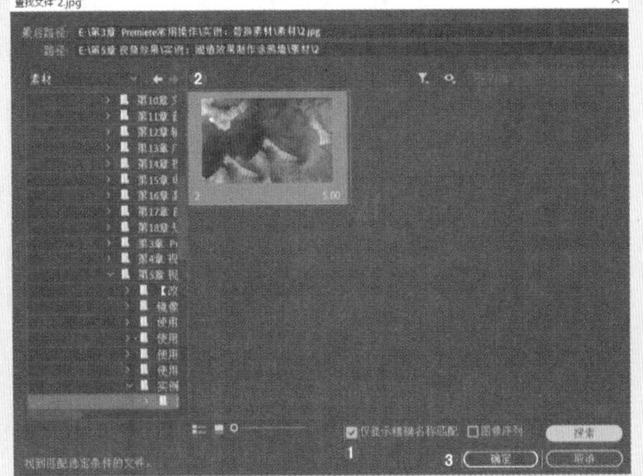

图 3.122

(4)此时可以看到缺失的素材已经被找到，并且文件被自动正确打开，如图3.123所示。

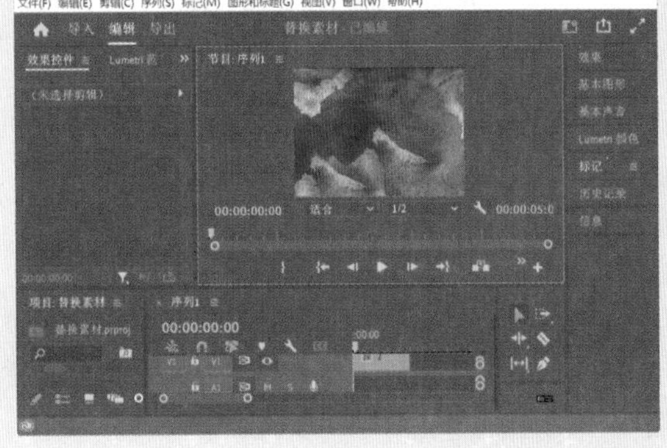

图 3.123

方法2：脱机。该方法比较适用于文件名称被修改的情况。

(1)单击【脱机】按钮，如图3.124所示。

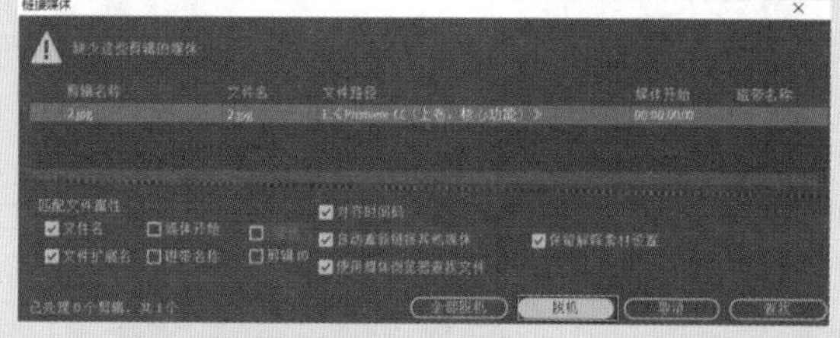

图 3.124

(2)此时进入Premiere Pro界面，但是发现【节目监视器】面板和【时间轴】面板中的素材都显示为红色错误，说明该素材还是没有被找到，如图3.125所示。

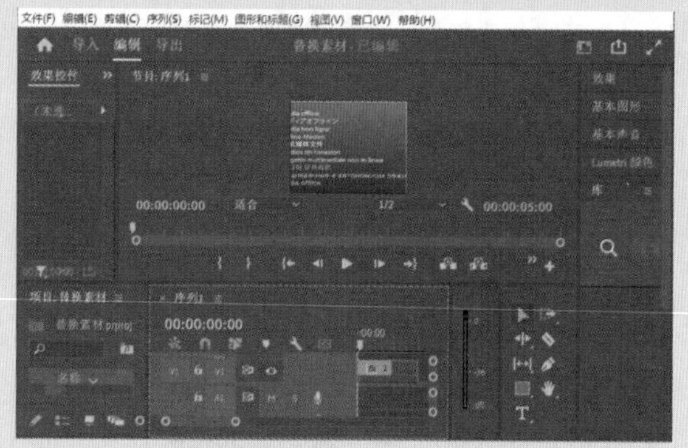

图 3.125

(3)在【项目】面板中右击缺失的素材，在弹出的快捷菜单中执行【替换素材】命令，如图3.126所示。

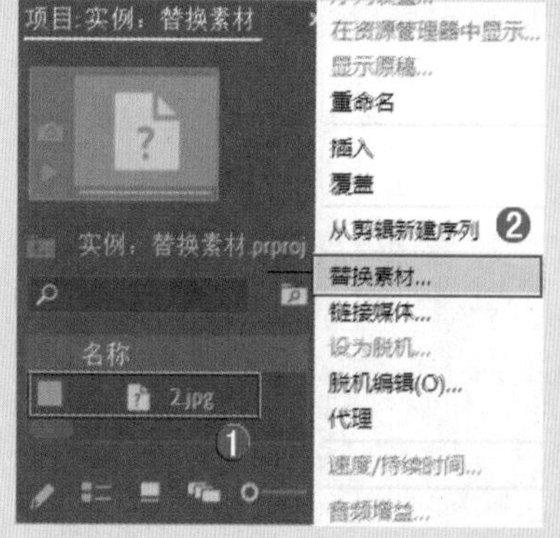

图 3.126

(4)在弹出的窗口中单击缺失的素材(若缺失的素材已经找不到，选择一个类似的素材也可以)，单击【选择】按钮，如图3.127所示。

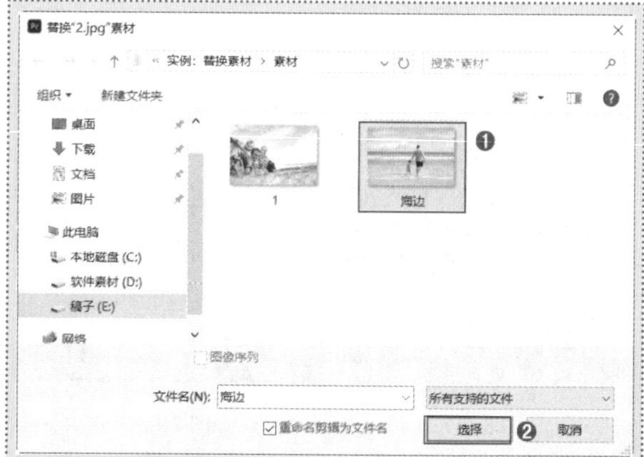

图 3.127

(5)此时可以看到缺失的素材已经被找到，并且文件被自动正确打开，如图3.128所示。

图 3.128

3.4.7　实例：失效和启用素材

扫一扫，看视频

文件路径：第3章　Premiere Pro常用操作→实例：失效和启用素材

在打开已制作完成的工程文件时，有时会由于压缩或转码导致素材文件失效。本实例主要讲解如何恢复启用素材。

步骤 01 在菜单栏中执行【文件】/【新建】/【项目】命令，在弹出的【导入】对话框中设置合适的【项目名】和【项目位置】，如图3.129所示。在【项目】面板的空白处右击，在弹出的快捷菜单中执行【新建项目】/【序列】命令，弹出【新建序列】对话框，在DV-PAL文件夹下选择【标准48kHz】，如图3.130所示。

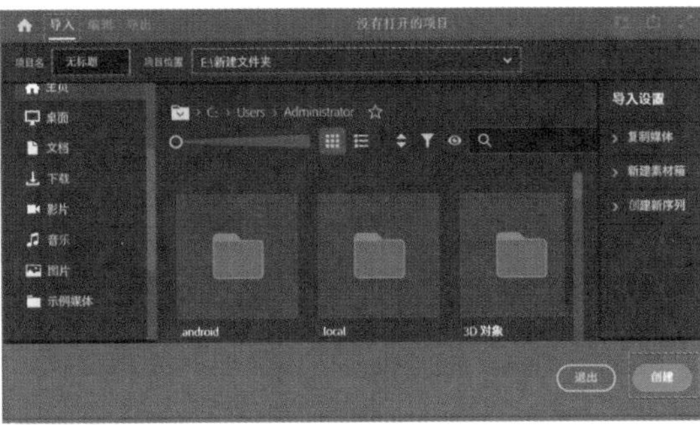

图 3.129

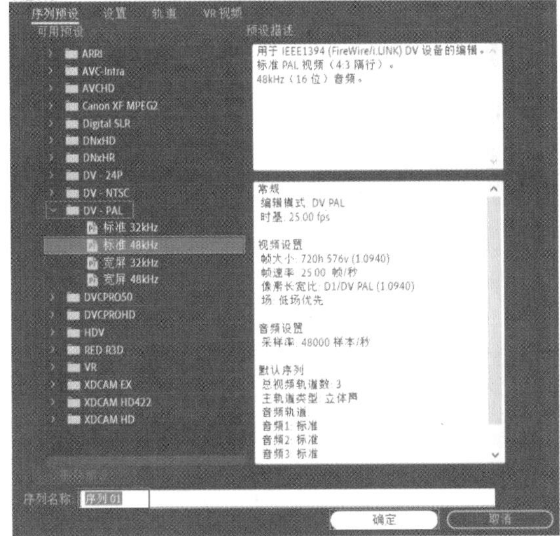

图 3.130

步骤 02 在【项目】面板的空白处双击鼠标左键或按快捷键Ctrl+I，在弹出的对话框中选择01.jpg素材文件，单击【打开】按钮进行导入，如图3.131所示。

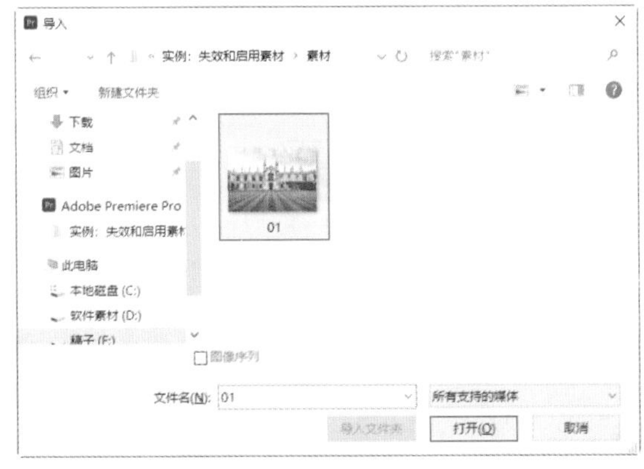

图 3.131

步骤 03 将【项目】面板中的01.jpg素材文件拖动到【时间轴】面板中的V1轨道上，如图3.132所示。

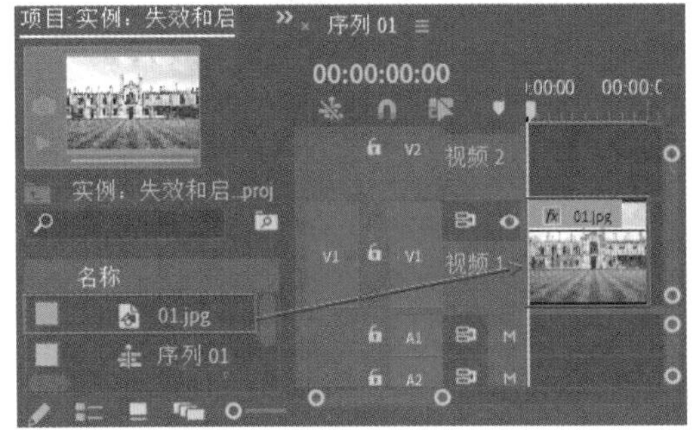

图 3.132

步骤 04 若在操作中暂时用不到01.jpg素材文件，可右击该素材，在弹出的快捷菜单中取消勾选【启用】命令，如图3.133所示。

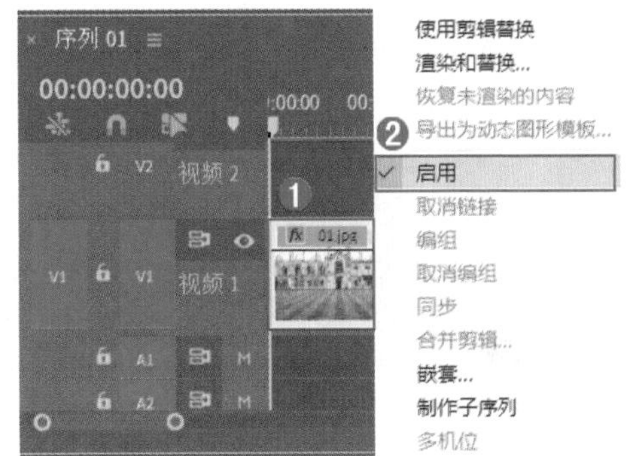

图 3.133

步骤 05 在【时间轴】面板中可以看到失效的素材变为深紫色，如图3.134所示。此时失效素材的画面效果为黑色，如图3.135所示。

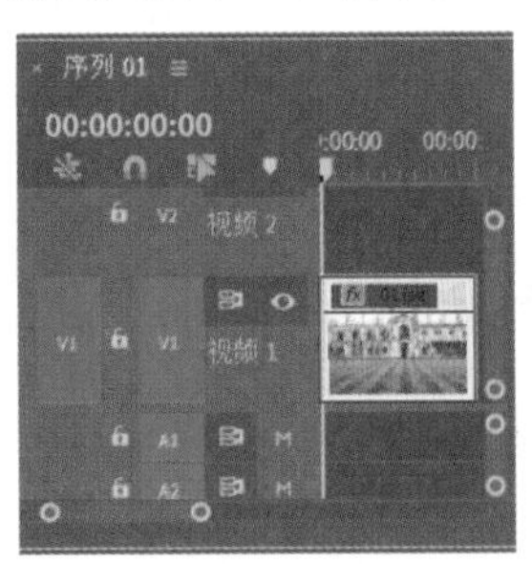

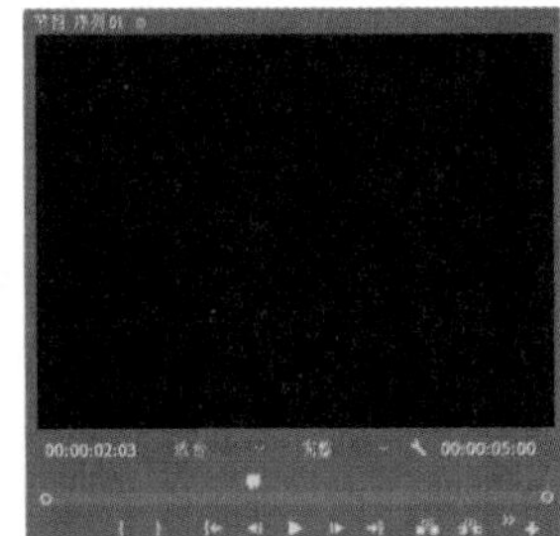

图 3.134　　图 3.135

步骤 06 若想再次启用该素材，可右击V1轨道上的01.jpg素材文件，在弹出的快捷菜单中勾选【启用】命令，如图3.136所示。此时画面重新显示出来，如

图3.137 所示。

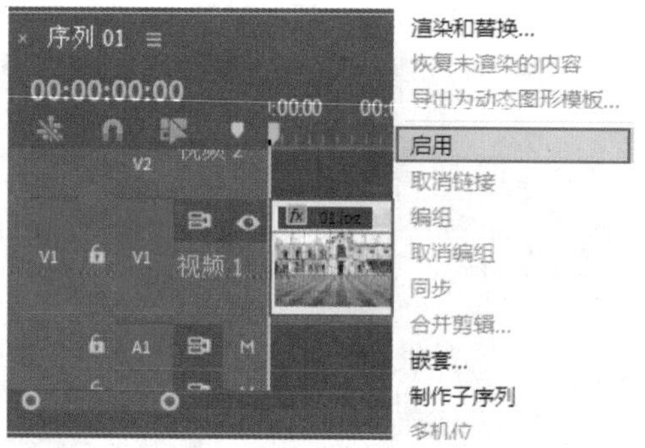

图 3.136

图 3.137

3.4.8　实例：链接和取消视频、音频链接

扫一扫，看视频

文件路径：第3章 Premiere Pro常用操作→实例：链接和取消视频、音频链接

通常情况下，在使用摄像机录制视频时，音频和视频是链接在一起的状态，不方便剪辑。有时候需要只使用拍摄的视频或录制的音频，那就需要将视频和音频分开。本实例主要是针对“链接和取消视频、音频链接”的方法进行练习。

步骤 01 在菜单栏中执行【文件】/【新建】/【项目】命令，在弹出的【导入】对话框中设置合适的【项目名】和【项目位置】，如图3.138所示。在【项目】面板的空白处右击，在弹出的快捷菜单中执行【新建项目】/【序列】命令，弹出【新建序列】对话框，在DV-PAL文件夹下选择【标准48kHz】，如图3.139 所示。

图 3.138

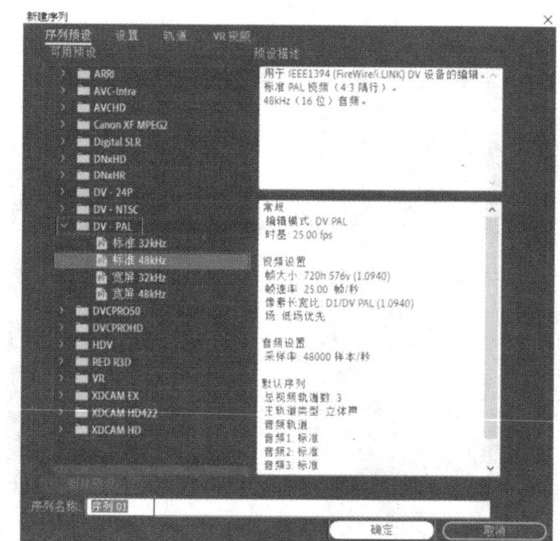

图 3.139

步骤 02 在【项目】面板的空白处双击鼠标左键或按快捷键Ctrl+I，在弹出的对话框中选择1.mp4素材文件，单击【打开】按钮进行导入，如图3.140所示。

步骤 03 按住鼠标左键将【项目】面板中的1.mp4素材文件拖动到【时间轴】面板中，如图3.141 所示。

图 3.140

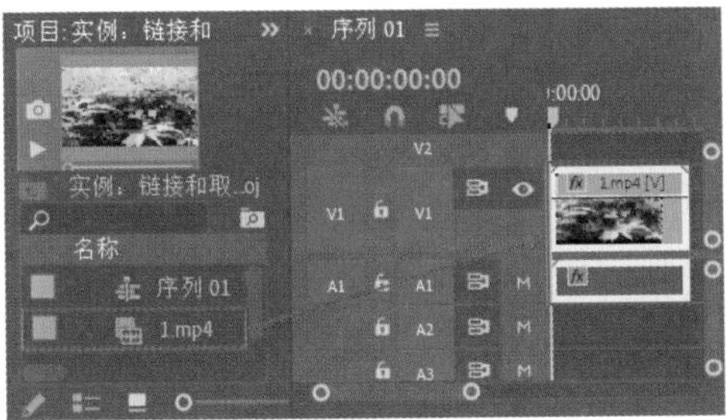

图 3.141

步骤 04 此时会弹出一个【剪辑不匹配警告】对话框，单击【保持现有设置】按钮，如图3.142所示。素材文件出现在【时间轴】面板中。画面效果如图3.143所示。

图 3.142　　图 3.143

步骤 05 由于摄像机在录制视频、音频时是同步进行的，在视频编辑中，通常以链接的形式出现，一般情况下只需视频文件，而将音频文件删除，此时会用到取消链接操作。右击1.mp4素材文件，在弹出的快捷菜单中执行【取消链接】命令，如图3.144所示。

步骤 06 此时【时间轴】面板中的视频、音频素材文件可单独进行编辑。选择A1轨道上的素材文件，按下Delete键将其删除，如图3.145所示。

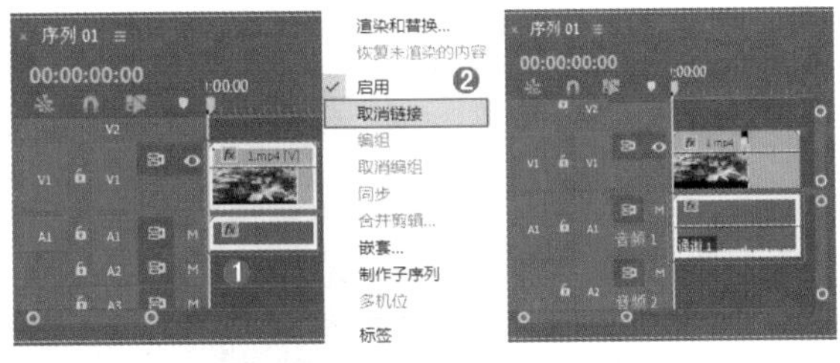

图 3.144　　图 3.145

提示：视频、音频重新链接

若想将单独的视频、音频重新链接在一起，可选择视频轨道和音频轨道上的素材文件并右击，在弹出的快捷菜单中执行【链接】命令，此时分离的素材文件即可链接在一起，如图3.146所示。

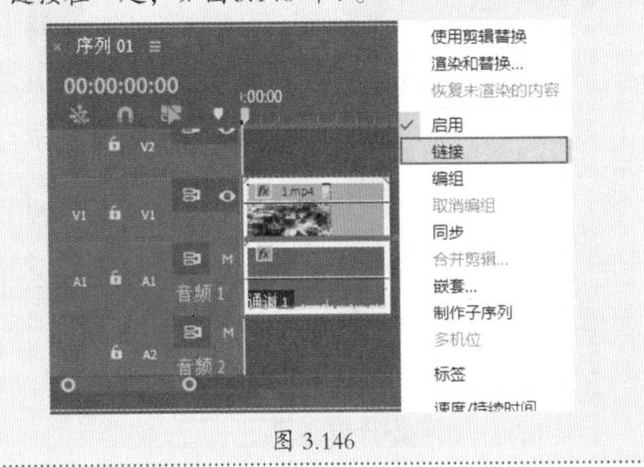

图 3.146

3.4.9　实例：设置素材速度

文件路径：第3章　Premiere Pro常用操作→实例：设置素材速度

扫一扫，看视频

在实例中对素材执行【速度/持续时间】命令，即可改变素材的速度，使素材持续时间变快或变慢。

步骤 01 在菜单栏中执行【文件】/【新建】/【项目】命令，在弹出的【导入】对话框中设置合适的【项目名】和【项目位置】，如图3.147所示。在【项目】面板的空白处右击，在弹出的快捷菜单中执行【新建项目】/【序列】命令，弹出【新建序列】对话框，在DV-PAL文件夹下选择【标准48kHz】，如图3.148所示。

步骤 02 在【项目】面板的空白处双击鼠标左键或按快捷键Ctrl+I，在弹出的对话框中选择1.mp4素材文件，单击【打开】按钮进行导入，如图3.149所示。

步骤 03 按住鼠标左键将【项目】面板中的1.mp4素材文件拖动到【时间轴】面板中，如图3.150所示。

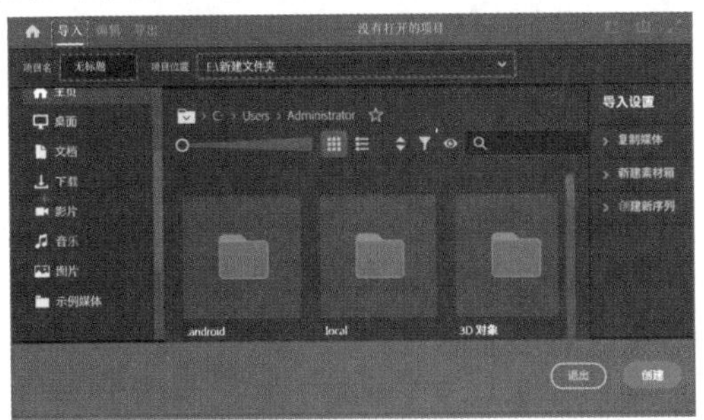

图 3.147

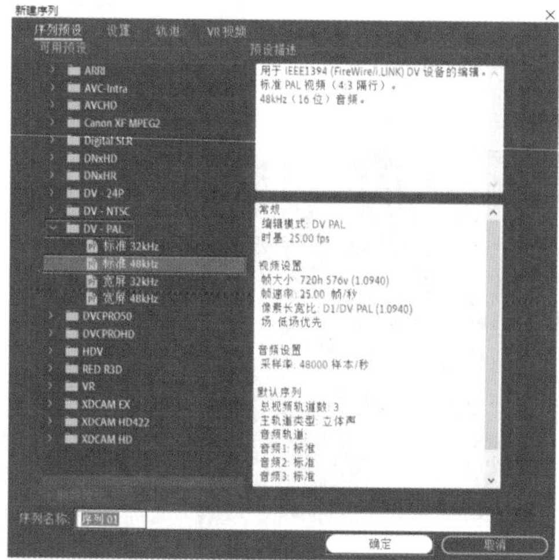

图 3.148

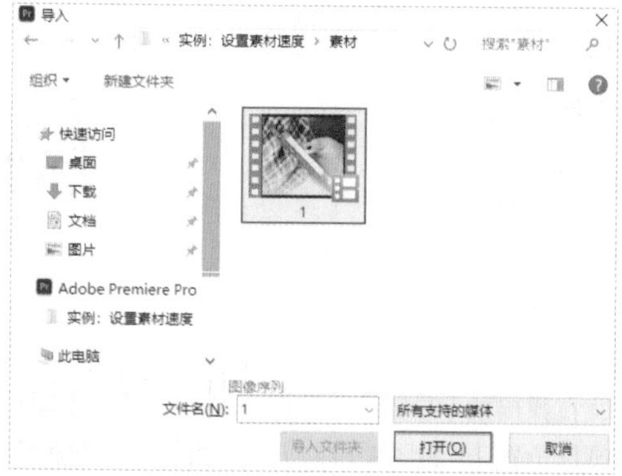

图 3.149

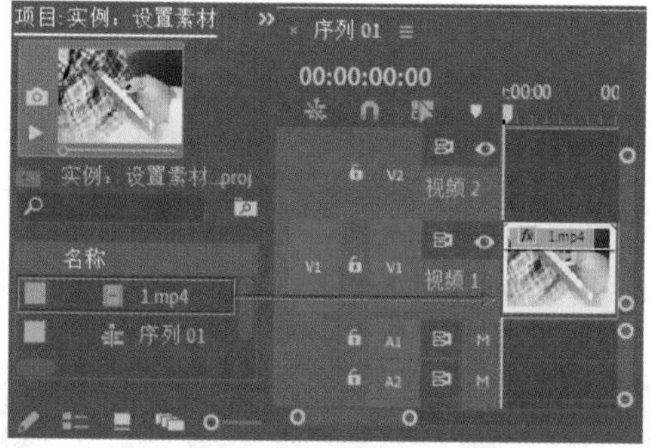

图 3.150

步骤 04 右击V1轨道上的素材，在弹出的快捷菜单中执行【速度/持续时间】命令，弹出【剪辑速度/持续时间】对话框，在该对话框中将【速度】更改为200%，设置完成后单击【确定】按钮，如图3.151所示。拖动时间线查看画面效果，此时素材持续时间缩短，速度变快，如图3.152所示。

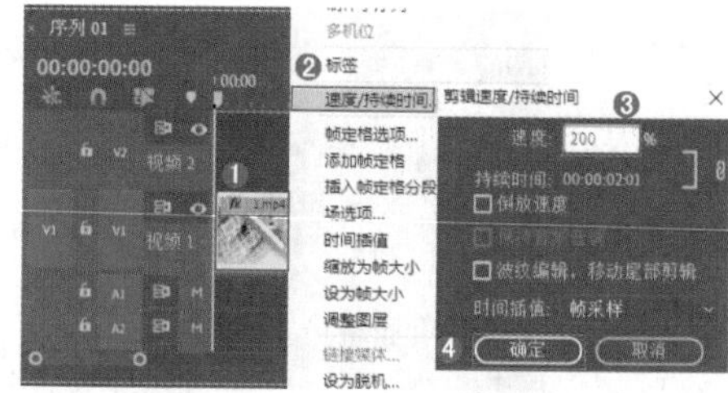

图 3.151

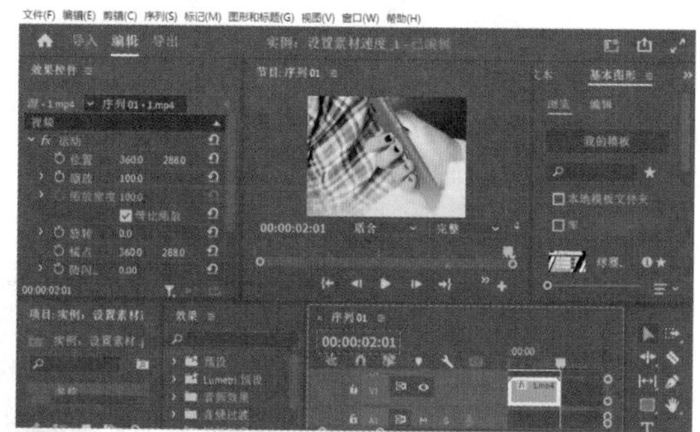

图 3.152

3.5 个性化设置

扫一扫，看视频

在Premiere Pro 2023中用户可根据个人喜好进行个性化设置，可根据个人风格更改界面明暗、工作界面的结构及常用命令的快捷键等。

3.5.1 设置界面颜色

步骤 01 在菜单栏中执行【编辑】/【首选项】/【外观】命令，如图3.153所示。弹出【首选项】对话框，如图3.154所示。

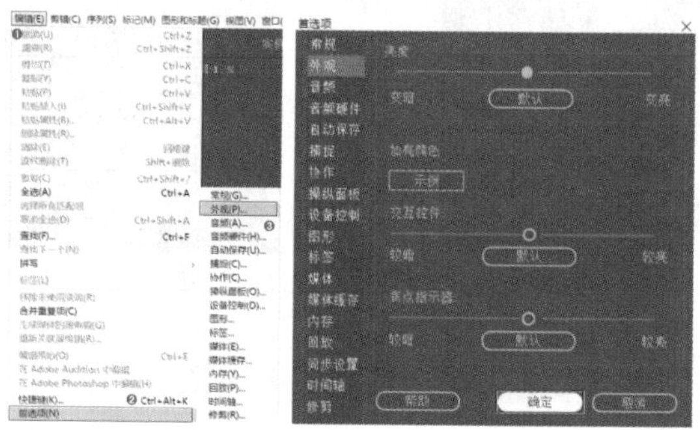

图 3.153　　图 3.154

步骤 02 在【首选项】对话框中将【亮度】滑块拖动到最左侧的位置，可将界面变暗，如图3.155所示。若将【亮度】滑块拖动到最右侧的位置，可将界面整体提亮，如图3.156所示。为了便于操作，通常会将界面调节到最亮的状态。

图 3.155

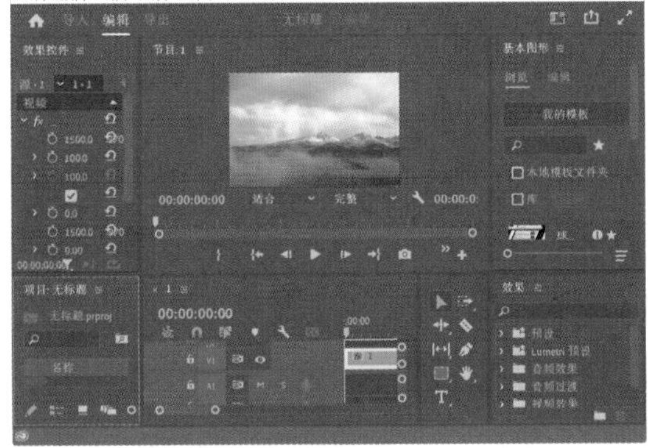

图 3.156

步骤 03 在【外观】选项卡中，还可通过调节【交互控件】滑块和【焦点指示器】滑块来改变控件的明暗，与调节【亮度】的方法相同，向左侧拖动滑块颜色变暗，反之颜色变亮，如图3.157所示。

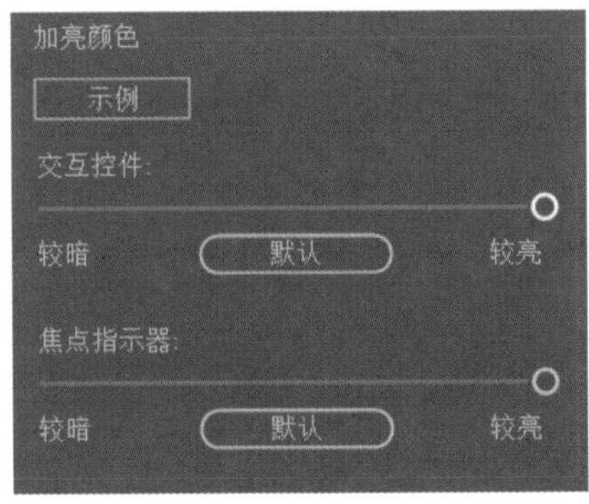

图 3.157

3.5.2 设置工作区

步骤 01 Premiere Pro中的工作区域可根据个人操作习惯进行重新排布。在菜单栏中执行【窗口】/【工作区】命令，在弹出的子菜单中选择工作区布局模式，如图3.158所示。

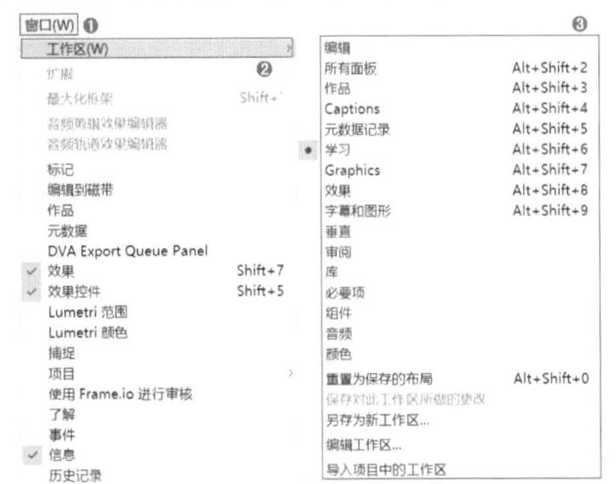

图 3.158

步骤 02 图3.159和图3.160所示分别为执行【效果】和【音频】命令的工作区布局。

图 3.159

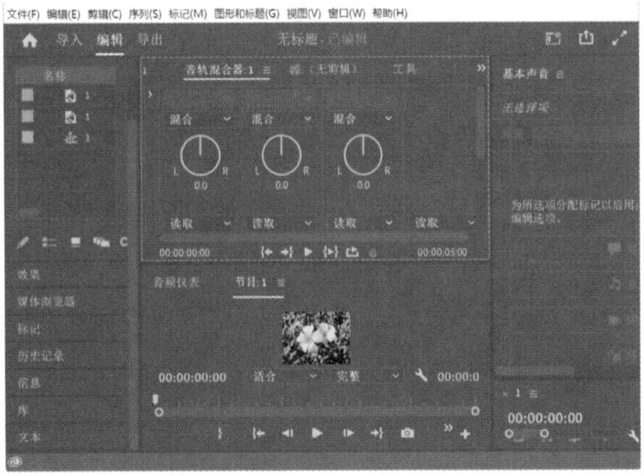

文件(F) 编辑(E) 剪辑(C) 序列(S) 标记(M) 图形和标题(G) 视图(V) 窗口(W) 帮助(H)

图 3.160

步骤 03 若要恢复默认的工作界面，可以执行【窗口】/【工作区】/【重置为保存的布局】命令，如图3.161所示。此时界面如图3.162所示。

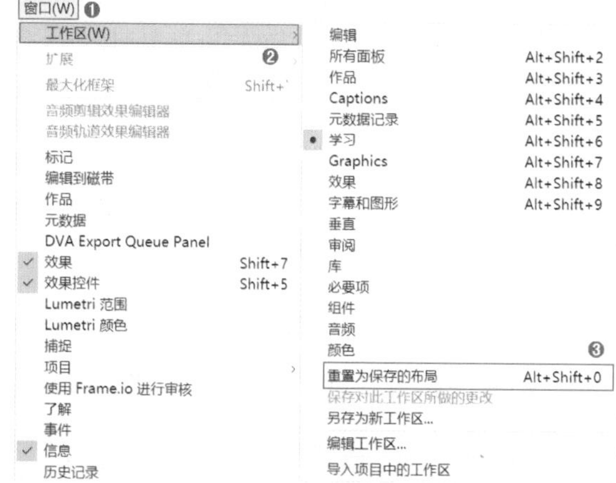

图 3.161

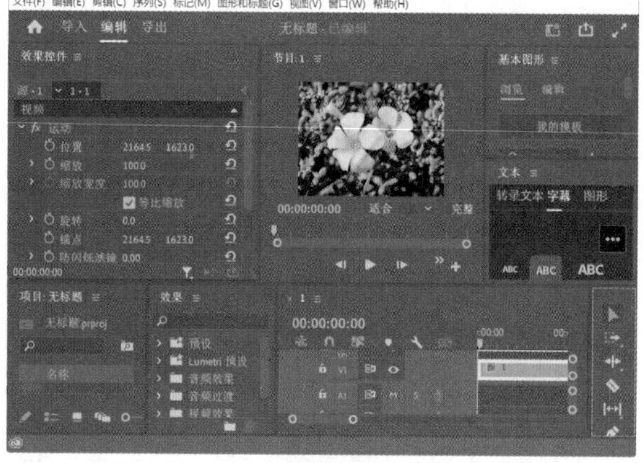

图 3.162

3.5.3 自定义快捷键

快捷键在方便启用程序的同时大大节约操作时间和计算机运行速度。

执行【编辑】/【快捷键】命令或按快捷键Ctrl+Alt+K，弹出【键盘快捷键】对话框，如图3.163所示。此时在该对话框中即可自定义各命令的快捷键，如图3.164所示。

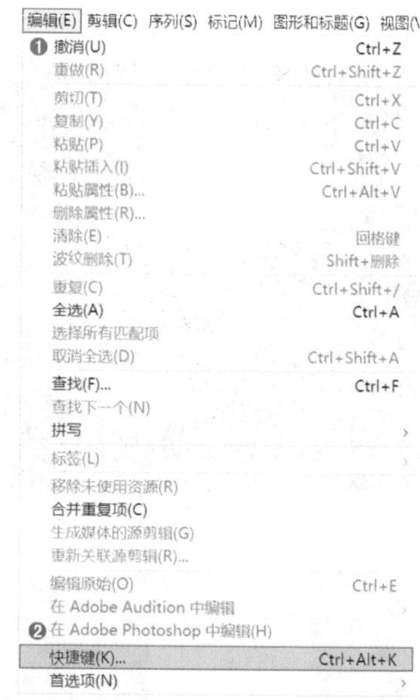

图 3.163

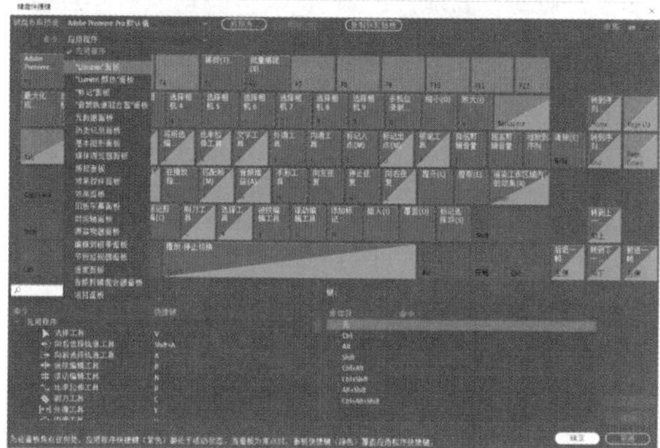

图 3.164

Chapter 4

第4章

扫一扫，看视频

视频剪辑

本章内容简介：

视频剪辑是对视频进行非线性编辑的一种方式。在剪辑过程中可通过对加入的图片、配乐、特效等素材与视频进行重新组合，以分割、合并等方式生成一个更加精彩且全新的视频。本章主要介绍视频剪辑的主要流程、剪辑工具的使用方法及剪辑在视频中的应用等。

重点知识掌握：

- 认识剪辑。
- 剪辑的基本流程。
- 与剪辑相关的工具。
- 剪辑在视频制作中的实际应用。

佳作欣赏：

4.1 认识剪辑

剪辑的主要目的是对所拍摄的镜头进行分割、取舍、组接，重新排列组合为一个有节奏、有故事性的作品。接下来学习一下在Premiere Pro 2023中剪辑视频所涉及的主要知识。

4.1.1 剪辑的概念

剪辑可理解为裁剪、编辑。它是视频制作中必不可少的一道工序，在一定程度上决定着作品的质量，更是视频的再次升华和创作的主干，剪辑能影响作品的叙事、节奏、情感。"剪"和"辑"是相辅相成的，二者不可分割。其本质是通过视频中主体动作的分解组合来完成蒙太奇形象的塑造，从而传达故事情节，完成内容叙述的。图4.1和图4.2所示为通过剪辑形成的影片片段。

图4.1

图4.2

4.1.2 蒙太奇

提到剪辑，就必须了解一下蒙太奇。蒙太奇翻译成中文是剪接的意思，是指视频影片通过画面或声音进行组接，从而用于叙事、创造节奏、营造氛围、刻画情绪。剪辑的过程可以按照时间发展顺序，也可以进行非线性操作，从而制作出倒叙、重复、节奏等剪辑特色。例如，电影中将多个平行时间发生的事一起展现给观众，或者电影中刺激动态的镜头突然转到缓慢静止的画面。这些都会使观众产生心理的波动和不同的感受。

蒙太奇方式有很多，常见的有平行蒙太奇、交叉蒙太奇、颠倒蒙太奇、心理蒙太奇、抒情蒙太奇等。图4.3和图4.4所示为使用蒙太奇手法制作的影片。

图4.3

图4.4

4.1.3 剪辑的节奏

剪辑的节奏感影响着作品的叙事方式和视觉感受，能够推动画面的情节发展。常见的剪辑节奏可分为以下5种。

1. 静接静

静接静是指在一个动作的结束时另一个动作以静的形式切入，通俗来讲就是上一帧结束在静止的画面上，下一帧以静止的画面开始。静接静同时还包括场景转换和镜头组接等。它不强调视频运动的连续性，更注重的是镜头的连贯性，如图4.5所示。

（a）

（b）

图4.5

2. 动接动

动接动是指在镜头运动中通过推、拉、移等动作进行主体物的切换，以接近的方向或速度进行镜头组接，从而产生动感效果。例如，人物的运动、景物的运动等，借助此类素材进行动态组接，如图4.6所示。

（a）

（b）

图4.6

3. 静接动/动接静

静接动是指动感微弱的镜头与动感明显的镜头进行组接，在节奏上和视觉上具有很强的推动感。动接静与静接动相反，同样会产生抑扬顿挫的画面感觉，如图4.7所示。

（a）

（b）

图4.7

4. 分剪

分剪的字面意思为将一个镜头剪开，分成多个部分。它不仅可以弥补在前期拍摄中素材不足的情况，还可以剪掉画面中因卡顿、忘词等废弃镜头，从而增强画面的节奏感，如图4.8所示。

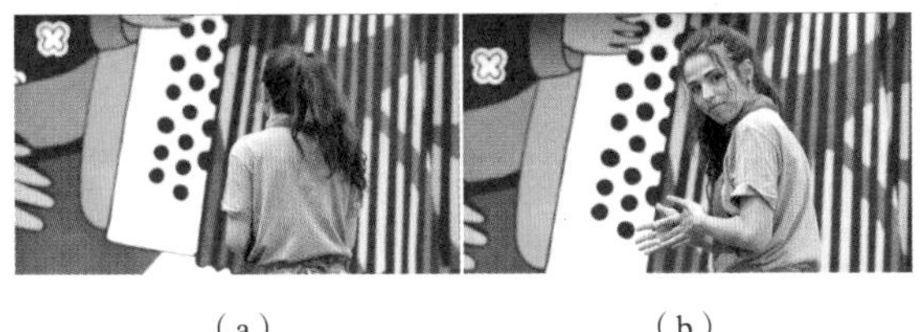

（a）　　　　（b）

图4.8

5. 拼剪

拼剪是指将同一个镜头重复拼接，通常在镜头不够长或缺失素材时可使用该方法进行弥补前期拍摄的不足，该方法具有延长镜头时间、酝酿观者情绪的作用，如图4.9所示。

（a）　　　　（b）

图4.9

重点 4.1.4　剪辑流程

制作一个视频，需要拍摄大量的视频片段，那就涉及挑选视频、剪辑视频等操作。为了操作更规范，在Premiere Pro中剪辑常分为整理素材、初剪、精剪和完善4个步骤。

1. 整理素材

前期的素材整理对后期剪辑具有非常大的帮助。通常在拍摄时会把一个故事情节分段拍摄，拍摄完成后将所有素材进行浏览，留取其中可用的素材文件，将可用部分添加标记便于二次查找。然后可以按脚本、景别、角色等将素材进行分类排序，将同属性的素材文件存放在一起。整齐有序的素材文件可提高剪辑效率和影片质量，并且可以显示出剪辑的专业性，如图4.10所示。

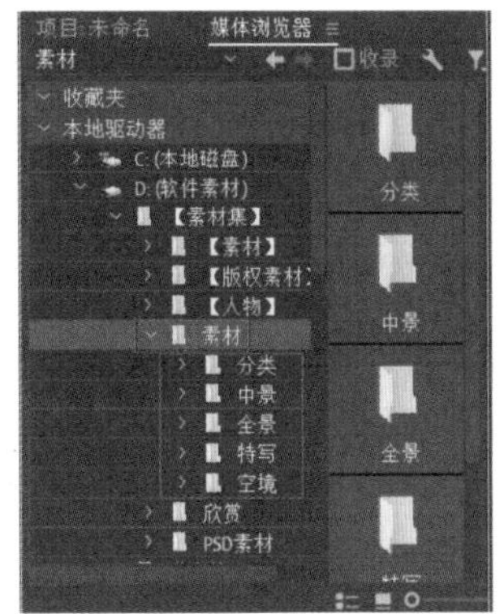

图4.10

2. 初剪

初剪又称为粗剪，将整理完成的素材文件按脚本进行归纳、拼接，并按照影片的中心思想、叙事逻辑逐步剪辑，从而粗略剪辑成一个无配乐、旁白、特效的影片初样。以初样作为这部影片的雏形，一步步去制作整个影片，如图4.11所示。

（a）　　　　（b）

图4.11

3. 精剪

精剪是影片最重要的一道剪辑工序，是在粗剪的基础上进行的剪辑操作，取精去糟，在镜头的修整、声音的修饰、文字的添加与特效合成等方面都将花费大量的时间，精剪可控制镜头的长短、调整镜头分剪与剪接点、为画面添加点睛技巧等，是决定影片质量的关键步骤，如图4.12所示。

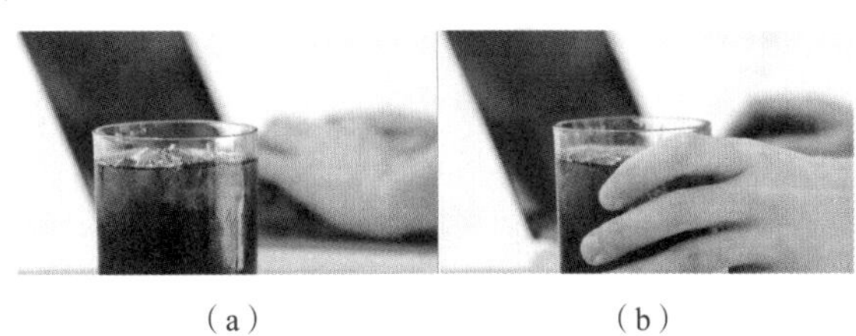

（a）　　　　（b）

图4.12

4. 完善

完善是剪辑影片的最后一道工序，它在注重细节调整的同时更注重节奏点。在该步骤通常会将导演者的情感、剧本的故事情节及观者的视觉追踪注入整体架构中，使整个影片更有故事性和看点，如图4.13所示。

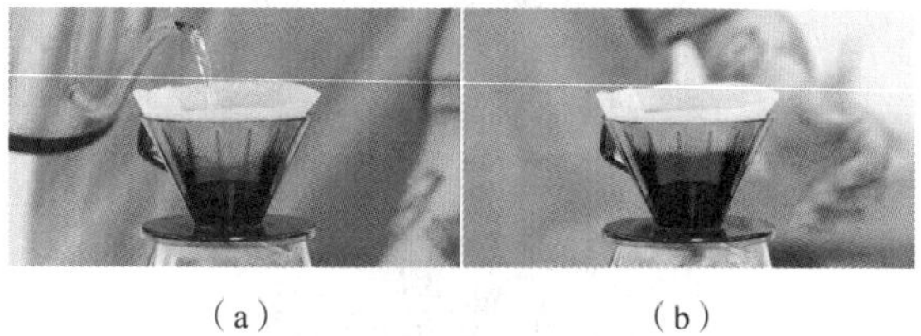

（a）　　　　（b）

图 4.13

重点 4.1.5　轻松动手学：Premiere Pro剪辑常用步骤

扫一扫，看视频

文件路径：第4章　视频剪辑→轻松动手学：Premiere Pro剪辑常用步骤

步骤 01 在菜单栏中执行【文件】/【新建】/【项目】命令，在弹出的【导入】对话框中设置合适的【项目名】和【项目位置】，如图4.14所示。

图 4.14

步骤 02 在【项目】面板的空白处双击鼠标左键，在弹出的对话框中选择并导入素材文件，如图4.15所示。

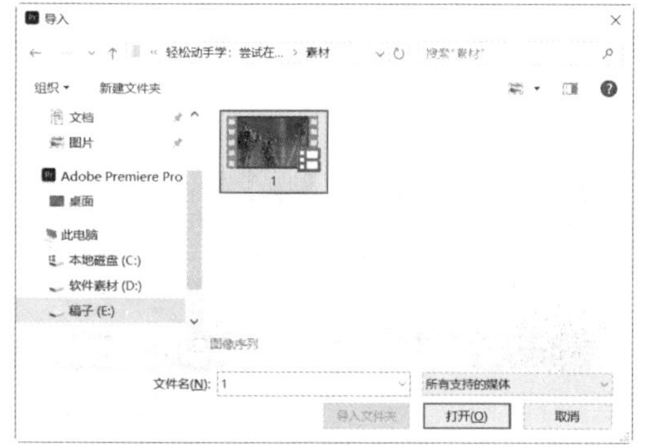

图 4.15

步骤 03 按住鼠标左键将【项目】面板中的1.mp4素材拖动到【时间轴】面板中的V1轨道上，如图4.16所示。此时，在【项目】面板中自动出现序列。

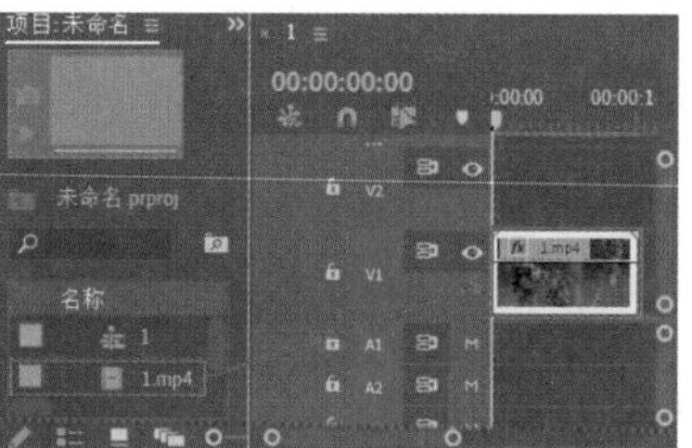

图 4.16

提示：如何在【项目】面板中自动生成与素材文件等大的序列

在不新建序列的情况下，将素材文件拖动到【时间轴】面板中，此时【项目】面板中自动生成与素材文件等大的序列，如图4.17所示。

图 4.17

步骤 04 剪辑视频素材。单击【工具】面板中的（剃刀工具）按钮或按快捷键C切换光标，将时间线拖动到00:00:01:20（1秒20帧）的位置，单击进行剪辑操作，如图4.18所示。继续将时间线拖动到00:00:10:00（10秒）的位置，在当前位置继续剪辑，如图4.19所示。

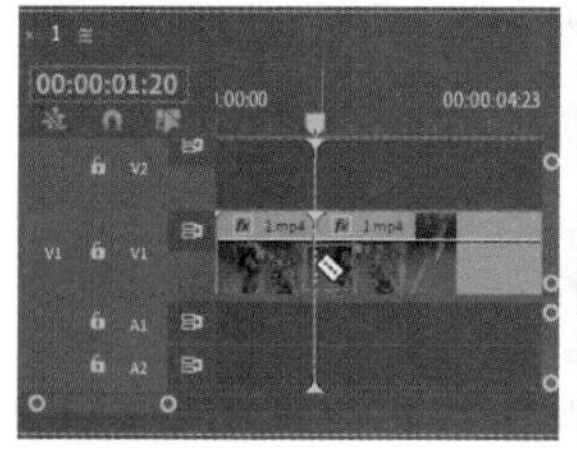

图 4.18　　　　图 4.19

步骤 05 在【工具】面板中单击（选择工具）按钮或按快捷键V，选择1.mp4素材文件的中间部分，如图4.20所示。右击该素材，在弹出的快捷菜单中执行【波纹删除】命令，此时选中的部分被删除，如图4.21所示。

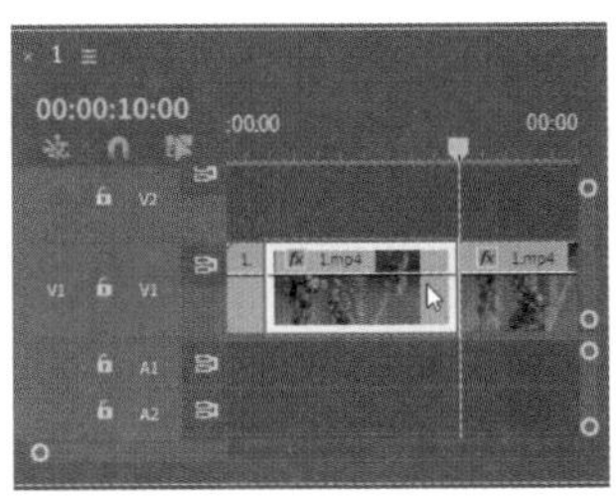

图 4.20

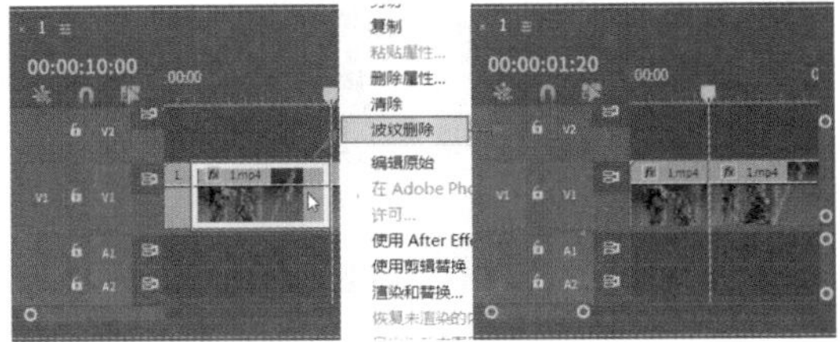

图 4.21

提示：删除素材片段

在删除时，也可以按Delete键进行删除操作，如图4.22所示。此时单击【工具】面板中的▶(选择工具)按钮，选择1.mp4后半部分素材文件，按住鼠标左键将其向前拖动，如图4.23所示。

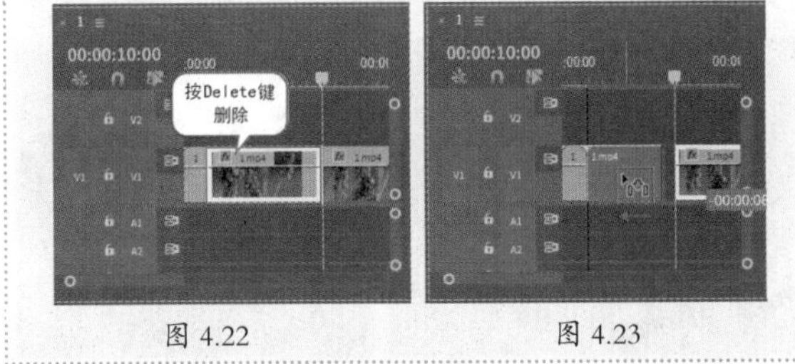

图 4.22　　图 4.23

步骤 06 为素材添加过渡效果使画面过渡得更加柔和，这里以【交叉溶解】过渡效果为例，在【效果】面板的搜索框中搜索【交叉溶解】，按住鼠标左键并将效果拖动到V1轨道上两个素材文件的中间位置，如图4.24所示。

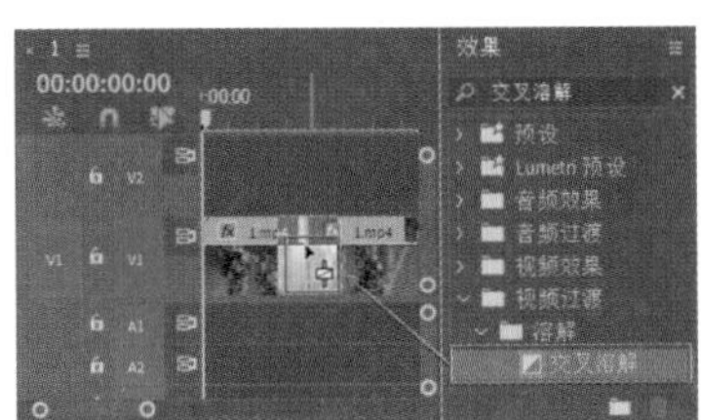

图 4.24

步骤 07 此时拖动时间线查看视频剪辑效果，如图4.25所示。

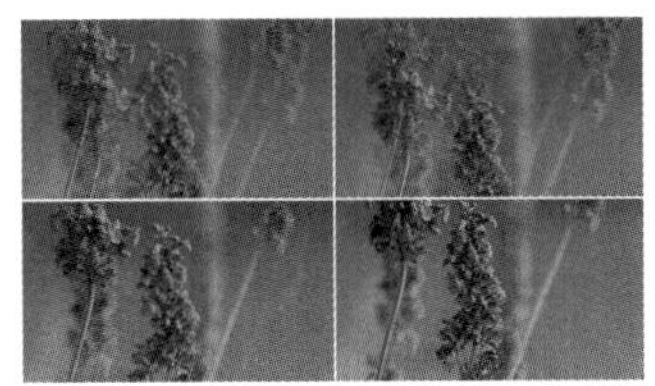

图 4.25

重点 4.2 认识剪辑的工具

在Premiere Pro中将镜头进行删减、组接、重新编排可形成一个完整的视频。接下来讲解几个在剪辑中经常使用的工具。

扫一扫，看视频

重点 4.2.1 【工具】面板

【工具】面板中包括【选择工具】【向前/向后选择轨道工具】【波纹编辑工具】【滚动编辑工具】【比率拉伸工具】【剃刀工具】等18种工具，如图4.26所示。其中，部分工具在视频剪辑中的应用十分广泛。

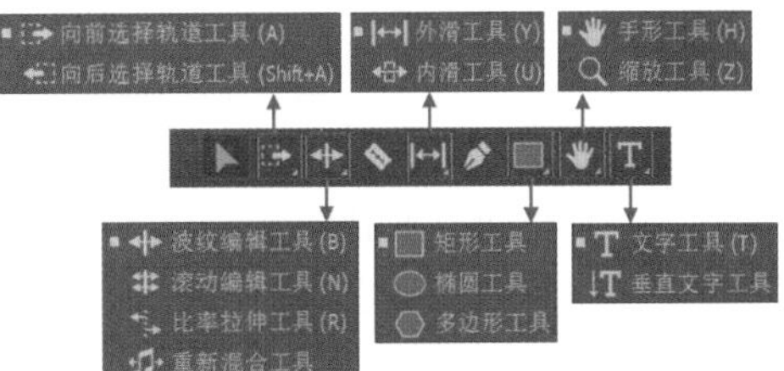

图 4.26

1. 选择工具

▶(选择工具)按钮，快捷键为V。顾名思义，是选择对象的工具，在Premiere Pro中它可对素材、图形、文字等对象进行选择，还可以单击选择或按住鼠标左键拖动。

若想将【项目】面板中的素材文件置于【时间轴】面板中，可单击【工具】面板中的▶(选择工具)按钮，在【项目】面板中将光标定位在素材文件上方，按住鼠标左键将素材文件拖动到【时间轴】面板中，如图4.27所示。

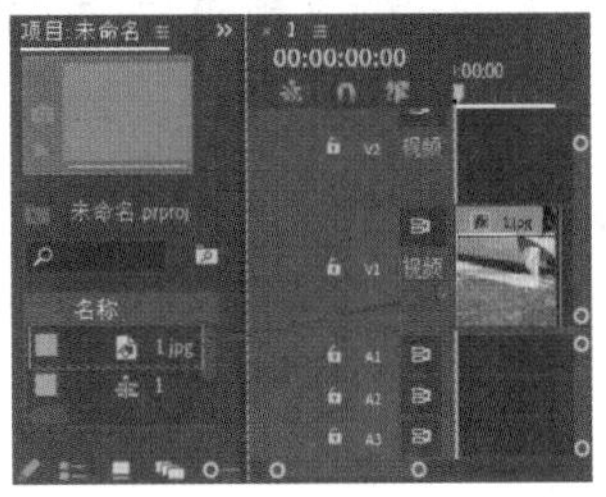

图 4.27

2. 向前/向后选择轨道工具

(向前选择轨道工具)/(向后选择轨道工具)按钮，快捷键为A/Shift+A。可选择目标文件左侧或右侧同轨道上的所有素材文件，当【时间轴】面板中的素材文件过多时，使用该种工具选择文件更加方便、快捷。

(1)以(向前选择轨道工具)为例，若要选择V1轨道上1.jpg素材文件右侧的所有文件，首先单击(向前选择轨道工具)按钮，然后单击【时间轴】面板中的2.jpg素材，如图4.28所示。

(2)此时1.jpg素材文件右侧的文件全部被选中，如图4.29所示。

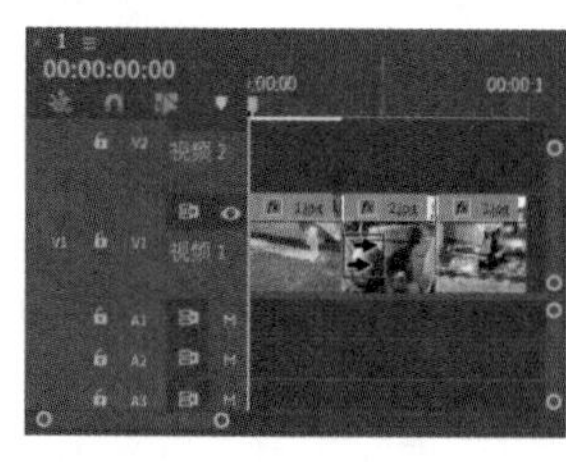

图 4.28

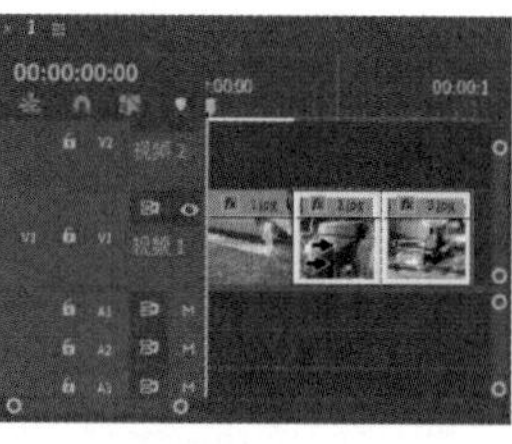

图 4.29

3. 波纹编辑工具

(波纹编辑工具)按钮，快捷键为B。可调整选中素材文件的持续时间，在调整素材文件时素材的前方或后方可能会有空位出现，此时相邻的素材文件会自动向前移动进行空位的填补。

调整V1轨道上1.jpg素材文件的持续时间，将长度适当缩短。首先单击(波纹编辑工具)按钮，将光标定位在1.jpg和2.jpg素材文件的中间位置，当光标变为时，按住鼠标左键向左侧拖动，如图4.30所示。此时1.jpg素材文件后方的全部文件会自动向前跟进，如图4.31所示。

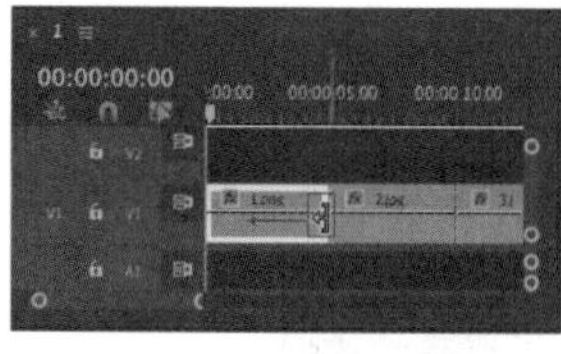

图 4.30

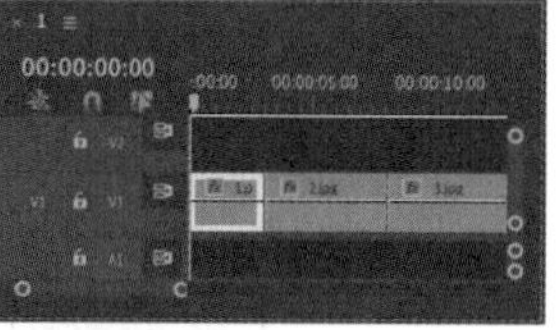

图 4.31

4. 滚动编辑工具

(滚动编辑工具)按钮，快捷键为N。在素材文件总长度不变的情况下，可控制素材文件自身的长度，并可适当调整剪切点。

(1)选择V1轨道上的1.jpg素材文件，若想将该素材文件的长度增长，可单击(滚动编辑工具)按钮，将光标定位在1.jpg素材文件的上方，按住鼠标左键向右侧拖动，如图4.32所示。

(2)在不改变素材文件总长度的情况下，此时1.jpg素材文件变长，相邻的2.jpg素材文件的长度则会相对进行缩短，如图4.33所示。

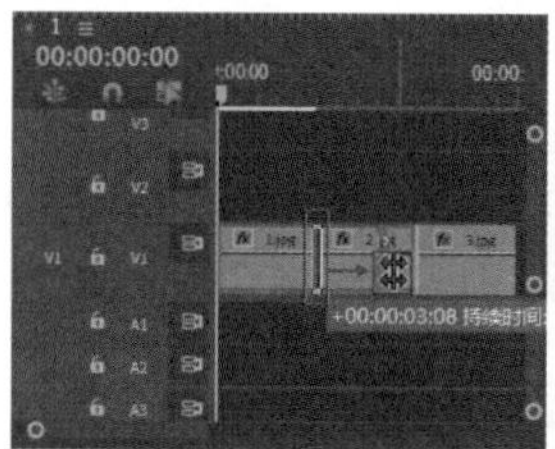

图 4.32

图 4.33

5. 比率拉伸工具

(比率拉伸工具)按钮，可以改变【时间轴】面板中素材的播放速率，更便于视频的剪辑。

单击(比率拉伸工具)按钮，当光标变为时，按住鼠标左键向右侧拖动，如图4.34所示。此时该素材文件的播放时间变长，速率变慢，如图4.35所示。

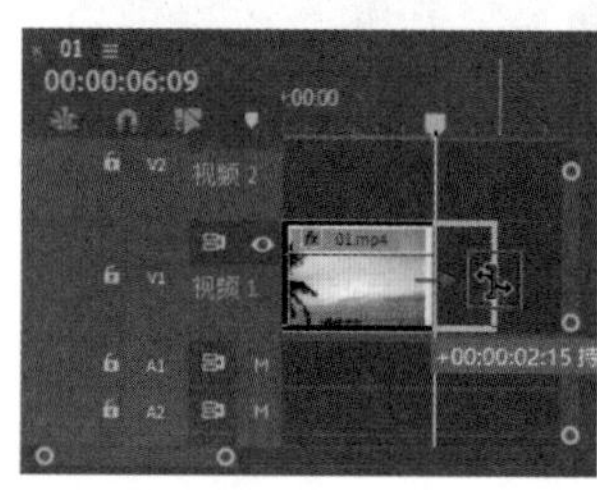

图 4.34

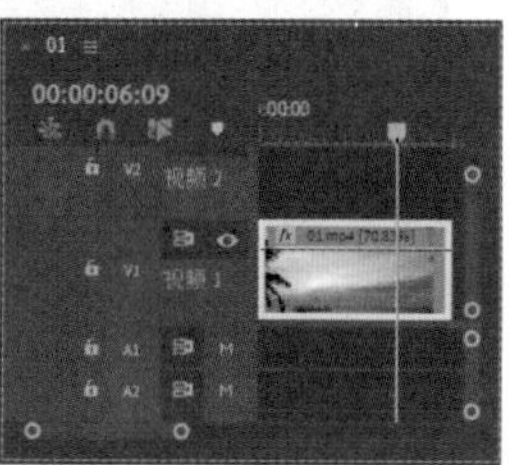

图 4.35

6. 剃刀工具

(剃刀工具)按钮，快捷键为C。可将一段视频裁剪为多个视频片段，按住Shift键可以同时剪辑多个轨道中的素材。

(1)单击(剃刀工具)按钮，将光标定位在素材文件的上方，单击即可进行裁剪，如图4.36所示。裁剪完成后，该素材文件的每一段都可成为一个独立的素材文件，如图4.37所示。

(2)也可按住Shift键，同时裁剪多个轨道上的素材文件。此时同一帧不同轨道上的素材文件会被同时进行裁剪，如图4.38所示。

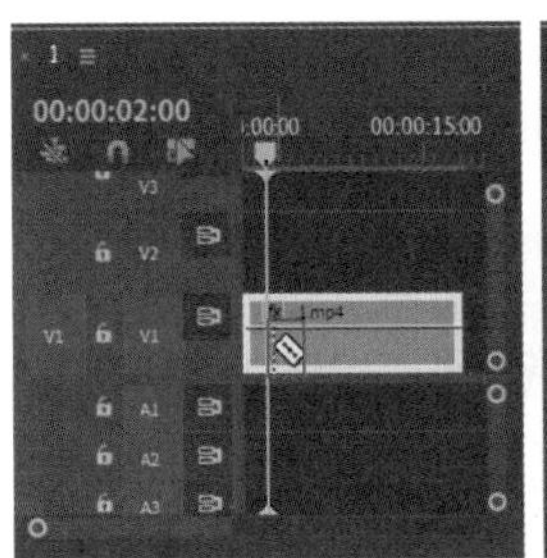

图 4.36

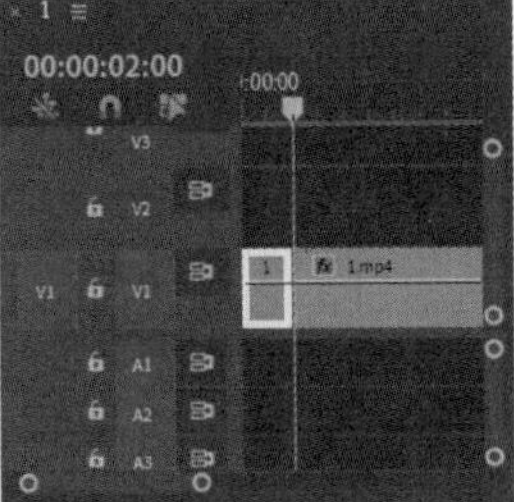

图 4.37

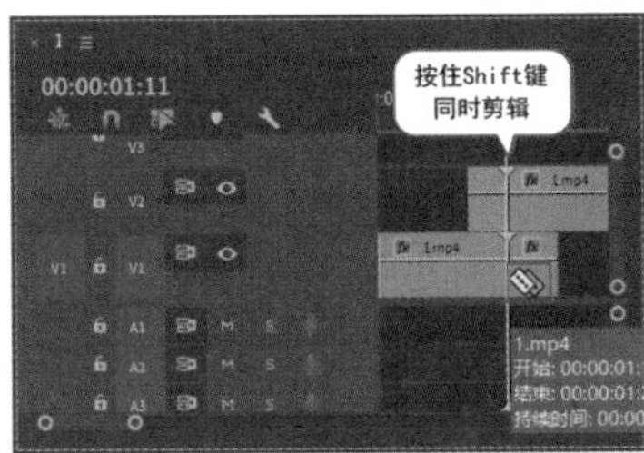

图 4.38

重点 4.2.2 其他剪辑工具

除【工具】面板外，在【时间轴】面板中右击素材文件，弹出的快捷菜单中的部分命令也常用于剪辑视频。

1. 波纹删除

【波纹删除】命令能很好地提高工作效率，常搭配【剃刀工具】一起使用。在剪辑时，通常会将废弃片段进行删除，使用【波纹删除】命令不用再去移动其他素材来填补删除后的空白，它在删除的同时能将前后素材文件很好地连接在一起。

(1) 单击 (剃刀工具) 按钮，将时间线拖动到合适的位置，单击1.jpg素材文件，此时1.jpg素材文件被分割为两部分，如图4.39所示。

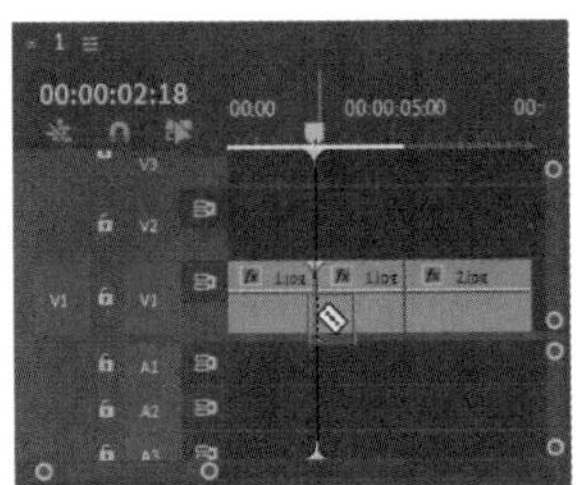

图 4.39

(2) 单击 (选择工具) 按钮，然后右击后半部分的1.jpg素材文件，在弹出的快捷菜单中执行【波纹删除】命令，如图4.40所示。此时2.jpg素材文件会自动向前跟进，如图4.41所示。

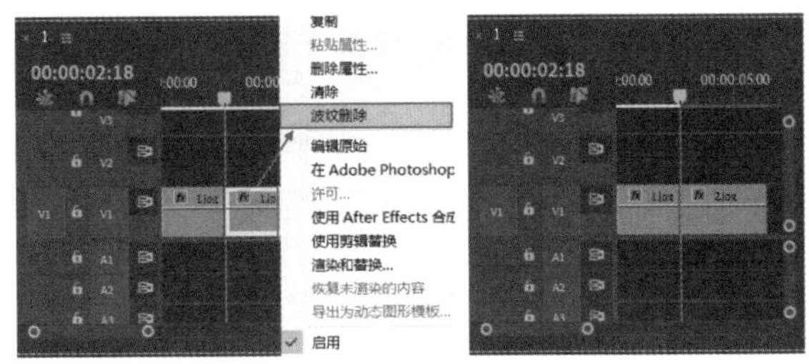

图 4.40　　图 4.41

2. 取消链接

当素材文件中的视频、音频链接在一起时，针对视频或音频素材进行单独操作就会相对烦琐。此时需要解除视频、音频的链接。

单击 (选择工具) 按钮，右击该素材文件，在弹出的快捷菜单中执行【取消链接】命令，如图4.42所示。此时可以针对【时间轴】面板中的视频、音频文件进行单独移动或执行其他操作，如图4.43所示。

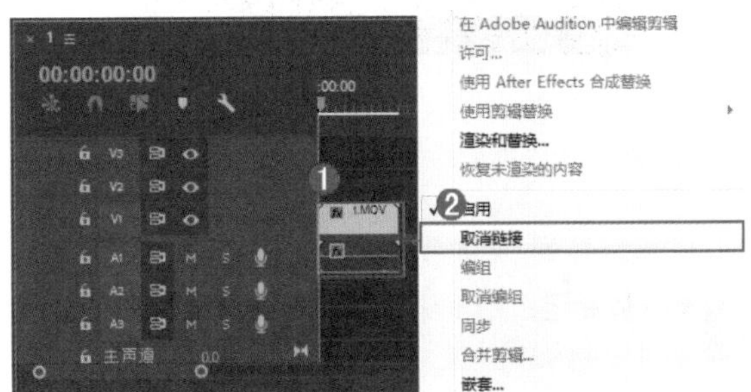

图 4.42

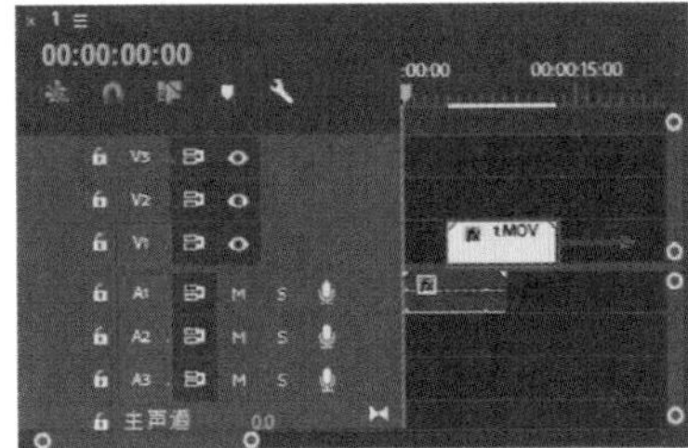

图 4.43

4.3 在监视器中进行素材剪辑

在Premiere Pro中，监视器用来显示素材和编辑素材，位于监视器下方的各个按钮同样具有重要的作用，它向我们提供了多种模式的监视、寻帧和设置出入点操作。

4.3.1 认识【节目监视器】面板

在Premiere Pro 2023的【节目监视器】面板底部设有各种功能的编辑按钮。使用这些按钮可以更便捷地对所选素材进行操作，同时可根据自己的习惯，通过单击该面板右下角的 (按钮编辑器)按钮，自定义各个按钮的位置排列及显隐情况。图4.44所示为默认状态下的【节目监视器】面板。

图 4.44

- 添加标记：用于标注素材文件需要编辑的位置，快捷键为M。
- 标记入点：定义操作区段的起始位置，快捷键为I。
- 标记出点：定义操作区段的结束位置，快捷键为O。
- 转到入点：单击该按钮，可将时间线快速移动到入点位置，快捷键为Shift+I。
- 后退一帧（左侧）：可使时间线向左侧移动一帧。
- 播放/停止切换：单击该按钮，可播放/停止播放素材文件，快捷键为Space。
- 前进一帧（右侧）：可使时间线向右侧移动一帧。
- 转到出点：单击该按钮，可将时间线快速移动到出点位置，快捷键为Shift+O。
- 提升：单击该按钮，可将出入点之间的区段自动裁剪掉，并且该区域以空白的形式呈现在【时间轴】面板中，后方视频素材不自动向前跟进。
- 提取：单击该按钮，可将出入点之间的区段自动裁剪掉，素材后方的其他素材会随着剪辑自动向前跟进。
- 导出帧：可将当前帧导出为图片。在【导出帧】对话框中可设置导出帧的【名称】【格式】【路径】，如图4.45所示。

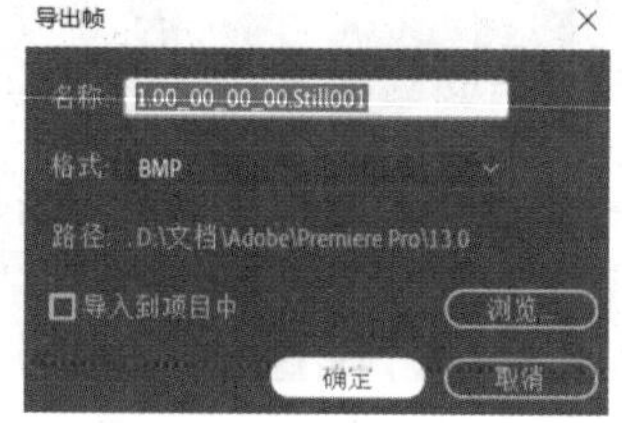

图 4.45

- 按钮编辑器：可对监视器底部的按钮进行添加、删除等自定义操作，如图4.46所示。

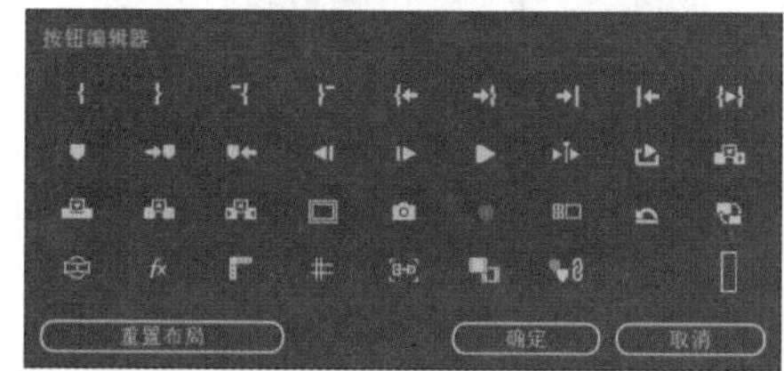

图 4.46

4.3.2 添加标记

编辑视频时在素材上添加标记，不仅便于素材位置的查找，同时还方便剪辑操作。当标记添加过多时，还可以为标记设置不同的颜色及注释，避免混淆，并能很好地起到提示作用。设置标记的方法有以下3种。

1. 方法一：在菜单栏中添加标记

在菜单栏中选择【标记】菜单，在下拉菜单中即可为选择的素材文件进行添加标记或设置出入点等，如图4.47所示。

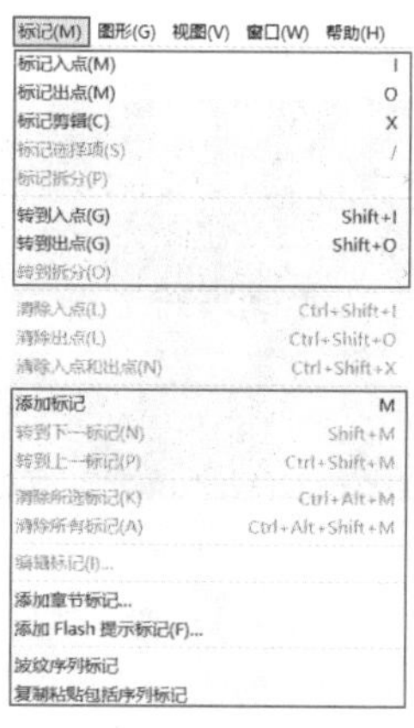

图 4.47

2. 方法二：在【源监视器】面板中添加标记

在【源监视器】面板中单击▣（添加标记）按钮或按快捷键M，即可在【源监视器】面板中成功添加标记。

（1）双击【时间轴】面板中需要标记的素材文件，弹出【源监视器】面板，在【源监视器】面板中拖动时间线进行素材预览，并在需要做标记的位置单击▣（添加标记）按钮，即可完成标记的添加，如图4.48所示。

（2）此时，在【时间轴】面板中所选素材的相同位置也会出现标记符号，如图4.49所示。

图 4.48

图 4.49

3. 方法三：在【节目监视器】面板中添加标记

（1）首先将时间线拖动到需要添加标记的位置，然后单击【节目监视器】面板中的▣（添加标记）按钮，即可快速为素材添加标记，如图4.50所示。

（2）同时，在【时间轴】面板中序列上方的相同位置出现标记符号，如图4.51所示。

图 4.50

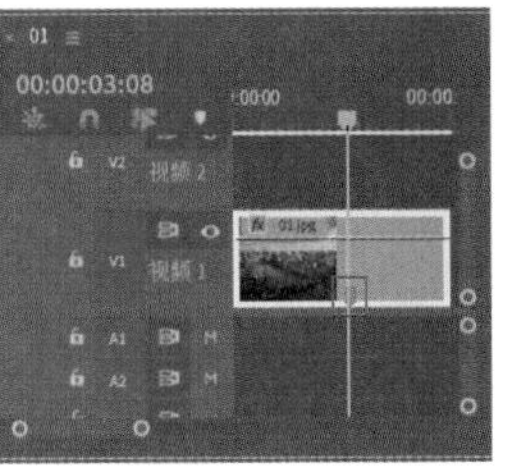

图 4.51

提示：设置当前标记的名称、颜色

双击【节目监视器】面板中的▣（添加标记）按钮，弹出【标记】对话框，如图4.52所示。可以在该对话框中设置当前标记的名称、颜色等。

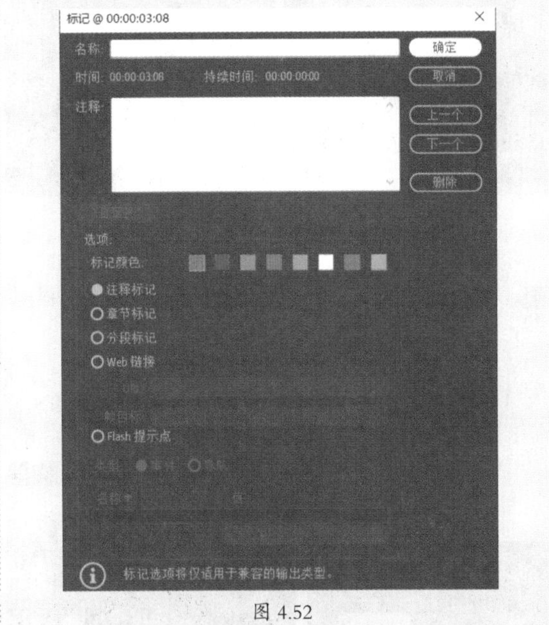

图 4.52

4.3.3 设置素材的入点和出点

设置素材的入点和出点是指经过修剪后为素材设置开始时间和结束时间，也可理解为定义素材的操作区段。此时入点和出点之间的素材会被保留，而其他部分做保留性删除。可通过此方法进行快速剪辑，并且在导出文件时会以该区段作为有效时间进行导出。

（1）在【时间轴】面板中将时间线拖动到合适的位置，单击▣（标记入点）按钮或按快捷键I设置入点，如图4.53所示。此时在【时间轴】面板中的相同位置也会出现入点符号，如图4.54所示。

图 4.53

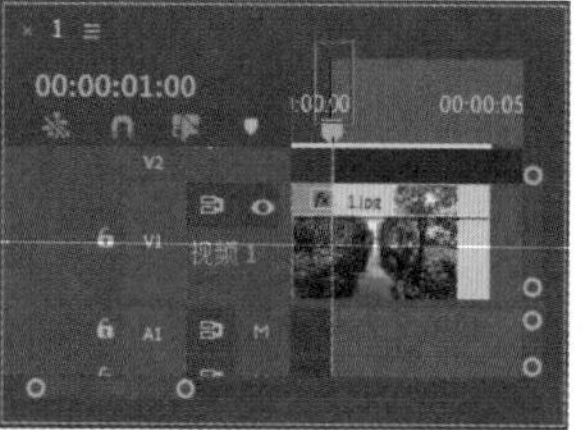
图 4.54

（2）继续拖动时间线，选择合适的位置，单击（标记出点）按钮或按快捷键O设置出点，如图4.55所示。此时在【时间轴】面板中的相同位置也会出现出点符号，如图4.56所示。

图 4.55

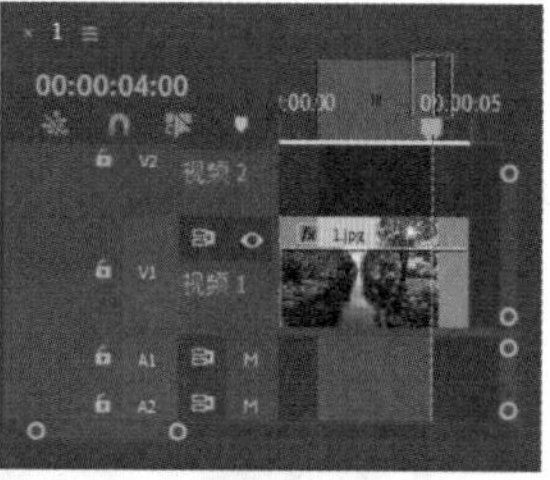
图 4.56

提示：在【源监视器】面板中为素材设置入点、出点

（1）双击【时间轴】面板中的素材文件，如图4.57所示。此时会进入【源监视器】面板中，如图4.58所示。

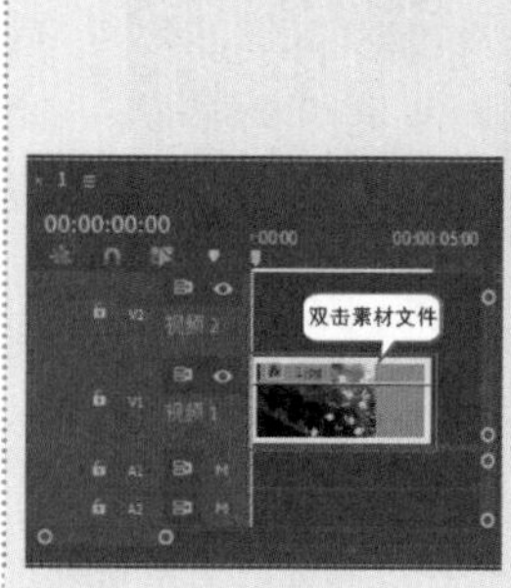

图 4.57

图 4.58

（2）单击【源监视器】面板中的（标记入点）按钮，即可为素材添加入点，继续拖动时间线，单击（标记出点）按钮，此时为素材成功添加出点，如图4.59所示。此时在【时间轴】面板中只保留出入点之间的区段，出入点以外部分将被删除，如图4.60所示。

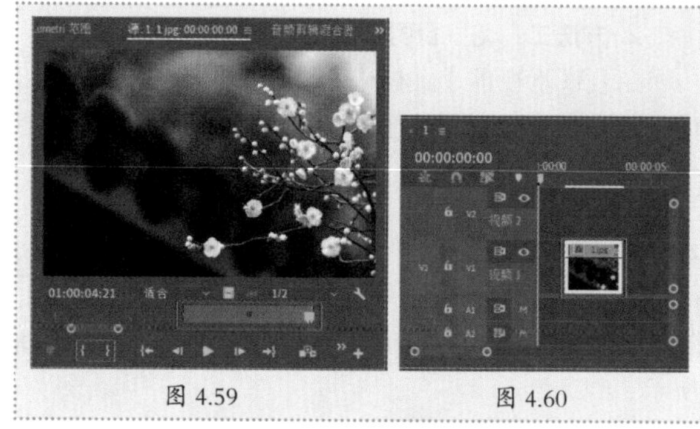
图 4.59　　图 4.60

4.3.4　使用【提升】和【提取】按钮快速剪辑

在出入点设置完成后，出入点之间的区段可通过【提升】及【提取】进行剪辑操作。

1. 提升

单击【节目监视器】面板中的（提升）按钮或在菜单栏中执行【序列】/【提升】命令，此时出入点之间的区段自动删除，并以空白的形式呈现在【时间轴】面板中，如图4.61所示。

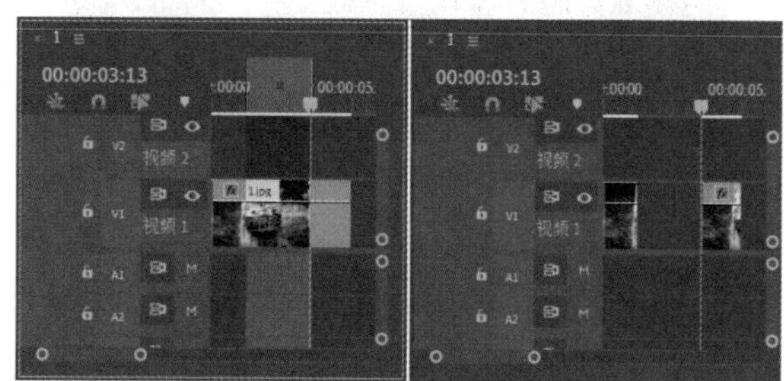
图 4.61

2. 提取

单击【节目监视器】面板中的（提取）按钮或在菜单栏中执行【序列】/【提取】命令，此时出入点之间的区段在删除的同时后方素材会自动向前跟进，如图4.62所示。

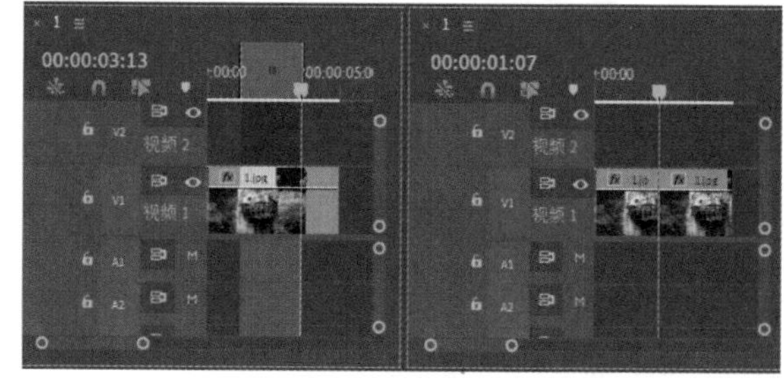
图 4.62

4.3.5 按钮编辑器

在Premiere Pro中，使用者可根据自己的习惯和喜好在【按钮编辑器】中对按钮进行编辑和位置排序。单击 (按钮编辑器)按钮，弹出【按钮编辑器】对话框，如图4.63所示。

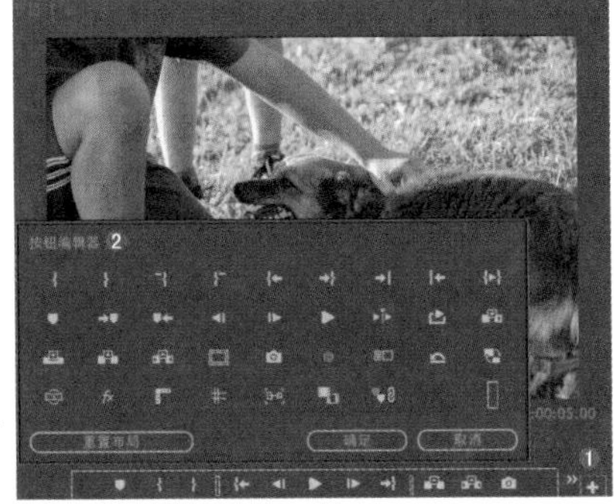

图 4.63

步骤 01 以 (安全边框)按钮为例，若想将该按钮移动到【节目监视器】面板底部，首先在【按钮编辑器】对话框中选择该按钮，按住鼠标左键将其拖动到【节目监视器】面板底部的按钮中，然后单击【确定】按钮，如图4.64所示。

步骤 02 此时单击 (安全边框)按钮，在【节目监视器】面板中的素材文件上即可显示出边框，如图4.65所示。以同样的方式可移动【按钮编辑器】对话框中的其他按钮。

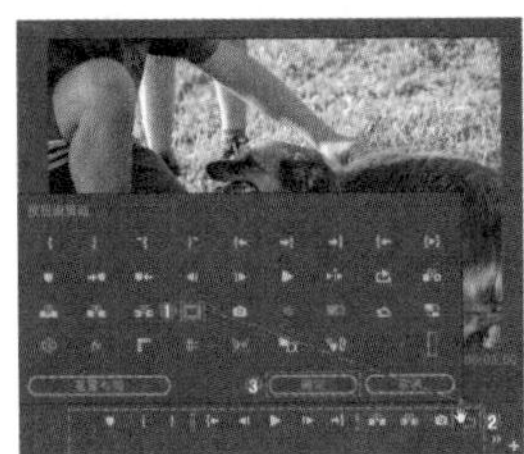

图 4.64　　图 4.65

重点 4.4 常用剪辑实例

重点 4.4.1 实例：剪辑定格黑白卡点婚礼视频

扫一扫，看视频

文件路径：第4章视频剪辑→实例：剪辑定格黑白卡点婚礼视频

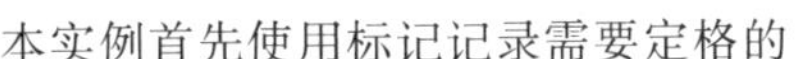

本实例首先使用标记记录需要定格的位置，然后使用【比率拉伸工具】调整素材速度，并对素材进行帧定格，最后为定格的素材添加黑白效果。实例效果如图4.66所示。

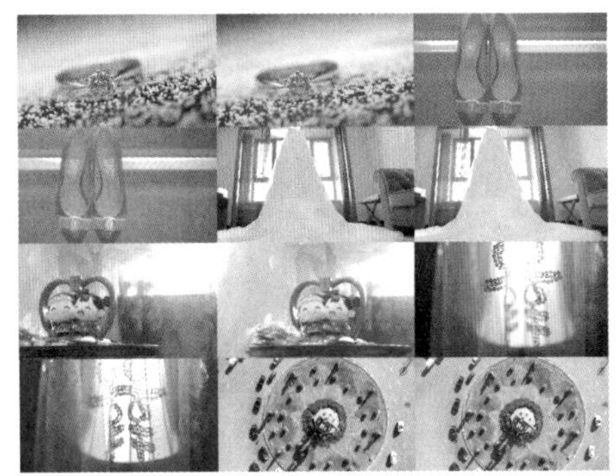

图 4.66

步骤 01 执行【文件】/【新建】/【项目】命令，新建一个项目。执行【文件】/【导入】命令，导入全部素材文件，如图4.67所示。

图 4.67

步骤 02 在【项目】面板中将【配乐.mp3】素材文件拖动到【时间轴】面板中的A1轨道上，如图4.68所示。将时间线拖动到合适的位置，使用快捷键C将光标切换为【剃刀工具】，在时间线位置进行剪辑。使用快捷键V将光标切换为【选择工具】，选择剪辑之后的后半部分音频，按Delete键进行删除，如图4.69所示。

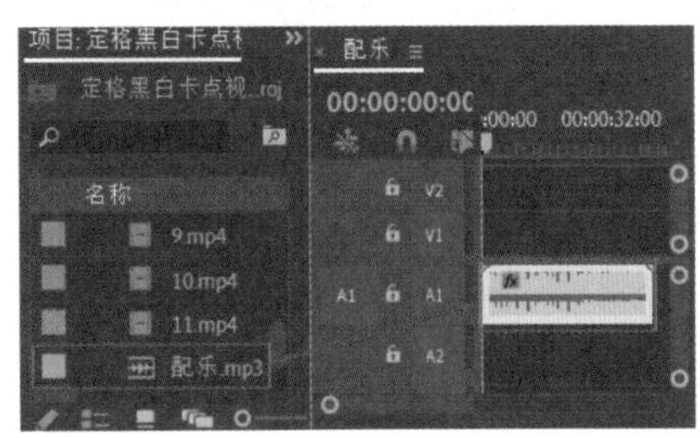

图 4.68

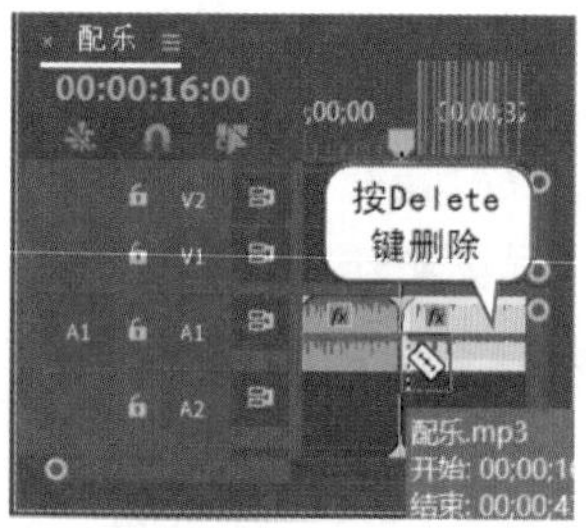

图 4.69

步骤 03 将时间线拖动到起始帧位置，单击▶（播放/停止切换）按钮或按空格键聆听配乐，在节奏强烈的位置按键盘上的M键快速添加标记，直到音频结束，此时共添加了11个标记，如图4.70所示。

图 4.70

步骤 04 由于稍后需要继续添加标记，为了便于识别，更改刚刚制作的标记的颜色。双击添加的标记，弹出【标记】对话框，将【标记颜色】设置为红色，如图4.71所示。以同样的方式更改其他标记的颜色，此时【时间轴】面板中的标记如图4.72所示。

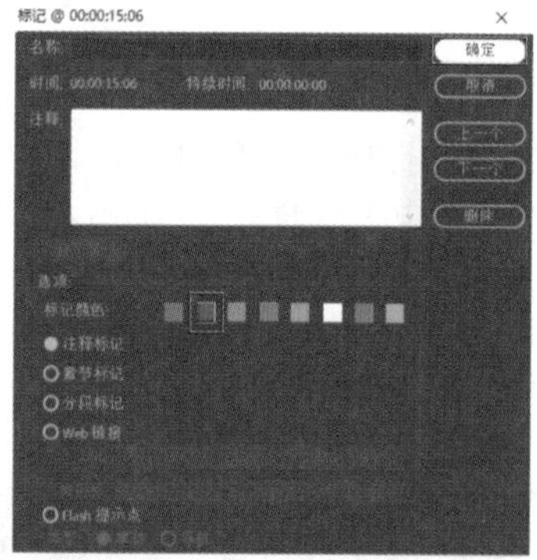

图 4.71

步骤 05 选择第一个红色标记，按住Shift键的同时按向右键，时间线向右侧移动5帧，连着按3次，时间线向右侧移动15帧，在当前位置按M键进行标记，如图4.73所示。以同样的方式在其他红色标记后方15帧的位置添加绿色标记，如图4.74 所示。

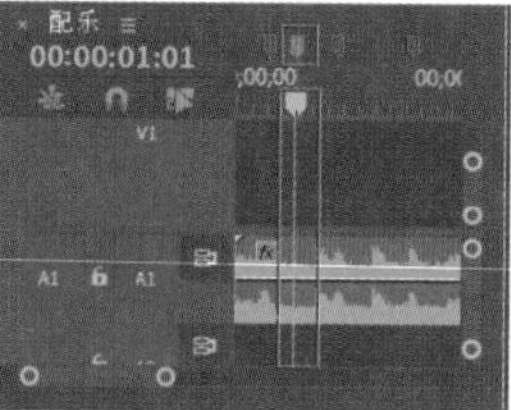

图 4.72　　图 4.73

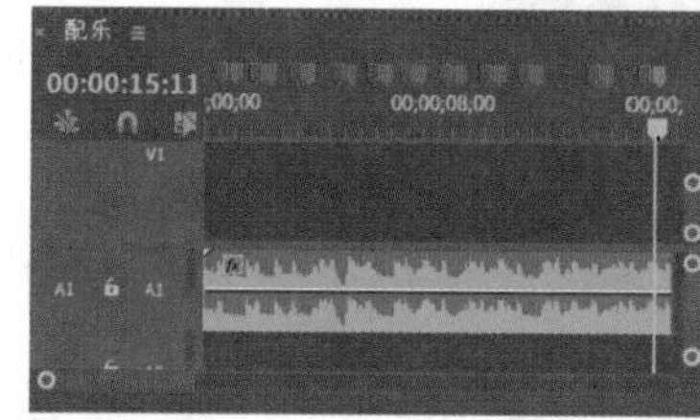

图 4.74

步骤 06 在【项目】面板中将1.mp4素材文件拖动到【时间轴】面板中的V1轨道上，如图4.75所示。将时间线移动到第一个绿色标记的位置，然后按快捷键R，此时光标切换为【比率拉伸工具】，选择V1轨道上的1.mp4素材文件，在它的结束位置按住鼠标左键向时间线拖动，将结束时间落在时间线上，改变素材文件的速度，如图4.76所示。

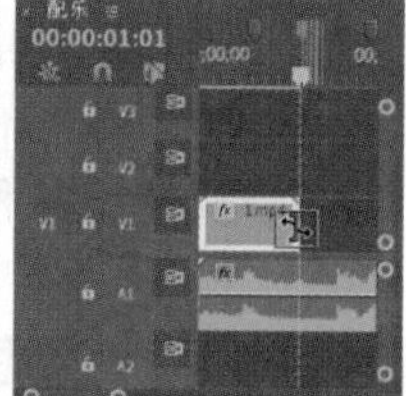

图 4.75　　图 4.76

步骤 07 在【项目】面板中将2.mp4素材文件拖动到【时间轴】面板中的1.mp4素材文件后方，将时间线移动到第二个绿色标记的位置，按快捷键R，将光标切换为【比率拉伸工具】，选择V1轨道上的2.mp4素材文件，使用【比率拉伸工具】将它拖动到第二个绿色标记的位置，如图4.77所示。以同样的方式制作其他视频素材，如图4.78所示。

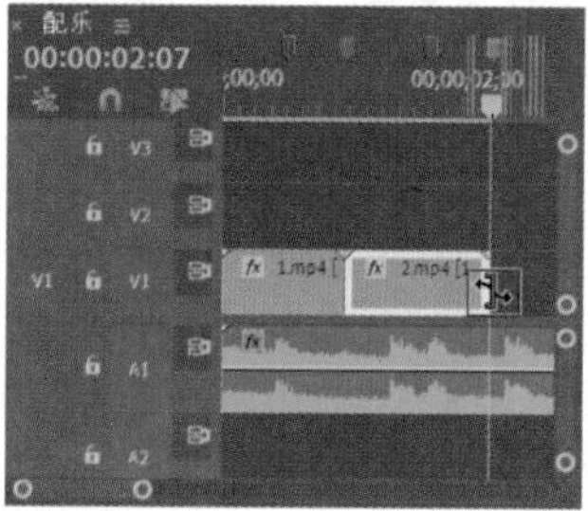

图 4.77

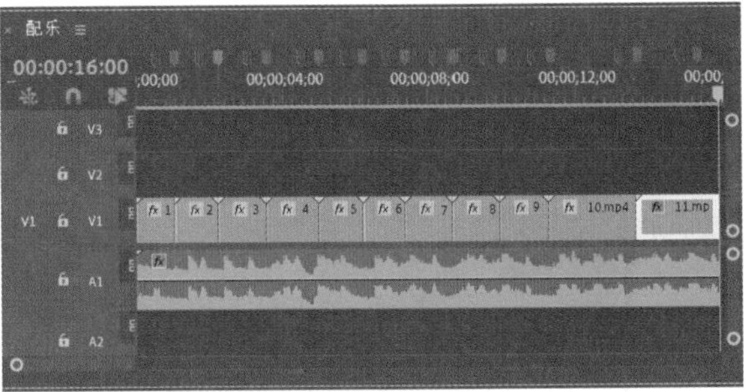

图 4.78

步骤 08 进行帧定格操作。单击第一个红色标记，此时时间线自动跳转到红色标记的位置，选择V1轨道上的第一个视频素材并右击，在弹出的快捷菜单中执行【添加帧定格】命令，如图4.79所示。此时在时间线位置自动剪辑素材，前半部分为动态画面，后半部分为静止的帧定格画面，如图4.80所示。以同样的方式为2.mp4~11.mp4素材文件添加帧定格。

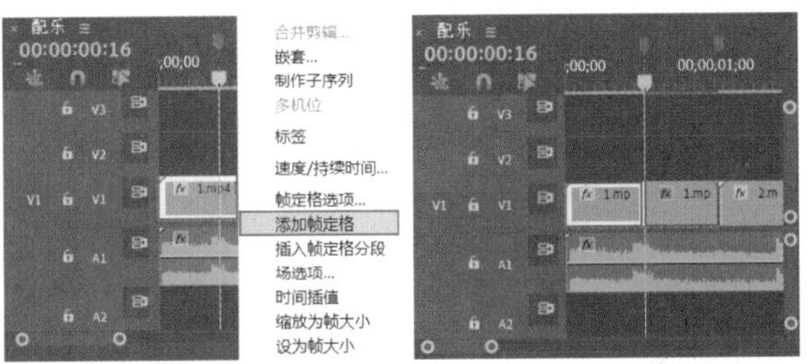

图 4.79　　图 4.80

步骤 09 在【效果】面板的搜索框中搜索【黑白】，将它拖动到红色标记与绿色标记中间的素材上（也可以理解为从第一个素材向右侧数，每隔一个素材添加黑白效果），如图4.81所示。

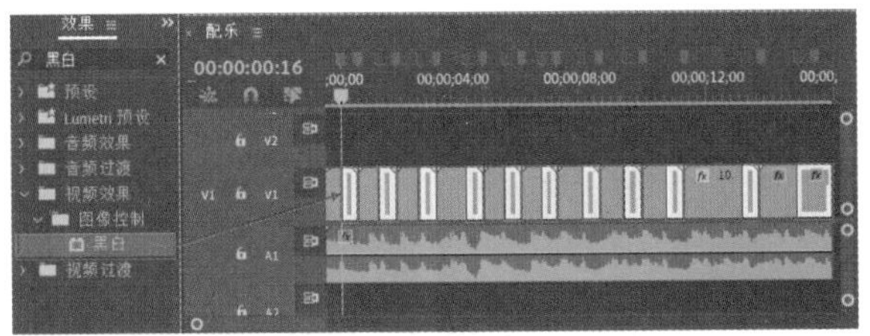

图 4.81

步骤 10 本实例制作完成，拖动时间线查看黑白定格画面效果，如图4.82所示。

图 4.82

重点 4.4.2　实例：剪辑趣味魔术小视频

文件路径：第4章 视频剪辑→实例：剪辑趣味魔术小视频

扫一扫，看视频

本实例主要使用【亮度曲线】提亮画面颜色，使用【剃刀工具】搭配【波纹删除】制作神奇的魔术效果。实例效果如图4.83所示。

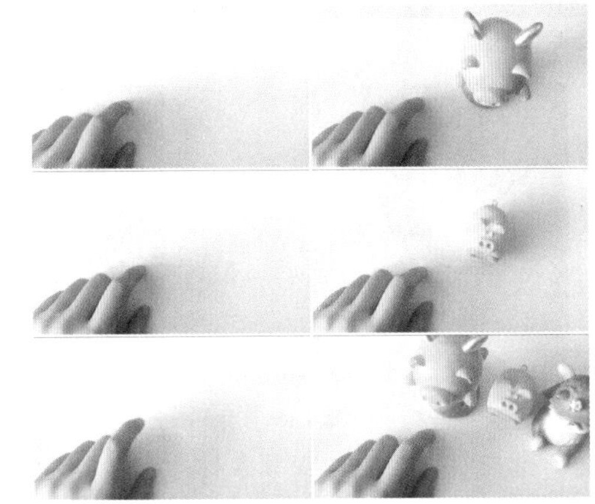

图 4.83

步骤 01 执行【文件】/【新建】/【项目】命令，新建一个项目。在【项目】面板的空白处右击，在弹出的快捷菜单中执行【新建项目】/【序列】命令，弹出【新建序列】对话框，设置【帧大小】为960.0，【水平】为544.0，【像素长宽比】为【方形像素(1.0)】。执行【文件】/【导入】命令，弹出【导入】对话框，导入视频素材文件，如图4.84所示。

步骤 02 在【时间轴】面板中单击 V1（对插入和覆盖进行源修补）按钮，在【项目】面板中选择1.mp4视频素材，将其拖动到【时间轴】面板中的V1轨道上，弹出【剪辑不匹配警告】对话框，单击【保持现有设置】按钮，如图4.85所示。此时画面效果如图4.86所示。

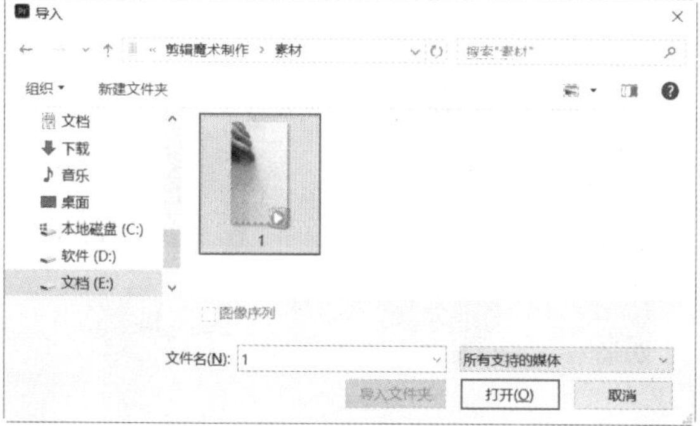

图 4.84

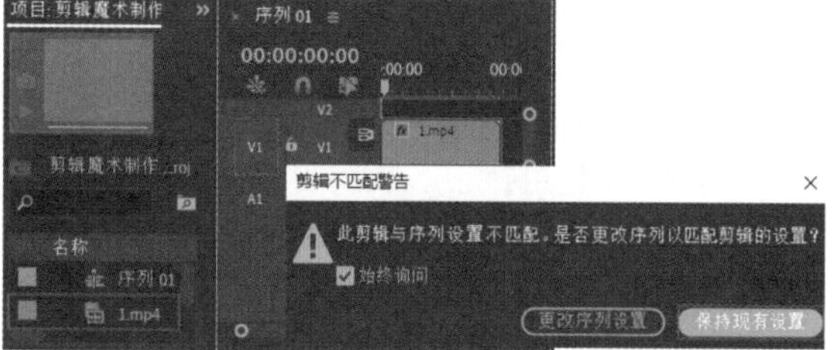

图 4.85

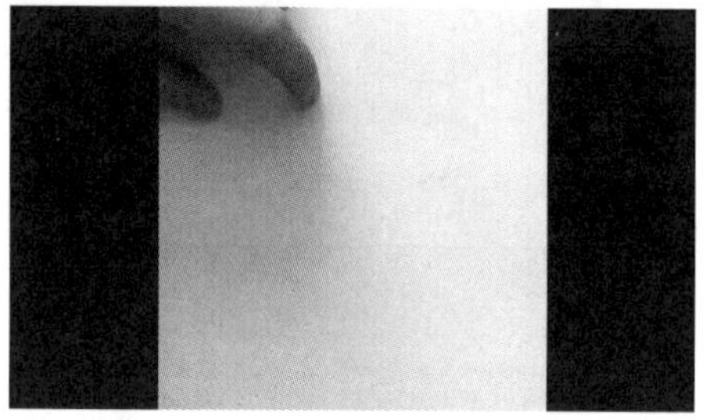

图 4.86

步骤 03 选择V1轨道上的视频素材，在【效果控件】面板中展开【运动】效果，设置【旋转】为-90.0°，如图4.87所示。

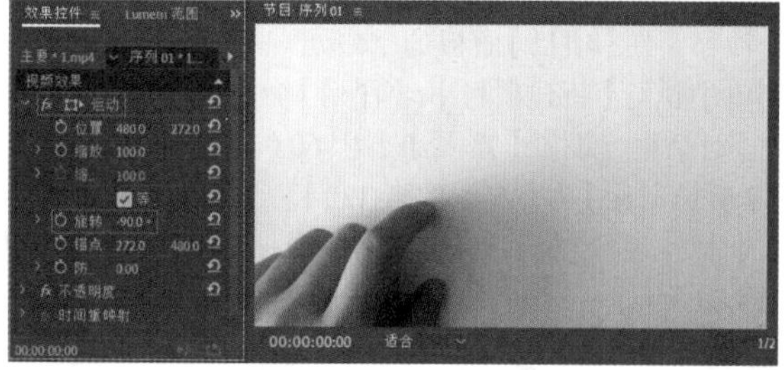

图 4.87

步骤 04 提高画面亮度。在【效果】面板的搜索框中搜索【亮度曲线】，按住鼠标左键将该效果拖动到V1轨道的1.mp4视频素材上，如图4.88所示。

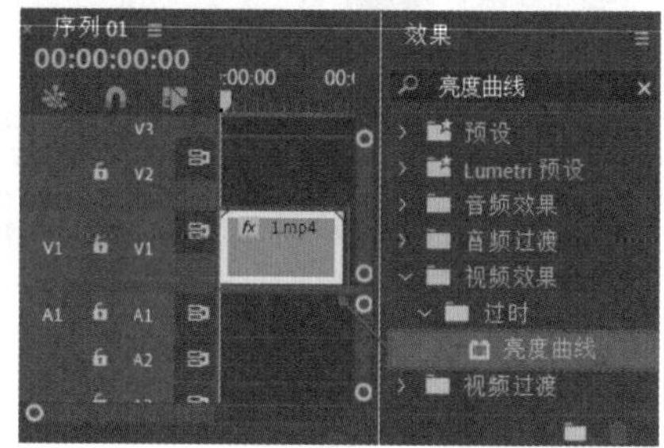

图 4.88

步骤 05 选择V1轨道上的素材，在【效果控件】面板中展开【亮度曲线】效果，在【亮度波形】下方的曲线上单击添加一个控制点并向左上方拖动，如图4.89所示。此时画面效果如图4.90所示。

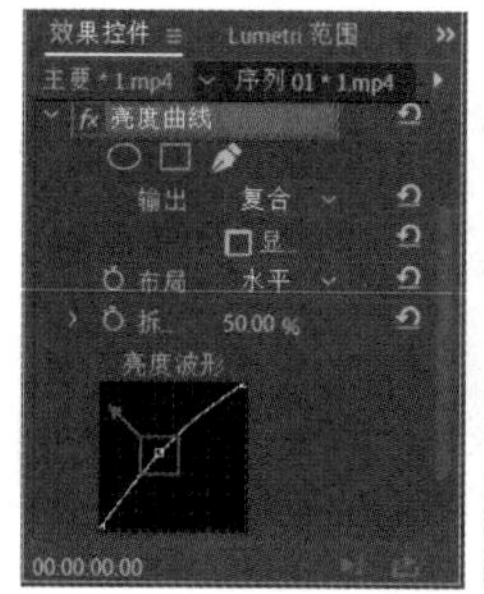

图 4.89　　图 4.90

步骤 06 将时间线拖动到00:00:03:00（3秒）的位置，按C键将光标切换为（剃刀工具），在当前位置进行剪辑，如图4.91所示。继续将时间线拖动到00:00:06:02（6秒2帧）的位置，在当前位置继续剪辑，如图4.92所示。

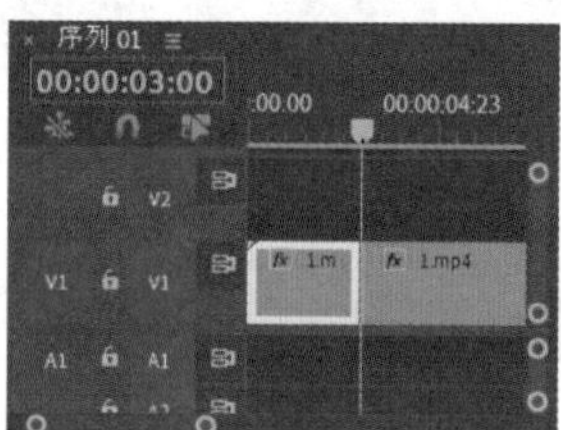

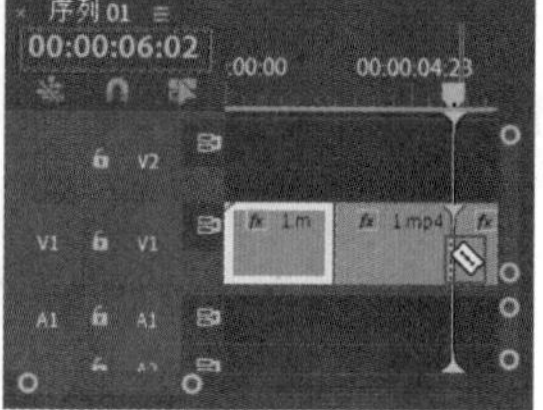

图 4.91　　图 4.92

步骤 07 为了掩盖魔术破绽，在【时间轴】面板中选择第2部分1.mp4视频素材并右击，在弹出的快捷菜单中执行【波纹删除】命令，如图4.93所示。此时后方素材自动向前跟进，如图4.94所示。

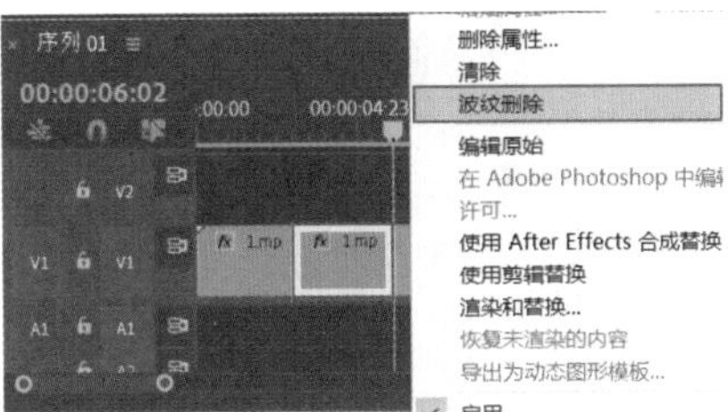

图 4.93

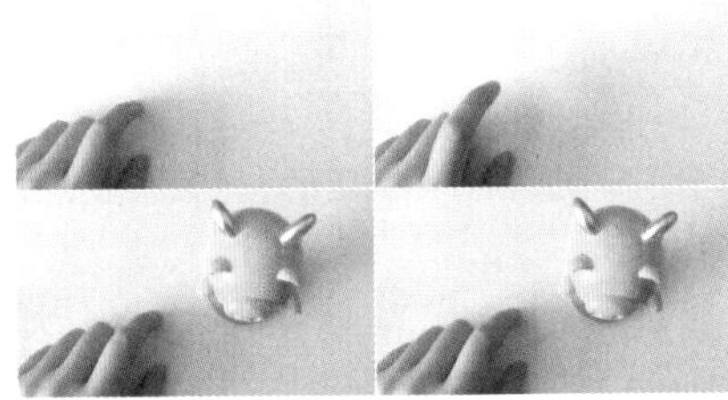

图 4.94

步骤 08 在00:00:05:03（5秒3帧）的位置剪辑1.mp4素材文件，如图4.95所示。将时间线拖动到00:00:06:15（6秒15帧）的位置，在当前位置继续剪辑，选择时间线前一部分视频素材并右击，在弹出的快捷菜单中执行【波纹删除】命令，如图4.96所示。

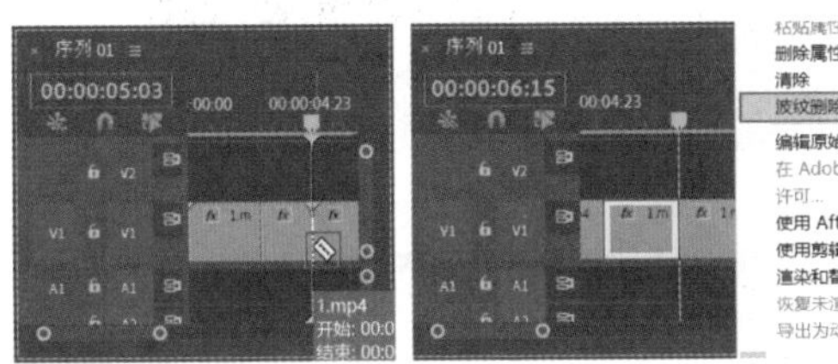

图 4.95　　图 4.96

步骤 09 以同样的方式继续在00:00:07:00（7秒7帧）和00:00:10:00（10秒）的位置剪辑视频素材，选择时间线前一部分视频素材并右击，在弹出的快捷菜单中执行【波纹删除】命令，如图4.97所示。以同样的方式制作小猪出现的画面及小猪消失的画面，如图4.98所示。

图 4.97　　图 4.98

步骤 10 在00:00:36:00（36秒）的位置剪辑1.mp4视频素材，选择时间线前一部分视频素材并右击，在弹出的快捷菜单中执行【波纹删除】命令，如图4.99和图4.100所示。

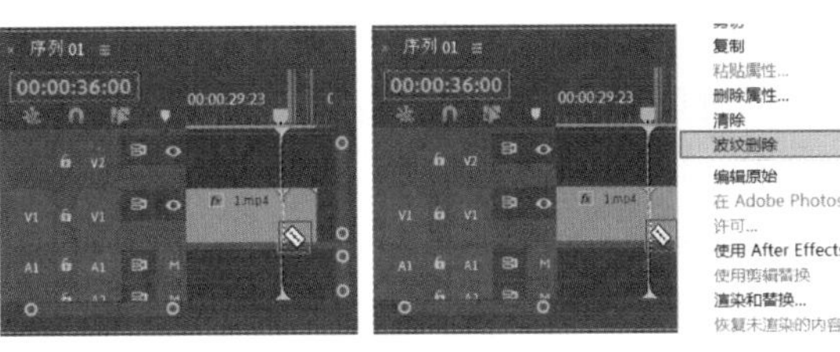

图 4.99　　图 4.100

步骤 11 本实例制作完成，拖动时间线查看画面效果，如图4.101所示。

图 4.101

重点 4.4.3　实例：趣味VLOG剪辑

文件路径：第4章 视频剪辑→实例：趣味VLOG剪辑

扫一扫，看视频

本实例使用【颜色遮罩】和【蒙版】制作圆形遮罩效果，将文字和视频素材根据音频进行剪辑。实例效果如图4.102所示。

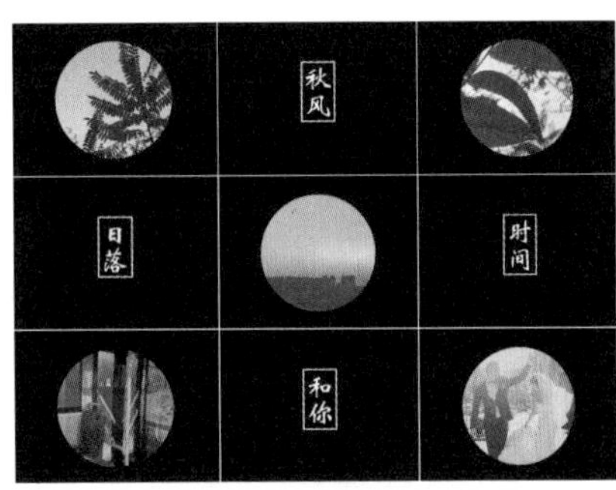

图 4.102

步骤 01 执行【文件】/【新建】/【项目】命令，新建一个项目。在【项目】面板的空白处右击，在弹出的快捷菜单中执行【新建项目】/【序列】命令，弹出【新建序列】对话框，并在DV-PAL文件夹下选择【标准

48kHz】。执行【文件】/【导入】命令，导入全部素材文件，如图4.103所示。

图 4.103

步骤 02 在【项目】面板中将音频素材拖动到【时间轴】面板中的A1轨道上，如图4.104所示。

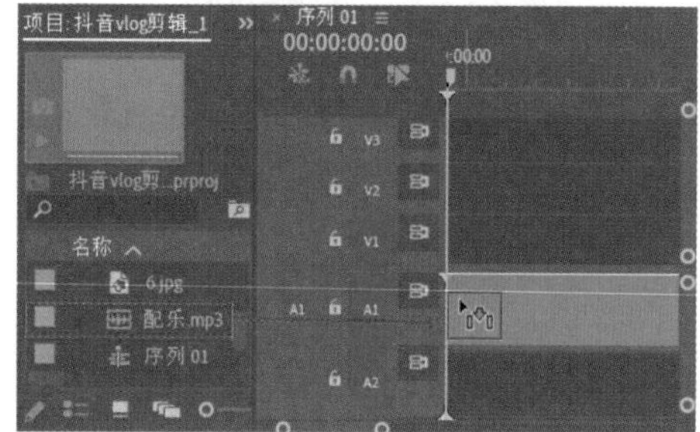

图 4.104

步骤 03 在【项目】面板下方的空白处右击，在弹出的快捷菜单中执行【新建项目】/【颜色遮罩】命令，在弹出的【新建颜色遮罩】对话框中单击【确定】按钮，在弹出的【拾色器】对话框中选择黑色，在弹出的【选择名称】对话框中设置【名称】为【颜色遮罩】，如图4.105所示。

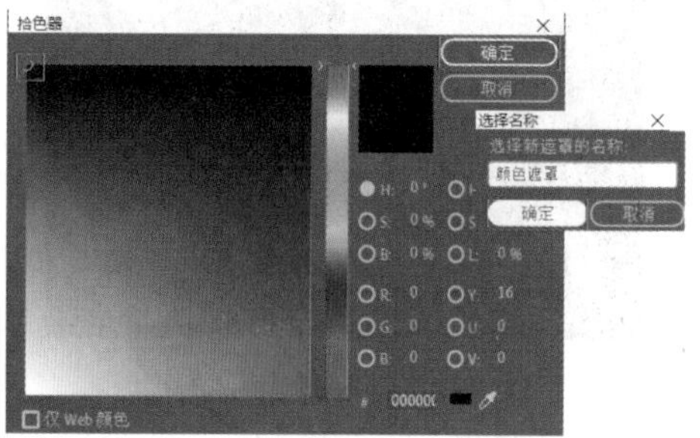

图 4.105

步骤 04 将【项目】面板中的【颜色遮罩】拖动到V2轨道上，设置结束时间与音频素材对齐，如图4.106所示。

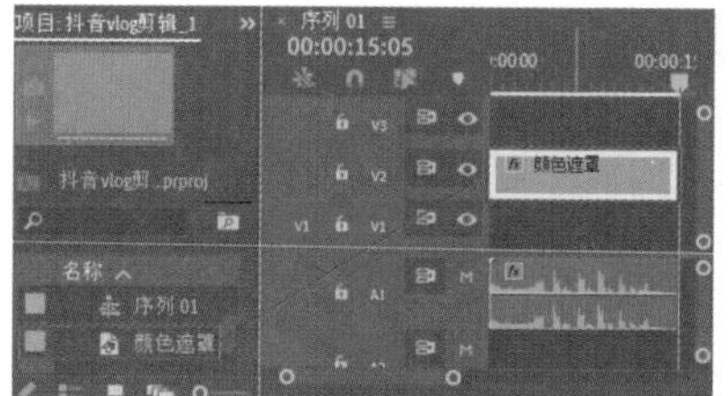

图 4.106

步骤 05 选择V2轨道上的【颜色遮罩】，在【效果控件】面板中展开【不透明度】效果，单击◯（创建椭圆形蒙版）按钮，设置【蒙版羽化】为0.0，勾选【已反转】复选框，然后在【节目监视器】面板中调整圆形蒙版的大小及位置，如图4.107所示。

步骤 06 将【项目】面板中的1.mp4素材文件拖动到V1轨道上，设置它的持续时间为00:00:02:23（2秒23帧），如图4.108所示。

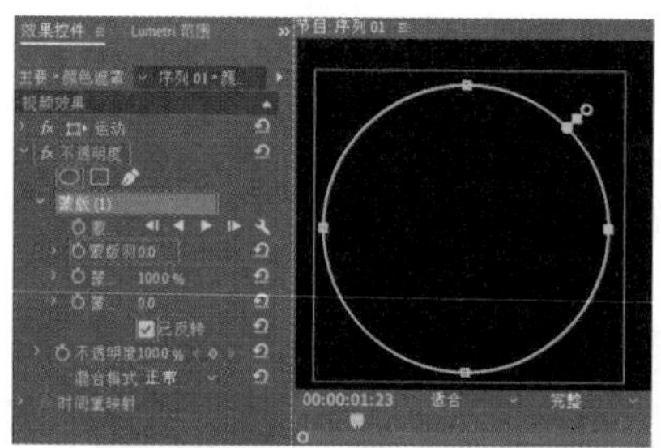

图 4.107

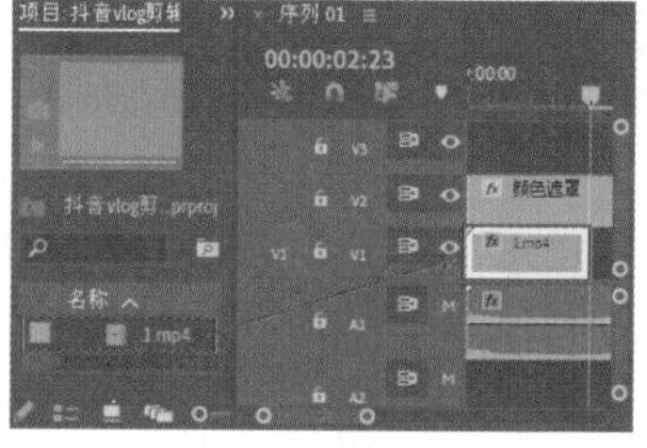

图 4.108

步骤 07 选择V1轨道上的1.mp4素材文件并右击，在弹出的快捷菜单中执行【缩放为帧大小】命令，如图4.109所示。此时画面效果如图4.110所示。

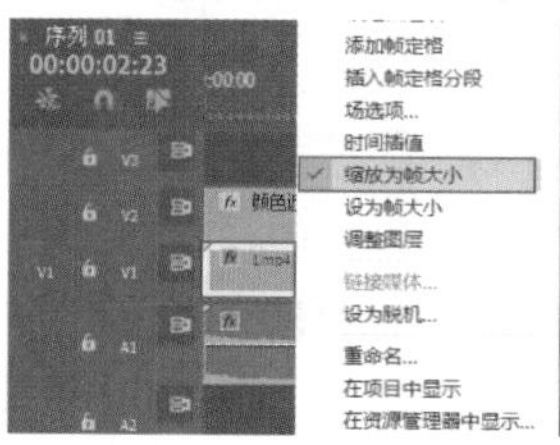

图 4.109

图 4.110

步骤 08 在【项目】面板中将2.mp4素材文件拖动到V1轨道上的第一个视频素材后面，如图4.111所示。

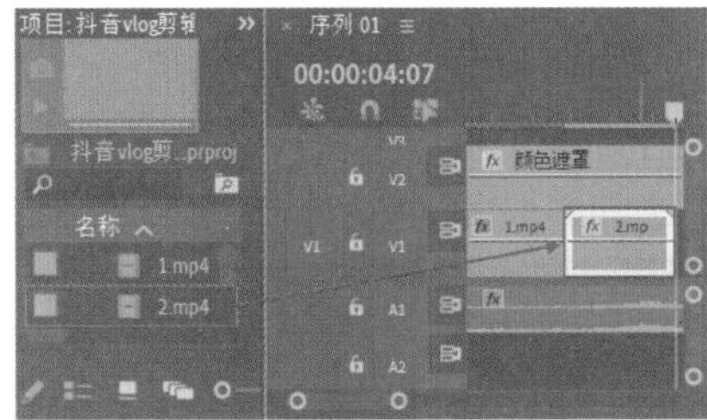

图 4.111

步骤 09 在【效果控件】面板中设置【位置】为(360.0,-15)，如图4.112所示。此时画面效果如图4.113所示。

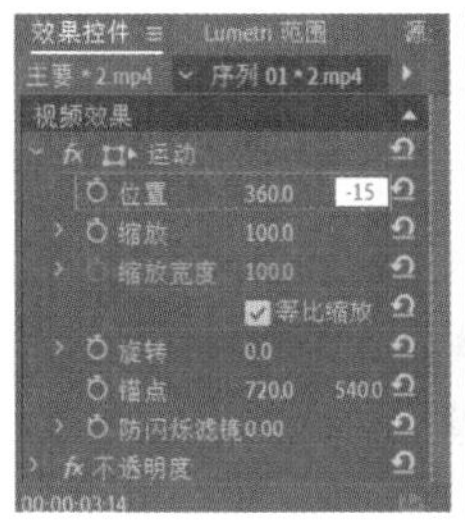

图 4.112

图 4.113

步骤 10 制作文字部分。将时间线滑动到4秒07帧的位置，在【工具】面板中单击 IT（垂直文字工具）按钮，在工作区中的合适位置输入文字“秋风”，如图4.114所示。

图 4.114

步骤 11 在【工具】面板中单击▶（选择工具）按钮，在【时间轴】面板中选择V2轨道上的文字图层，在【效果控件】面板中展开【文本】/【源文本】，设置合适的【字体系列】和【字体样式】，设置【字体大小】为100，【颜色】为白色，如图4.115所示。

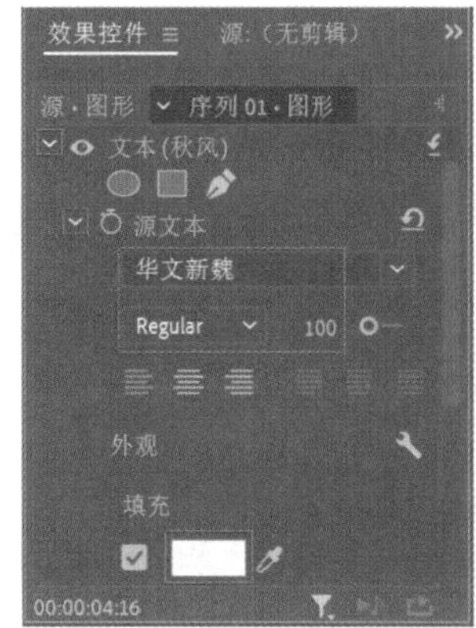

图 4.115

步骤 12 在文字图层选中的状态下，在【工具】面板中单击▭（矩形工具）按钮，围绕文字绘制一个矩形，如图4.116所示。

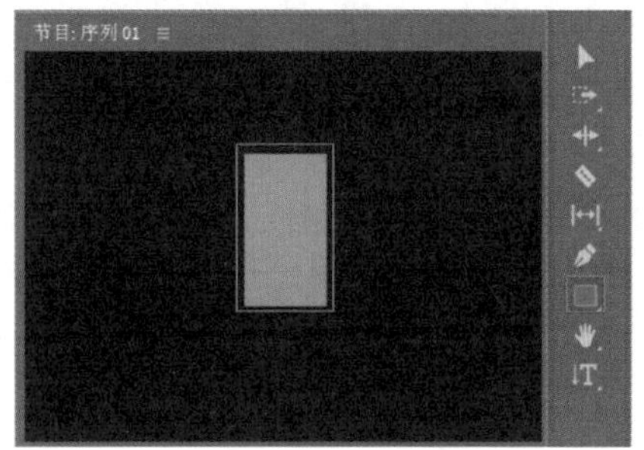

图 4.116

步骤 13 在【工具】面板中单击▶（选择工具）按钮，在【时间轴】面板中选择V2轨道上的文字图层，在【效果控件】面板中展开【形状】/【外观】，取消勾选【填充】复选框，勾选【描边】复选框，设置【颜色】为白色，【描边宽度】为5.0，如图4.117所示。此时画面效果如图4.118所示。

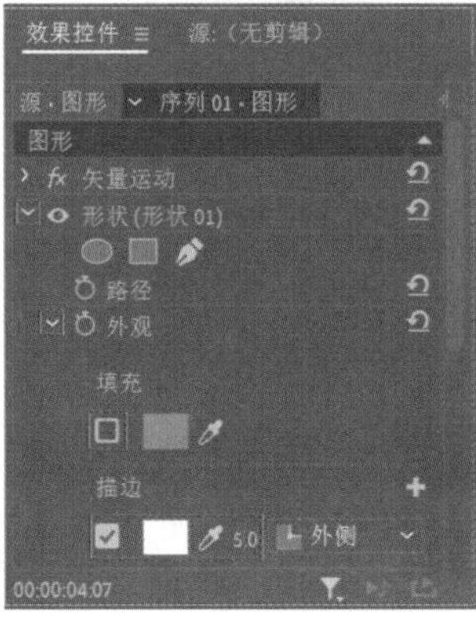

图 4.117

图 4.118

第4章 视频剪辑

步骤 14 在【时间轴】面板中设置文本图层的结束时间为5秒16帧，接着将【项目】面板中的3.mp4素材拖动到文字图层后方，如图4.119所示。

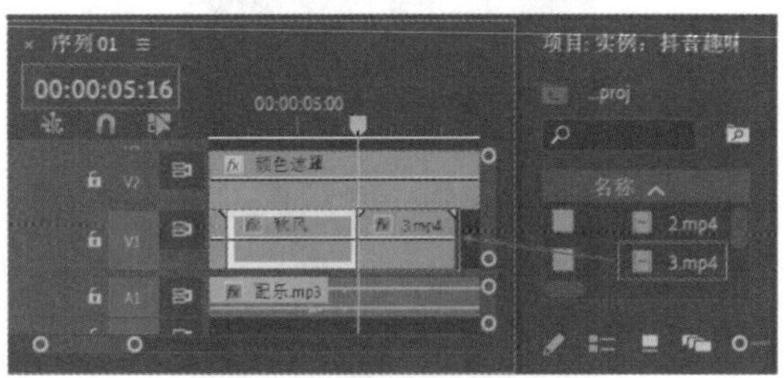

图 4.119

步骤 15 在【时间轴】面板中选中【秋风】文字图层，按住Alt键的同时按住鼠标左键拖动到6秒16帧的位置，将其移动并复制一份，如图4.120所示。

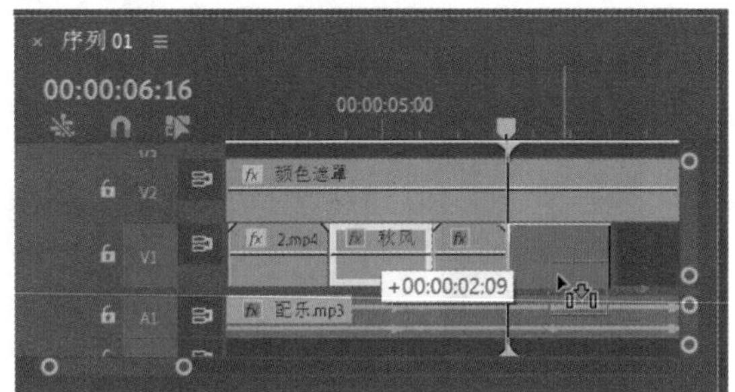

图 4.120

步骤 16 在【时间轴】面板中选中复制的文字图层，接着在【工具】面板中单击 (垂直文字工具)按钮，在工作区中修改文字内容，如图4.121所示。

图 4.121

步骤 17 将4.mp4素材文件拖动到V1轨道上的【日落】文字图层后方，将时间线拖动到00:00:09:00（9秒）的位置，按快捷键C将光标切换为【剃刀工具】，在当前位置剪辑视频素材，如图4.122所示。

步骤 18 将光标切换为【选择工具】，选择剪辑后的前半部分4.mp4素材文件并右击，在弹出的快捷菜单中执行【波纹删除】命令，如图4.123所示。此时后方素材自动向前跟进。

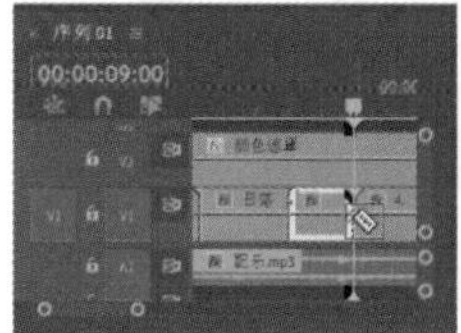

图 4.122

图 4.123

步骤 19 将4.mp4素材文件的结束时间设置为00:00:08:15（8秒15帧），如图4.124所示。继续使用同样的方法制作两个文字图层与5.mp4素材文件，如图4.125所示。

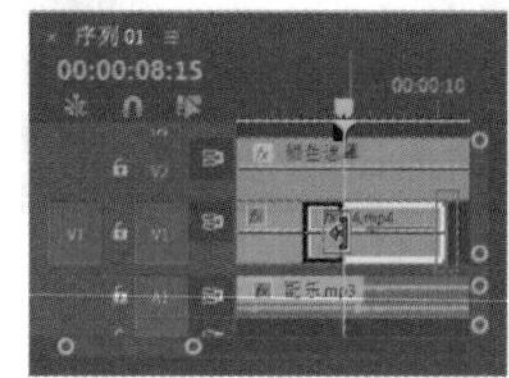

图 4.124

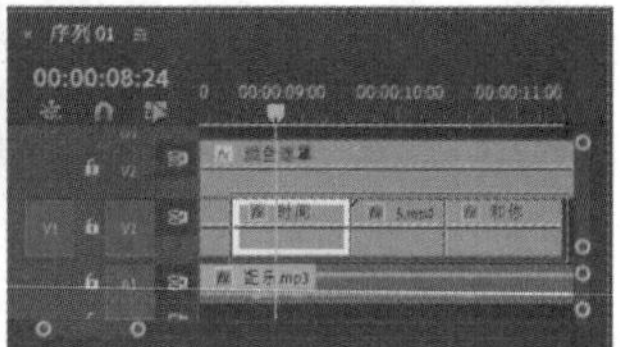

图 4.125

步骤 20 将6.jpg素材文件拖动到V1轨道上，设置它的持续时间为00:00:02:15（2秒15帧）。在【效果控件】面板中设置【位置】为(297.0,272.0)。将时间线拖动到00:00:11:10（11秒10帧）的位置，单击【缩放】左侧的 (切换动画)按钮，设置【缩放】为160.0。将时间线拖动到00:00:12:17（12秒17帧）的位置，设置【缩放】为50.0，如图4.126所示。缩放效果如图4.127所示。

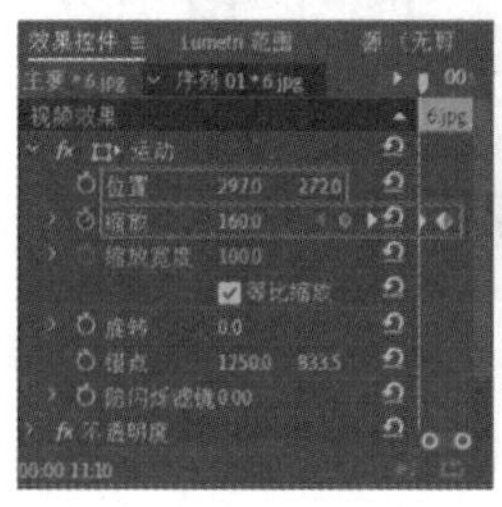

图 4.126

图 4.127

步骤 21 本实例制作完成，画面效果如图4.128所示。

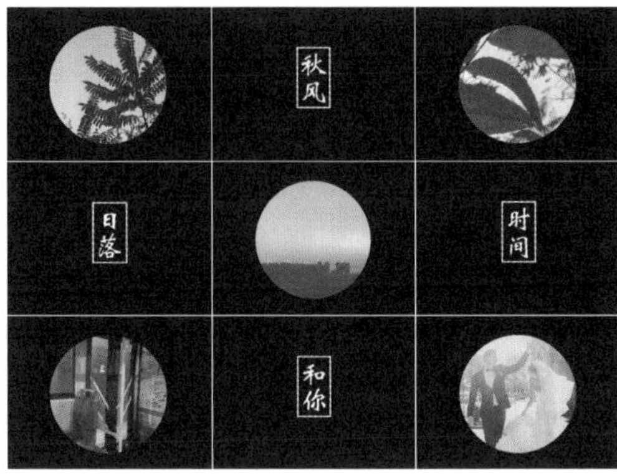

图 4.128

重点 4.4.4 实例：剪辑日常上班VLOG

文件路径：第4章 视频剪辑→实例：剪辑日常上班VLOG

扫一扫，看视频

本实例首先剪辑视频素材，然后使用【旧版标题】制作文字，最后加上音乐素材。实例效果如图4.129所示。

图 4.129

步骤 01 执行【文件】/【新建】/【项目】命令，新建一个项目。在【项目】面板的空白处右击，在弹出的快捷菜单中执行【新建项目】/【序列】命令，在弹出的【新建序列】对话框中单击【设置】选项卡，设置【编辑模式】为【自定义】，【帧大小】为720.0，【水平】为1080.0，【像素长宽比】为【方形像素(1.0)】。执行【文件】/【导入】命令，弹出【导入】对话框，导入全部素材文件，如图4.130所示。

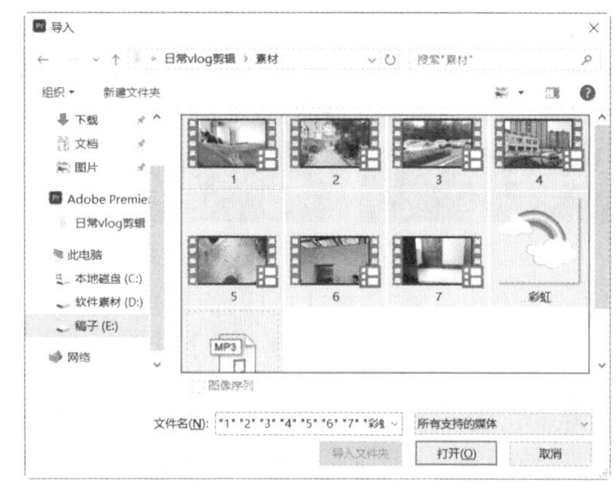

图 4.130

步骤 02 在【项目】面板中将1.mp4~7.mp4视频素材依次拖动到V1轨道上，如图4.131所示。

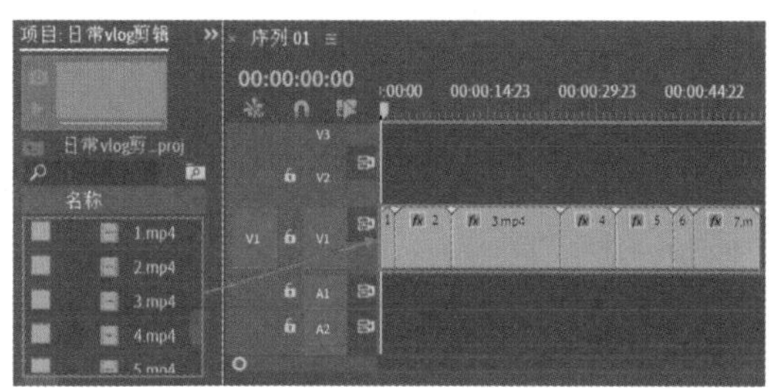

图 4.131

步骤 03 在【时间轴】面板中将时间线拖动到00:00:06:00（6秒）的位置，按C键将光标切换为【剃刀工具】，在当前位置剪辑2.mp4素材文件，如图4.132所示。选择2.mp4素材文件的后半部分并右击，在弹出的快捷菜单中执行【波纹删除】命令，如图4.133所示。此时后方素材自动向前跟进。

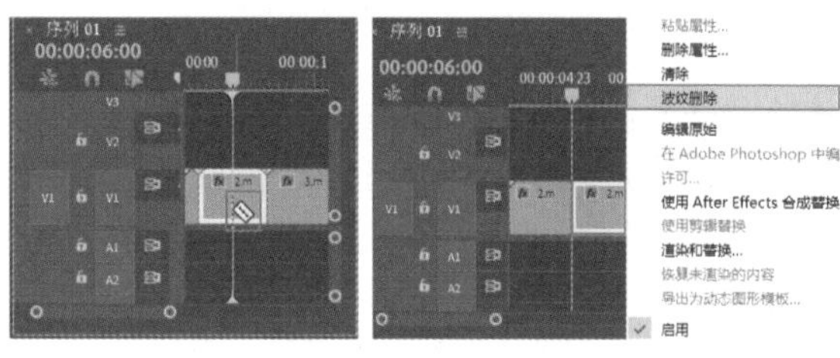

图 4.132　　图 4.133

步骤 04 将时间线拖动到00:00:15:00（15秒）的位置，在【工具】面板中单击（比率拉伸工具）按钮，按住3.mp4视频素材的结束位置向时间线拖动，如图4.134所示。将4.mp4~7.mp4素材文件向前拖动，跟进3.mp4素材文件，如图4.135所示。

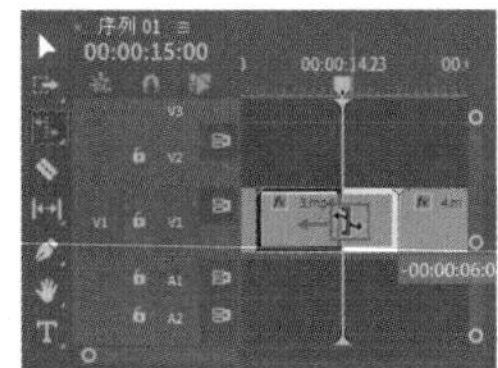

图 4.134

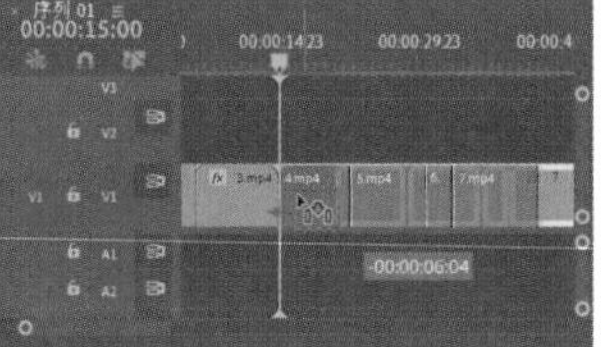

图 4.135

步骤 05 制作颜色遮罩。在【项目】面板的空白处右击，在弹出的快捷菜单中执行【新建项目】/【颜色遮罩】命令，在弹出的【新建颜色遮罩】对话框中单击【确定】按钮，在弹出的【拾色器】对话框中设置【颜色】为黑色，在弹出的【选择名称】对话框中设置遮罩的名称为【颜色遮罩】，如图4.136和图4.137所示。

新建搜索素材箱
新建项目 › | 序列...
查看隐藏内容 | 项目快捷方式...
导入... | 脱机文件...
查找... | 调整图层...
对齐网格 | 彩条...
重置为网格 › | 黑场视频...
保存当前布局 | 颜色遮罩...
另存为新布局... | 通用倒计时片头...
透明视频...

图 4.136

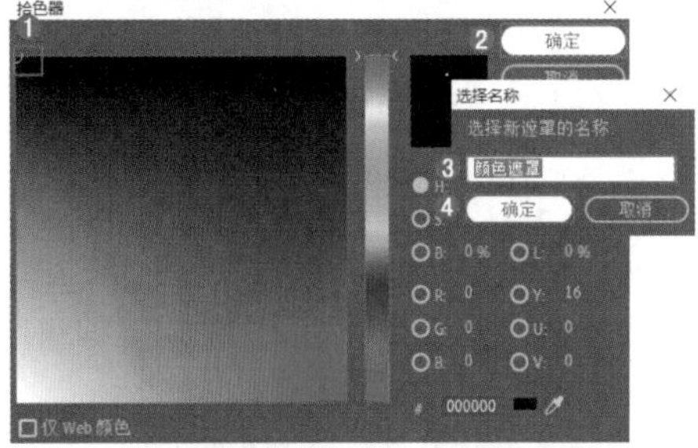

图 4.137

步骤 06 在【项目】面板中将【颜色遮罩】拖动到【时间轴】面板中，如图4.138所示。

步骤 07 在【效果】面板中搜索【裁剪】，将该效果拖动到V2轨道的【颜色遮罩】上，如图4.139所示。

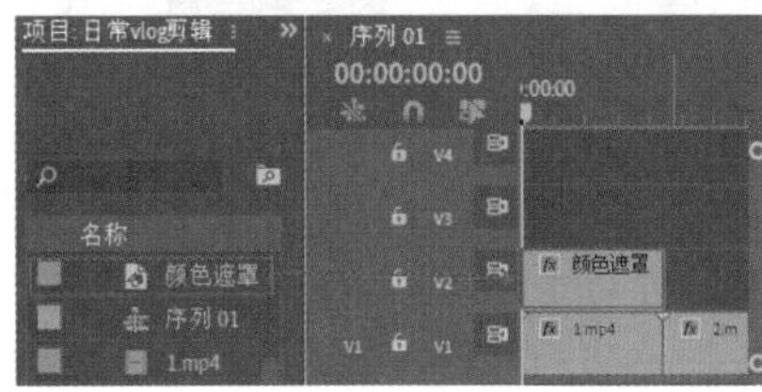

图 4.138

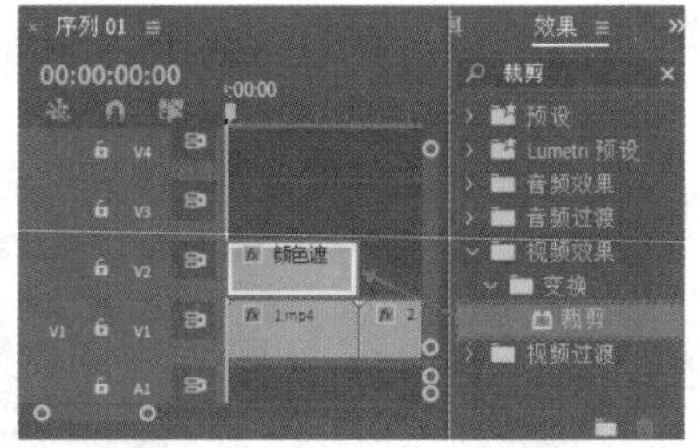

图 4.139

步骤 08 选择【颜色遮罩】，在【效果控件】面板中展开【裁剪】效果，将时间线拖动到起始帧的位置，开启【顶部】关键帧，设置【顶部】为50.0%，将时间线拖动到00:00:01:00（1秒）的位置，设置【顶部】为100.0%，如图4.140所示。在【时间轴】面板中继续选择【颜色遮罩】，按住Alt键的同时按住鼠标左键向V3轨道拖动，释放鼠标后完成复制，如图4.141所示。

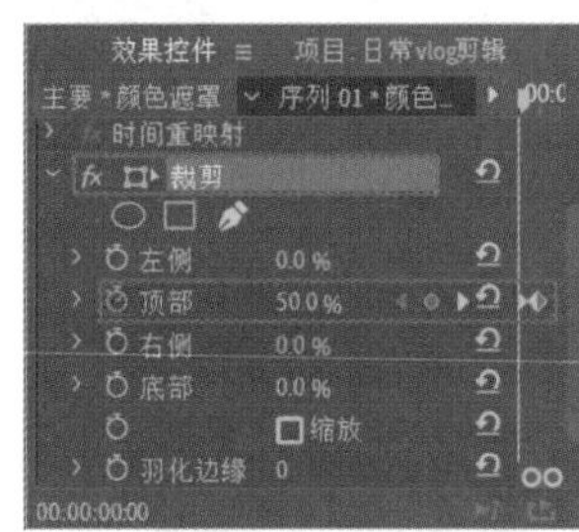

图 4.140

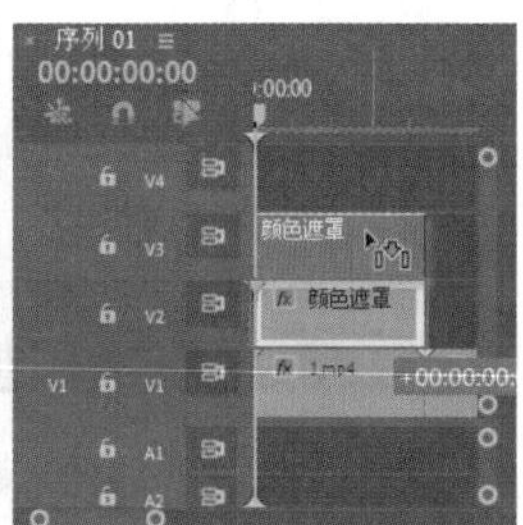

图 4.141

步骤 09 选择V3轨道上的【颜色遮罩】，在【效果控件】面板中更改【裁剪】效果的参数，单击【顶部】左侧的（切换动画）按钮，设置【顶部】为0.0%，将时间线拖动到起始帧的位置，开启【底部】关键帧，设置【底部】为50.0%，将时间线拖动到00:00:01:00（1秒）的位置，设置【底部】为100.0%，如图4.142所示。拖动时间线查看画面效果，如图4.143所示。

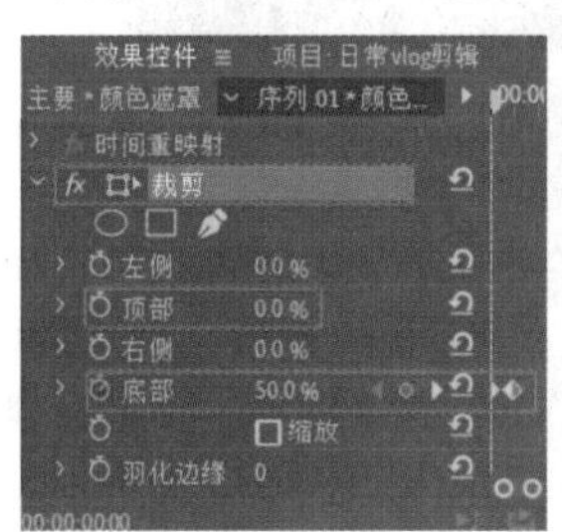

图 4.142

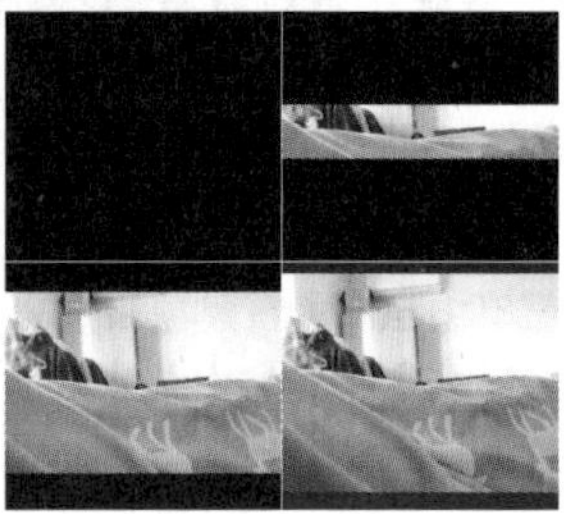

图 4.143

步骤 10 制作文字部分。将时间线滑动到起始位置，在【工具】面板中单击T（文字工具）按钮，在工作区中输入文字“开启新的一天❤”，如图4.144所示。

图 4.144

步骤 11 在【工具】面板中单击（选择工具）按钮，在【时间轴】面板中选择V4轨道上的文字图层，在【效果控件】面板中展开【文本】/【源文本】，设置合适的【字体系列】和【字体样式】，设置【字体大小】为60，【颜色】为白色；勾选【描边】复选框，设置【颜色】为橙色，【描边宽度】为2.0；勾选【阴影】复选框，设置【颜色】为黑色，【不透明度】为50%，【角度】为100°，【距离】为10.0，【模糊】为30；展开【变换】，设置【位置】为（138.8,890.4）。设置后的【效果控件】面板如图4.145所示。

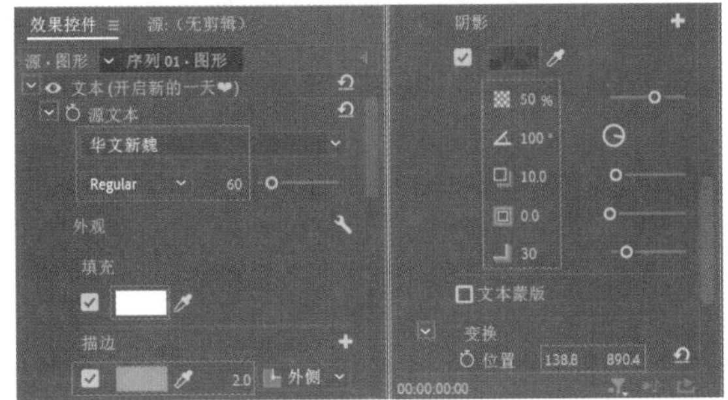

图 4.145

步骤 12 在【时间轴】面板中设置V4轨道上的文本图层的结束时间为2秒05帧，如图4.146所示。此时画面效果如图4.147所示。

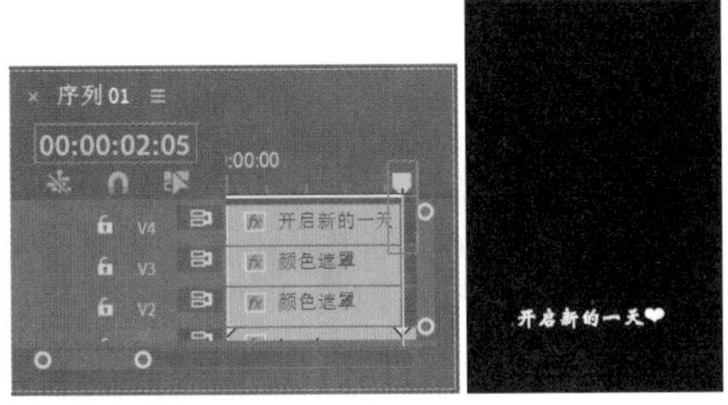

图 4.146　　图 4.147

步骤 13 选中V4轨道上的文字图层，按住Alt键的同时按住鼠标左键拖动到V2轨道上的颜色遮罩后方，将其复制一份并设置结束时间为6秒，如图4.148所示。

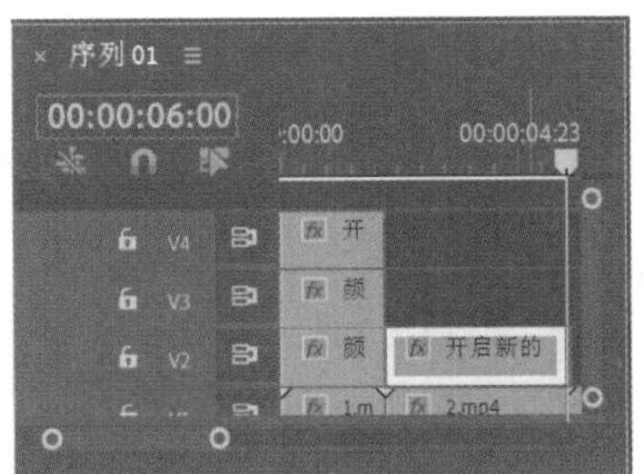

图 4.148

步骤 14 选中V2轨道上的文字图层，接着在【工具】面板中单击（文字工具）按钮，在工作区中修改文字内容，如图4.149所示。

图 4.149

步骤 15 继续使用同样的方法制作其他文字，如图4.150所示。

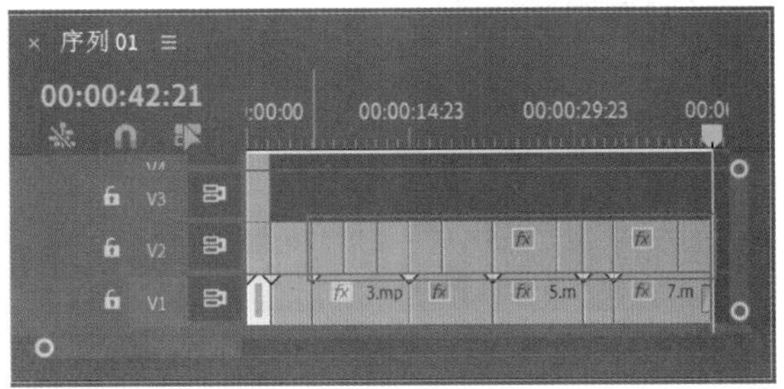

图 4.150

第4章 视频剪辑

步骤 16 选择V2轨道上的39秒17帧位置后方的文字图层，在【效果控件】面板中将时间线拖动到00:00:39:17（39秒17帧）的位置，设置【缩放】为180.0，将时间线拖动到00:00:40:15（40秒15帧），设置【缩放】为100.0，如图4.151所示。拖动时间线查看画面效果，如图4.152所示。

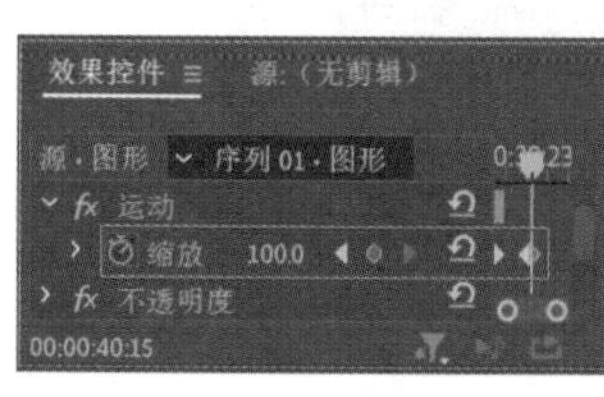

图 4.151

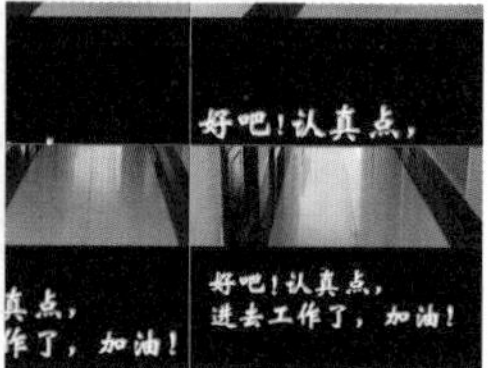

图 4.152

步骤 17 在【项目】面板中将【彩虹.png】素材文件拖动到V3轨道上18秒的位置，并将该素材的结束时间与下方的文字图层对齐，如图4.153所示。

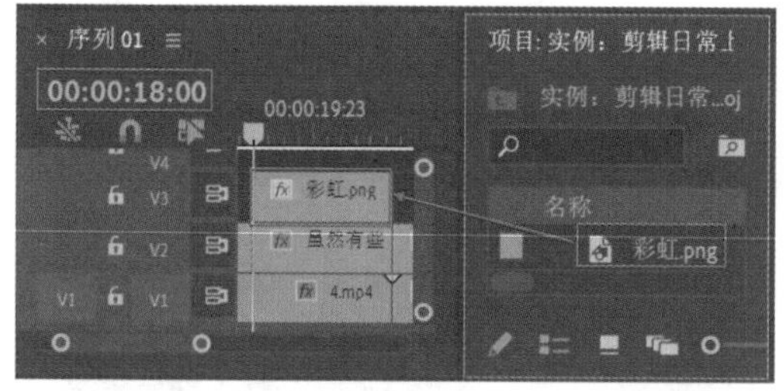

图 4.153

步骤 18 选择V3轨道上的【彩虹.png】素材文件，在【效果控件】面板中设置【位置】为(570.0,940.0)，【缩放】为12，将时间线拖动到00:00:20:00（20秒）的位置，设置【不透明度】为100.0%，将时间线拖动到00:00:22:66（22秒66帧）的位置，设置【不透明度】为0.0%，如图4.154所示。拖动时间线查看画面效果，如图4.155所示。

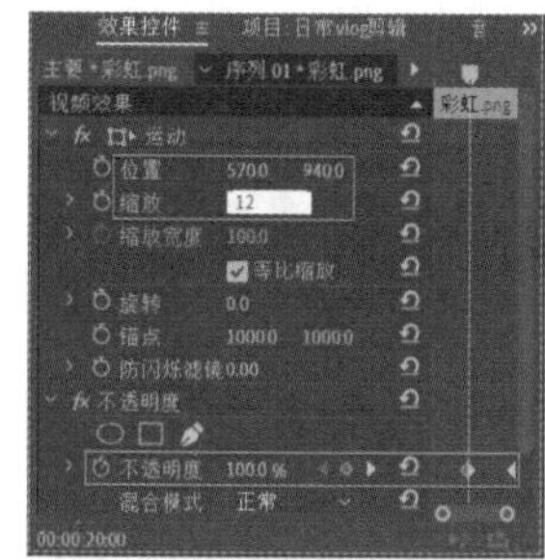

图 4.154

图 4.155

步骤 19 在【效果】面板中搜索【交叉溶解】，将该效果拖动到V2轨道上相邻素材的中间位置，如图4.156所示。在【效果】面板中搜索【黑场过渡】，将该效果拖动到【时间轴】面板中的7.mp4素材文件和V2轨道上文字图层的结束位置，如图4.157所示。

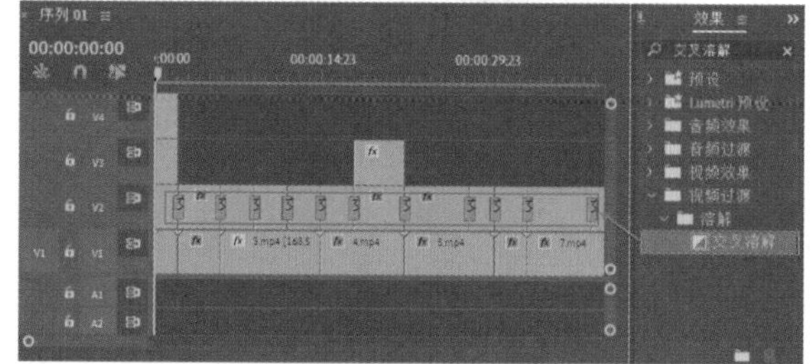

图 4.156

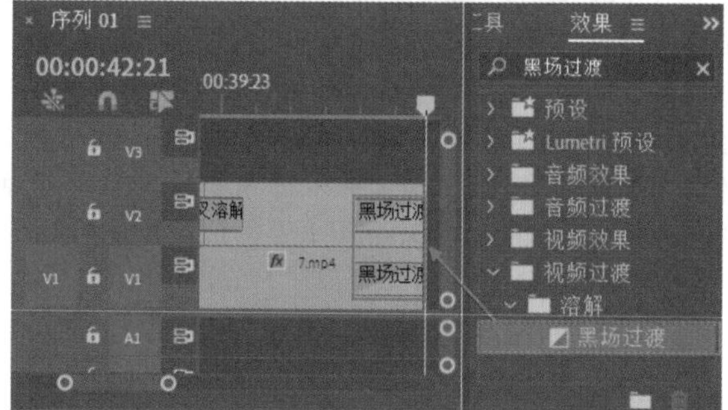

图 4.157

步骤 20 将【项目】面板中的配乐素材文件拖动到A1轨道上，如图4.158所示。将时间线拖动到00:00:23:00（23秒）的位置，使用【剃刀工具】剪辑音频素材，选择前半部分配乐，按Delete键删除，然后将后方配乐素材移动至起始帧的位置，如图4.159所示。

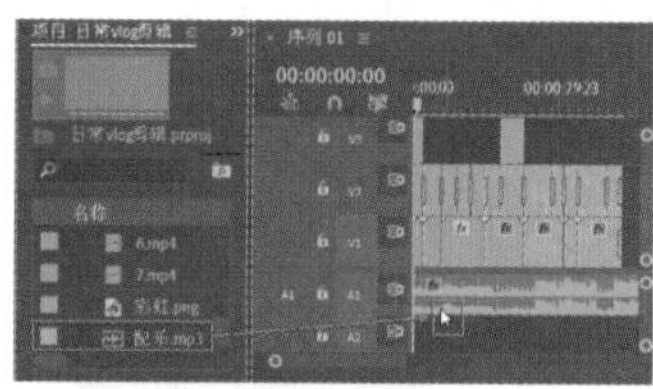

图 4.158

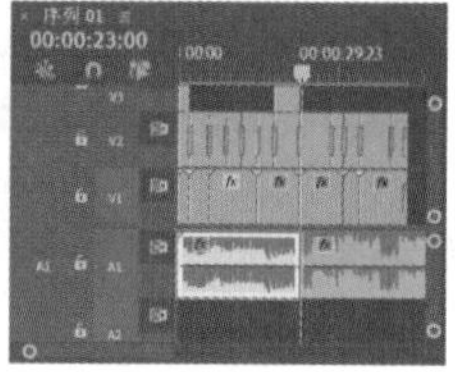

图 4.159

步骤 21 将时间线拖动到视频素材的结束位置，剪辑音频素材，并将右半部分音频删除，如图4.160所示。在【效果】面板中搜索【指数淡化】，将该效果拖动到【时间轴】面板中配乐素材的结束位置，如图4.161所示。

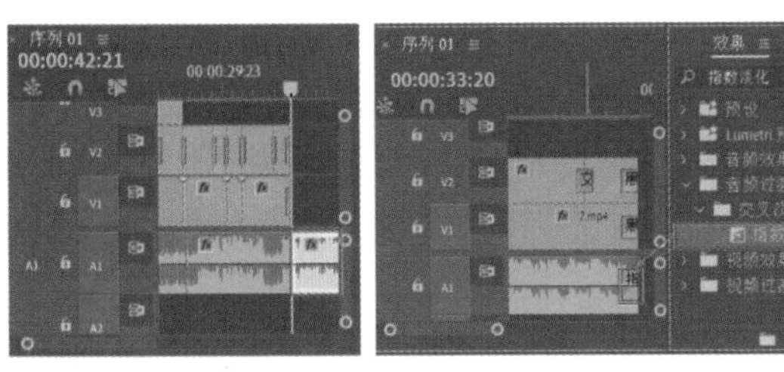

图 4.160　　图 4.161

步骤 22 本实例制作完成，拖动时间线查看画面效果，如图4.162所示。

图 4.162

重点 4.4.5　实例：视频变速剪辑

文件路径：第4章 视频剪辑→实例：视频变速剪辑

扫一扫，看视频

本实例主要使用【时间重映射】及【方向模糊】制作视频由快到慢再到模糊转换画面。实例效果如图4.163所示。

图 4.163

步骤 01 执行【文件】/【新建】/【项目】文件，新建一个项目。执行【文件】/【导入】命令，弹出【导入】对话框，导入全部素材，如图4.164所示。

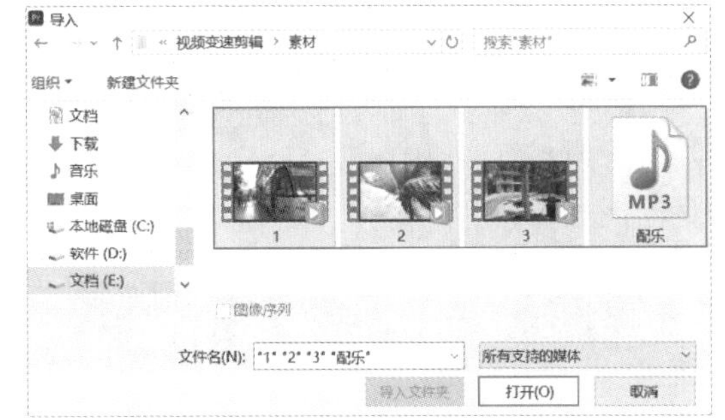

图 4.164

步骤 02 在【项目】面板中依次选择1.mp4~3.mp4素材文件，将素材文件分别拖动到V1轨道上，如图4.165所示。

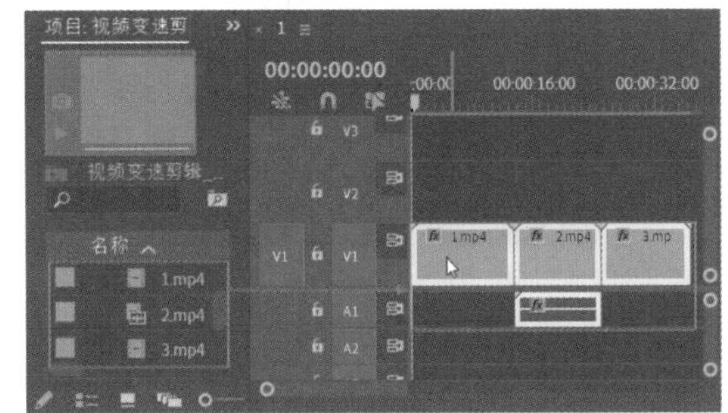

图 4.165

步骤 03 在【时间轴】面板中选择2.mp4素材文件并右击，在弹出的快捷菜单中执行【取消链接】命令，删除A1轨道上的音频，如图4.166所示。

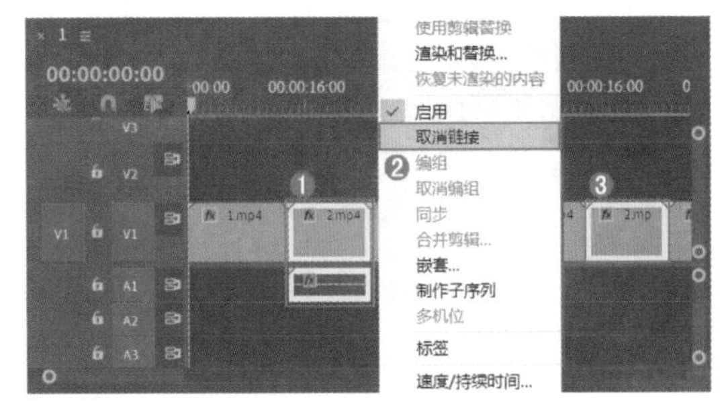

图 4.166

步骤 04 在【项目】面板中选择【配乐.mp3】素材文件，将素材文件拖动到A1轨道上，如图4.167所示。将时间线拖动到00:00:25:10（25秒10帧）的位置，按C键将光标切换为【剃刀工具】，在当前位置剪辑音频，按V键将光标切换为【选择工具】，选择前半部分音频，按Delete键删除，如图4.168所示。

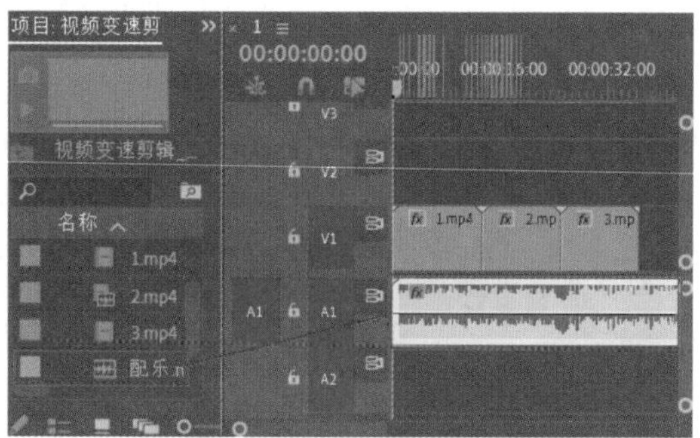

图 4.167

图 4.168

步骤 05 选择A1轨道上的音频，按住鼠标左键向起始帧的位置拖动，如图4.169所示。

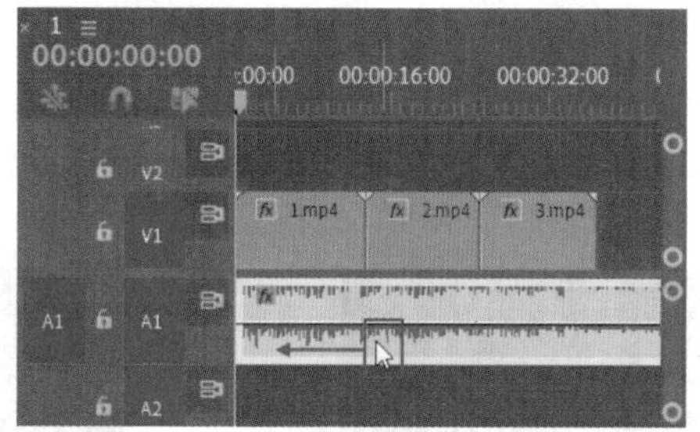

图 4.169

步骤 06 制作变速效果。在【时间轴】面板中选择1.mp4素材文件并右击，在弹出的快捷菜单中执行【显示剪辑关键帧】/【时间重映射】/【速度】命令，如图4.170所示。此时【时间轴】面板如图4.171所示。

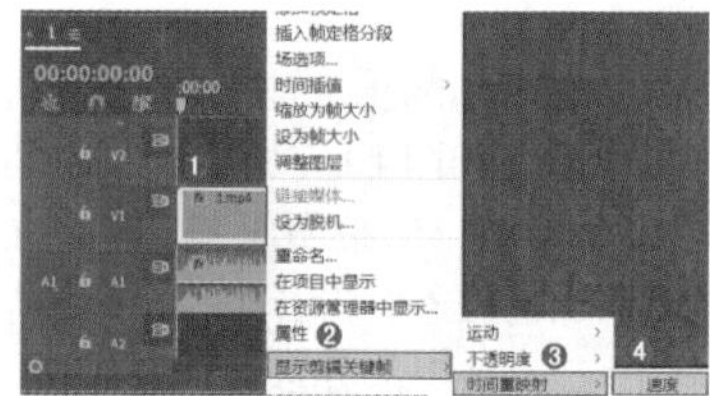

图 4.170

图 4.171

步骤 07 在【时间轴】面板中将时间线拖动到00:00:05:00（5秒）的位置，在当前位置剪辑1.mp4素材文件，如图4.172所示。将时间线拖动到起始帧的位置，按住Ctrl键的同时按住鼠标左键在1.mp4素材文件上方单击，添加速度关键帧滑块，如图4.173所示。

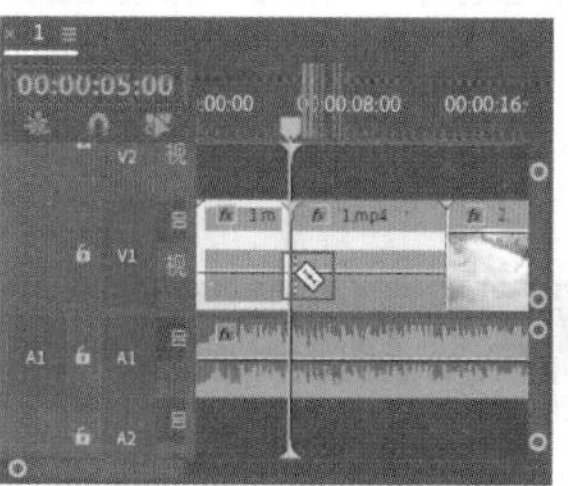

图 4.172

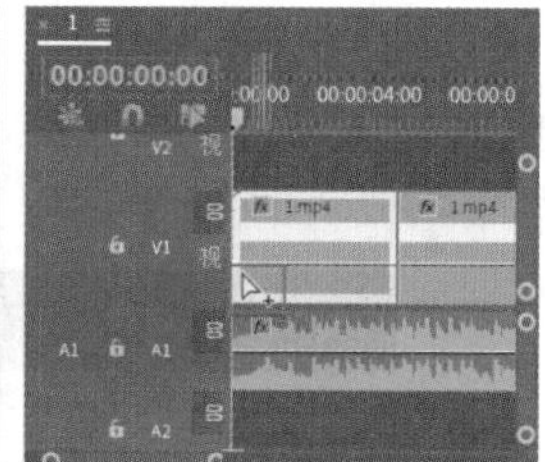

图 4.173

步骤 08 将时间线拖动到00:00:02:00（2秒）的位置，再次添加关键帧，并适当调整滑块右侧线段的高度，改变素材速度，如图4.174所示。在【时间轴】面板中将后半部分素材向前拖动，跟进前半部分的1.mp4素材文件。选择1.mp4后半部分素材文件，在00:00:04:00（4秒）和00:00:06:00（6秒）的位置分别添加速度关键帧滑块，适当调整滑块速度，调整完成后继续在00:00:06:00（6秒）左右添加速度关键帧，调整素材的速度，如图4.175所示。

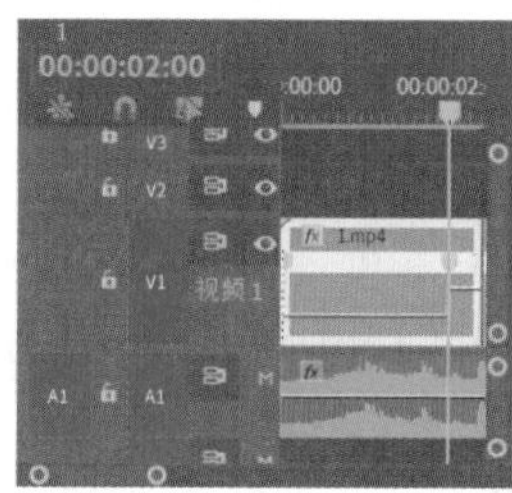

图 4.174

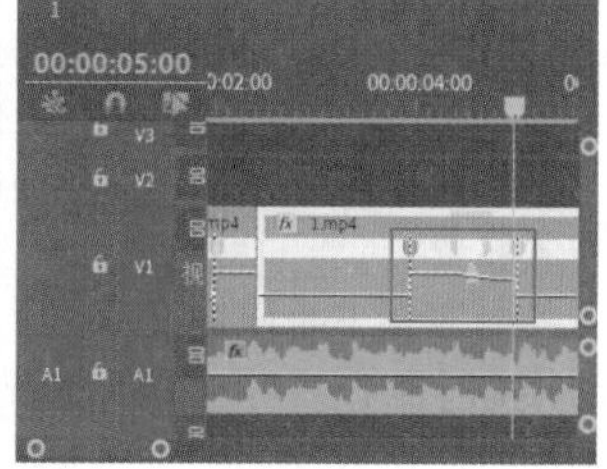

图 4.175

步骤 09 将2.mp4素材文件向前移动跟进，在00:00:08:00（8秒）和00:00:15:00（15秒）的位置分别添加速度关键帧滑块，向上拖动速度时间线，使素材的速度加快，如图4.176所示。以同样的方式将3.mp4素材文件向前移动跟进，在00:00:16:00（16秒）和00:00:22:00（22秒）的位置分别添加速度关键帧滑块，调整素材速度，如图4.177所示。

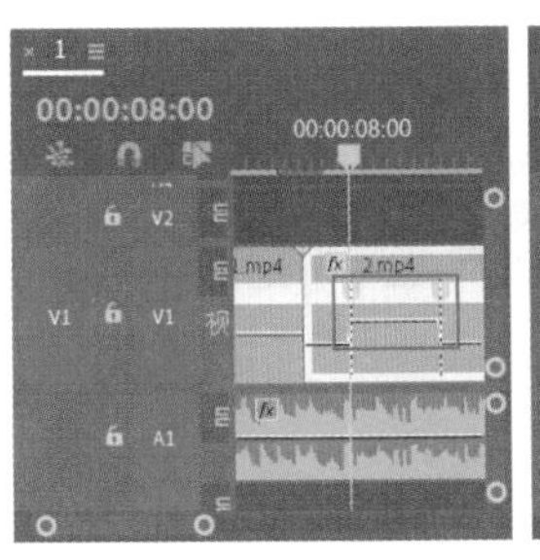

图 4.176

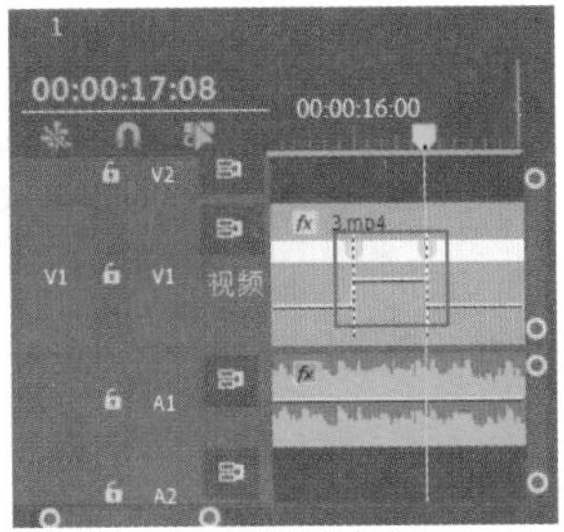

图 4.177

步骤 10 在【时间轴】面板中将时间线拖动到视频素材结束的位置，在当前位置剪辑音频素材，选择后半部分音频，按Delete键将其删除，如图4.178所示。在【效果】面板中搜索【指数淡化】，将该效果拖动到音频素材结束的位置，使音乐结束得更加自然，如图4.179所示。

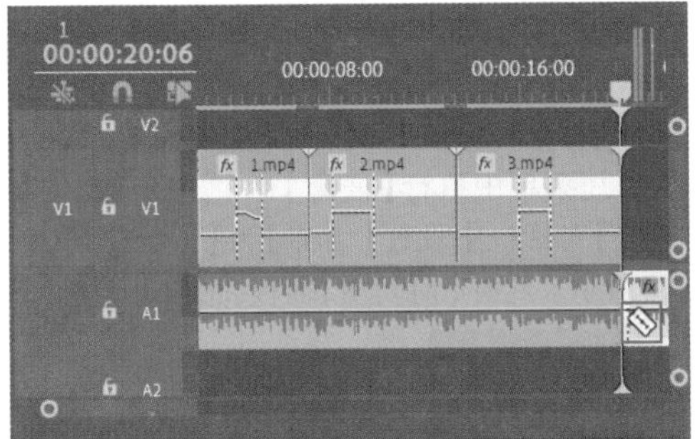

图 4.178

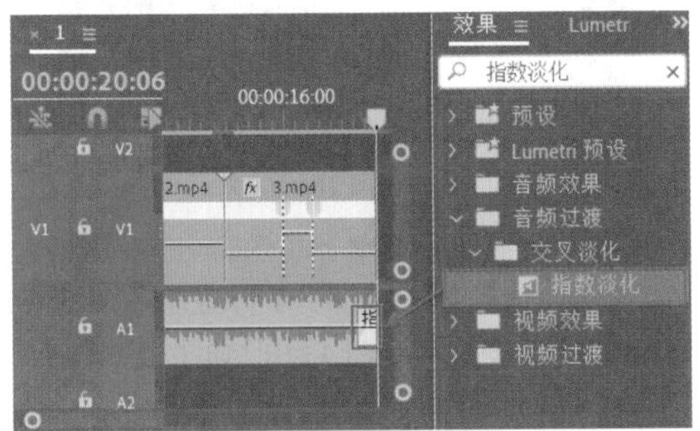

图 4.179

步骤 11 在【项目】面板中右击，在弹出的快捷菜单中执行【新建项目】/【调整图层】命令，然后将【项目】面板中的【调整图层】拖动到【时间轴】面板中的V2轨道上，设置起始时间为00:00:06:15（6秒15帧），持续时间为00:00:01:00（1秒），如图4.180所示。

步骤 12 在【效果】面板中搜索【方向模糊】，将该效果拖动到V2轨道的【调整图层】上，如图4.181所示。

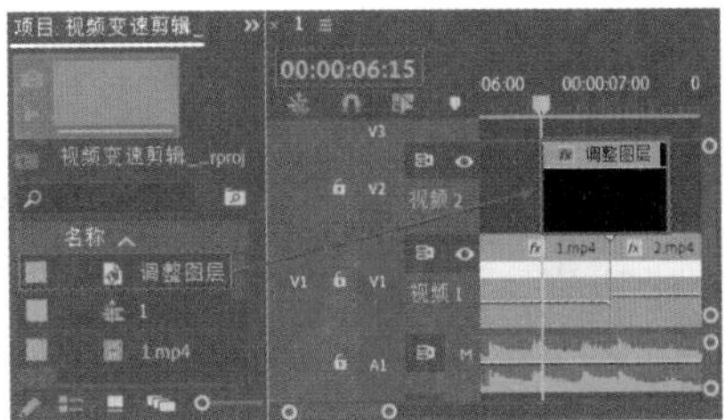

图 4.180

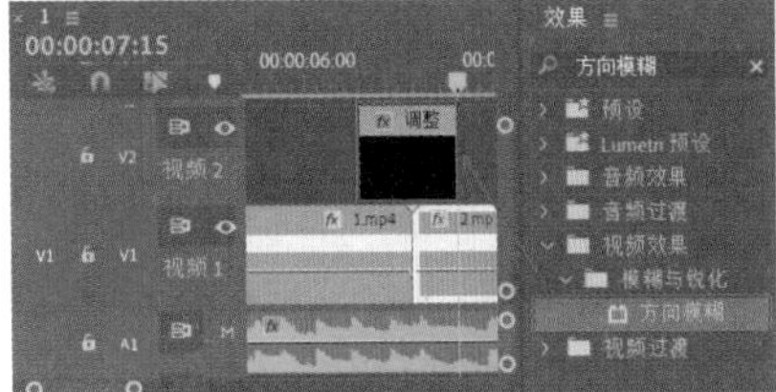

图 4.181

步骤 13 在【时间轴】面板中选择【调整图层】，在【效果控件】面板中展开【方向模糊】效果，设置【方向】为90.0°，将时间线拖动到00:00:06:15（6秒15帧）的位置，开启【模糊长度】关键帧，设置【模糊长度】为0.0，将时间线拖动到00:00:07:01（7秒1帧）的位置，也就是下方1.mp4和2.mp4素材文件的交接位置，设置【模糊长度】为50.0，将时间线拖动到00:00:07:15（7秒15帧）的位置，设置【模糊长度】为0.0，如图4.182所示。拖动时间线查看当前画面效果，如图4.183所示。

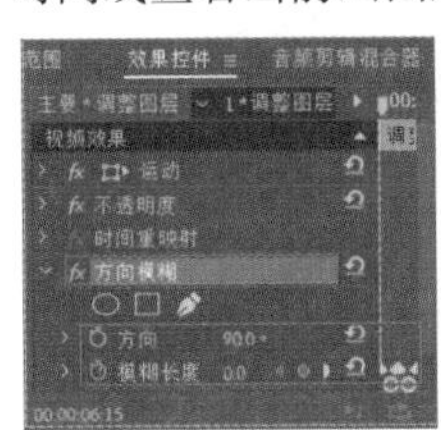

图 4.182

图 4.183

步骤 14 将时间线拖动到00:00:12:23（12秒23帧）的位置，选择V2轨道上的【调整图层】，按住Alt键的同时按住鼠标左键向时间线方向拖动，释放鼠标后完成复制，如图4.184所示。此时画面效果如图4.185所示。

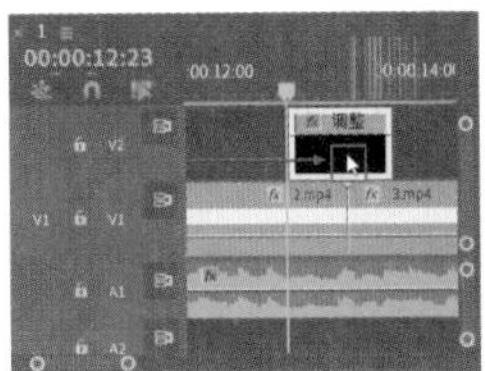

图 4.184

图 4.185

步骤 15 本实例制作完成，拖动时间线查看实例制作效果，如图4.186所示。

图 4.186

重点 4.4.6 实例：多机位视频剪辑

扫一扫，看视频

文件路径：第4章 视频剪辑→实例：多机位视频剪辑

在多个机位拍摄同一幅画面的前提下，使用多机位剪辑会更加便捷，能提高剪辑的效率。实例效果如图4.187所示。

图 4.187

1. 剪辑多机位视频

步骤 01 执行【文件】/【新建】/【项目】命令，新建一个项目。执行【文件】/【导入】命令，弹出【导入】对话框，导入全部素材文件，如图4.188所示。

步骤 02 在【项目】面板中依次选择1.MOV~4.MOV视频素材，依次将其拖动到【时间轴】面板中的V1~V4轨道上，如图4.189所示。此时在【项目】面板中自动生成序列。

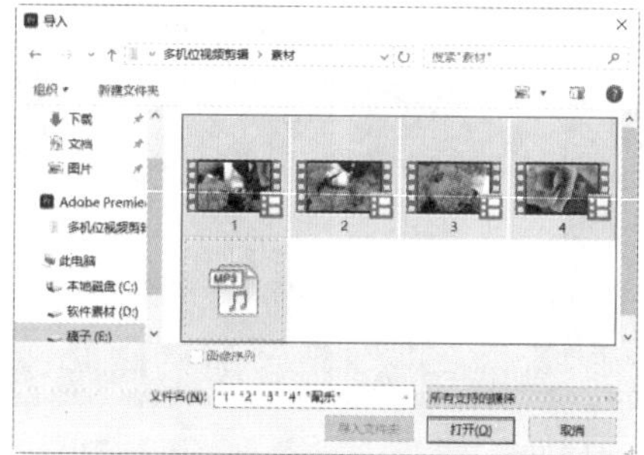

图 4.188

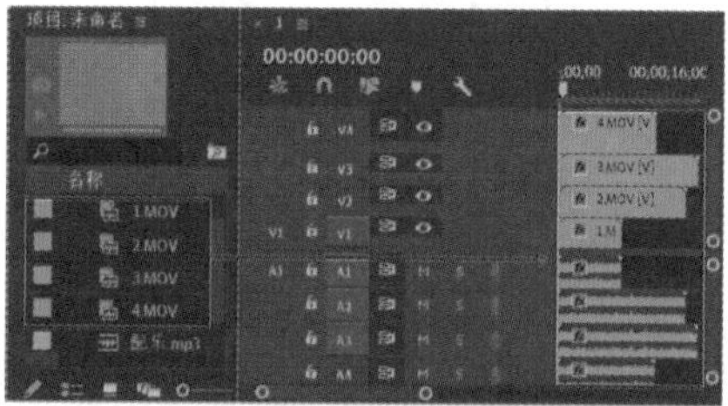

图 4.189

步骤 03 选择【时间轴】面板中的全部内容并右击，在弹出的快捷菜单中执行【嵌套】命令，在弹出的【嵌套序列名称】对话框中设置【名称】为【嵌套序列01】，如图4.190所示。此时【时间轴】面板如图4.191所示。

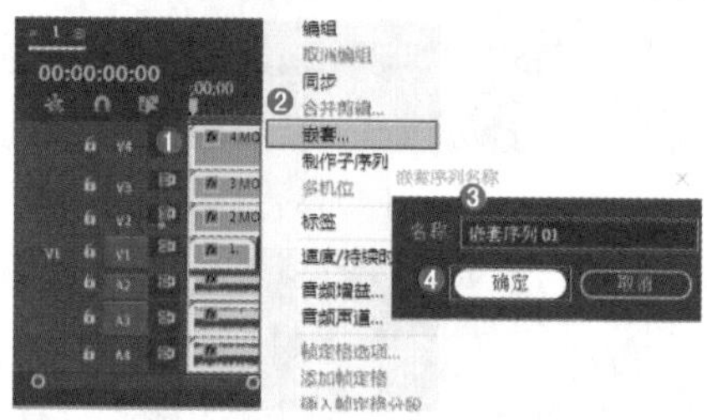

图 4.190

步骤 04 选择全部音频素材，按Delete键将其删除，如图4.192所示。选择【嵌套序列01】并右击，在弹出的快捷菜单中执行【多机位】/【启用】命令，如图4.193所示。此时多机位被激活。

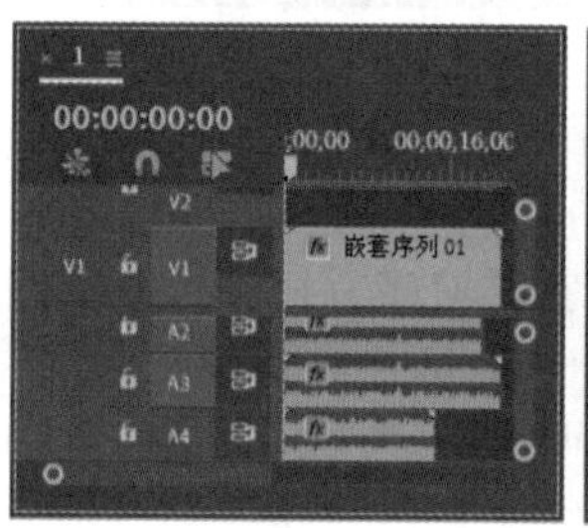

图 4.191

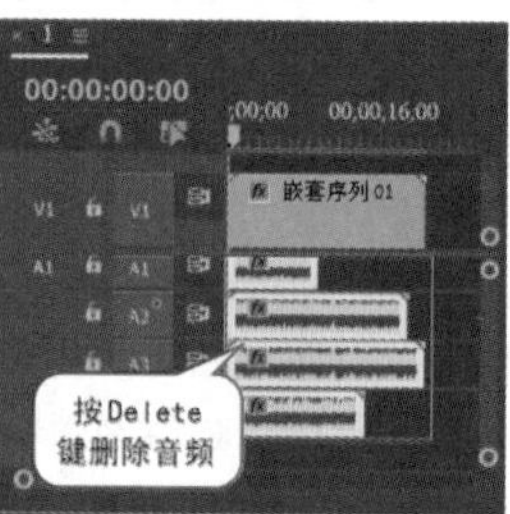

图 4.192

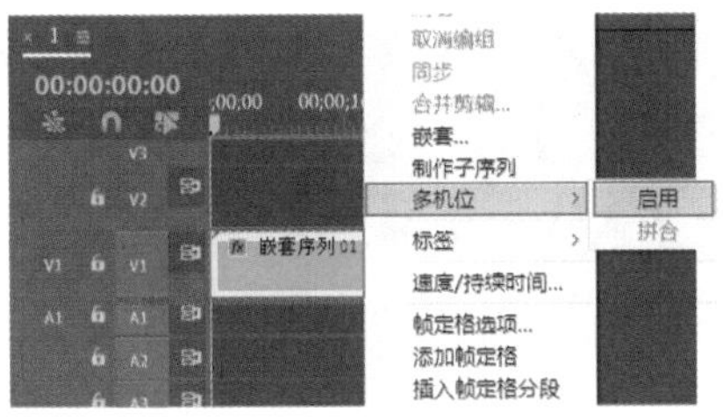

图 4.193

步骤 05 单击【节目监视器】面板右下角的➕(按钮编辑器)按钮，在弹出的【按钮编辑器】对话框中按住▣(切换多机位视图)按钮，将它拖动到按钮栏中，如图4.194所示。此时单击▣按钮，【节目监视器】面板变为多机位剪辑框，分为两部分，左边为多机位窗口，右边为录制窗口，如图4.195所示。

图 4.194

图 4.195

步骤 06 剪辑多机位素材。在【节目监视器】面板中单击▶(播放/停止切换)按钮，选中的图像边框为黄色，再单击左侧多机位窗口4个机位中的任意图像，此时正在被剪辑的机位图像边框呈红色，说明正在录制此机位的图像，这个时候右侧的录制窗口会呈现此机位图像，如图4.196所示。在多机位窗口里不断地单击需要的机位的图像，直到录制完毕，或单击▶(播放/停止切换)按钮，停止录制。此时【时间轴】面板中的素材文件被分段剪辑，如图4.197所示。

图 4.196

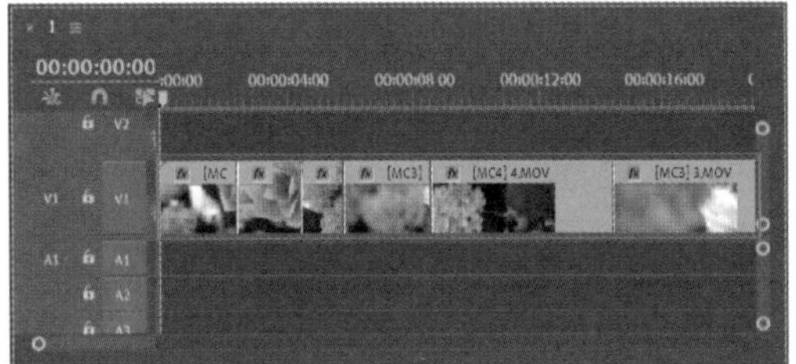

图 4.197

2. 添加过渡效果并为视频调色

步骤 01 在【效果】面板的搜索框中搜索【白场过渡】，按住鼠标左键将该效果拖动到V1轨道上第一个素材文件的起始位置，如图4.198所示。在【效果】面板的搜索框中搜索【黑场过渡】，按住鼠标左键将该效果拖动到V1轨道上最后一个素材文件的结束位置，如图4.199所示。

图 4.198

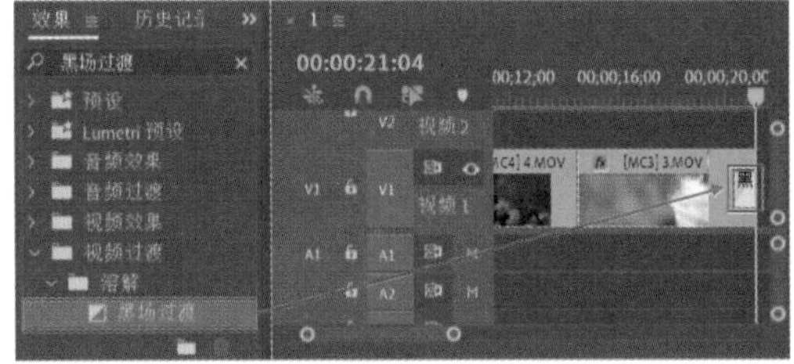

图 4.199

步骤 02 在【效果】面板的搜索框中搜索【交叉溶解】，按住鼠标左键将该效果拖动到相邻两个素材的中间位置，如图4.200所示。

步骤 03 此时拖动时间线查看画面效果，如图4.201所示。

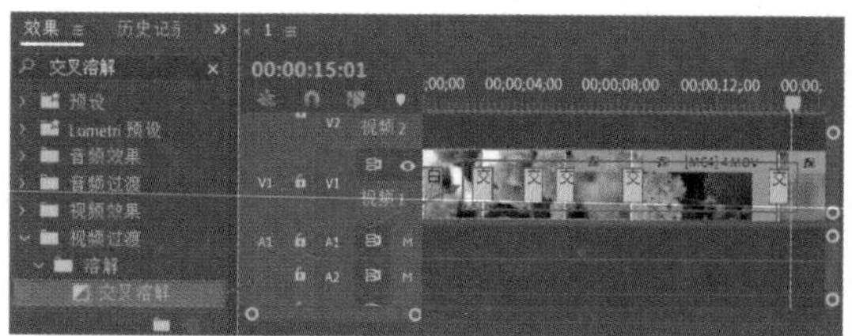

图 4.200

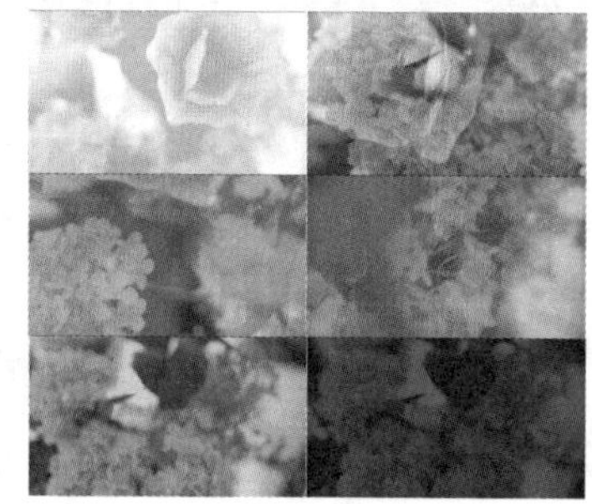

图 4.201

步骤 04 可以看出当前画面过暗，在【项目】面板的空白处右击，在弹出的快捷菜单中执行【新建项目】/【调整图层】命令，如图4.202所示。将【项目】面板中的【调整图层】拖动到【时间轴】面板中的V2轨道上，设置结束时间与V1轨道上素材的结束时间相同，如图4.203所示。

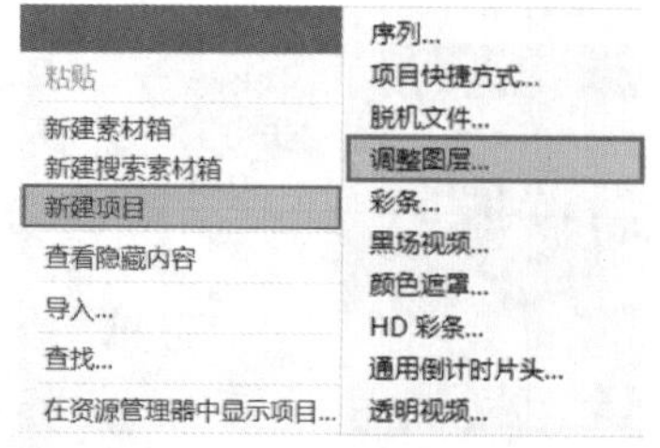

图 4.202

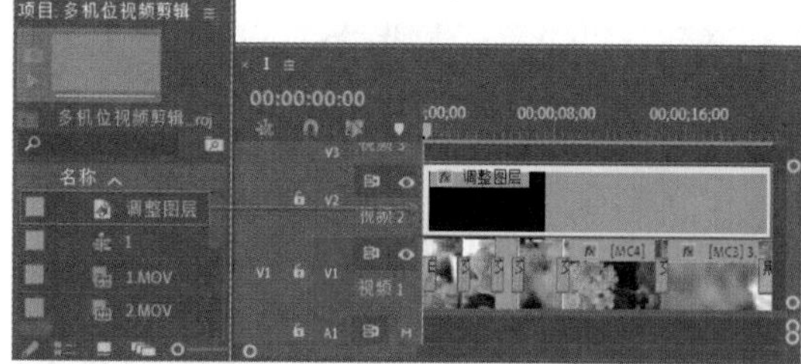

图 4.203

步骤 05 在【效果】面板的搜索框中搜索【RGB曲线】，按住鼠标左键将该效果拖动到V2轨道中的【调整图层】上，如图4.204所示。

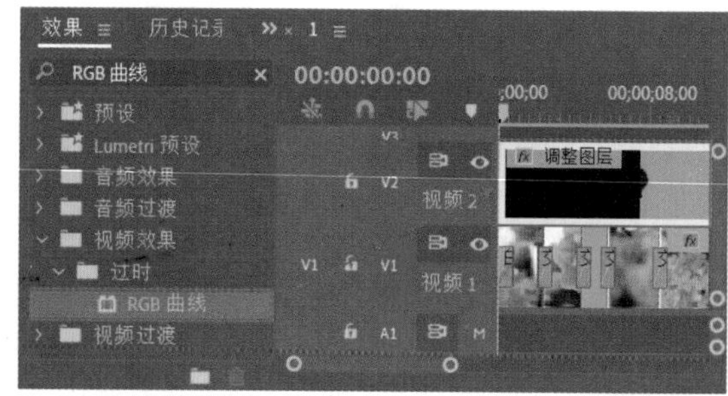

图 4.204

步骤 06 在【时间轴】面板中选择【调整图层】，在【效果控件】面板中展开【RGB曲线】效果，在【主要】下方的曲线上单击添加一个控件点并向左上方拖动，提高画面亮度，如图4.205所示。此时画面效果如图4.206所示。

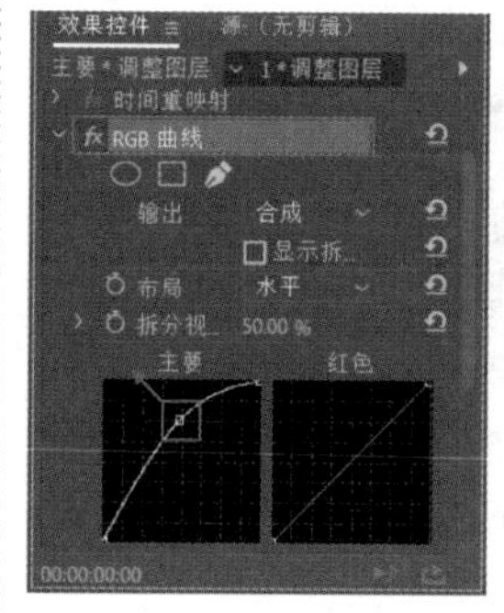

图 4.205

图 4.206

3. 制作配乐部分

步骤 01 在【项目】面板中将【配乐.mp3】素材文件拖动到【时间轴】面板中的A1轨道上，如图4.207所示。

步骤 02 将时间线拖动到00:00:01:10（1秒10帧）的位置，在【工具】面板中单击（剃刀工具）按钮，在当前位置单击剪辑音频素材，如图4.208所示。

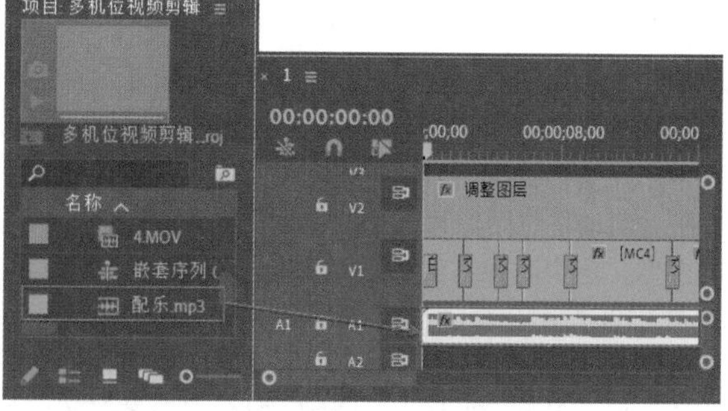

图 4.207

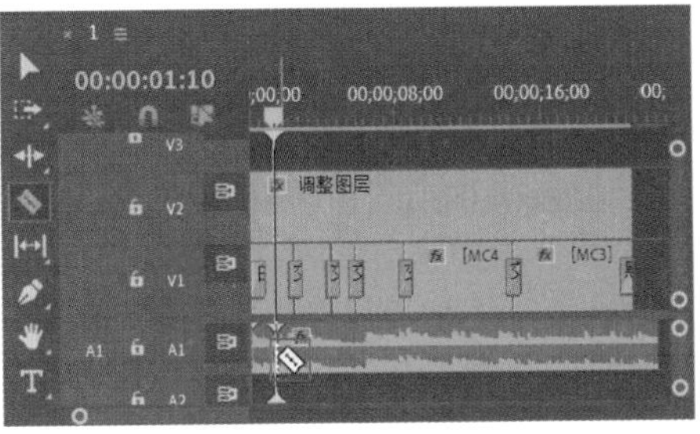

图 4.208

步骤 03 选择剪辑后的前半部分音频素材，按Delete键将素材删除，如图4.209所示。将后方的音频素材向起始帧的位置拖动，如图4.210所示。

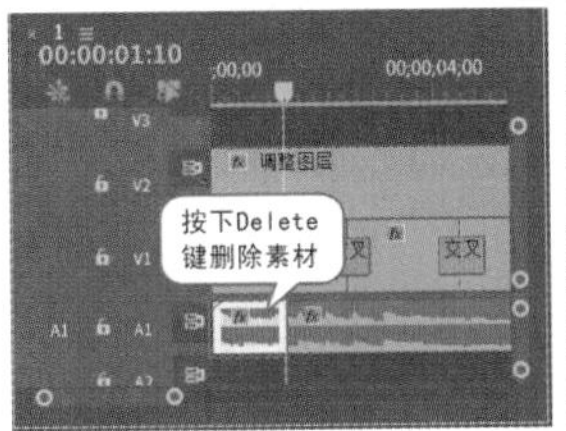

图 4.209

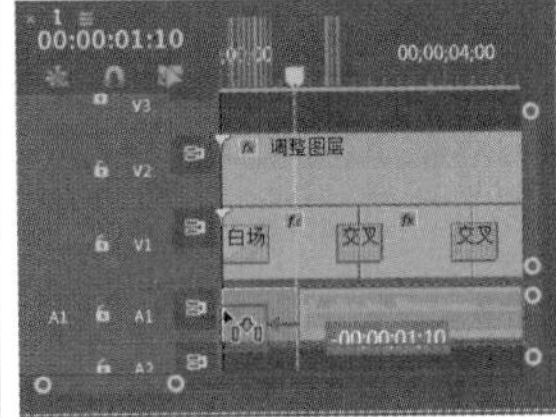

图 4.210

步骤 04 本实例制作完成，拖动时间线查看制作效果，如图4.211所示。

图 4.211

重点 4.4.7 实例：剪辑抽帧视频效果

文件路径：第4章 视频剪辑→实例：剪辑抽帧视频效果

扫一扫，看视频

本实例主要使用曲线调整视频颜色，跟着音乐节奏使用【剃刀工具】制作抽帧画面。实例效果如图4.212所示。

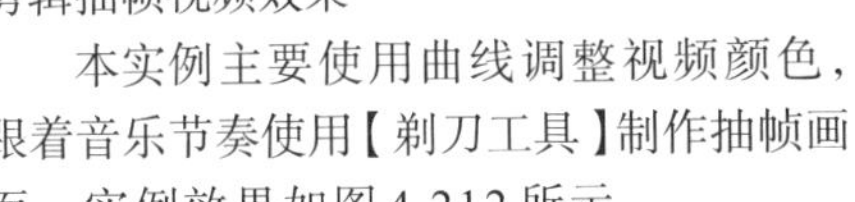

图 4.212

步骤 01 执行【文件】/【新建】/【项目】命令，新建一个项目。在【项目】面板的空白处右击，在弹出的快捷菜单中执行【新建项目】/【序列】命令，弹出【新建序列】对话框，在HDV文件夹下选择HDV 1080p24。在菜单栏中执行【文件】/【导入】命令，弹出【导入】对话框，导入全部素材文件，如图4.213所示。

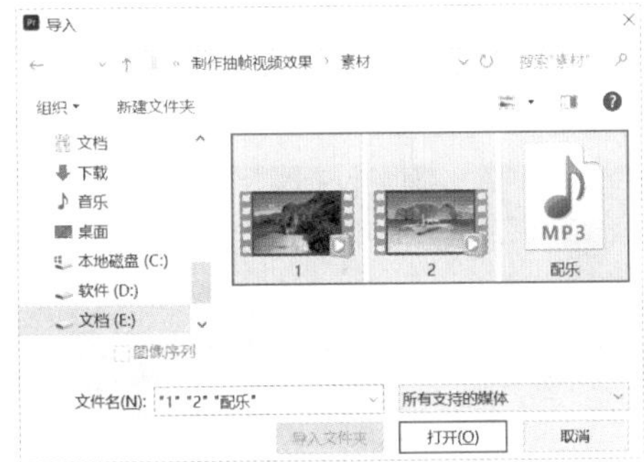

图 4.213

步骤 02 将【项目】面板中的1.mp4、2.mp4素材文件分别拖动到【时间轴】面板中的V1轨道上，如图4.214所示。选择2.mp4素材文件并右击，在弹出的快捷菜单中执行【取消链接】命令，选择A1轨道上的音频素材，将其删除，如图4.215所示。

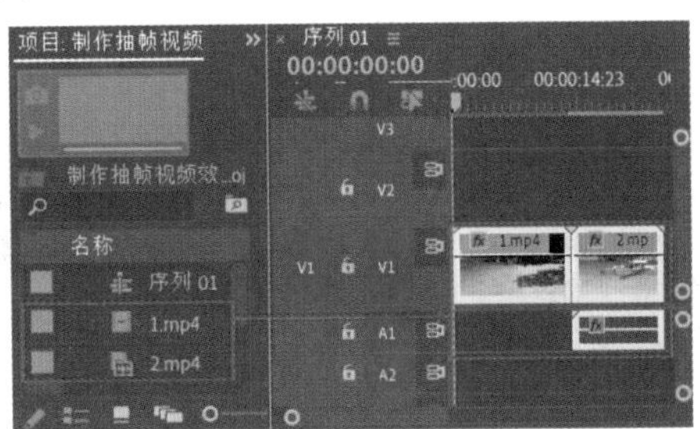

图 4.214

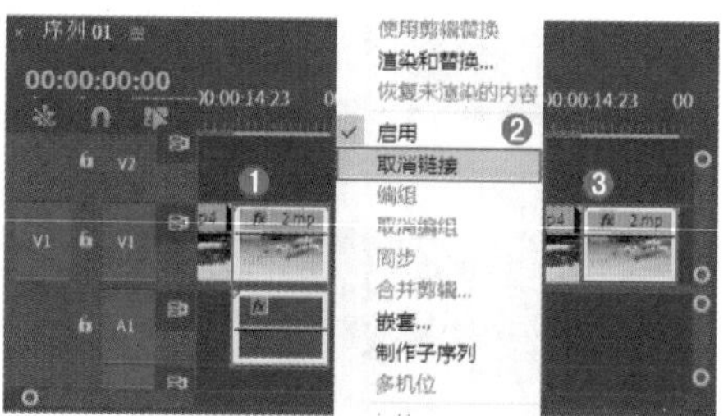

图 4.215

步骤 03 将【配乐.mp3】素材文件拖动到A1轨道上，如图4.216所示。

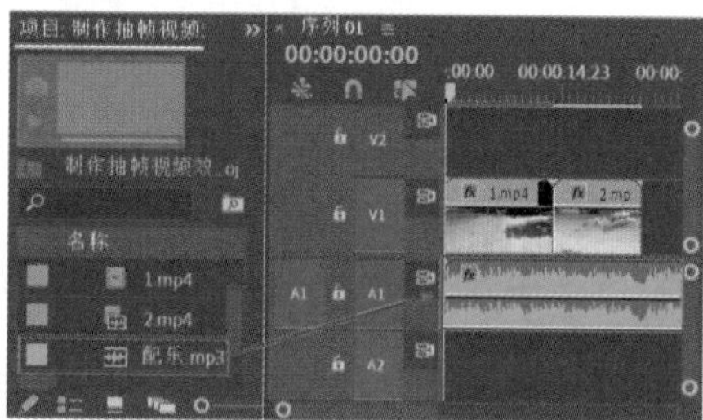

图 4.216

步骤 04 在【效果】面板的搜索框中搜索【RGB 曲线】，按住鼠标左键将该效果拖动到1.mp4素材文件上，如图4.217所示。

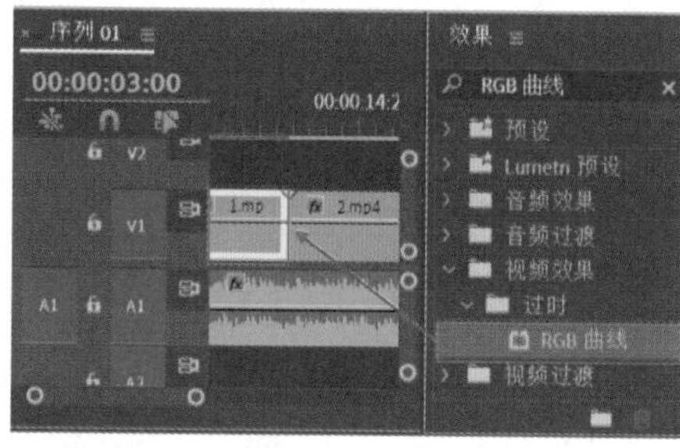

图 4.217

步骤 05 选择V1轨道上的1.mp4素材文件，在【效果控件】面板中展开【RGB曲线】效果，在【主要】曲线上单击添加控制点并向左上方拖动，提高画面亮度，如图4.218所示。此时画面效果如图4.219所示。

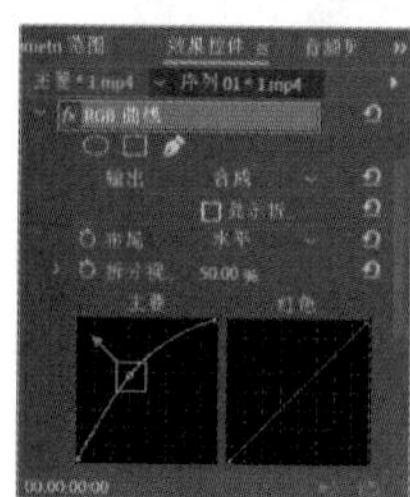

图 4.218

图 4.219

步骤 06 将时间线拖动到起始帧的位置，将光标切换为【剃刀工具】，按住Shift键的同时单击键盘上的向右键，此时时间线向右移动5帧，再次重复操作，继续向右侧移动5帧，在00:00:00:10（10帧）的位置单击剪辑素材，以同样的方式每隔10帧剪辑8段视频，如图4.220所示。选择剪辑后的1、3、5、7段视频并右击，在弹出的快捷菜单中执行【波纹删除】命令，如图4.221所示。此时素材自动向前跟进。

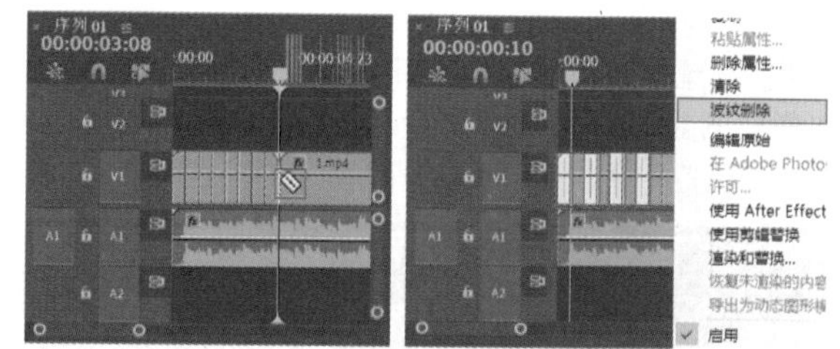

图 4.220　　图 4.221

步骤 07 将时间线拖动到00:00:03:00（3秒）的位置，再次每隔10帧剪辑素材，同样剪辑8段，如图4.222所示。选择刚刚剪辑完成的1、3、5、7段视频并右击，在弹出的快捷菜单中执行【波纹删除】命令，如图4.223所示。

图 4.222　　图 4.223

步骤 08 将时间线拖动到00:00:06:00（6秒）的位置，继续每隔10帧剪辑8段视频素材，使用【波纹删除】制作抽帧画面效果，如图4.224和图4.225所示。

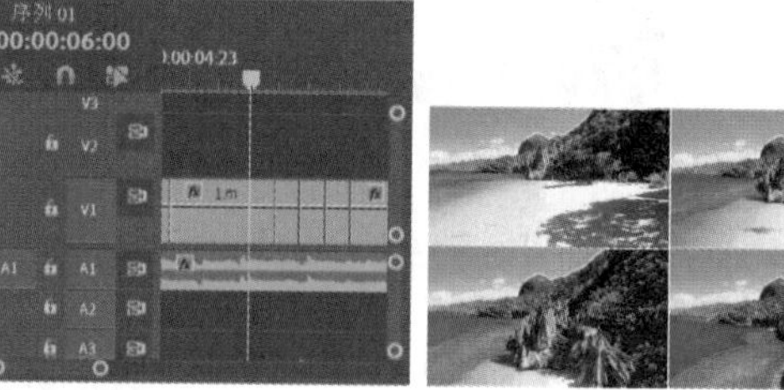

图 4.224　　图 4.225

步骤 09 在【效果】面板的搜索框中搜索【交叉溶解】，按住鼠标左键将该效果拖动到1.mp4和2.mp4素材文件的中间位置，如图4.226所示。此时画面效果如图4.227所示。

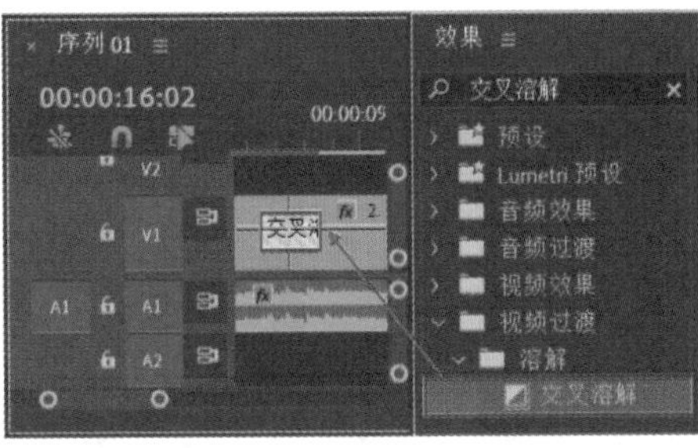

图 4.226

图 4.227

步骤 10 制作2.mp4素材文件的抽帧画面，将时间线拖动到00:00:11:00（11秒）的位置，每隔15帧进行剪辑，连续剪辑5次，选择剪辑后的1、3、5段，执行【波纹删除】命令，将时间线拖动到00:00:14:00（14秒）的位置，重复剪辑操作，如图4.228所示。此时2.mp4素材文件的效果如图4.229所示。

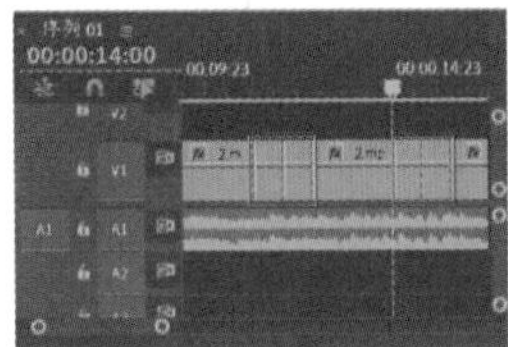

图 4.228

图 4.229

步骤 11 将时间线拖动到视频结束位置，在当前位置剪辑多余的音频部分，如图4.230和图4.231所示。

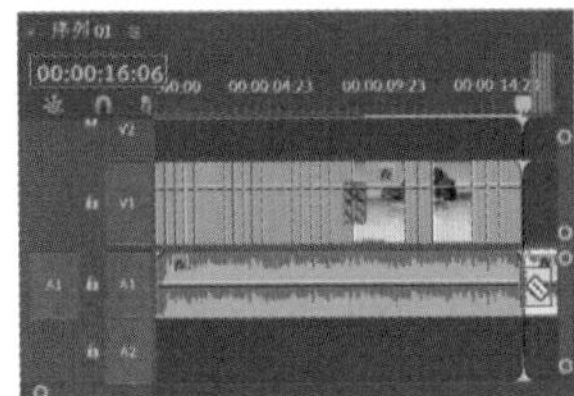

图 4.230

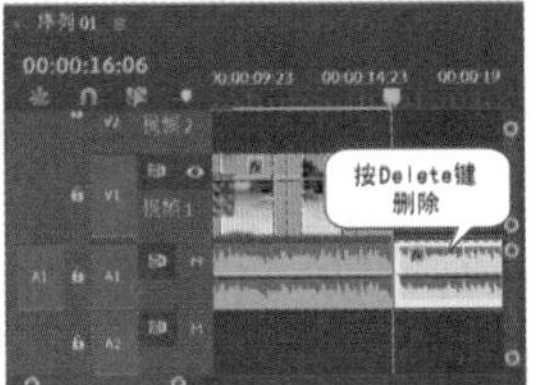

图 4.231

步骤 12 本实例制作完成，拖动时间线查看实例制作效果，如图4.232所示。

图 4.232

重点 4.4.8 实例：剪辑旅行日记视频

文件路径：第4章 视频剪辑→实例：剪辑旅行日记视频

扫一扫，看视频

本实例首先使用【剃刀工具】剪辑视频，然后使用【文字工具】命令制作渐变文字，最后为素材和文字添加转场。实例效果如图4.233所示。

图 4.233

1. 剪辑视频素材

步骤 01 新建一个项目，执行【文件】/【导入】命令，弹出【导入】对话框，导入所有素材，如图4.234所示。

步骤 02 在【项目】面板中将1.mp4、2.mp4素材文件分别拖动到V1、V2轨道上，设置2.mp4素材文件的起始时间为00:00:03:00（3秒），如图4.235所示。

步骤 03 在【时间轴】面板中将时间线拖动到00:00:05:10（5秒10帧）的位置，按C键将光标切换为【剃刀工具】，在当前位置剪辑2.mp4素材文件，如图4.236所示。选择后半部分2.mp4素材文件，按Delete键将其删除，如图4.237所示。

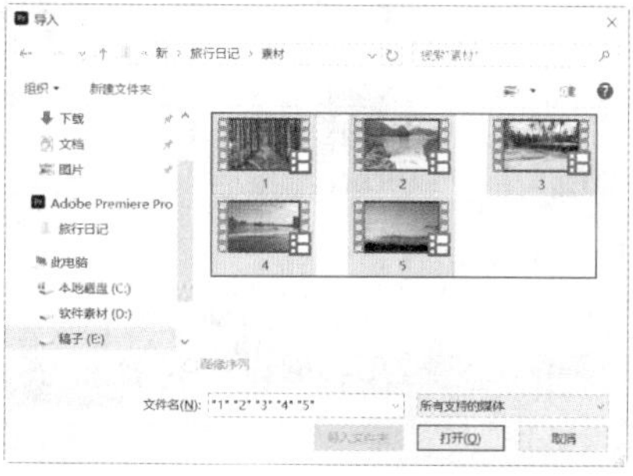

图4.234

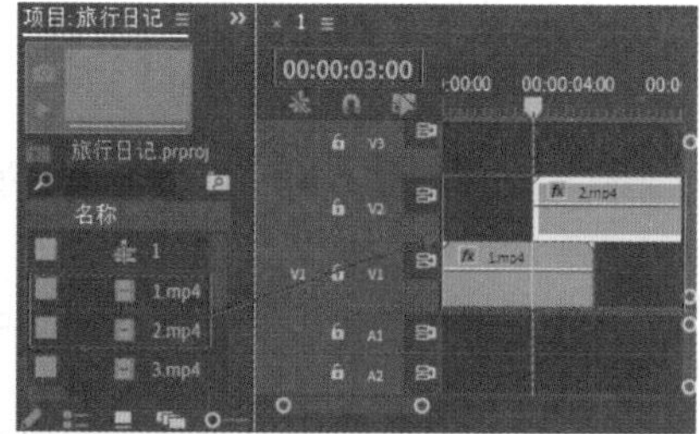

图4.235

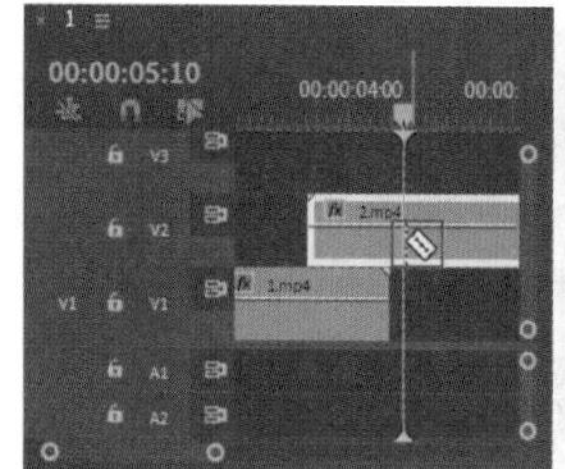

图4.236　图4.237

步骤 04 在【项目】面板中将3.mp4素材文件拖动到V1轨道上，起始时间设置为00:00:05:10（5秒10帧），即2.mp4素材文件的结束时间处，如图4.238所示。

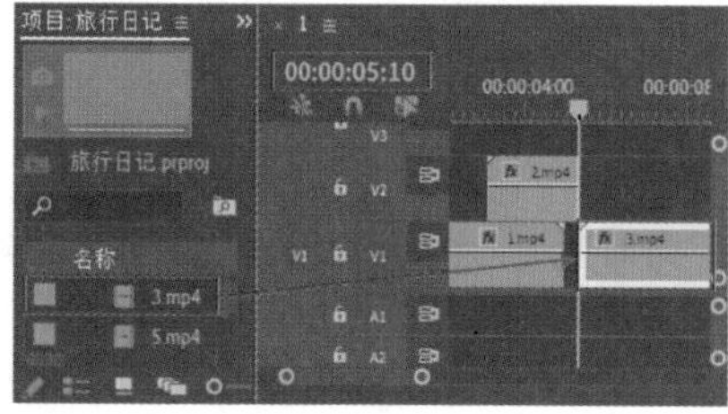

图4.238

步骤 05 右击3.mp4素材文件，在弹出的快捷菜单中执行【速度/持续时间】命令，在弹出的【剪辑速度/持续时间】对话框中设置【持续时间】为00:00:07:00（7秒），如图4.239所示。

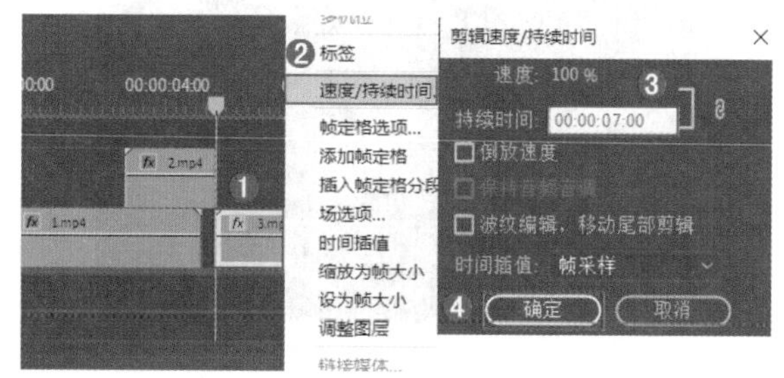

图4.239

步骤 06 再次调整3.mp4素材文件。将时间线拖动到00:00:10:00（10秒）的位置，将光标移动到3.mp4素材文件的结束位置，此时光标变为![]，按住鼠标左键将素材尾部拖动到时间线处，如图4.240所示。

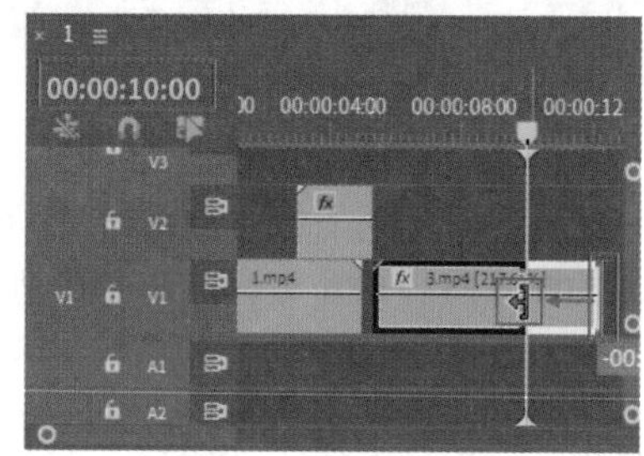

图4.240

步骤 07 在【项目】面板中将4.mp4和5.mp4素材文件拖动到3.mp4素材文件右侧，将时间线拖动到00:00:14:00（14秒）的位置，在当前位置剪辑4.mp4素材文件，如图4.241所示。选择4.mp4素材文件的后半部分并右击，在弹出的快捷菜单中执行【波纹删除】命令，如图4.242所示。此时后方素材自动向前跟进。

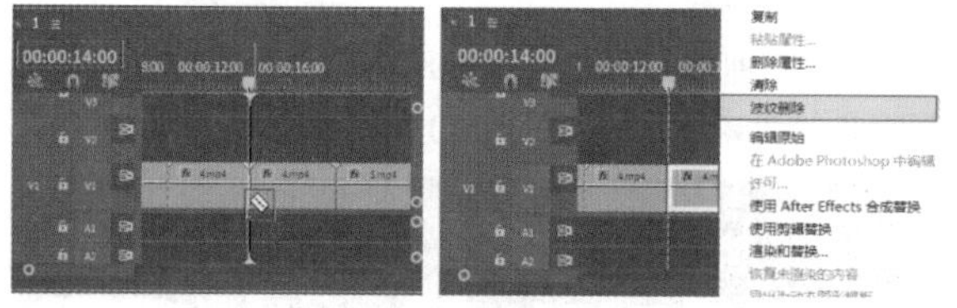

图4.241　图4.242

步骤 08 选择V1轨道上的5.mp4素材文件，在【效果控件】面板中将时间线拖动到00:00:14:00（14秒）的位置，打开【缩放】关键帧，设置【缩放】为150.0，将时间线拖动到00:00:18:00（18秒）的位置，设置【缩放】为100.0，如图4.243所示。此时画面效果如图4.244所示。

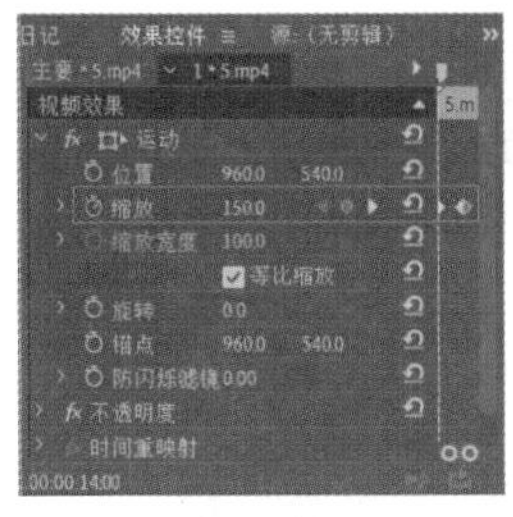

图 4.243

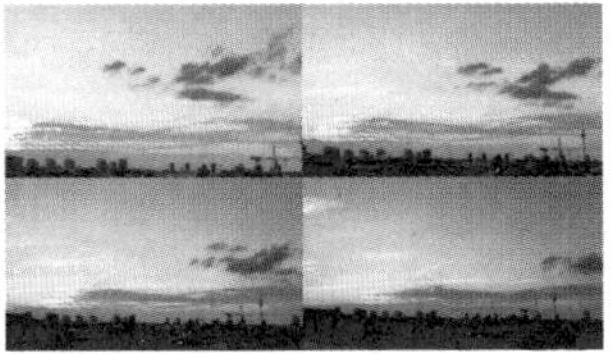

图 4.244

步骤 09 将5.mp4素材文件的结束时间设置为00:00:20:00（20秒），如图4.245所示。

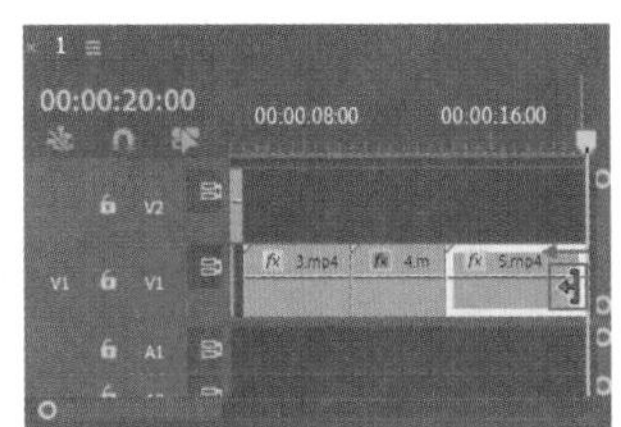

图 4.245

步骤 10 为视频素材添加过渡效果。在【效果】面板的搜索框中搜索【胶片溶解】，将该效果拖动到1.mp4素材文件的起始位置，如图4.246所示。在【效果】面板的搜索框中搜索【交叉溶解】，将该效果拖动到3.mp4和4.mp4素材文件的中间位置，如图4.247所示。

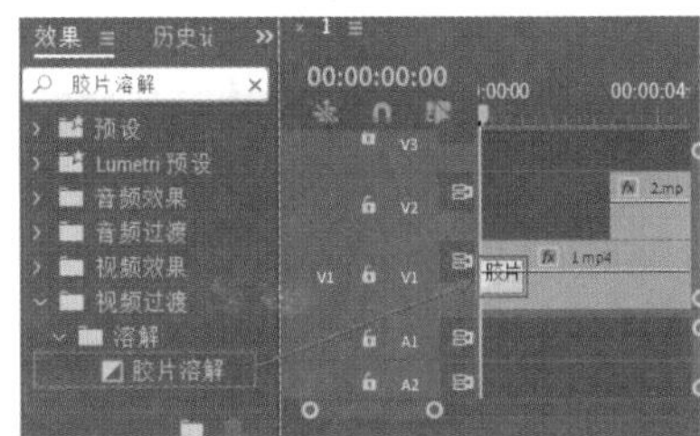

图 4.246

图 4.247

步骤 11 在【效果】面板的搜索框中搜索【渐变擦除】，将该效果拖动到4.mp4和5.mp4素材文件的中间位置，在弹出的【渐变擦除设置】对话框中设置【柔和度】为50，如图4.248所示。

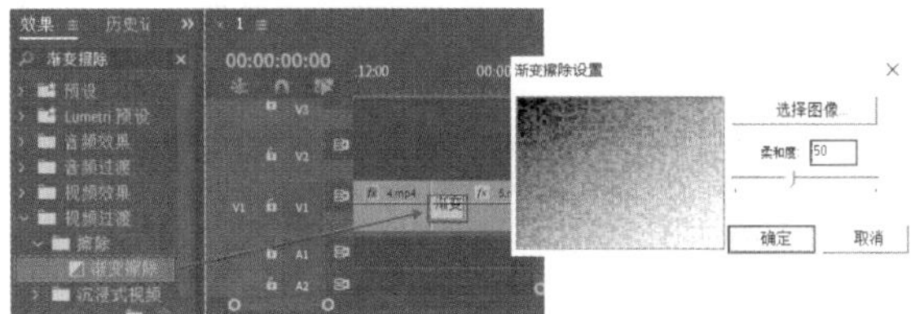

图 4.248

2. 制作文字部分

步骤 01 制作文字部分。将时间线滑动至起始位置，在【工具】面板中单击T（文字工具）按钮，在工作区中输入文字内容，如图4.249所示。

图 4.249

步骤 02 设置合适的【字体系列】和【字体样式】，设置【字体大小】为130，【填充类型】为【线性渐变】，【颜色】为由淡绿色到白色，【角度】为195.0°，勾选【阴影】复选框，设置【不透明度】为50%，【角度】为100°，【距离】为10.0，【模糊】为30，如图4.250所示。接着展开【变换】，将时间线滑动至起始位置，单击【位置】前方的（切换动画）按钮，设置【位置】为（2000.0,963.0），将时间线滑动至3秒20帧的位置，设置【位置】为（453.9,963.0），如图4.251所示。

图 4.250

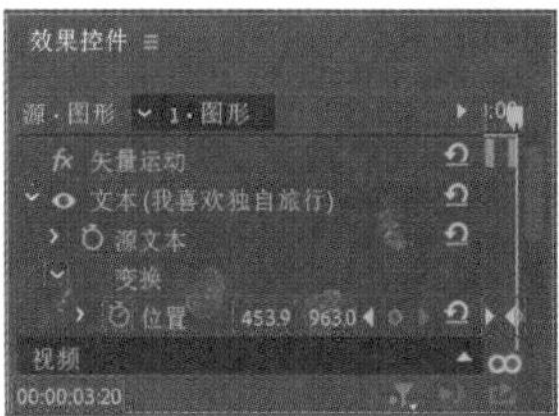

图 4.251

步骤 03 在【时间轴】面板中设置V3轨道上文字图层的结束时间为00:00:04:00（4秒），如图4.252所示。此时画面效果如图4.253所示。

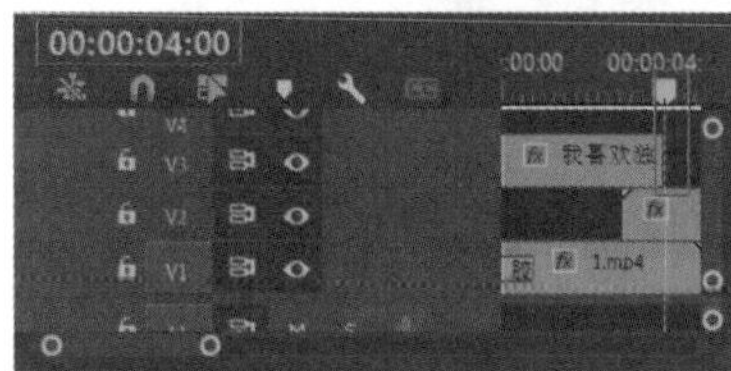

图4.252

图4.253

步骤 04 将时间线滑动至4秒的位置，在【工具】面板中选择【文字工具】，在工作区中输入文字内容，接着在【效果控件】面板中设置合适的【字体系列】和【字体样式】，设置【字体大小】为130，【填充色】为淡绿色到白色的线性渐变，【角度】为195.0°，勾选【阴影】复选框，设置【不透明度】为50%，【角度】为100°，【距离】为10.0，【模糊】为30，如图4.254所示。

图4.254

步骤 05 在【时间轴】面板中选中4秒后方的文字图层，按住Alt键的同时按住鼠标左键向后方拖动，将其复制一份，并设置结束时间为12秒，如图4.255所示。

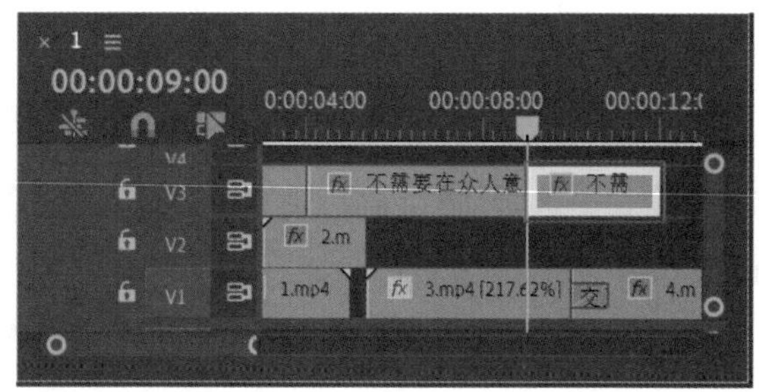

图4.255

步骤 06 选中复制的文字，单击【工具】面板中的T（文字工具）按钮，在【节目监视器】面板中更改内容，如图4.256所示。

图4.256

步骤 07 继续使用同样的方法制作其他文字，并设置合适的持续时间，如图4.257所示。此时滑动时间线，画面效果如图4.258所示。

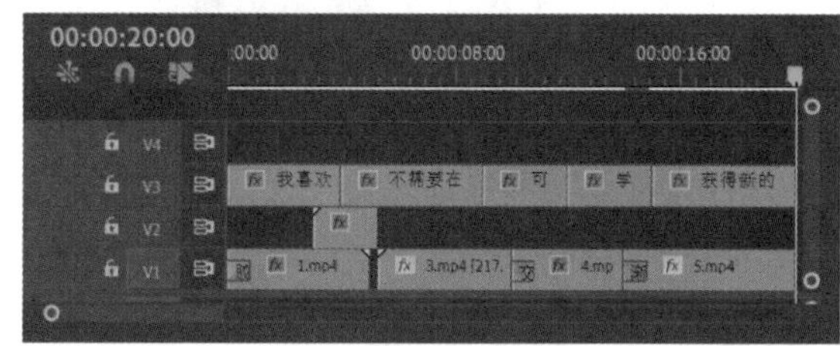

图4.257

图4.258

步骤 08 在【效果】面板的搜索框中搜索【交叉溶解】，将该效果拖动到5个文字图层的交接位置，如图4.259所示。

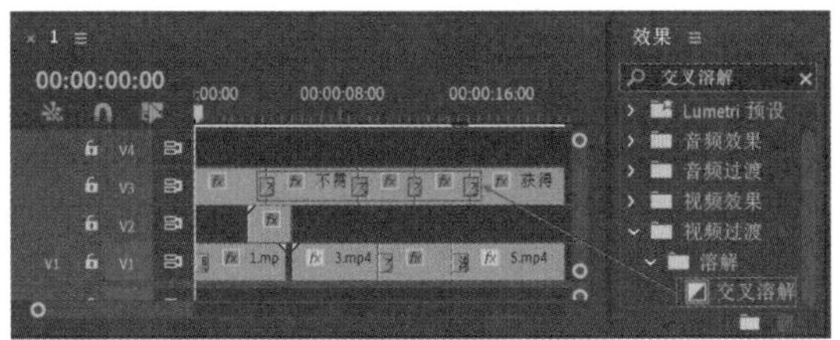

图 4.259

步骤 09 拖动时间线查看画面效果，如图4.260所示。

图 4.260

步骤 10 将【项目】面板中的【配乐.mp3】素材文件拖动到A1轨道上，如图4.261所示。

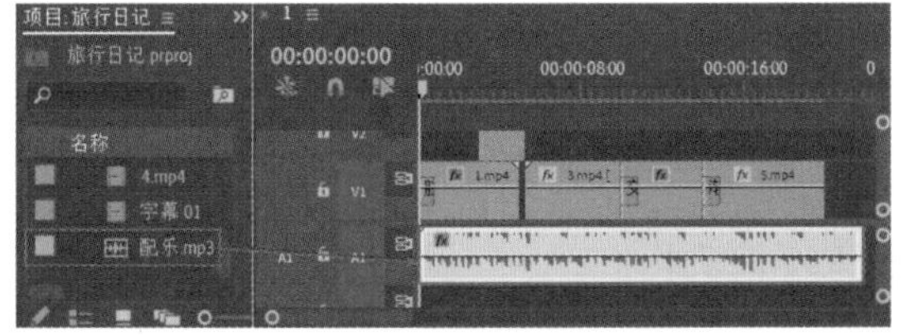

图 4.261

步骤 11 将时间线拖动到00:00:01:26（1秒26帧）的位置，按C键将光标切换为【剃刀工具】，在当前位置剪辑音频，然后选择前半部分音频素材，按Delete键将其删除，选择后方音频素材，按住鼠标左键向起始帧的方向拖动，如图4.262和图4.263所示。

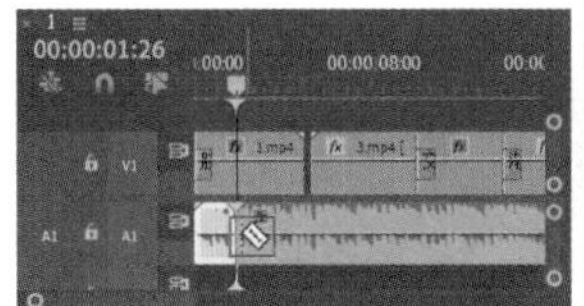

图 4.262

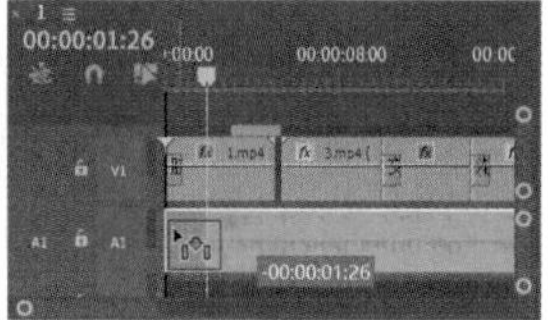

图 4.263

步骤 12 在【效果】面板的搜索框中搜索【指数淡化】，将该效果分别拖动到音频素材的起始位置和结束位置，如图4.264所示。

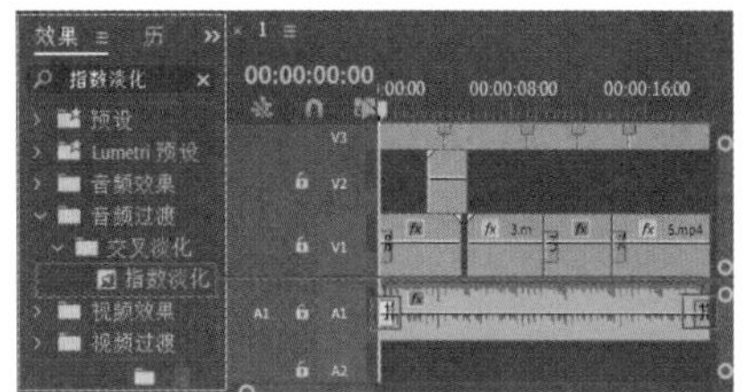

图 4.264

步骤 13 本实例制作完成，拖动时间线查看画面效果，如图4.265所示。

图 4.265

扫一扫，看视频

常用视频效果

本章内容简介：

视频效果是Premiere Pro中非常强大的功能，因为其效果种类众多，可模拟各种质感、风格、色调、效果等，所以深受视频工作者的喜爱。在Premiere Pro 2023中包含100余种视频效果，被广泛应用于电视、电影、广告等设计领域。读者朋友在学习时，可以多试一下每种视频效果所呈现的效果，以及修改各种参数带来的变化，以加深对每种效果的印象和理解。

重点知识掌握：

- 视频效果的概念。
- 视频效果操作流程。
- 在Premiere Pro中常用视频效果的应用。

佳作欣赏：

5.1 认识视频效果

视频效果作为Premiere Pro 中的重要功能之一，其种类繁多，应用广泛。在制作作品时，使用视频效果可烘托画面气氛，将作品进一步升华，从而呈现出更加震撼的视觉效果。在学习视频效果时，由于效果数量非常多，参数也比较多，建议大家不要背参数，可以分别调节每一个参数，自己体验一下该参数变化对作品产生的影响，从而加深印象。

扫一扫，看视频

5.1.1 什么是视频效果

Premiere Pro中的视频效果是可以应用于视频素材或其他素材图层的，通过添加效果并设置参数即可制作出很多绚丽的效果，其中包含很多效果组分类，而每个效果组又包括很多效果，如图5.1所示。

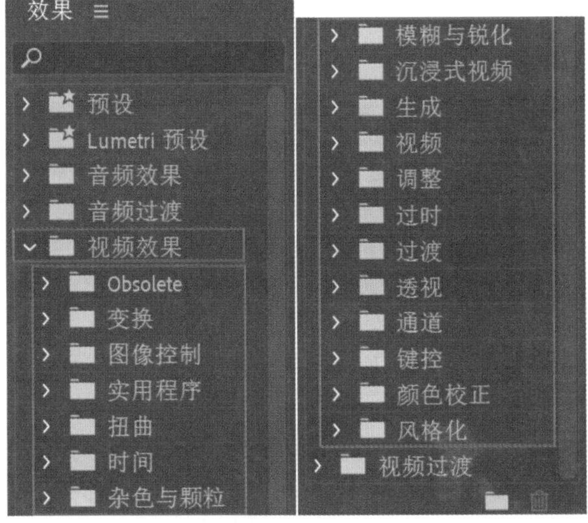

图 5.1

5.1.2 视频效果的作用

在创作作品时，不仅需要对素材进行基本的编辑，如修改位置、设置缩放等，还需要为素材的部分元素添加合适的视频效果，使得作品更具灵性。例如，为文字后方的图形添加【发光】效果，从而使画面更具视觉冲击力，如图5.2所示。

(a)　(b)

图 5.2

重点 5.1.3 与视频效果相关的面板

在Premiere Pro中使用视频效果时，主要用到【效果】面板和【效果控件】面板。如果当前界面中没有找到这两个面板，可以在菜单栏中选择【窗口】菜单，并勾选下方的【效果】和【效果控件】即可，如图5.3所示。

图 5.3

1.【效果】面板

在【效果】面板中可以搜索或手动找到需要的效果。图5.4所示为搜索某个效果的名称，该名称的所有效果都被显示出来。图5.5所示为手动找到需要的效果。

2.【效果控件】面板

【效果控件】面板主要用于修改该效果的参数。在找到需要的效果后，可以将【效果】面板中的效果拖动到【时间轴】面板中的素材上，此时该效果添加成功，如图5.6所示。单击被添加效果的素材，此时在【效果控件】面板中就可以看到该效果的参数，如图5.7所示。

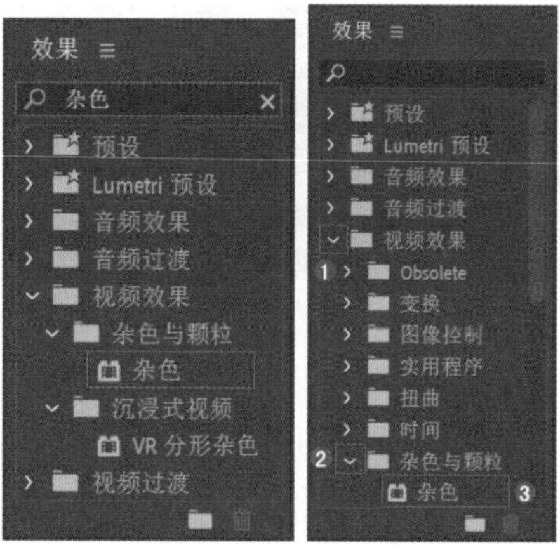

图 5.4　　图 5.5

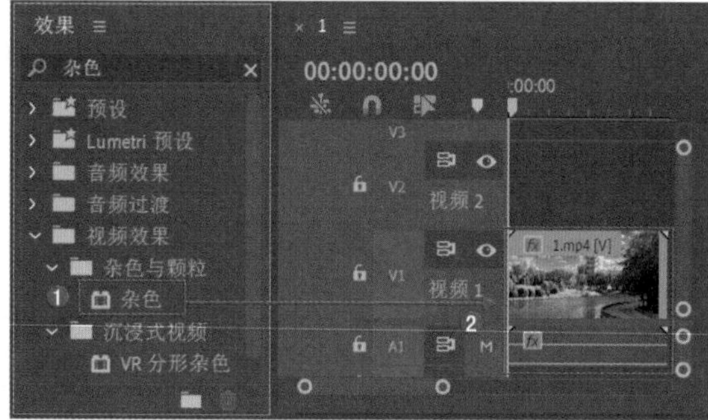

图 5.6

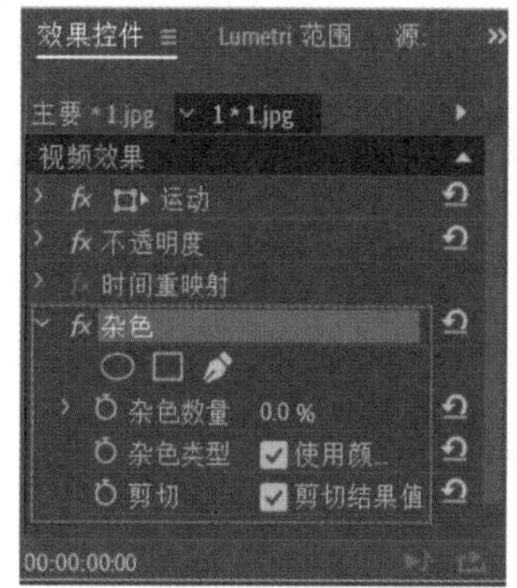

图 5.7

重点 5.1.4　轻松动手学：视频效果操作流程

扫一扫，看视频

文件路径：第5章　常用视频效果→轻松动手学：视频效果操作流程

在视频制作中经常会使用到特效，将其应用在画面中可打破画面枯燥、乏味的局面，为画面增添几分新意。下面以【百叶窗】为例，针对视频效果的操作进行讲解。

步骤 01 执行【文件】/【新建】/【项目】命令，新建一个项目。执行【文件】/【导入】命令，弹出【导入】对话框，导入1.jpg素材文件，将1.jpg素材文件拖动到【时间轴】面板中，释放鼠标后在【项目】面板中自动生成序列，如图5.8所示。

图 5.8

步骤 02 在【效果】面板的搜索框中搜索【百叶窗】，并将其拖动到V1轨道的1.jpg素材文件上，如图5.9所示。

步骤 03 在【效果控件】面板中展开【百叶窗】效果，设置【过渡完成】为50%，【方向】为60.0°，【宽度】为30，如图5.10所示。

图 5.9　　图 5.10

步骤 04 该素材文件添加视频效果后的前后对比如图5.11所示。

（a）　　（b）

图 5.11

5.2 变换类视频效果

变换类视频效果可以使素材产生变化效果。该视频效果包含【垂直翻转】【水平翻转】【羽化边缘】【自动重构】【裁剪】5种，如图5.12所示。

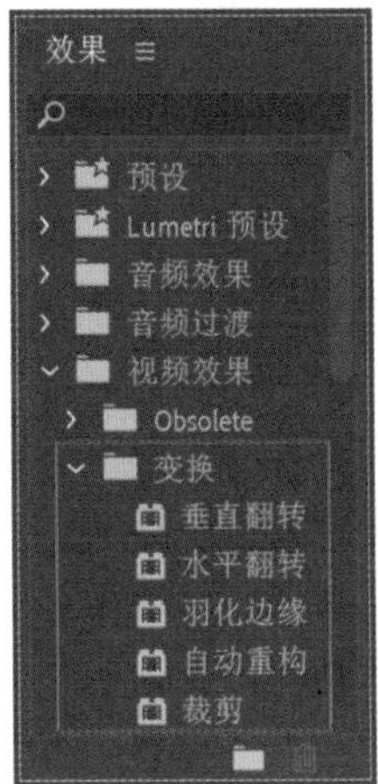

图 5.12

- 【垂直翻转】：可使素材产生翻转效果。为素材添加该效果的前后对比如图5.13所示。
- 【水平翻转】：可使素材产生翻转效果。为素材添加该效果的前后对比如图5.14所示。

（a）　　（b）

图 5.13

（a）　　（b）

图 5.14

- 【羽化边缘】：该效果可针对素材边缘进行羽化模糊处理。为素材添加该效果的前后对比如图5.15所示。
- 【自动重构】：该效果可以自动调整视频内容与画面比例。可用于单个画面或整个序列的重新构图。
- 【裁剪】：该效果可以通过参数来调整画面裁剪的大小。为素材添加该效果的前后对比如图5.16所示。

（a）　　（b）

图 5.15

（a）　　（b）

图 5.16

实例：使用【裁剪】效果制作宽银幕遮幅影片效果

文件路径：第5章　常用视频效果→实例：使用【裁剪】效果制作宽银幕遮幅影片效果

扫一扫，看视频

本实例主要将偏暗画面提亮，然后使用【裁剪】效果制作电影遮幅效果。实例效果如图5.17所示。

图 5.17

步骤 01 执行【文件】/【新建】/【项目】命令，新建一个项目。执行【文件】/【导入】命令，弹出【导入】对话框，导入音频和视频素材文件，如图5.18所示。

图 5.18

步骤 02 在【项目】面板中选择1.mp4视频素材，将它拖动到【时间轴】面板中的V1轨道上，如图5.19所示。此时在【项目】面板中自动生成与该视频素材等大的序列。

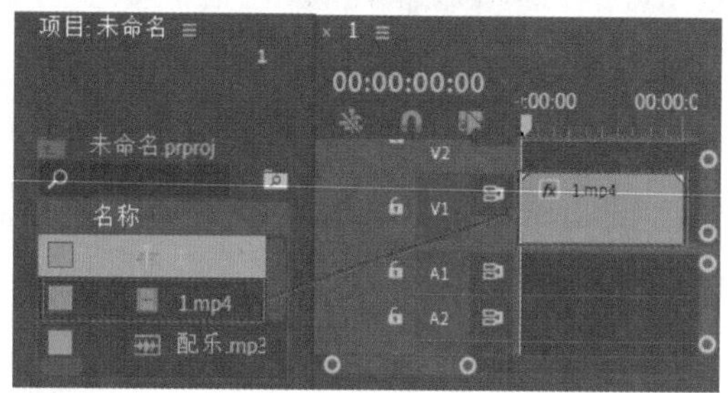

图 5.19

步骤 03 由于此时画面偏暗，在【效果】面板的搜索框中搜索【亮度曲线】，按住鼠标左键将该效果拖动到V1轨道的视频上，如图5.20所示。

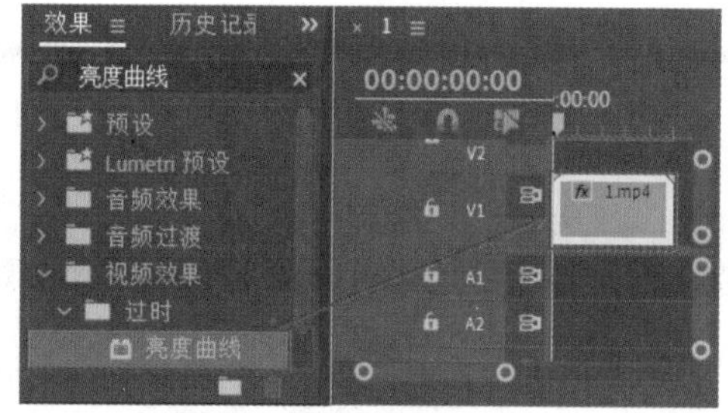

图 5.20

步骤 04 在【时间轴】面板中选择1.mp4素材文件，在【效果控件】面板中展开【亮度曲线】效果，适当调整曲线的形状，如图5.21所示。此时画面变亮，如图5.22所示。

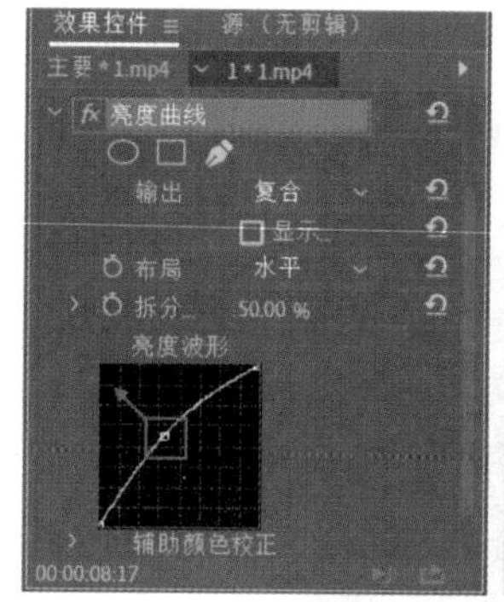

图 5.21

图 5.22

步骤 05 制作黑色遮幅效果。在【效果】面板的搜索框中搜索【裁剪】，按住鼠标左键将该效果拖动到V1轨道的视频上，如图5.23所示。

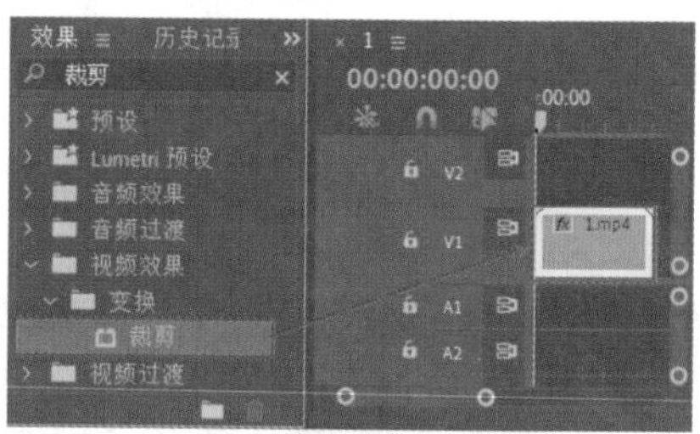

图 5.23

步骤 06 在【时间轴】面板中选择1.mp4素材文件，在【效果控件】面板中展开【裁剪】效果，设置【顶部】与【底部】均为7.0%，如图5.24所示。画面效果如图5.25所示。

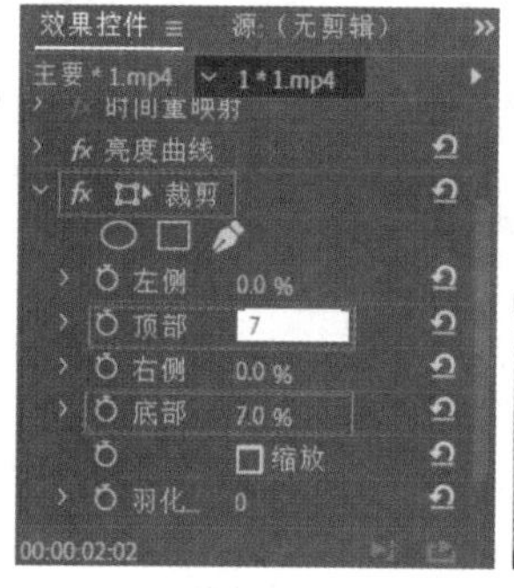

图 5.24

图 5.25

步骤 07 在【时间轴】面板中右击选择1.mp4素材文件，在弹出的快捷菜单中执行【速度/持续时间】命令，如图5.26所示。在弹出的【剪辑速度/持续时间】对话框中设置【速度】为70%，此时持续时间自动变长，如图5.27所示。

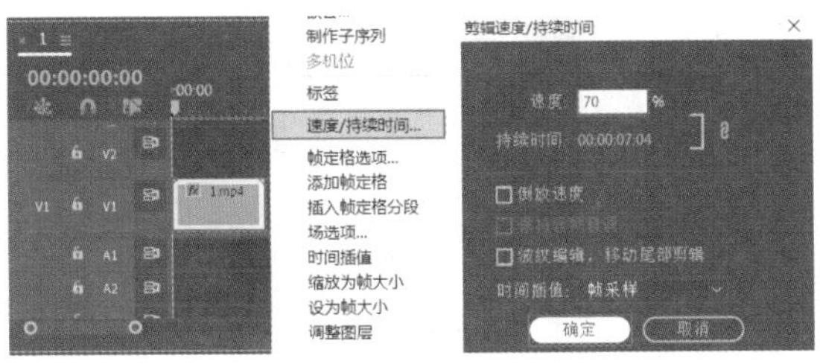

图 5.26　　图 5.27

步骤 08 在【时间轴】面板中选择视频素材文件，按住Alt键的同时按住鼠标左键向V1轨道的后方位置拖动，释放鼠标后完成复制，调整素材位置使两个素材首尾相接，如图5.28所示。选择刚刚复制的视频素材并右击，在弹出的快捷菜单中执行【速度/持续时间】命令，在弹出的【剪辑速度/持续时间】对话框中更改【速度】为100%，勾选【倒放速度】复选框，单击【确定】按钮，如图5.29所示。

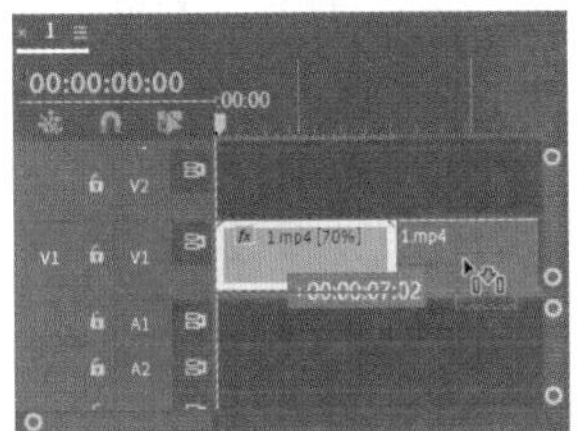

图 5.28

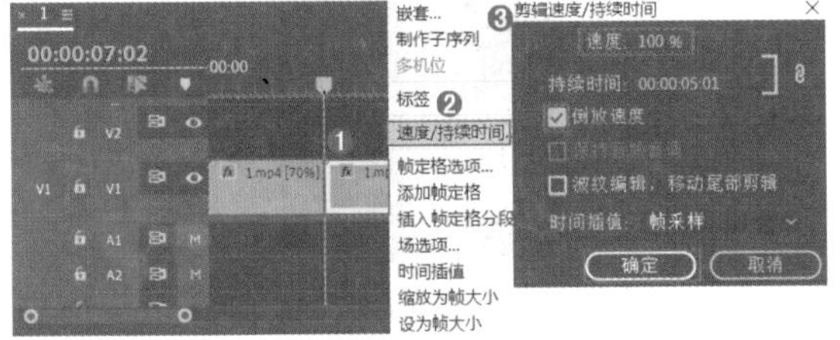

图 5.29

步骤 09 将时间线拖动到00:00:10:16（10秒16帧）的位置，使用快捷键C将光标切换到【剃刀工具】，在当前时间线位置单击剪辑视频素材，如图5.30所示。选择剪辑后的前半部分素材并右击，在弹出的快捷菜单中执行【波纹删除】命令，如图5.31所示。此时后方素材自动向前跟进。

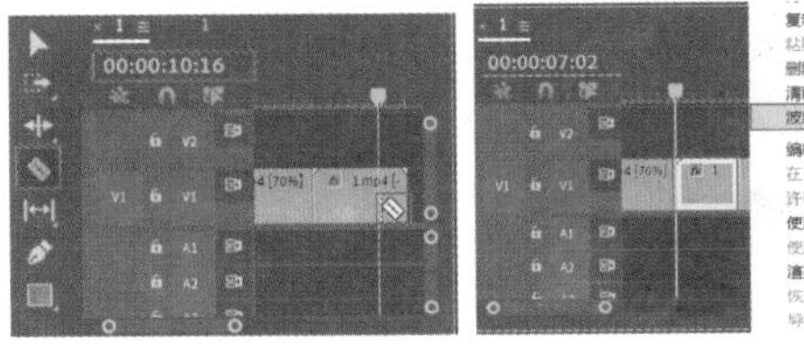

图 5.30　　图 5.31

步骤 10 在【效果】面板的搜索框中搜索【胶片溶解】，按住鼠标左键将该效果拖动到V1轨道上前半部分素材的结束位置，如图5.32所示。此时画面产生两种素材相叠加的过渡效果，如图5.33所示。

图 5.32　　图 5.33

步骤 11 制作文字部分。将时间线滑动至起始位置，在【工具】面板中单击T（文字工具）按钮，在【节目监视器】面板中的合适位置单击输入文本，如图5.34所示。单击【选择工具】按钮，在【时间轴】面板中选中文本图层，在【效果控件】面板中展开【文本】/【源文本】，设置合适的【字体系列】和【字体样式】，设置【字体大小】为30，设置【填充颜色】为白色，如图5.35所示。

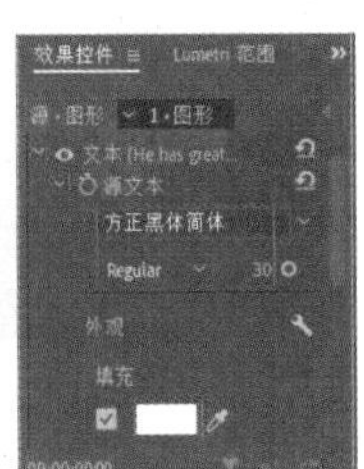

图 5.34　　图 5.35

步骤 12 制作文字滚动效果，选中文字图层，将时间线滑动至起始位置，在【效果控件】面板中展开【运动】效果，单击【位置】左侧的（时间变化秒表）按钮，设置【位置】为（2834.0,540.0），将时间线滑动至8秒17帧的位置，设置【位置】为（-1440.0, 540.0），如图5.36所示。

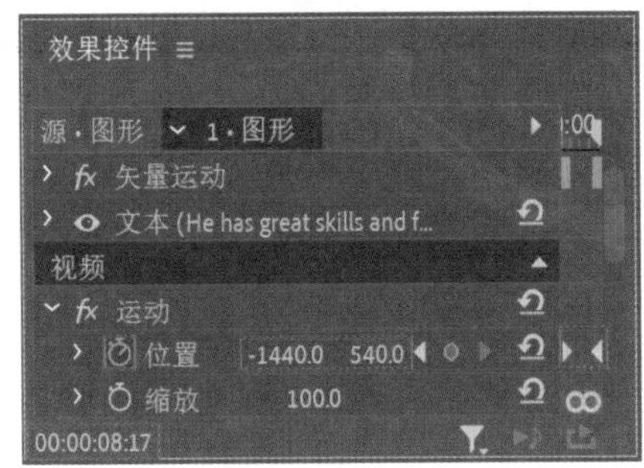

图 5.36

步骤 13 在【时间轴】面板中设置V2轨道上的文字图层的结束时间与下方1.mp4素材文件的结束时间相同，如图5.37所示。此时画面下方出现滚动的字幕，如图5.38所示。

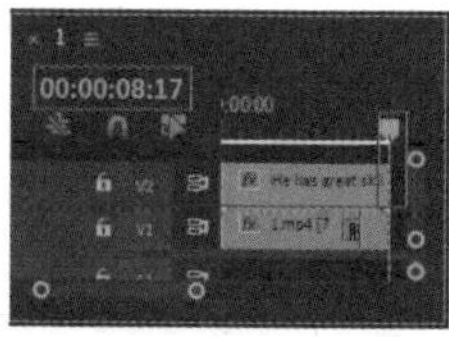

图 5.37

图 5.38

步骤 14 将时间线拖动到00:00:08:17（8秒17帧）的位置，使用【剃刀工具】在当前位置剪辑音频素材，如图5.39所示。

步骤 15 选择剪辑后的后半部分音频，按Delete键将其删除，如图5.40所示。拖动时间线，画面效果如图5.41所示。

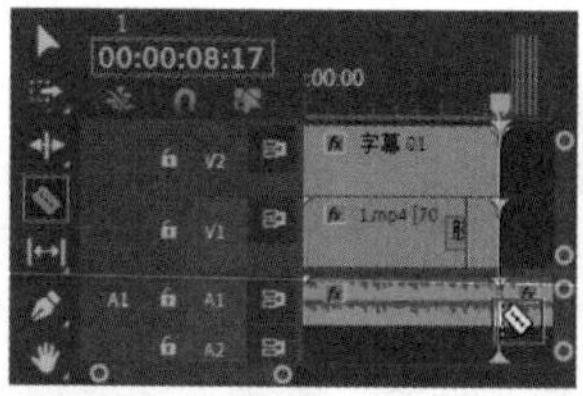

图 5.39

图 5.40

图 5.41

5.3 实用程序类视频效果

实用程序类视频效果只包括【Cineon转换器】一种，如图5.42所示。

【Cineon转换器】：可改变画面的明度、色调、高光和灰度等。为素材添加该效果的前后对比如图5.43所示。

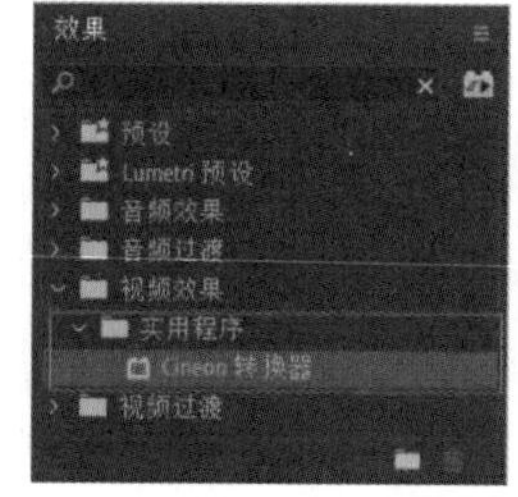

图 5.42

（a）　　（b）

图 5.43

5.4 扭曲类视频效果

扭曲类视频效果包含【Lens Distortion】【偏移】【变形稳定器】【变换】【放大】【旋转扭曲】【果冻效应修复】【波形变形】【湍流置换】【球面化】【边角定位】【镜像】12种，如图5.44所示。

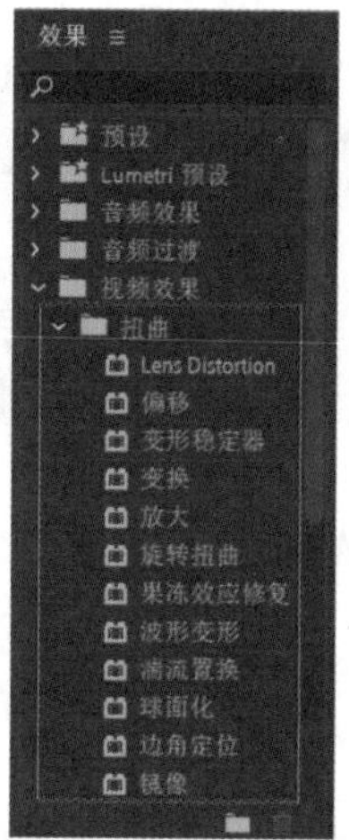

图 5.44

- 【Lens Distortion】（镜头扭曲）：用于调整素材在画面中水平或垂直方向的扭曲程度。为素材添加该效果的前后对比如图5.45所示。

（a）

（b）

图 5.45

●【偏移】：该效果可以使画面水平或垂直移动，画面中空缺的像素会自动进行补充。为素材添加该效果的前后对比如图5.46所示。

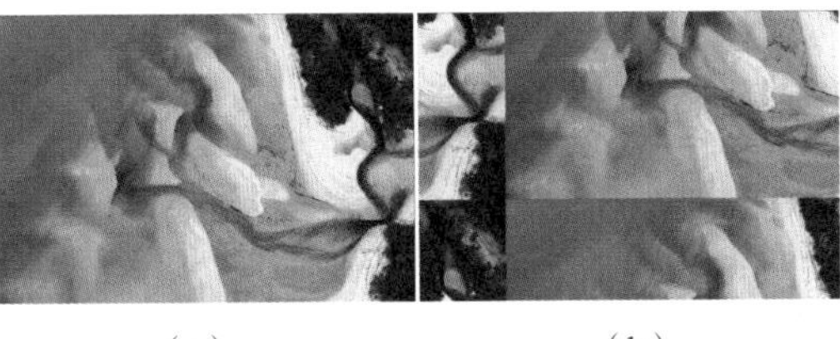

（a） （b）

图5.46

●【变形稳定器】：可以消除因摄像机移动而导致的画面抖动，将抖动效果转化为稳定的平滑拍摄效果。

●【变换】：可对图像的位置、大小、角度及不透明度进行调整。为素材添加该效果的前后对比如图5.47所示。

（a） （b）

图5.47

●【放大】：可以使素材产生放大的效果。为素材添加该效果的前后对比如图5.48所示。

（a） （b）

图5.48

●【旋转扭曲】：在默认情况下以中心为轴点，可使素材产生旋转变形的效果。为素材添加该效果的前后对比如图5.49所示。

（a） （b）

图5.49

●【果冻效应修复】：可修复素材在拍摄时产生的抖动、变形等效果。

●【波形变形】：可使素材产生类似水波的波浪形状。为素材添加该效果的前后对比如图5.50所示。

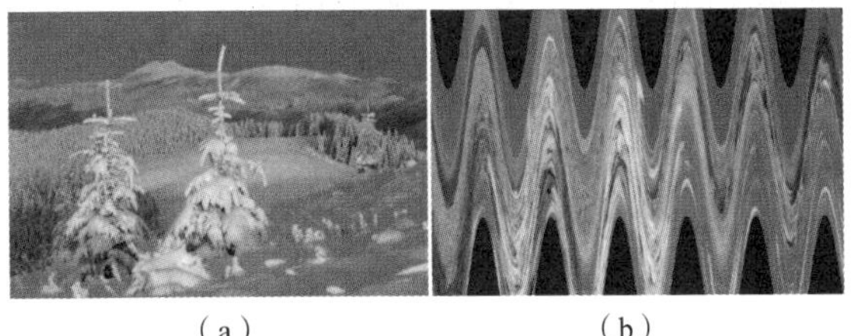

（a） （b）

图5.50

●【湍流置换】：可使素材产生扭曲变形的效果。为素材添加该效果的前后对比如图5.51所示。

（a） （b）

图5.51

●【球面化】：可使素材产生类似放大镜的球形效果。为素材添加该效果的前后对比如图5.52所示。

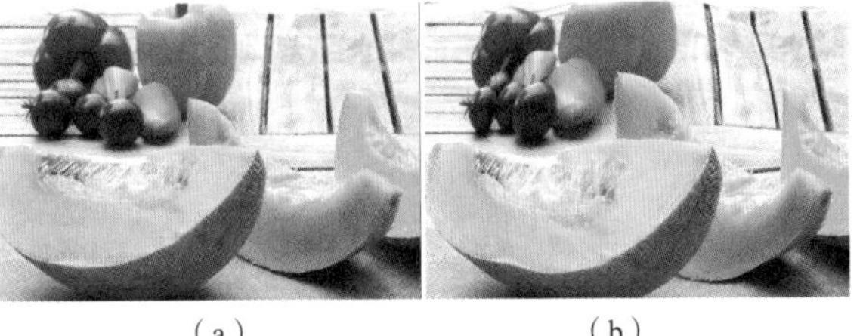

（a） （b）

图5.52

- 【边角定位】：可重新设置素材的左上、右上、左下、右下4个位置的参数，从而调整素材的4个角的位置。为素材添加该效果的前后对比如图5.53所示。

（a）　　（b）

图 5.53

- 【镜像】：可以使素材产生对称翻转效果。为素材添加该效果的前后对比如图5.54所示。

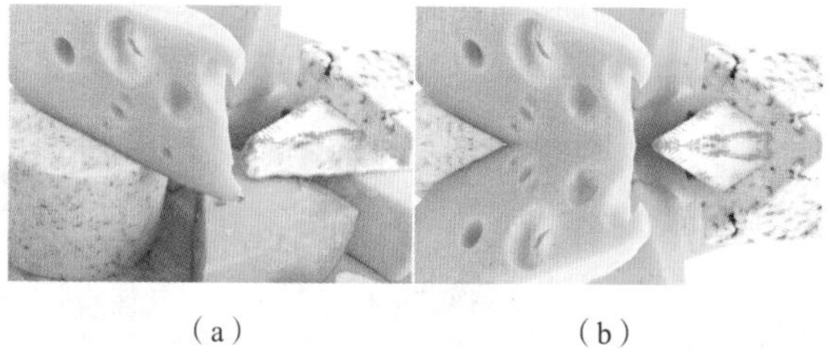

（a）　　（b）

图 5.54

5.4.1　实例：使用【变换】效果制作大长腿

扫一扫，看视频

文件路径：第5章　常用视频效果→实例：使用【变换】效果制作大长腿

本实例主要使用【变换】效果和【自由贝塞尔曲线】按钮制作长腿效果。实例效果如图5.55所示。

（a）　　（b）

图 5.55

步骤 01 执行【文件】/【新建】/【项目】命令，新建一个项目。执行【文件】/【导入】命令，弹出【导入】对话框，选择1.mp4视频素材，单击【打开】按钮，如图5.56所示。

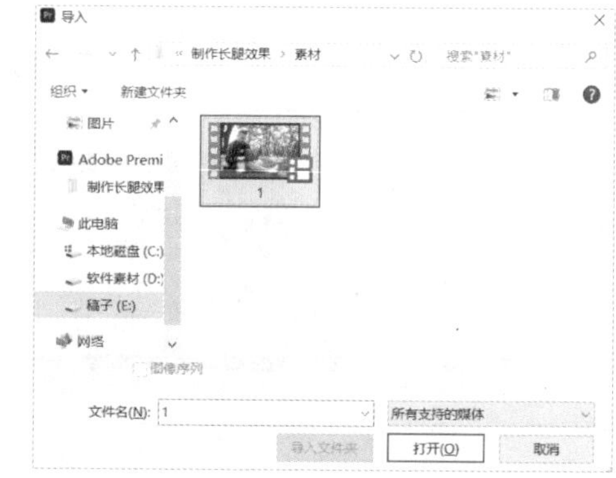

图 5.56

步骤 02 在【项目】面板中将1.mp4素材文件拖动到V1轨道上，如图5.57所示。此时在【项目】面板中自动生成序列。

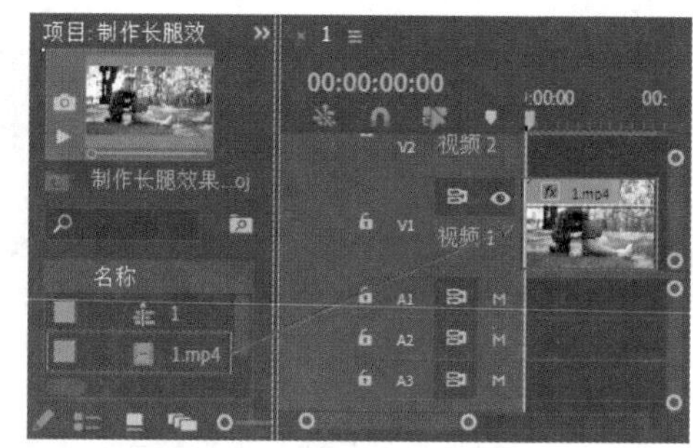

图 5.57

步骤 03 拉长人物腿部。在【效果】面板的搜索框中搜索【变换】，将该效果拖动到V1轨道的视频素材上，如图5.58所示。

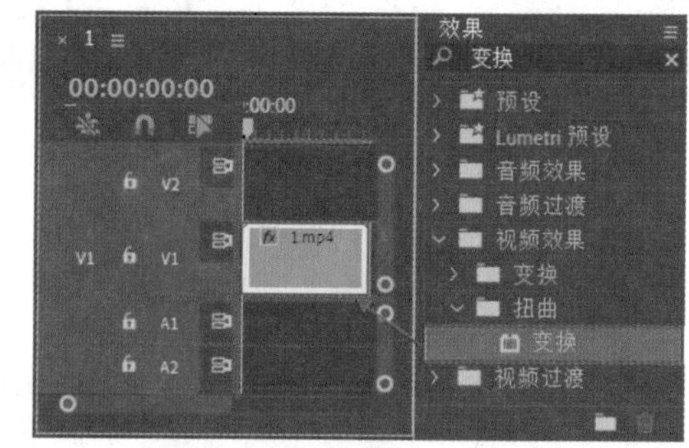

图 5.58

步骤 04 在【效果控件】面板中单击【变换】下方的（自由贝塞尔曲线）按钮，在【节目监视器】面板中的人物腿部单击建立锚点，绘制一个四边形路径，如图5.59所示。

图 5.59

步骤 05 制作长腿效果。选择视频素材，在【效果控件】面板中展开【变换】效果，设置【蒙版羽化】为75.0，【位置】为(1994.0,1015.0)，【缩放】为115.0，【倾斜】为6，如图5.60所示。拖动时间线查看腿部效果，如图5.61所示。

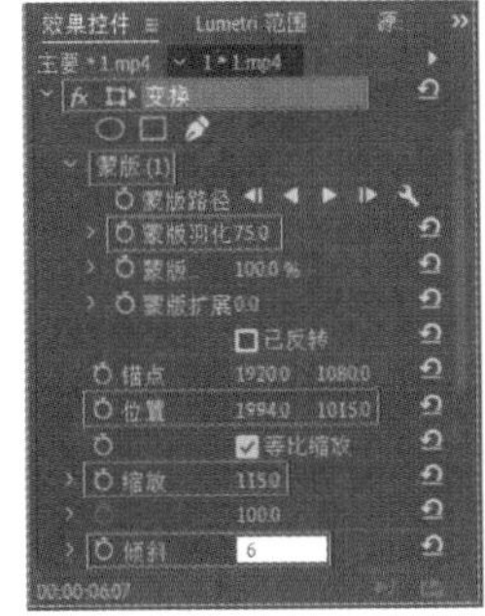

图 5.60

图 5.61

5.4.2 实例：使用【镜像】效果制作水平反转再复制的画面

文件路径：第5章 常用视频效果→实例：使用【镜像】效果制作水平反转再复制的画面

扫一扫，看视频

本实例主要使用【镜像】效果对人物图像进行水平反转再复制。实例效果如图5.62所示。

图 5.62

步骤 01 执行【文件】/【新建】/【项目】命令，新建一个项目。在【项目】面板的空白处右击，在弹出的快捷菜单中执行【新建项目】/【序列】命令。弹出【新建序列】对话框，并在DV-PAL文件夹中选择【标准48kHz】，设置【序列名称】为【序列01】。执行【文件】/【导入】命令，打开【导入】对话框，导入1.jpg素材文件，如图5.63所示。

步骤 02 将【项目】面板中的1.jpg素材文件拖动到V1轨道上，如图5.64所示。

图 5.63

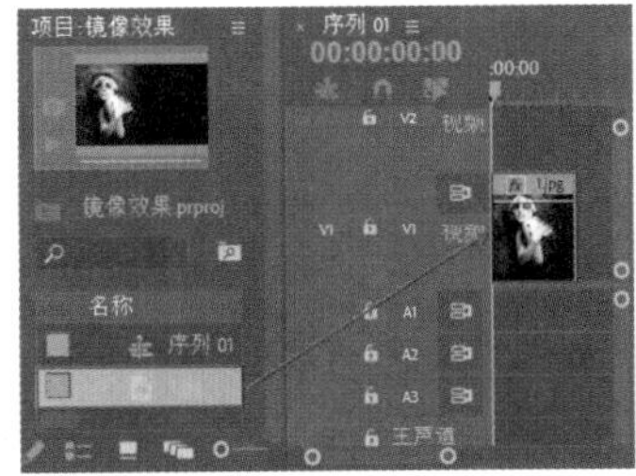

图 5.64

步骤 03 调整素材的位置及大小。首先在【时间轴】面板中选择1.jpg素材文件，在【效果控件】面板中展开【运动】效果，设置【位置】为(447.0,288.0)，【缩放】为52.0，如图5.65所示。此时画面效果如图5.66所示。

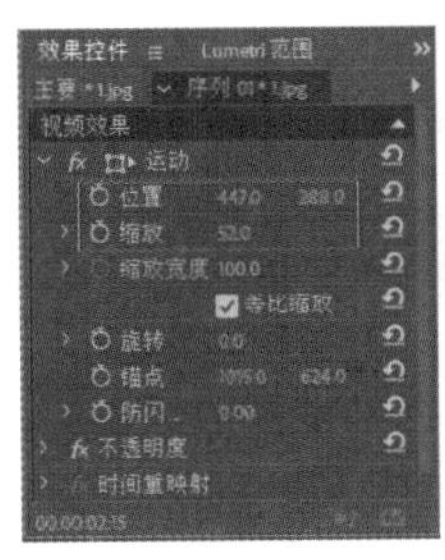

图 5.65

图 5.66

步骤 04 制作镜像效果。在【效果】面板的搜索框中搜索【镜像】，按住鼠标左键将该效果拖动到V1轨道的1.jpg素材文件上，如图5.67所示。

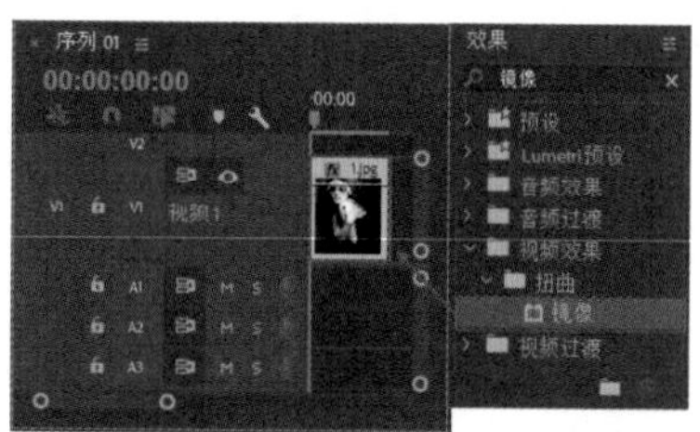

图 5.67

步骤 05 在【效果控件】面板中展开【镜像】效果，设置【反射中心】为(820.0,692.0)，如图5.68所示。此时画面效果如图5.69所示。

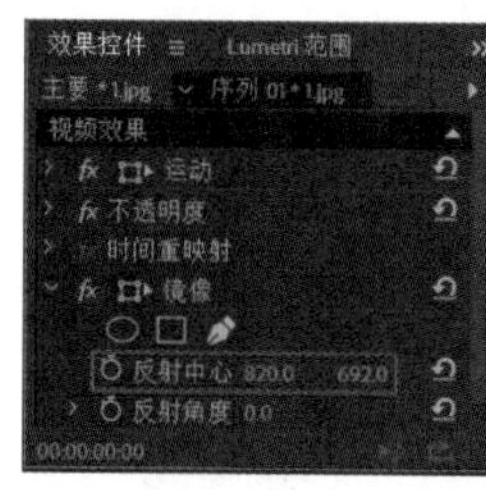

图 5.68

图 5.69

5.4.3 综合实例：使用【偏移】效果制作趣味滑动的影视转场

扫一扫，看视频

文件路径：第5章 常用视频效果→综合实例：使用【偏移】效果制作趣味滑动的影视转场

本实例主要使用【偏移】效果制作倾斜、移动并拼接的画面效果。实例效果如图5.70所示。

图 5.70

步骤 01 执行【文件】/【新建】/【项目】命令，在弹出的【新建项目】对话框中设置合适的【名称】，单击【浏览】按钮，设置文件的保存路径。

步骤 02 执行【文件】/【导入】命令，弹出【导入】对话框，在该对话框中选择1.jpg素材文件，单击【打开】按钮进行导入，如图5.71所示。

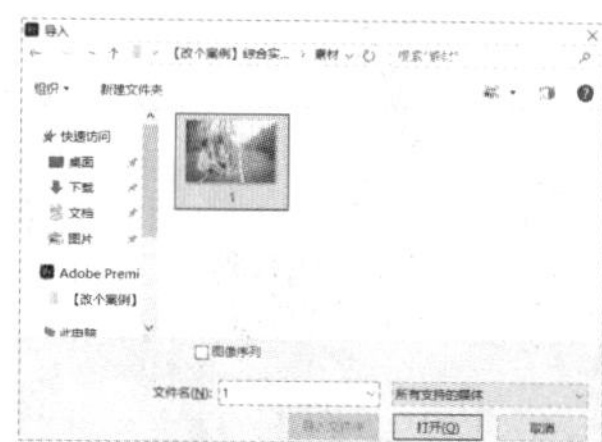

图 5.71

步骤 03 在【项目】面板中选择1.jpg素材文件，按住鼠标左键将它拖动到【时间轴】面板中的V1轨道上，如图5.72所示。此时【项目】面板中出现与1.jpg素材文件等大的序列。

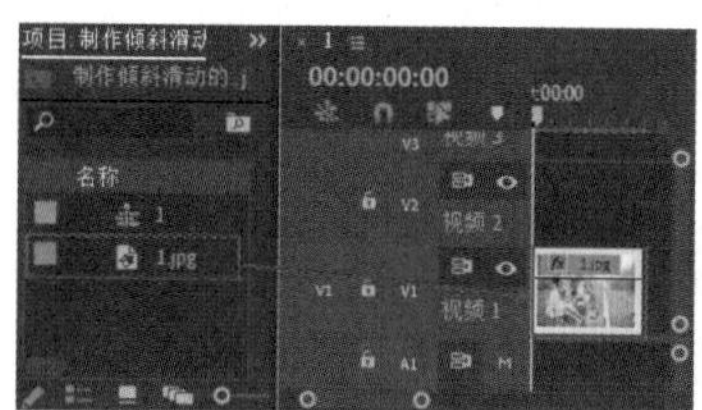

图 5.72

步骤 04 调整素材的持续时间。在【时间轴】面板中选择1.jpg素材文件并右击，在弹出的快捷菜单中执行【速度/持续时间】命令，如图5.73所示。在弹出的【剪辑速度/持续时间】对话框中设置【持续时间】为00:00:03:00(3秒)，如图5.74所示。此时【时间轴】面板中的素材如图5.75所示。

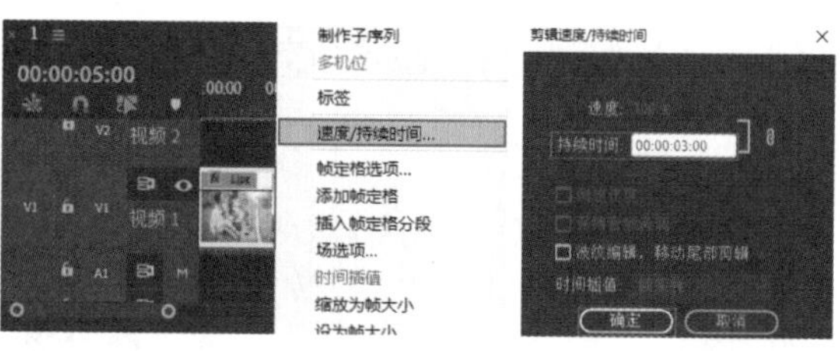

图 5.73　图 5.74

步骤 05 为画面制作效果。在【效果】面板的搜索框中搜索【偏移】，按住鼠标左键将它拖动到V1轨道的1.jpg素材文件上，如图5.76所示。

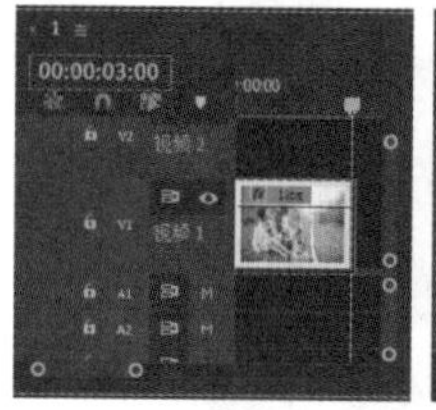

图 5.75

图 5.76

步骤 06 在【时间轴】面板中选择1.jpg素材文件，在【效果控件】面板中展开【偏移】效果，将时间线拖动到起始帧的位置，单击【将中心移位至】左侧的⏱（切换动画）按钮，开启自动关键帧，设置【将中心移位至】为(3502.1,1422.0)，将时间线拖动到00:00:01:11（1秒11帧）的位置，设置【将中心移位至】为(8208.0,–1826.7)，如图5.77所示。

步骤 07 本实例制作完成，拖动时间线查看画面效果，如图5.78所示。

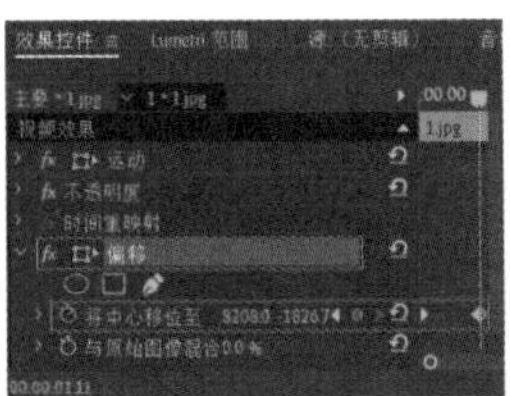

图 5.77

图 5.78

> **提示:【偏移】效果可用于制作转场效果动画**
>
> 通过为素材添加【偏移】效果，并设置关键帧动画，可以制作出滑动的偏移动画效果，该效果应用广泛，如应用在“电商平台主图视频”“自媒体短视频特效”“产品广告展示动画”等，更有趣的是读者朋友可以在思路不变的情况下，试着将本实例的图片素材换成视频素材重新做一下，也许能看到更丰富的画面变化。

5.5 时间类视频效果

时间类视频效果包含【残影】【色调分离时间】两种，如图5.79所示。

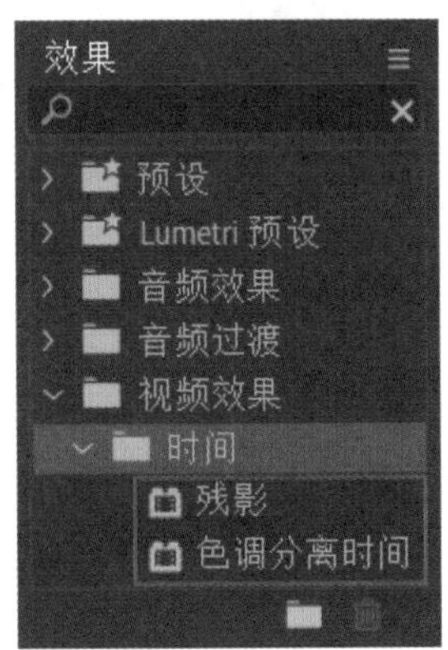

图 5.79

- 【残影】：可将画面中不同帧像素进行混合处理。为素材添加该效果的前后对比如图5.80所示。

（a）　　（b）

图 5.80

- 【色调分离时间】：该效果可以通过修改【帧速率】参数进行色调分离设置，前后对比如图5.81所示。

（a）　　（b）

图 5.81

5.6 杂色与颗粒类视频效果

杂色与颗粒类视频效果可以为画面添加杂色，制作复古的质感。该视频效果包含【Obsolete】效果组中的【Noise Alpha】【Noise HLS】【Noise HLS Auto】效果，【杂色与颗粒】效果组中的【杂色】效果，【过时】效果组中的【中间值(旧版)】【蒙尘与划痕】效果，共6种，如图5.82所示。

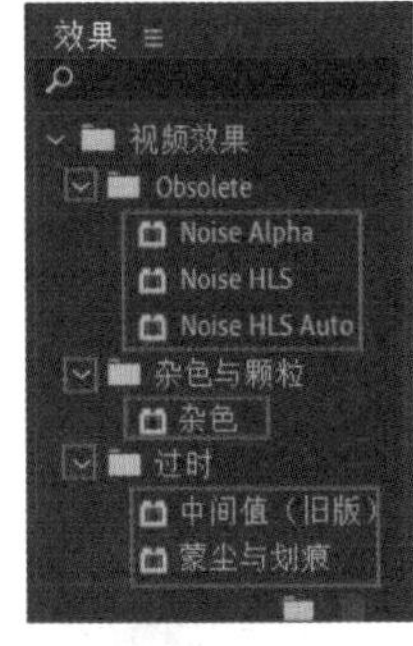

图 5.82

- 【Noise Alpha】（杂色Alpha）：可以使素材产生不同大小的单色颗粒。为素材添加该效果的前后对比如图5.83所示。

(a)　　(b)

图 5.83

●【Noise HLS】(杂色HLS)：可设置画面中杂色的色相、亮度、饱和度和颗粒大小等。为素材添加该效果的前后对比如图5.84所示。

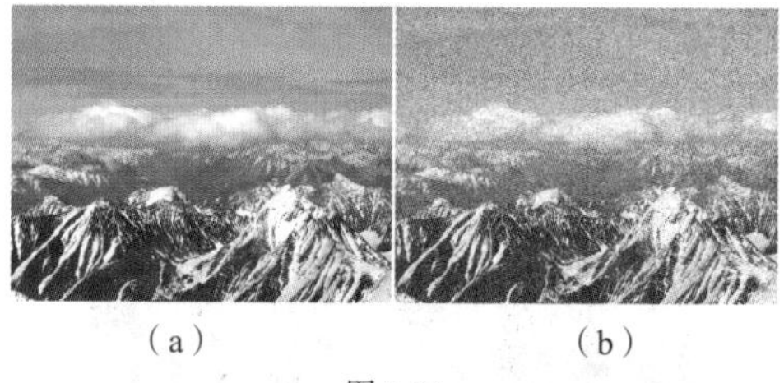

(a)　　(b)

图 5.84

●【Noise HLS Auto】(杂色HLS自动)：与【Noise HLS】相似，可通过参数调整噪波色调。为素材添加该效果的前后对比如图5.85所示。

(a)　　(b)

图 5.85

●【杂色】：可以为画面添加混杂不纯的颜色颗粒。为素材添加该效果的前后对比如图5.86所示。

(a)　　(b)

图 5.86

●【中间值(旧版)】：可将每个像素替换为另一像素，此像素具有指定半径的邻近像素的中间颜色值选择，常用于制作类似绘画的效果。为素材添加该效果的前后对比如图5.87所示。

(a)　　(b)

图 5.87

●【蒙尘与划痕】：可通过数值的调整区分画面中各颜色像素，使层次感更加强烈。为素材添加该效果的前后对比如图5.88所示。

(a)　　(b)

图 5.88

5.7 模糊与锐化类视频效果

模糊与锐化类视频效果可以将素材变得更模糊或更锐化。该视频效果包含【模糊与锐化】效果组中的【Camera Blur】【减少交错闪烁】【方向模糊】【钝化蒙版】【锐化】【高斯模糊】效果，【过时】效果组中的【复合模糊】【通道模糊】效果，共8种，如图5.89所示。

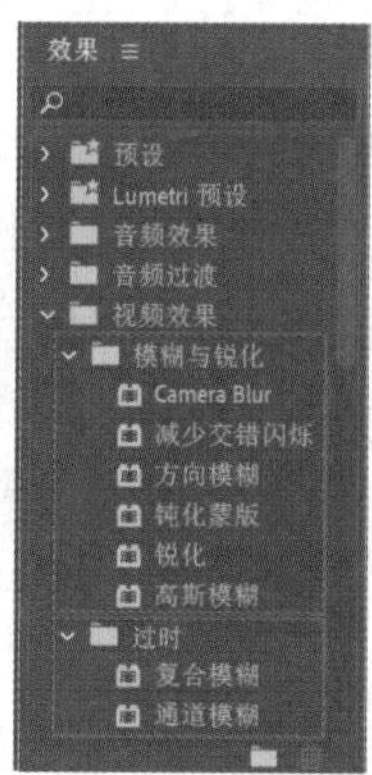

图 5.89

●【Camera Blur】：可模拟摄像机在拍摄过程中出现的虚焦现象。为素材添加该效果的前后对比如

图 5.90 所示。

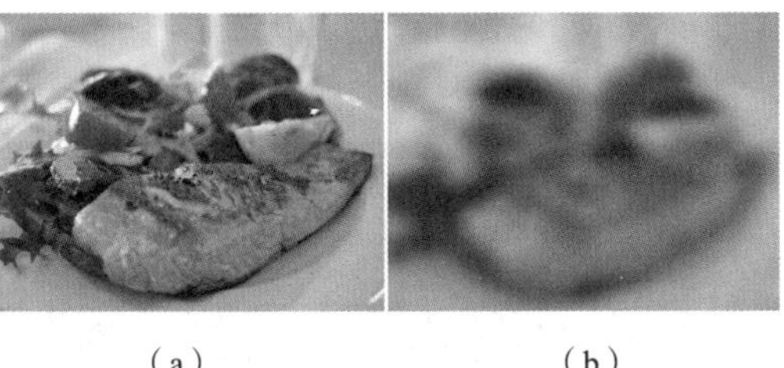

（a）　　　　　　（b）

图 5.90

- 【减少交错闪烁】：该效果可以减少交错闪烁的效果。
- 【方向模糊】：可根据模糊角度和长度对画面进行模糊处理。为素材添加该效果的前后对比如图 5.91 所示。

（a）　　　　　　（b）

图 5.91

- 【钝化蒙版】：该效果在模糊画面的同时可调整画面的曝光和对比度。为素材添加该效果的前后对比如图 5.92 所示。

（a）

（b）

图 5.92

- 【锐化】：可快速聚焦模糊边缘，提高画面清晰度。为素材添加该效果的前后对比如图 5.93 所示。

（a）

（b）

图 5.93

- 【高斯模糊】：该效果可使画面既模糊又平滑，可有效降低素材的层次细节。为素材添加该效果的前后对比如图 5.94 所示。

（a）　　　　　　（b）

图 5.94

- 【复合模糊】：应用该效果后，可根据轨道的选择，自动将画面生成一种模糊的效果。为素材添加该效果的前后对比如图 5.95 所示。

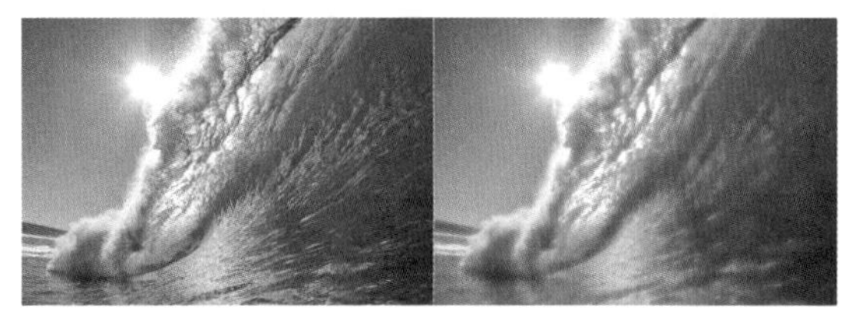

（a）　　　　　　（b）

图 5.95

- 【通道模糊】：可以对RGB通道中的红、绿、蓝、Alpha通道进行模糊处理。数值越大，该颜色在画面中存在得越少。为素材添加该效果的前后对比如图 5.96 所示。

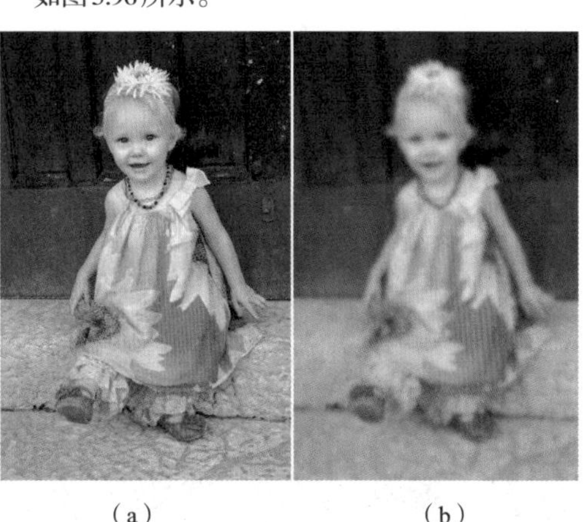

（a）　　　　　　（b）

图 5.96

实例：使用【高斯模糊】效果制作画面背景

扫一扫，看视频

文件路径：第5章 常用视频效果→实例：使用【高斯模糊】效果制作画面背景

本实例主要使用【高斯模糊】效果将背景图片的像素进行模糊，给人一种朦胧的感觉。实例效果如图5.97所示。

图 5.97

步骤 01 执行【文件】/【新建】/【项目】命令，新建一个项目。执行【文件】/【导入】命令，弹出【导入】对话框，导入1.jpg、2.png素材文件，如图5.98所示。

图 5.98

步骤 02 将【项目】面板中的1.jpg素材文件拖动到V1轨道上，此时在【项目】面板中自动生成与1.jpg素材文件等大的序列，如图5.99所示。

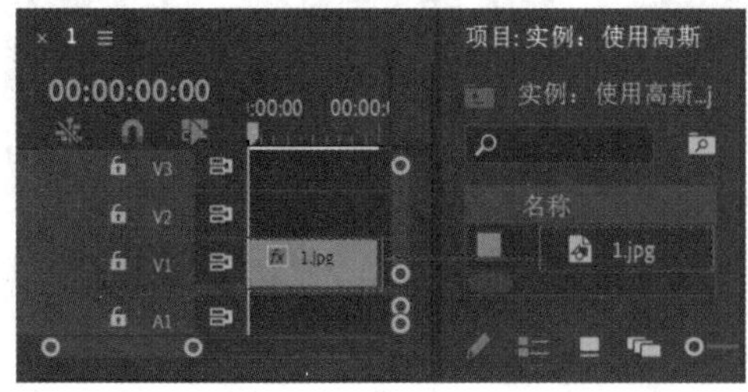

图 5.99

步骤 03 在【效果】面板的搜索框中搜索【高斯模糊】，按住鼠标左键将该效果拖动到V1轨道的1.jpg素材文件上，如图5.100所示。

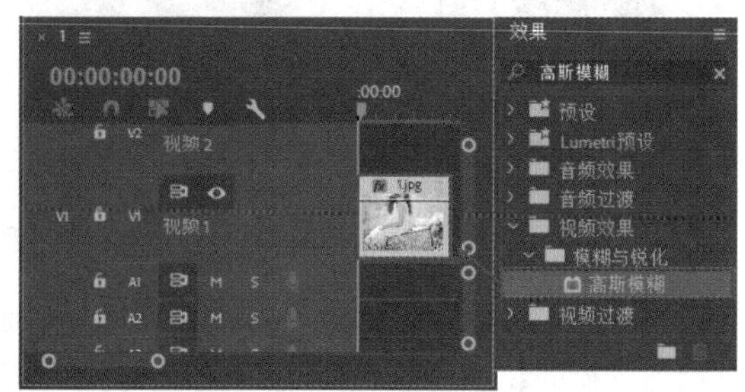

图 5.100

步骤 04 在【时间轴】面板中选择1.jpg素材文件，在【效果控件】面板中展开【高斯模糊】效果，设置【模糊度】为200.0，勾选【重复边缘像素】复选框，如图5.101所示。此时画面呈现出模糊效果感，如图5.102所示。

图 5.101

图 5.102

步骤 05 将【项目】面板中的2.png素材文件拖动到【时间轴】面板中的V2轨道上，如图5.103所示。

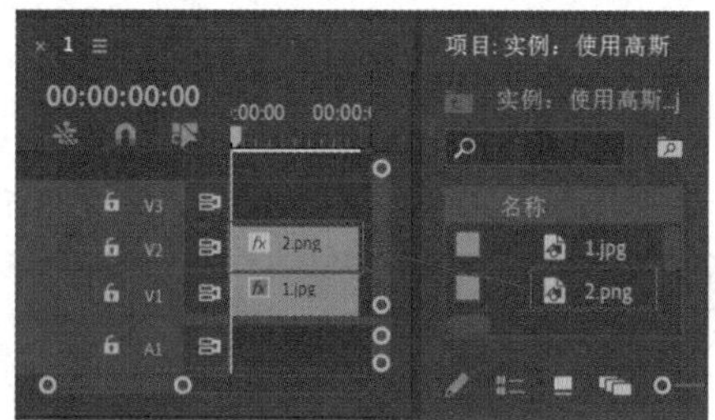

图 5.103

步骤 06 选择【时间轴】面板中的2.png素材文件，在【效果控件】面板中展开【运动】效果，设置【缩放】为360.0，如图5.104所示。此时实例制作完成，画面最终效果如图5.105所示。

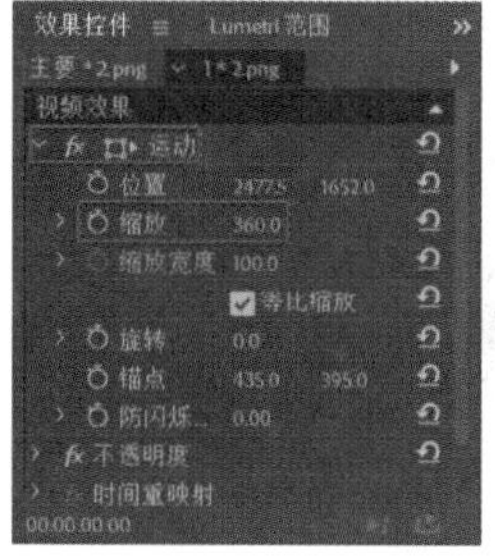

图 5.104

图 5.105

5.8 沉浸式视频类视频效果

沉浸式视频效果包含【VR分形杂色】【VR发光】【VR平面到球面】【VR投影】【VR数字故障】【VR旋转球面】【VR模糊】【VR色差】【VR锐化】【VR降噪】【VR颜色渐变】11种，如图5.106所示。

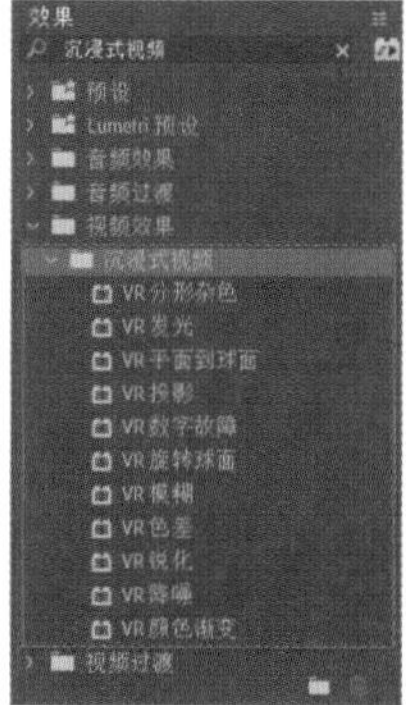

图 5.106

- 【VR分形杂色】：用于VR沉浸式分形杂色效果的应用。
- 【VR发光】：用于VR沉浸式光效的应用。
- 【VR平面到球面】：用于VR沉浸式效果中图像从平面到球面的效果处理。
- 【VR投影】：用于VR沉浸式投影效果的应用。
- 【VR数字故障】：用于VR沉浸式效果中文字的数字故障处理。
- 【VR旋转球面】：用于VR沉浸式效果中旋转球面效果的应用。
- 【VR模糊】：用于VR沉浸式模糊效果的应用。
- 【VR色差】：用于VR沉浸式效果中图像的颜色校正。
- 【VR锐化】：用于VR沉浸式效果中图像的锐化处理。
- 【VR降噪】：用于VR沉浸式效果中图像的降噪处理。
- 【VR颜色渐变】：用于VR沉浸式效果中图像的颜色渐变处理。

5.9 生成类视频效果

生成类视频效果包含【生成】效果组中的【四色渐变】【渐变】【镜头光晕】【闪电】效果，【过时】效果组中的【书写】【单元格图案】【吸管填充】【圆形】【棋盘】【椭圆】【油漆桶】【网格】效果，共12种，如图5.107所示。

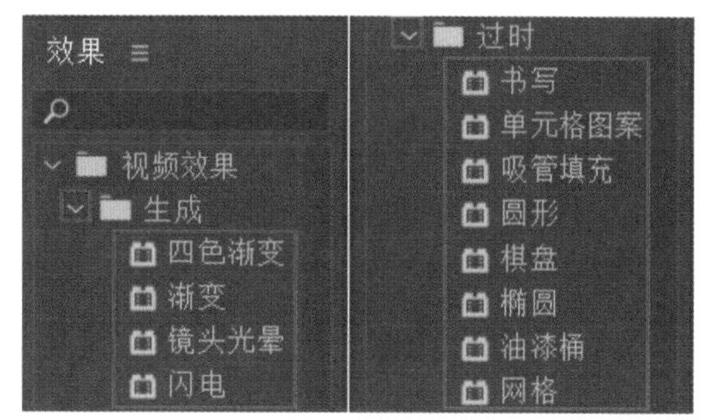

图 5.107

- 【四色渐变】：可通过颜色及参数的调节，使素材上方产生4种颜色的渐变效果。为素材添加该效果的前后对比如图5.108所示。

（a）　　（b）

图 5.108

- 【渐变】：可在素材上方填充线性渐变或径向渐变。为素材添加该效果的前后对比如图5.109所示。

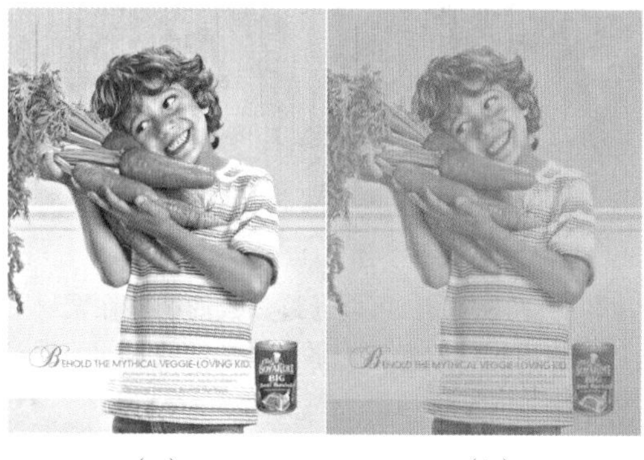

（a）　　（b）

图 5.109

● 【镜头光晕】：可模拟在自然光下拍摄时所遇到的强光，从而使画面产生光晕效果。为素材添加该效果的前后对比如图5.110所示。

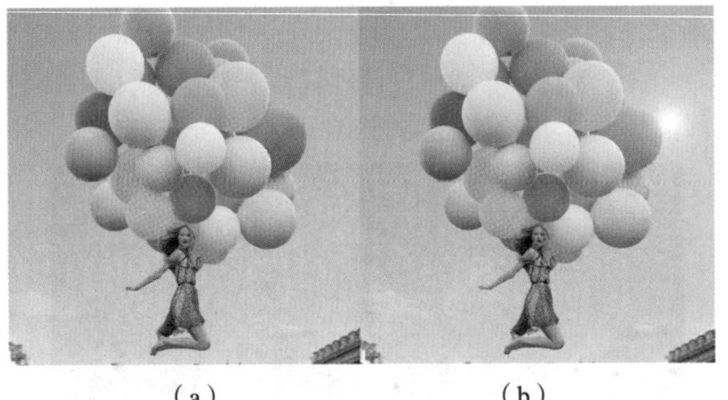

（a）　　　　　　（b）

图5.110

● 【闪电】：可模拟天空中的闪电形态。为素材添加该效果的前后对比如图5.111所示。

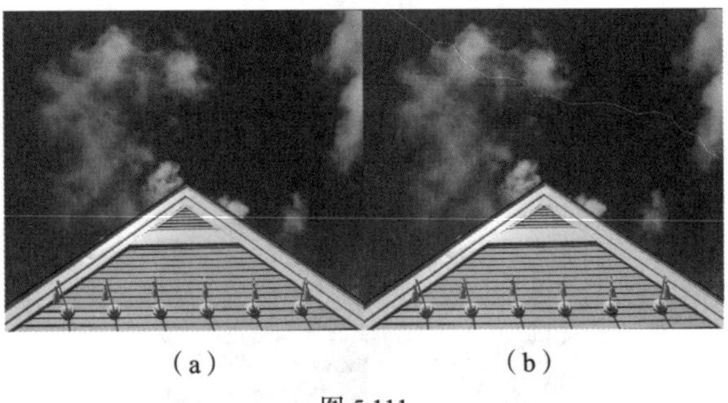

（a）　　　　　　（b）

图5.111

● 【书写】：可以制作出类似画笔的笔触感。为素材添加该效果的前后对比如图5.112所示。

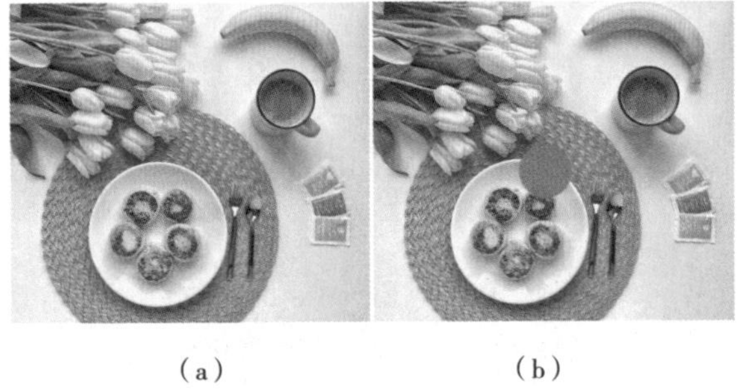

（a）　　　　　　（b）

图5.112

● 【单元格图案】：可以通过参数的调整在素材上方制作出纹理效果。为素材添加该效果的前后对比如图5.113所示。

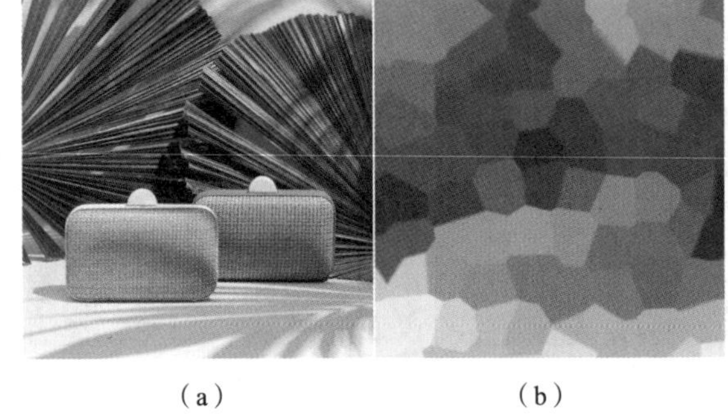

（a）　　　　　　（b）

图5.113

● 【吸管填充】：可调整素材色调对素材进行填充修改。为素材添加该效果的前后对比如图5.114所示。

（a）　　　　　　（b）

图5.114

● 【圆形】：可以在素材上方制作一个圆形，并通过调整圆形的颜色、不透明度、羽化等参数更改圆形的效果。为素材添加该效果的前后对比如图5.115所示。

（a）　　　　　　（b）

图5.115

● 【棋盘】：添加该效果后，在素材上方可自动呈现黑白矩形交错的棋盘效果。为素材添加该效果的前后对比如图5.116所示。

（a）　　　　（b）

图 5.116

●【椭圆】：添加该效果后，素材上方会自动出现一个圆形，通过参数的调整可更改椭圆的位置、颜色、宽度、柔和度等。为素材添加该效果的前后对比如图5.117所示。

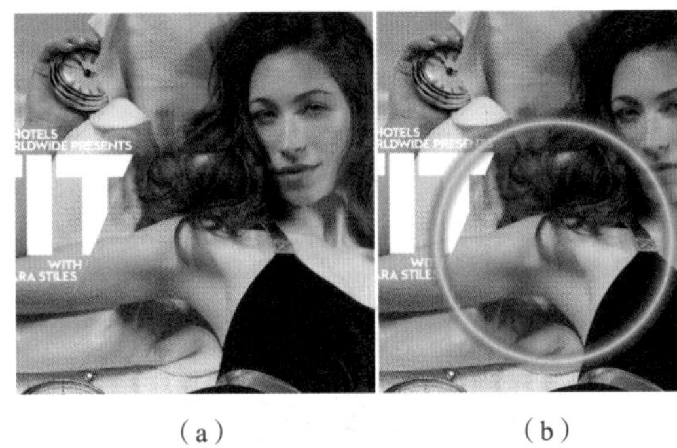

（a）　　　　（b）

图 5.117

●【油漆桶】：可为素材的指定区域填充所选颜色。为素材添加该效果的前后对比如图5.118所示。

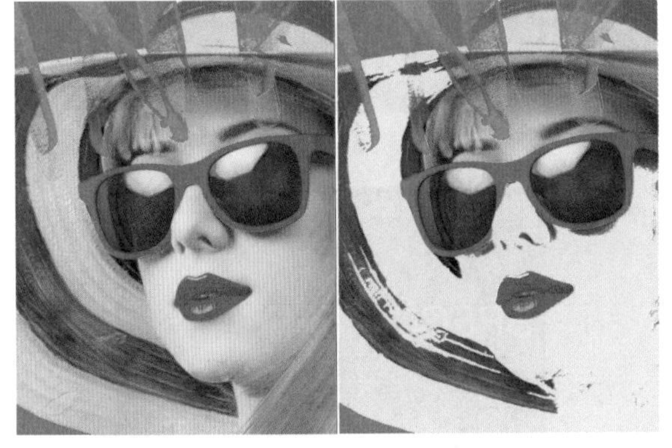

（a）　　　　（b）

图 5.118

●【网格】：应用该效果可以在素材文件上方自动呈现矩形网格。为素材添加该效果的前后对比如图5.119所示。

（a）　　　　（b）

图 5.119

实例：使用【网格】效果制作片头特效

文件路径：第5章　常用视频效果→实例：使用【网格】效果制作片头特效

扫一扫，看视频

本实例主要使用【网格】效果制作精美的背景动画效果，接着在网格上方输入合适的文字。实例效果如图5.120所示。

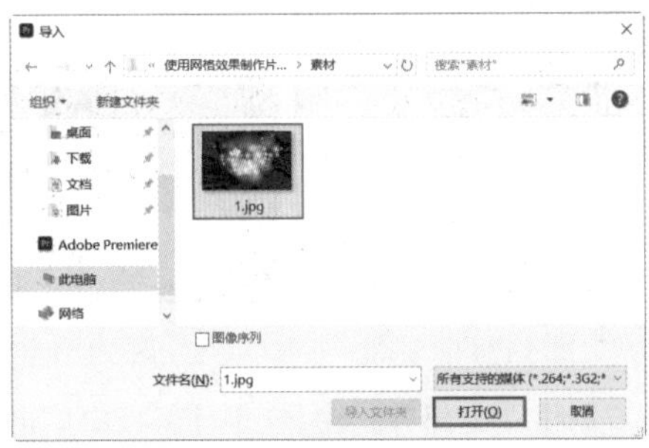

图 5.120

步骤 01 执行【文件】/【新建】/【项目】命令，新建一个项目。执行【文件】/【导入】命令，弹出【导入】对话框，导入1.jpg素材文件，如图5.121所示。

图 5.121

步骤 02 将【项目】面板中的1.jpg素材文件拖动到【时间轴】面板中，此时在【项目】面板中自动生成序列，如图5.122所示。

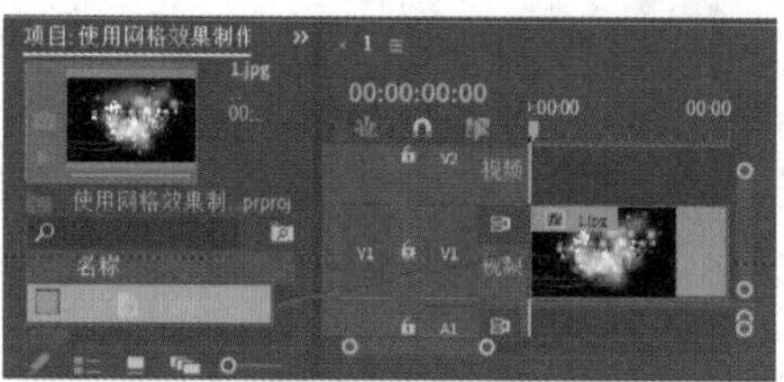

图 5.122

步骤 03 在【效果】面板的搜索框中搜索【网格】，将该效果拖动到V1轨道的1.jpg素材文件上，如图5.123所示。

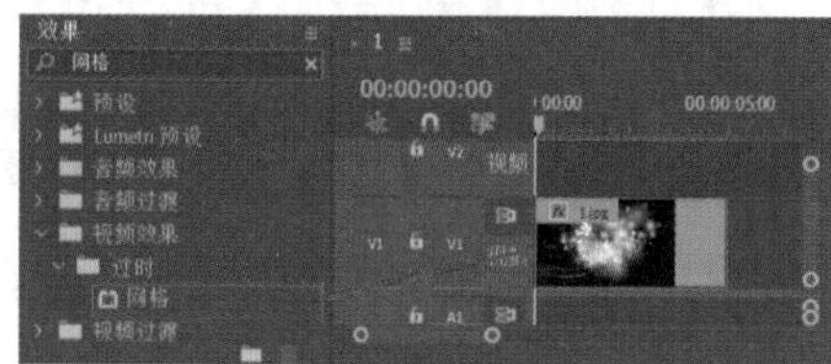

图 5.123

步骤 04 在【时间轴】面板中选择1.jpg素材文件，在【效果控件】面板中展开【网格】效果，将时间线拖动到起始帧的位置，单击【边角】左侧的（时间变化秒表）按钮，设置【边角】为(555.0,375.0)，将时间线拖动到00:00:02:00（2秒）的位置，设置【边角】为(498.0,375.0)，继续将时间线拖动到结束帧的位置，设置【边角】为(445.0,375.0)，设置【混合模式】为【模板Alpha】，如图5.124所示。此时拖动时间线查看画面效果，如图5.125所示。

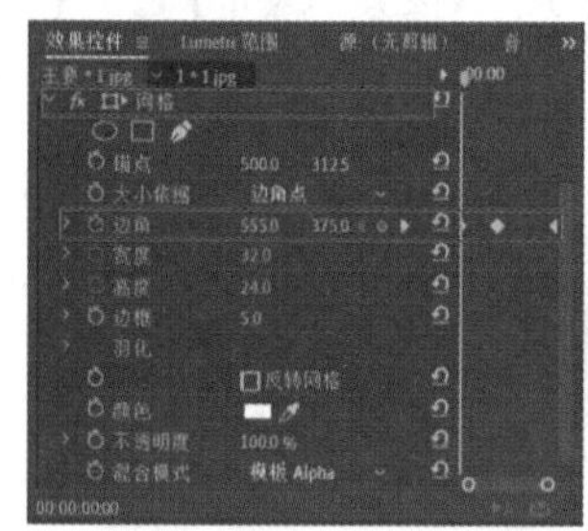

图 5.124

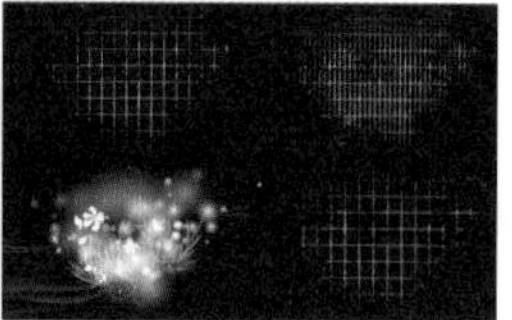

图 5.125

步骤 05 制作文字部分。在【工具】面板中单击（文字工具）按钮，在【节目监视器】面板中的适当位置单击并输入文字SPECIAL EFFECTS，如图5.126所示。

图 5.126

步骤 06 单击【选择工具】按钮，在【时间轴】面板中选中文本图层，在【效果控件】面板中展开文本，设置合适的【字体系列】和【字体样式】，设置【字体大小】为85，在【外观】选项中设置【颜色】为白色，接着勾选【描边】复选框，设置【颜色】为蓝色，【描边宽度】为4.0，【描边类型】为【外侧】，如图5.127所示。画面效果如图5.128所示。

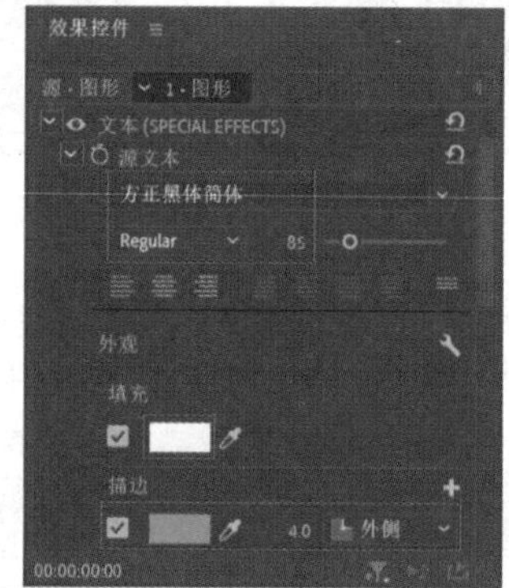

图 5.127

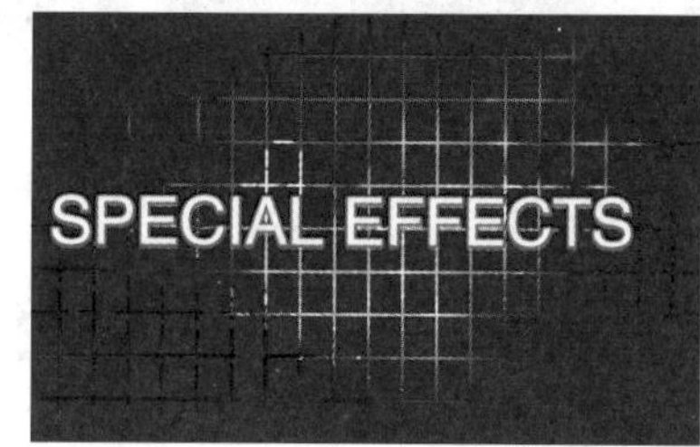

图 5.128

步骤 07 在【时间轴】面板中选择文字图层，将时间线拖动到起始帧的位置，在【效果控件】面板中单击【缩放】左侧的（时间变化秒表）按钮，设置【缩放】为0.0，继续将时间线拖动到00:00:02:00（2秒）的位置，设置【缩放】为150.0，最后将时间线拖动到结束帧的位置，设置【缩放】为100.0，如图5.129所示。画面最终效果如图5.130所示。

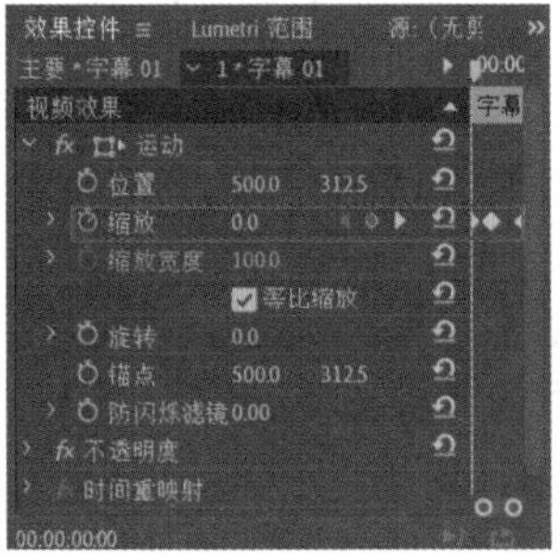

图 5.129

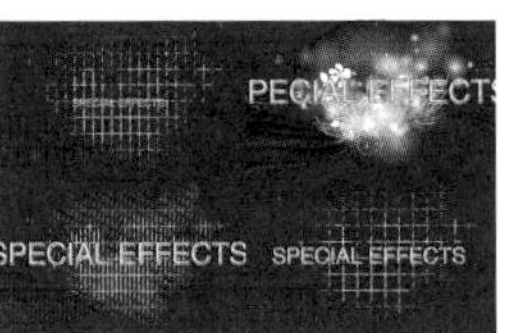

图 5.130

5.10 视频类视频效果

视频类视频效果包含【SDR遵从情况】【剪辑名称】【时间码】【简单文本】4种，如图5.131所示。

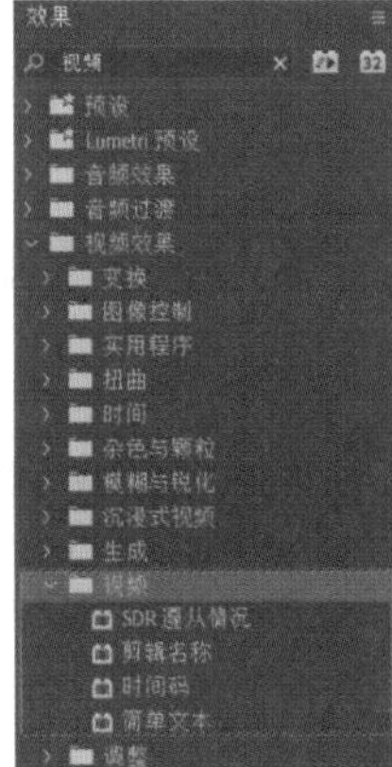

图 5.131

- 【SDR遵从情况】：可设置素材的亮度、对比度及阈值。为素材添加该效果的前后对比如图5.132所示。

（a）

（b）

图 5.132

- 【剪辑名称】：会在素材下方显现素材的名称。为素材添加该效果的前后对比如图5.133所示。

（a）

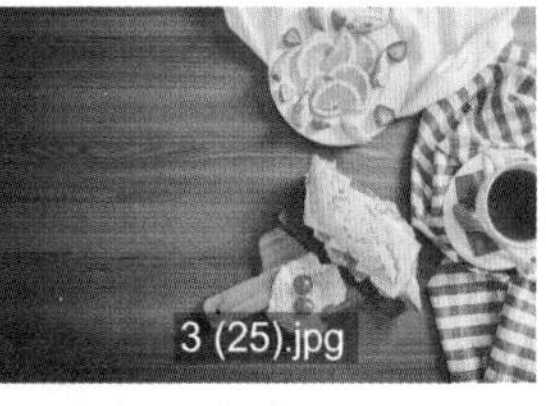

（b）

图 5.133

- 【时间码】：是指摄像机在记录图像信号时的一种数字编码。为素材添加该效果的前后对比如图5.134所示。

（a）

（b）

图 5.134

- 【简单文本】：可在素材下方进行文字编辑。为素材添加该效果的前后对比如图5.135所示。

（a）

（b）

图 5.135

5.11 调整类视频效果

调整类视频效果包含【调整】效果组中的【Extract】【Levels】【ProcAmp】【光照效果】效果，【过时】效果组中的【Convolution Kernel】效果，共5种，如图5.136所示。

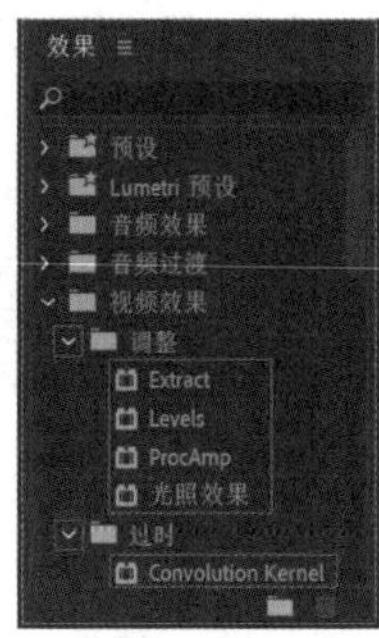

图 5.136

- 【Extract】：可将彩色画面转化为黑白效果。为素材添加该效果的前后对比如图5.137所示。

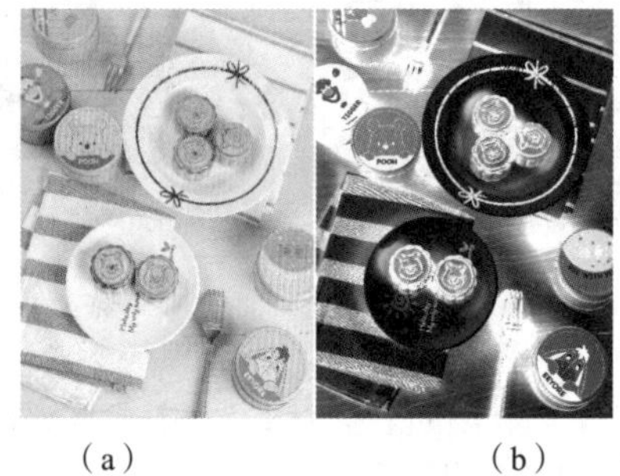

（a）　　（b）

图 5.137

- 【Levels】：可调整画面中的明暗层次关系。为素材添加该效果的前后对比如图5.138所示。

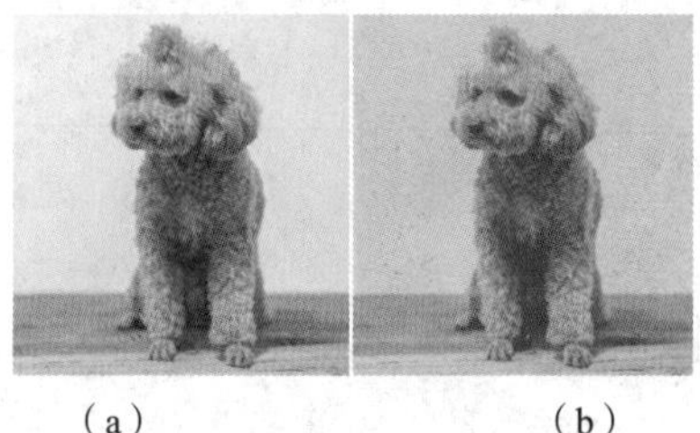

（a）　　（b）

图 5.138

- 【ProcAmp】：可调整素材的亮度、对比度、色相、饱和度。为素材添加该效果的前后对比如图5.139所示。

（a）　　（b）

图 5.139

- 【光照效果】：可模拟灯光照射在物体上的状态。为素材添加该效果的前后对比如图5.140所示。

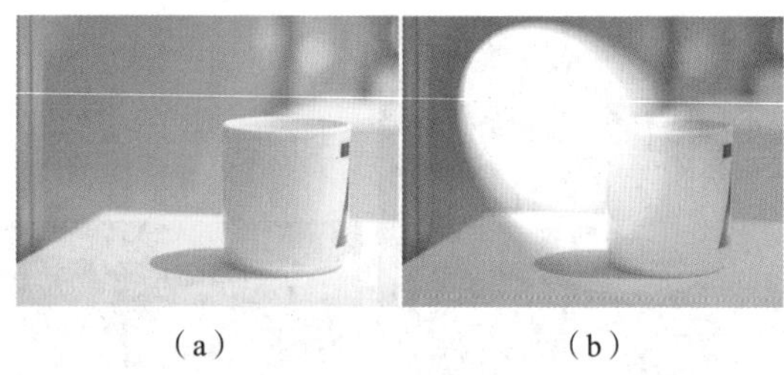

（a）　　（b）

图 5.140

- 【Convolution Kernel】：可以通过参数来调整画面的色阶。为素材添加该效果的前后对比如图5.141所示。

（a）　　（b）

图 5.141

5.11.1 实例：使用【光照】效果突出局部画面

扫一扫，看视频

文件路径：第5章 常用视频效果→实例：使用【光照】效果突出局部画面

本实例主要使用【光照】效果使四周亮度变暗，局部区域变亮，使人们的视觉中心点能快速落在光照位置。实例效果如图5.142所示。

图 5.142

步骤 01 执行【文件】/【新建】/【项目】命令，弹出【新建项目】对话框，设置【名称】，并单击【浏览】按钮设置保存路径。在菜单栏中执行【文件】/【导入】命令，弹出【导入】对话框，导入1.jpg素材文件，如图5.143所示。

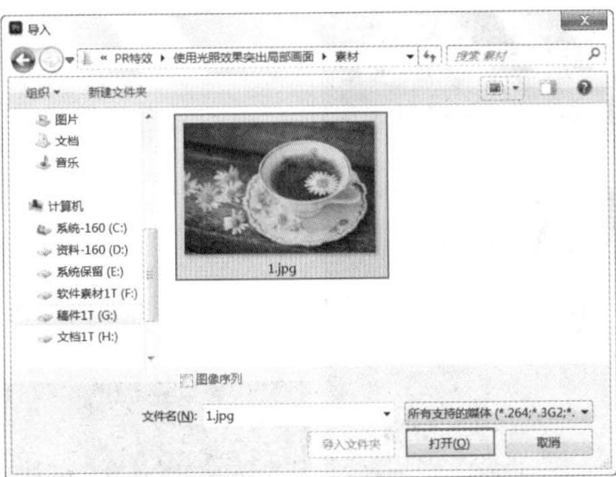

图 5.143

步骤 02 将【项目】面板中的1.jpg素材文件拖动到V1轨道上，此时在【项目】面板中自动生成与1.jpg素材文件等大的序列，如图5.144所示。

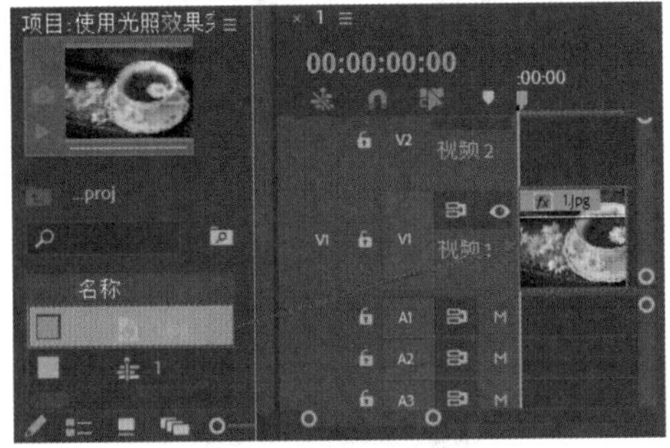

图 5.144

步骤 03 在【效果】面板的搜索框中搜索【光照效果】，按住鼠标左键将该效果拖动到V1轨道的1.jpg素材文件上，如图5.145所示。

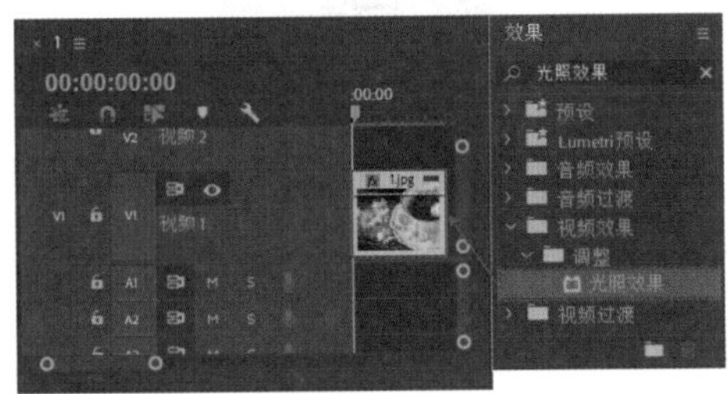

图 5.145

步骤 04 在【时间轴】面板中选择1.jpg素材文件，在【效果控件】面板中展开【光照效果】/【光照1】效果，设置【光照类型】为【全光源】，【中央】为(666.0,320.0)，【环境光照强度】为5.0，【表面光泽】为50.0，如图5.146所示。此时画面效果如图5.147所示。

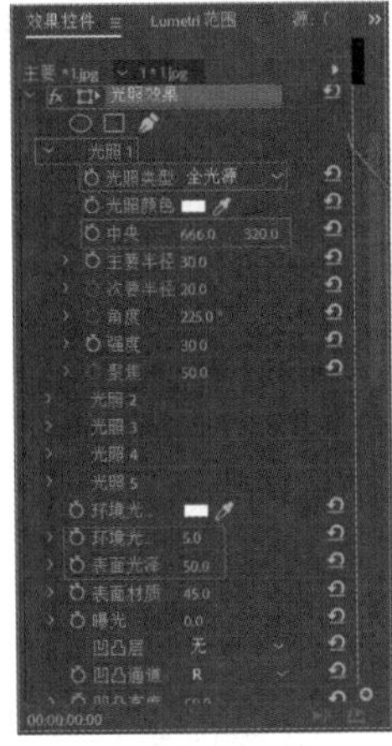

图 5.146

图 5.147

5.11.2 实例：使用【光照】效果制作夜视仪效果

文件路径：第5章 常用视频效果→实例：使用【光照】效果制作夜视仪效果

扫一扫，看视频

本实例使用【光照】效果模拟夜视仪扫视的绿光效果。实例效果如图5.148所示。

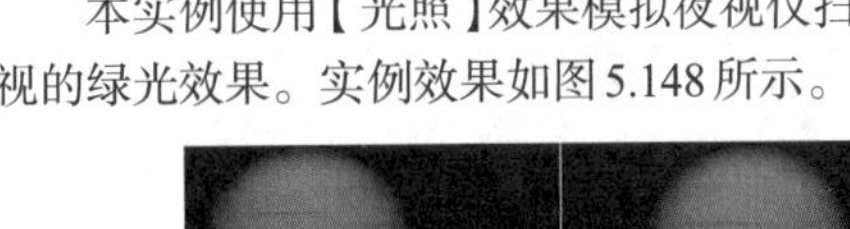

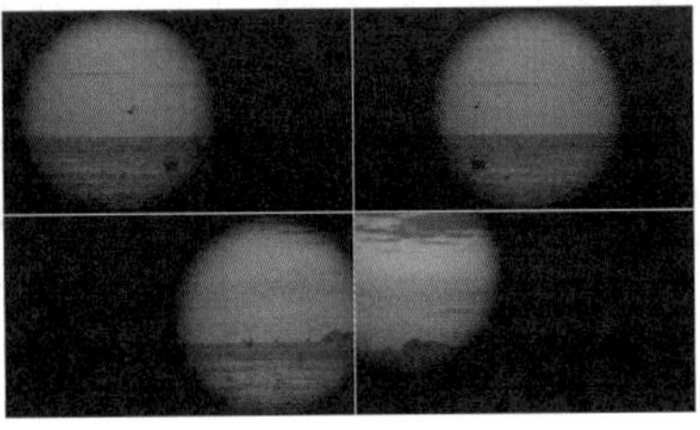

图 5.148

步骤 01 执行【文件】/【新建】/【项目】命令，新建一个项目，在菜单栏中执行【文件】/【导入】命令，弹出【导入】对话框，在对话框中选择1.mp4素材文件，并单击【打开】按钮导入素材，如图5.149所示。

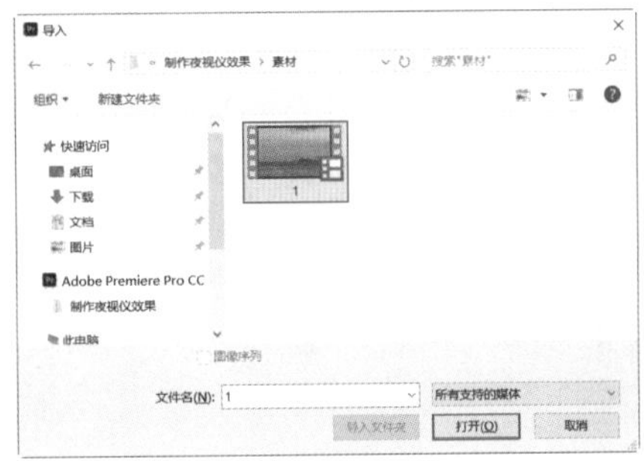

图 5.149

步骤 02 将【项目】面板中的1.mp4素材文件拖动到V1轨道上，如图5.150所示。

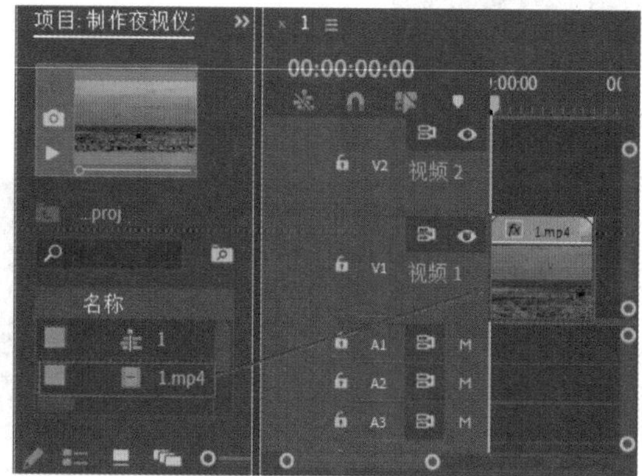

图 5.150

步骤 03 在【效果】面板的搜索框中搜索【光照效果】，按住鼠标左键将该效果拖动到V1轨道的1.mp4素材文件上，如图5.151所示。

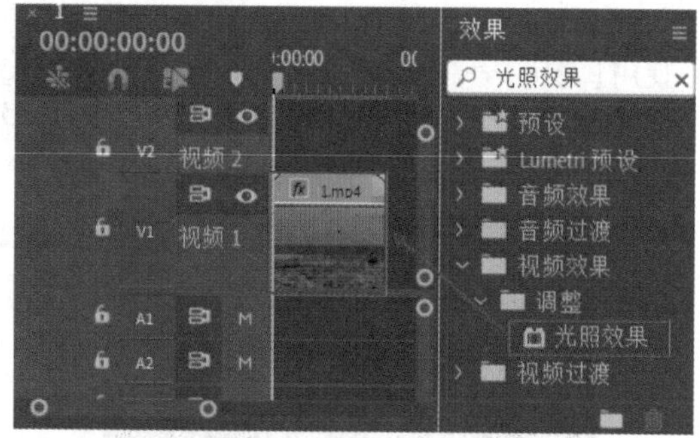

图 5.151

步骤 04 在【效果控件】面板中展开【光照效果】/【光照1】效果，设置【光照颜色】为绿色，将时间线拖动到起始帧的位置处，单击【中央】左侧的按钮，开启自动关键帧，设置【中央】为(456.0,539.2)，将时间线拖动到00:00:02:00（2秒）的位置，设置【中央】为(925.0,337.0)，将时间线拖动到00:00:04:00（4秒）的位置，设置【中央】为(178.0,195.0)，设置【主要半径】为20.0，【次要半径】为20.0，【角度】为300.0°，【聚焦】为70.0，【环境光照颜色】为较深一些的绿色，如图5.152所示。

步骤 05 此时实例制作完成，拖动时间线查看画面最终效果，如图5.153所示。

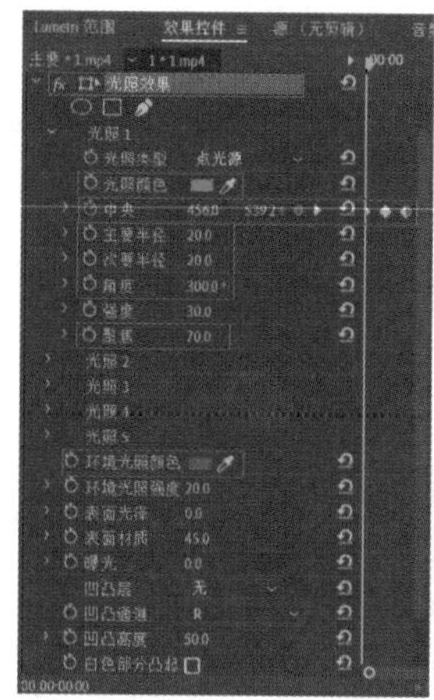

图 5.152

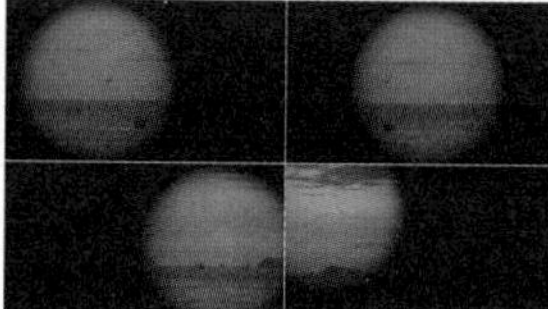

图 5.153

5.12 过渡类视频效果

过渡类视频效果包含【过时】效果组中的【径向擦除】和【百叶窗】效果，【过渡】效果组中的【块溶解】【渐变擦除】【线性擦除】效果，共5种，如图5.154所示。

图 5.154

- 【径向擦除】：会沿着所设置的中心轴点进行表针式画面擦除。为素材添加该效果的前后对比如图5.155所示。

（a）

（b）

图 5.155

- 【百叶窗】：在视频播放时可使画面产生类似百叶窗叶片摆动的状态。为素材添加该效果的前后对比如图5.156所示。

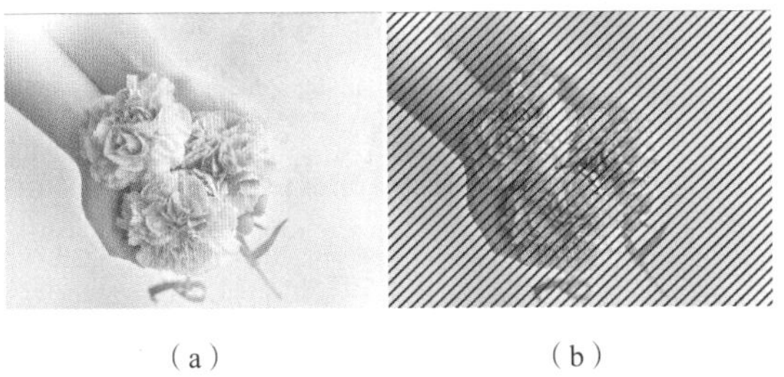

（a）　　（b）

图 5.156

- 【块溶解】：可以为素材制作出逐渐显现或隐去的溶解效果。为素材添加该效果的前后对比如图5.157所示。

（a）　　（b）

图 5.157

- 【渐变擦除】：可以制作出类似色阶梯度渐变的感觉。为素材添加该效果的前后对比如图5.158所示。

（a）　　（b）

图 5.158

- 【线性擦除】：可使素材以线性的方式进行画面擦除。为素材添加该效果的前后对比如图5.159所示。

（a）　　（b）

图 5.159

5.13 透视类视频效果

透视类视频效果包含【透视】效果组中的【基本3D】【投影】效果，【过时】效果组中的【斜面Alpha】【边缘斜面】【径向阴影】效果，共5种，如图5.160所示。

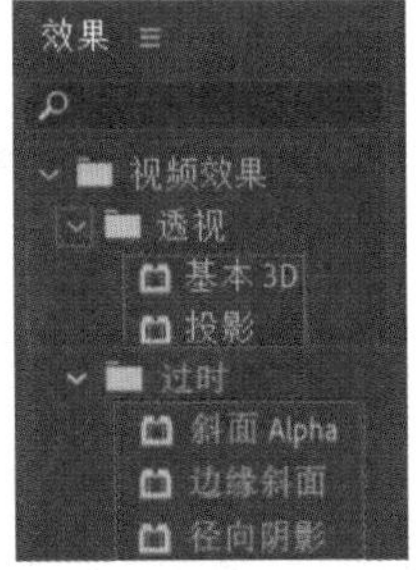

图 5.160

- 【基本3D】：可使素材产生翻转或透视的3D效果。为素材添加该效果的前后对比如图5.161所示。

（a）　　（b）

图 5.161

- 【投影】：可使素材边缘呈现阴影效果。为素材添加该效果的前后对比如图5.162所示。

（a）　　（b）

图 5.162

- 【斜面Alpha】：可通过Alpha通道使素材产生三维效果。为素材添加该效果的前后对比如图5.163所示。

（a）　　（b）

图 5.163

●【边缘斜面】：使画面呈现立体效果，光照越强棱角越明显。为素材添加该效果的前后对比如图5.164所示。

（a）（b）

图 5.164

●【径向阴影】：素材后方出现阴影效果，加强画面空间感。为素材添加该效果的前后对比如图5.165所示。

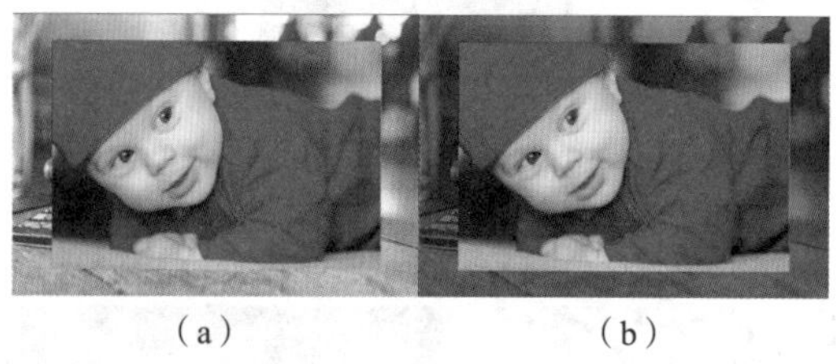

（a）（b）

图 5.165

5.14 通道类视频效果

通道类视频效果包含【Obsolete】效果组中的【Set Matte】效果,【过时】效果组中的【计算】【混合】【算术】【纯色合成】【复合运算】效果，【通道】效果组中的【反转】效果，共7种，如图5.166所示。

图 5.166

●【Set Matte】（设置遮罩）：可设置指定通道作为遮罩并与原素材进行混合。为素材添加该效果的前后对比如图5.167所示。

（a）（b）

图 5.167

●【计算】：可指定一种素材文件与原素材文件进行通道混合。为素材添加该效果的前后对比如图5.168所示。

（a）（b）

图 5.168

●【混合】：用于制作两个素材在进行混合时的叠加效果。为素材添加该效果的前后对比如图5.169所示。

（a）（b）

图 5.169

●【算术】：用于控制画面中RGB颜色的阈值情况。为素材添加该效果的前后对比如图5.170所示。

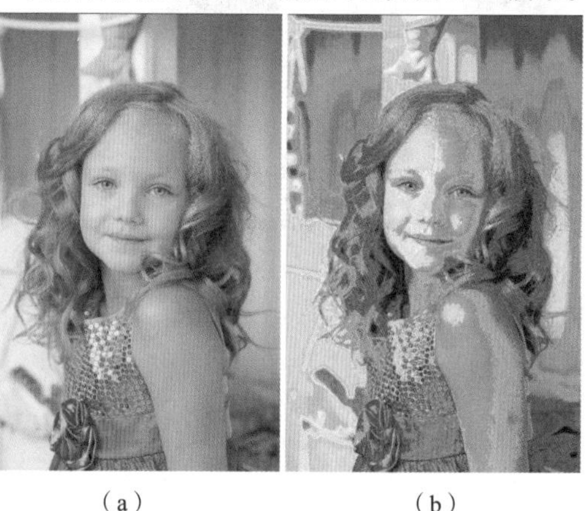

（a）（b）

图 5.170

●【纯色合成】：可将指定素材与所选颜色进行混合。为素材添加该效果的前后对比如图5.171所示。

（a）　　（b）

图 5.171

●【复合运算】：用于指定的视频轨道与原素材的通道混合设置。为素材添加该效果的前后对比如图5.172所示。

（a）　　（b）

图 5.172

●【反转】：应用该效果后，素材可以自动进行通道反转。为素材添加该效果的前后对比如图5.173所示。

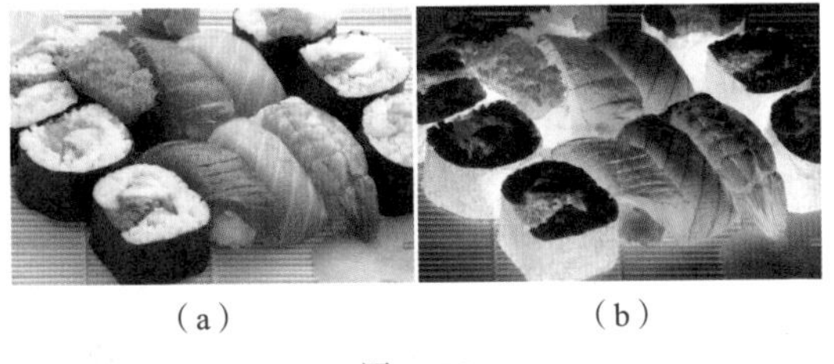

（a）　　（b）

图 5.173

5.15 风格化类视频效果

风格化类视频效果包含【Obsolete】效果组中的【Threshold】效果，【过时】效果组中的【Solarize】【浮雕】【纹理】效果，【风格化】效果组中的【Alpha发光】【复制】【彩色浮雕】【查找边缘】【画笔描边】【粗糙边缘】【色调分离】【闪光灯】【马赛克】效果，共13种，如图5.174所示。

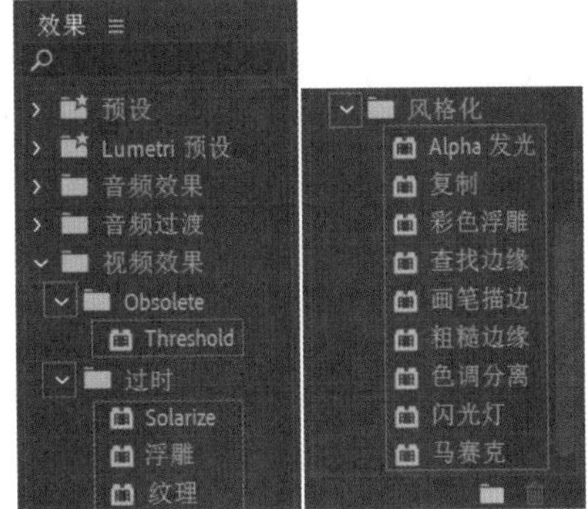

图 5.174

●【Threshold】：应用该效果可自动将画面转化为黑白图像。为素材添加该效果的前后对比如图5.175所示。

（a）　　（b）

图 5.175

●【Solarize】：可通过参数设置来调整画面曝光强弱。为素材添加该效果的前后对比如图5.176所示。

（a）　　（b）

图 5.176

●【浮雕】：会使画面产生灰色的凹凸感效果。为素材添加该效果的前后对比如图5.177所示。

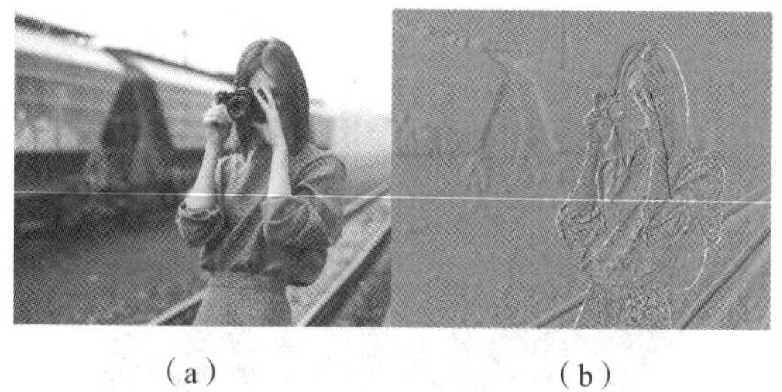

（a）（b）

图 5.177

●【纹理】：可在素材表面呈现类似贴图的纹理效果。为素材添加该效果的前后对比如图 5.178 所示。

（a）（b）

图 5.178

●【Alpha发光】：可在素材上方制作出发光效果。

●【复制】：可对素材进行复制，从而产生大量相同的素材。为素材添加该效果的前后对比如图 5.179 所示。

（a）（b）

图 5.179

●【彩色浮雕】：可在素材上方制作出彩色凹凸感效果。为素材添加该效果的前后对比如图 5.180 所示。

（a）（b）

图 5.180

●【查找边缘】：可以使画面产生类似彩色铅笔绘画的线条感。为素材添加该效果的前后对比如图 5.181 所示。

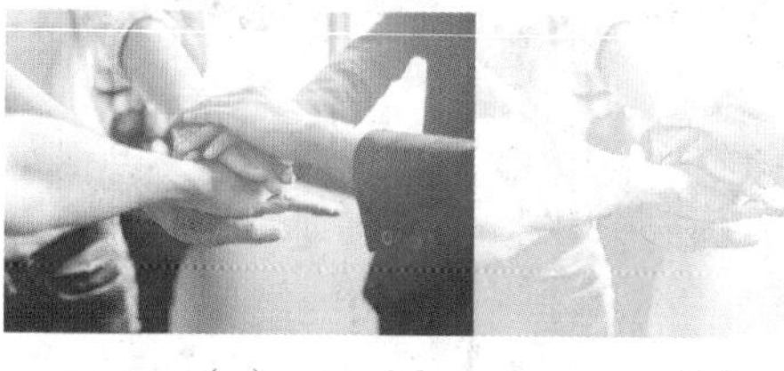

（a）（b）

图 5.181

●【画笔描边】：可使素材表面产生类似画笔涂鸦或水彩画的效果。为素材添加该效果的前后对比如图 5.182 所示。

（a）（b）

图 5.182

●【粗糙边缘】：可以对素材边缘制作出腐蚀感效果。为素材添加该效果的前后对比如图 5.183 所示。

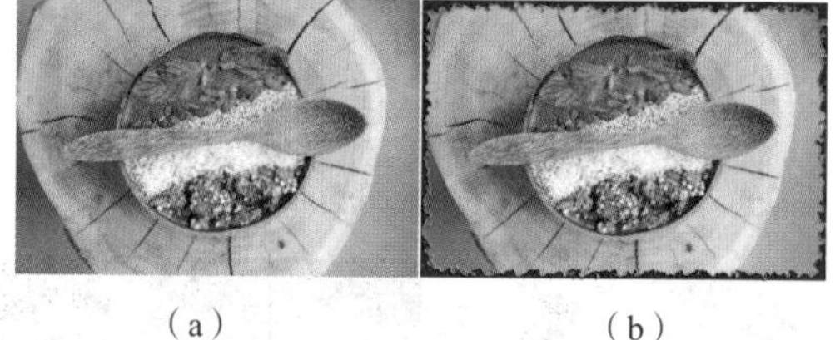

（a）（b）

图 5.183

●【色调分离】：使一幅图像由紧紧相邻的渐变色阶构成。为素材添加该效果的前后对比如图 5.184 所示。

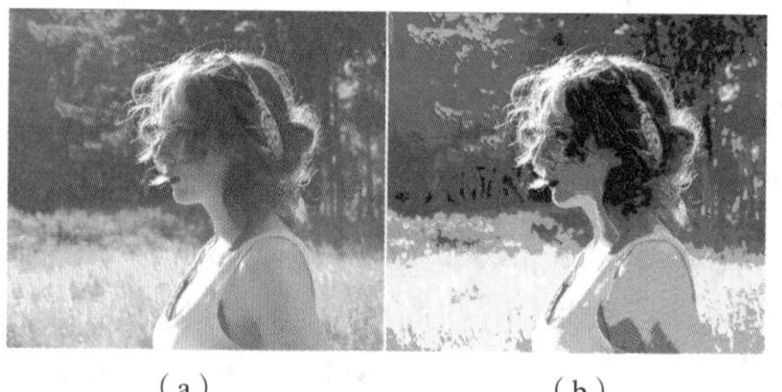

（a）（b）

图 5.184

●【闪光灯】：可以模拟真实闪光灯的闪烁效果。为素材添加该效果的前后对比如图5.185所示。

（a）　　　　（b）

图 5.185

●【马赛克】：可将画面自动转换为以像素块为单位拼凑的画面。为素材添加该效果的前后对比如图5.186所示。

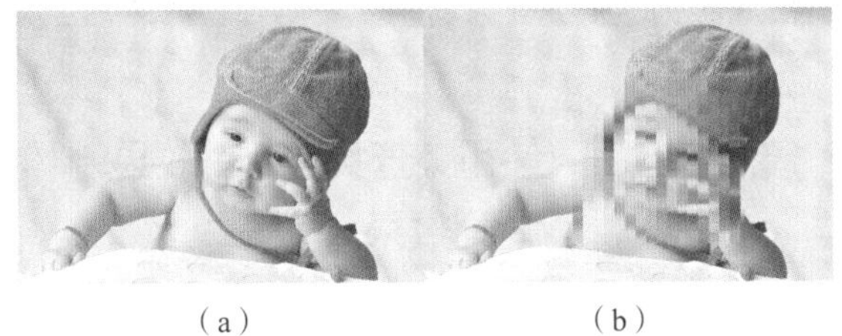

（a）　　　　（b）

图 5.186

5.15.1 实例：使用【马赛克】效果制作面部遮挡

文件路径：第5章 常用视频效果→实例：使用【马赛克】效果制作面部遮挡

扫一扫，看视频

本实例主要使用【马赛克】效果将小猫面部区域的色阶细节劣化并制作色块打乱的效果。实例效果如图5.187所示。

图 5.187

步骤 01 执行【文件】/【新建】/【项目】命令，新建一个项目。执行【文件】/【导入】命令，弹出【导入】对话框，导入1.jpg素材文件，如图5.188所示。

图 5.188

步骤 02 将【项目】面板中的1.jpg素材文件分别拖动到V1、V2轨道上，此时在【项目】面板中自动生成与1.jpg素材文件等大的序列，如图5.189所示。

图 5.189

步骤 03 制作【马赛克】效果。在【效果】面板的搜索框中搜索【马赛克】，按住鼠标左键将该效果拖动到V2轨道的1.jpg素材文件上，如图5.190所示。

图 5.190

步骤 04 在【时间轴】面板中选择1.jpg素材文件，在【效果控件】面板中展开【马赛克】效果，设置【水平块】及【垂直块】均为30，如图5.191所示。此时画面效果如图5.192所示。

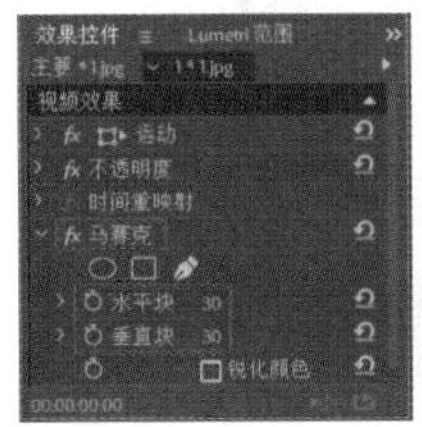

图 5.191

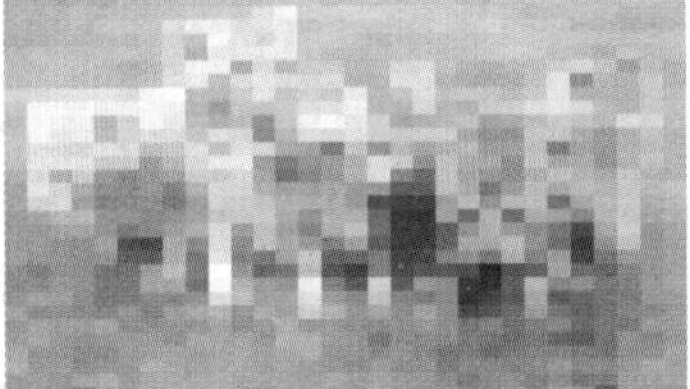

图 5.192

步骤 05 由于此时马赛克效果遍布整个画面，所以对该效果进行裁剪，使其只覆盖于最左侧小猫面部。在【效果】面板的搜索框中搜索【裁剪】，按住鼠标左键将该效果拖动到V2轨道的1.jpg素材文件上，如图5.193所示。

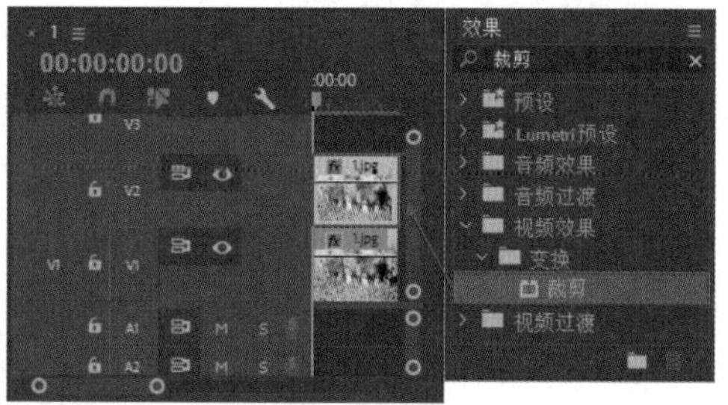

图 5.193

步骤 06 在【效果控件】面板中展开【裁剪】效果，设置【左侧】为2.0%，【顶部】为25.0%，【右侧】为80.0%，【底部】为45.0%，如图5.194所示。此时画面效果如图5.195所示。

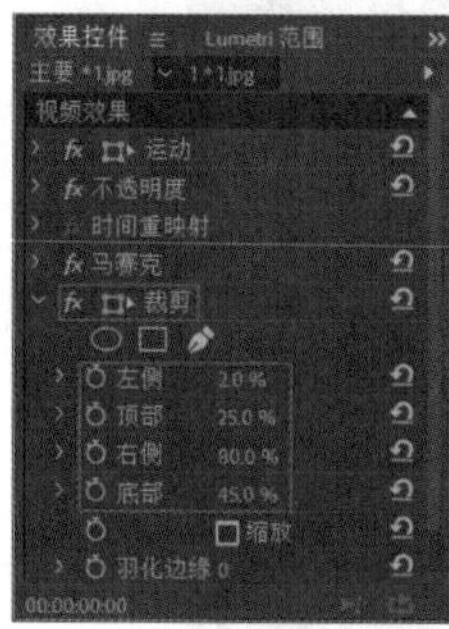

图 5.194

图 5.195

步骤 07 为另一只小猫面部制作马赛克效果。在【时间轴】面板中选择V2轨道上的1.jpg素材文件，按住Alt键的同时按住鼠标左键向V3轨道上拖动，释放鼠标后文件复制完成，如图5.196所示。

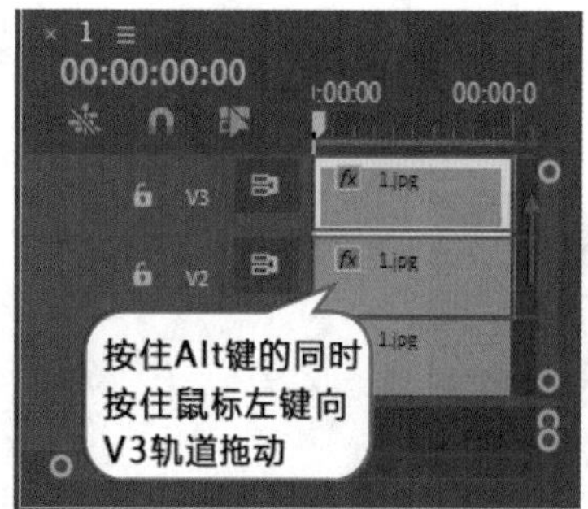

图 5.196

步骤 08 选择V3轨道上的1.jpg素材文件，在【效果控件】面板中展开【裁剪】效果，进行参数更改，设置【左侧】为62.0%，【顶部】为34.0%，【右侧】为17.0%，【底部】为33.0%，如图5.197所示。此时画面效果如图5.198所示。

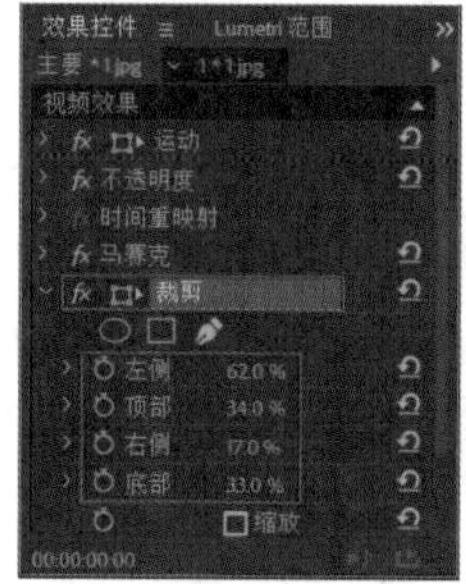

图 5.197

图 5.198

5.15.2 实例：使用【查找边缘】效果制作漫画效果

扫一扫，看视频

文件路径：第5章 常用视频效果→实例：使用【查找边缘】效果制作漫画效果

本实例主要使用【查找边缘】及【轨道遮罩键】效果制作漫画效果。实例效果如图5.199所示。

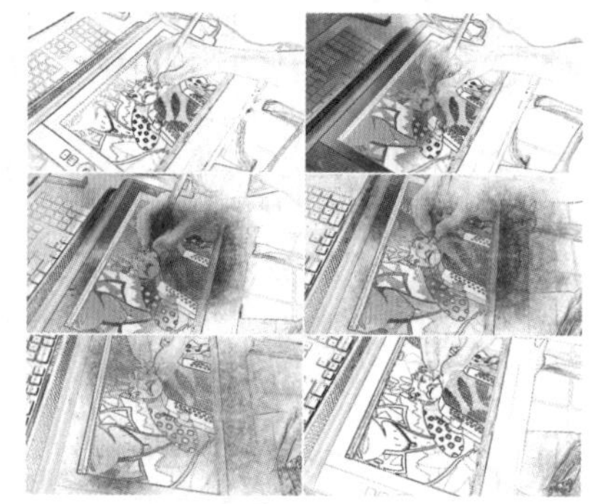

图 5.199

步骤 01 执行【文件】/【新建】/【项目】命令，新建一个项目。执行【文件】/【导入】命令，弹出【导入】对话框，导入视频素材文件，如图5.200所示。在【项目】面板中将1.mp4视频素材文件分别拖动到【时间轴】面板中的V1、V2轨道上，如图5.201所示。此时在【项目】面板中自动生成序列。

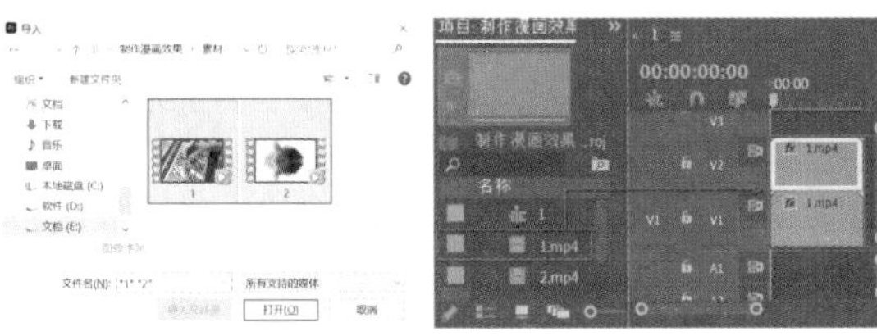

图 5.200　　图 5.201

步骤 02 在【效果】面板的搜索框中搜索【查找边缘】，将该效果拖动到V2轨道的视频素材上，如图5.202所示。此时画面效果如图5.203所示。

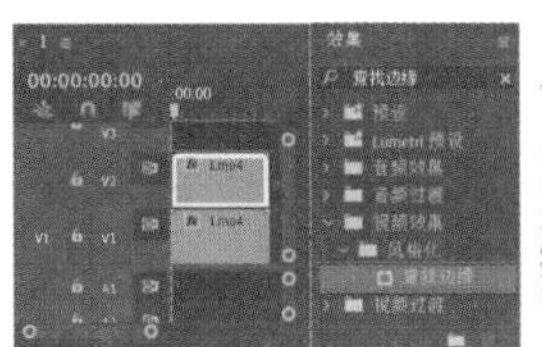

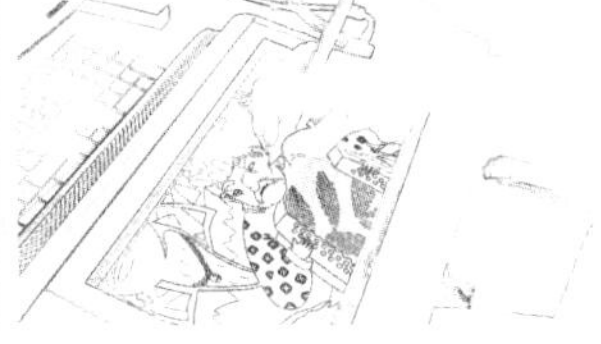

图 5.202　　图 5.203

步骤 03 在【项目】面板中将2.mp4视频素材文件拖动到【时间轴】面板中的V3轨道上，如图5.204所示。

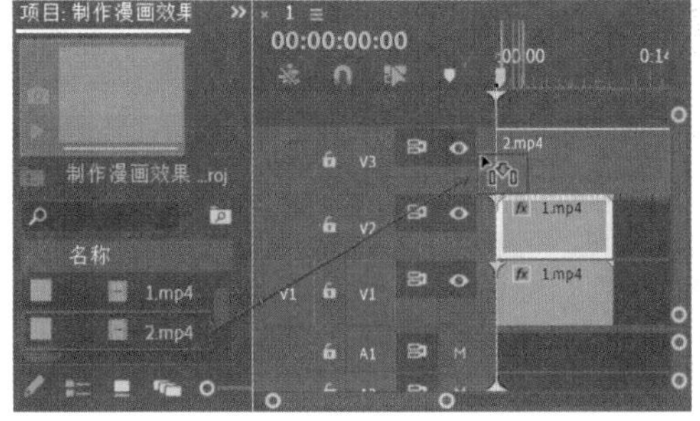

图 5.204

步骤 04 改变水墨素材的持续时间。在【时间轴】面板中选择2.mp4素材文件并右击，在弹出的快捷菜单中执行【速度/持续时间】命令，在弹出的【剪辑速度/持续时间】对话框中设置【持续时间】为00:00:09:07（9秒7帧），与1.mp4素材文件的持续时间相同，如图5.205所示。

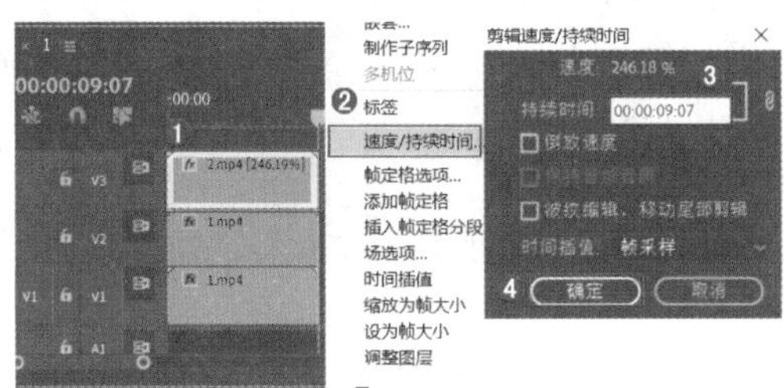

图 5.205

步骤 05 选择【时间轴】面板中的2.mp4素材文件，在【效果控件】面板中展开【运动】效果，设置【位置】为（188.0,540.0），【缩放】为200，如图5.206所示。此时画面效果如图5.207所示。

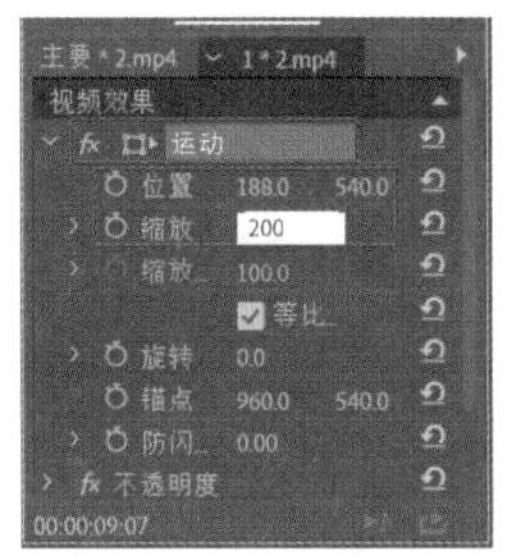

图 5.206　　图 5.207

步骤 06 在【效果】面板的搜索框中搜索【轨道遮罩键】，将该效果拖动到V2轨道的1.mp4素材文件上，如图5.208所示。

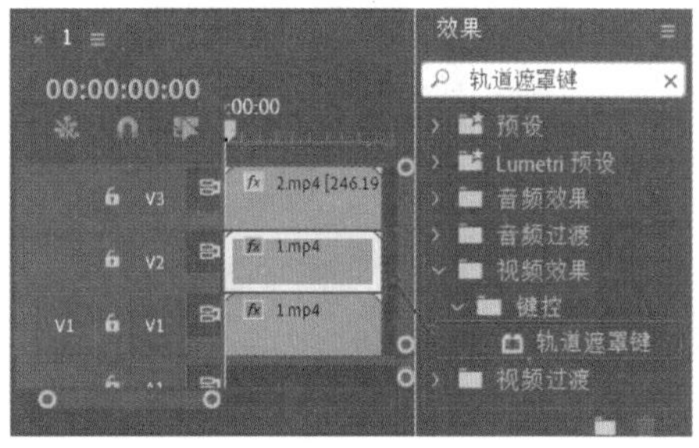

图 5.208

步骤 07 在【时间轴】面板中选择V2轨道上的1.mp4素材文件，在【效果控件】面板中展开【轨道遮罩键】效果，设置【遮罩】为【视频3】，【合成方式】为【亮度遮罩】，如图5.209所示。拖动时间线查看制作的漫画效果，如图5.210所示。

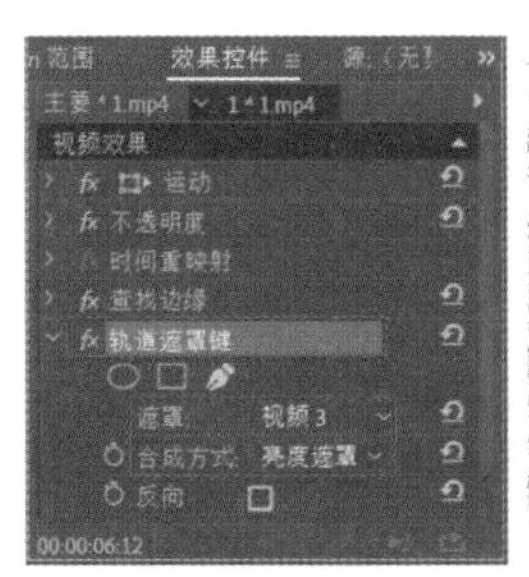

图 5.209　　图 5.210

> **提示：动手将自己拍摄的视频变为卡通动画**
>
> 通过该实例的学习了解了制作漫画效果的操作方法，不妨自己拿起手机走出去拍摄一段风景视频，并按照本实例的方法制作一下，就能得到手绘风格的卡通动画啦！

5.15.3 实例：使用【Threshold】效果制作涂鸦墙

扫一扫，看视频

文件路径：第5章 常用视频效果→实例：使用【Threshold】效果制作涂鸦墙

本实例使用【Threshold】效果制作人物图片特效，使用【不透明度】效果制作真实的墙体效果。实例效果如图5.211所示。

图 5.211

步骤 01 执行【文件】/【新建】/【项目】命令，新建一个项目。在【项目】面板的空白处右击，在弹出的快捷菜单中执行【新建项目】/【序列】命令，弹出【新建序列】对话框，并在HDV文件夹下选择HDV 1080p24。执行【文件】/【导入】命令，弹出【导入】对话框，导入全部素材文件，如图5.212所示。

图 5.212

步骤 02 执行【文件】/【新建】/【颜色遮罩】命令，弹出【新建颜色遮罩】对话框，如图5.213所示。单击【确定】按钮，在弹出的【拾色器】对话框中设置【颜色】为白色，单击【确定】按钮，弹出【选择名称】对话框，设置新遮罩的名称为【颜色遮罩】，单击【确定】按钮，如图5.214所示。

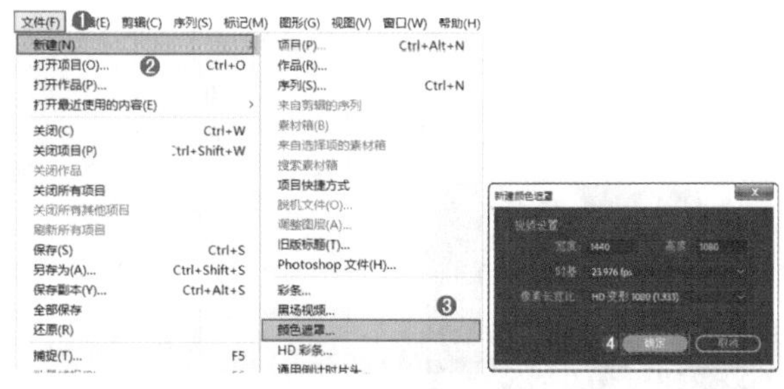

图 5.213

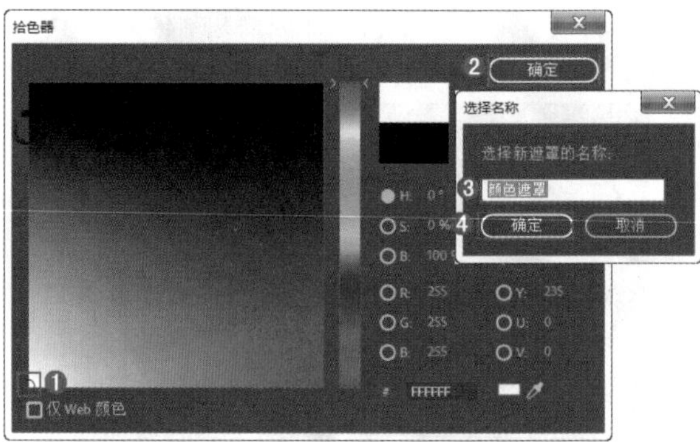

图 5.214

步骤 03 将【项目】面板中的【颜色遮罩】和1.jpg素材文件拖动到V1、V2轨道上，如图5.215所示。此时画面效果如图5.216所示。

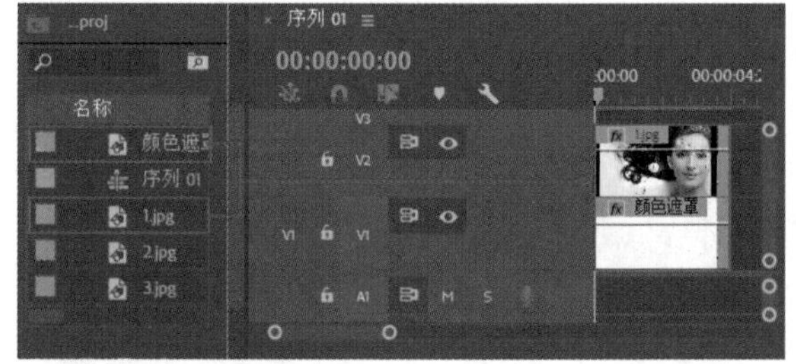

图 5.215

图 5.216

步骤 04 调整人像图片。在【效果】面板的搜索框中搜索【Threshold】，按住鼠标左键将该效果拖动到V2轨道的1.jpg素材文件上，如图5.217所示。

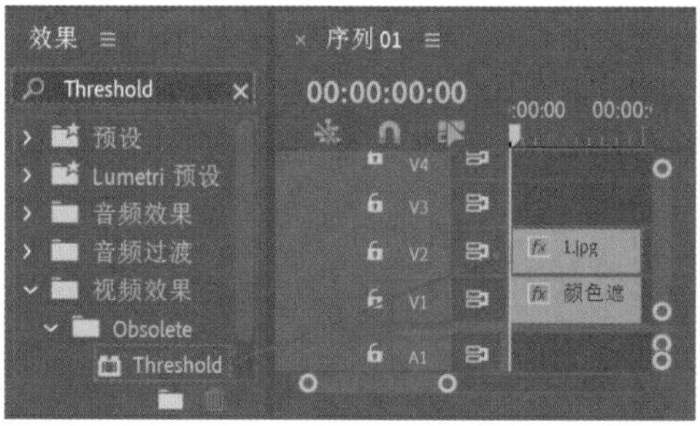

图 5.217

步骤 05 在【时间轴】面板中选择1.jpg素材文件，然后在【效果控件】面板中展开【运动】效果，设置【位置】为(745.0,540.0)，【缩放】为120.0，展开【阈值】效果，将光标移动到【级别】右侧的参数上，当光标变为双箭头时按住鼠标左键适当向左侧移动，如图5.218所示。此时画面效果如图5.219所示。

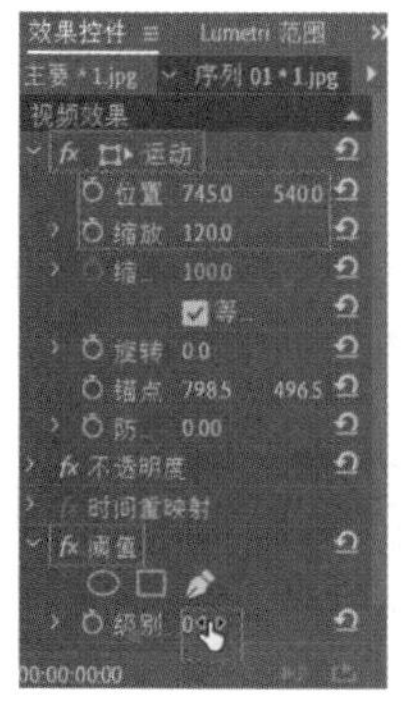

图 5.218

图 5.219

步骤 06 制作文字。在【工具】面板中单击T（文字工具）按钮，接着在【节目监视器】面板中左下角位置单击插入光标并键入文字，如图5.220所示。

步骤 07 在【工具】面板中单击▶（选择工具）按钮，在【时间轴】面板中选中文字图层，在【效果控件】面板中展开文本，设置合适的【字体】和【字体样式】，设置【字体大小】为190，接着在【外观】选项中设置【填充颜色】为红色，如图5.221所示。

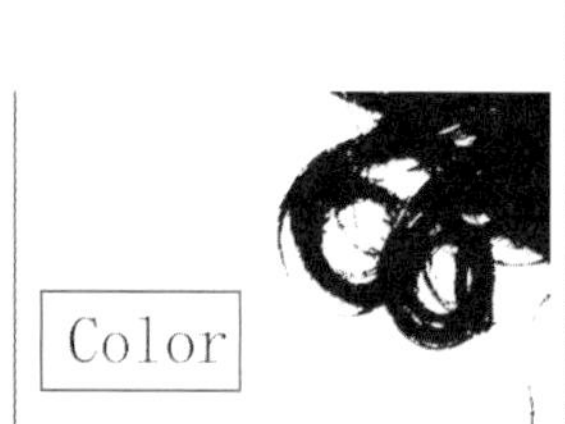

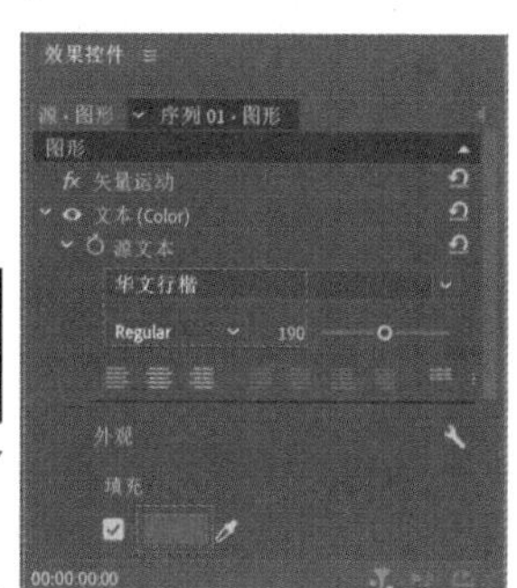

图 5.220　　图 5.221

步骤 08 此时画面效果如图5.222所示。

步骤 09 在【项目】面板中将2.jpg素材文件拖动到【时间轴】面板中的V4轨道上，如图5.223所示。

图 5.222

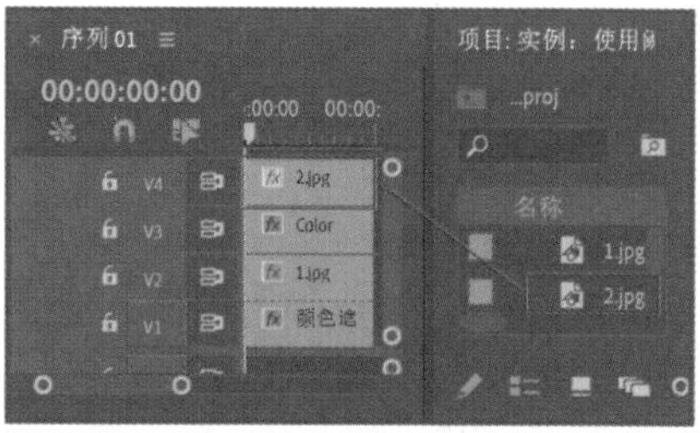

图 5.223

步骤 10 在【效果控件】面板中展开【运动】效果，设置【缩放】为122.0，展开【不透明度】效果，设置【混合模式】为【滤色】，如图5.224所示。此时画面效果如图5.225所示。

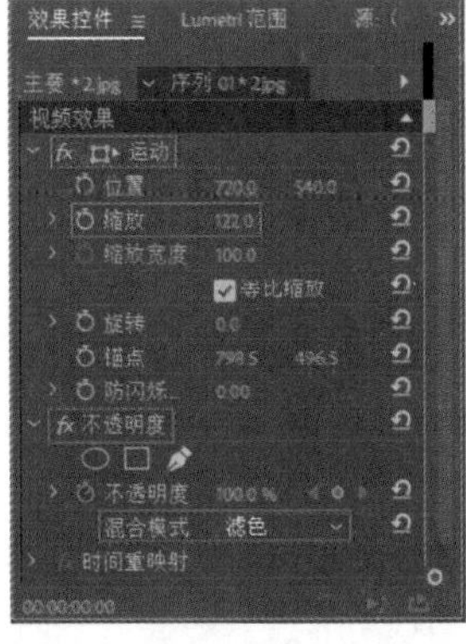

图 5.224

图 5.225

步骤 11 在【项目】面板中选择3.jpg素材文件，将它拖动到【时间轴】面板中的V5轨道上，如图5.226所示。

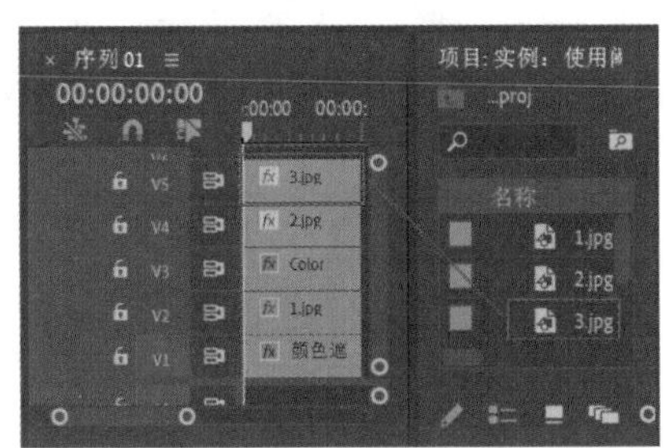

图 5.226

步骤 12 在【效果控件】面板中展开【运动】效果，设置【缩放】为125.0，展开【不透明度】效果，设置【混合模式】为【相乘】，如图5.227所示。

步骤 13 本实例制作完成，画面效果如图5.228所示。

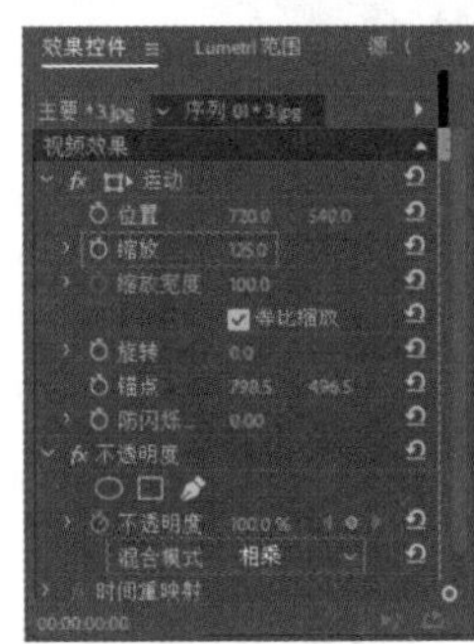

图 5.227

图 5.228

5.15.4 实例：使用【复制】效果制作多屏视频

扫一扫，看视频

文件路径：第5章 常用视频效果→实例：使用【复制】效果制作多屏视频

本实例使用【复制】效果制作多屏幕画面效果。实例效果如图5.229所示。

图 5.229

步骤 01 执行【文件】/【新建】/【项目】命令，新建一个项目，然后执行【文件】/【导入】命令，弹出【导入】对话框，导入1.mp4素材文件，如图5.230所示。

图 5.230

步骤 02 在【项目】面板中选择1.mp4素材文件，将该素材拖动到V1轨道上，如图5.231所示，此时在【项目】面板中自动生成序列。

步骤 03 在【效果】面板的搜索框中搜索【复制】，将该效果拖动到V1轨道的1.mp4素材文件上，如图5.232所示。

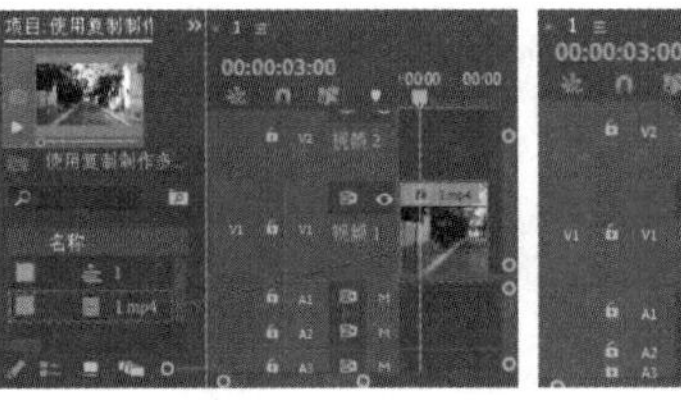

图 5.231

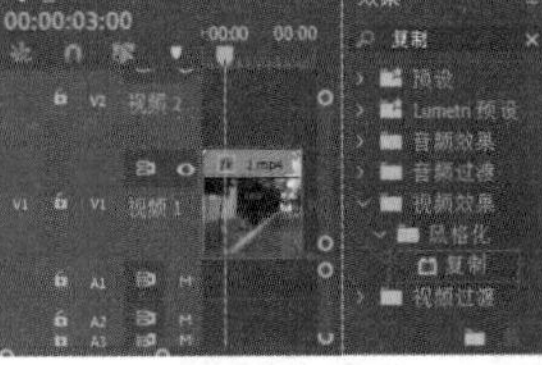

图 5.232

步骤 04 选择V1轨道上的1.mp4素材文件，在【效果控件】面板中展开【复制】效果，设置【计数】为3，如图5.233所示。此时实例效果如图5.234所示。

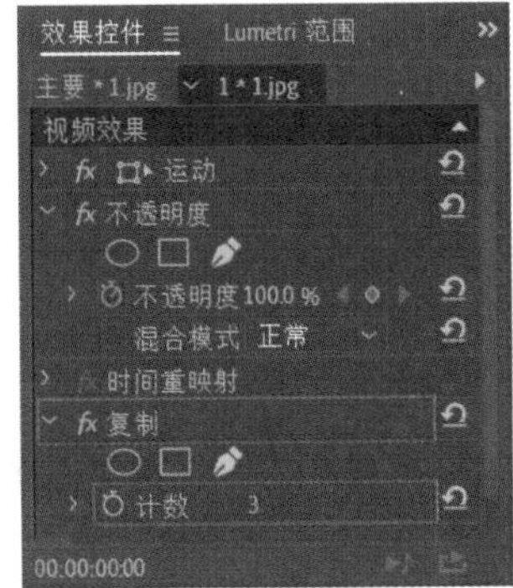

图 5.233

图 5.234

5.15.5 实例：使用【闪光灯】效果制作定格画面

文件路径：第5章 常用视频效果→实例：使用【闪光灯】效果制作定格画面

扫一扫，看视频

本实例主要使用【闪光灯】效果和【添加帧定格】命令制作相机拍摄效果。实例效果如图5.235所示。

图 5.235

步骤 01 执行【文件】/【新建】/【项目】命令，新建一个项目。在【项目】面板的空白处右击，在弹出的快捷菜单中执行【新建项目】/【序列】命令，弹出【新建序列】对话框，并在HDV文件夹下方选择HDV 1080p24，设置【名称】为【序列01】。执行【文件】/【导入】命令，弹出【导入】对话框，选择视频和音频素材，单击【打开】按钮，如图5.236所示。

图 5.236

步骤 02 在【项目】面板中将1.mp4视频素材文件拖动到【时间轴】面板中的V1轨道上，将文件【音频.mp3】素材文件拖动到A1轨道上，设置音频起始时间为00:00:03:00（3秒），在弹出的【剪辑不匹配警告】对话框中单击【保持现有设置】按钮，如图5.237和图5.238所示。

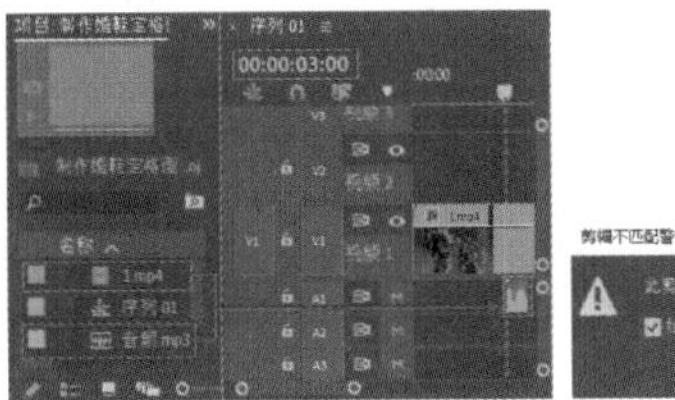

图 5.237　　图 5.238

步骤 03 在工具栏中单击（比率拉伸工具）按钮，使用该工具在素材的结束位置向左侧拖动，使结束时间落在00:00:05:00（5秒）的位置，改变素材的速度，如图5.239所示。

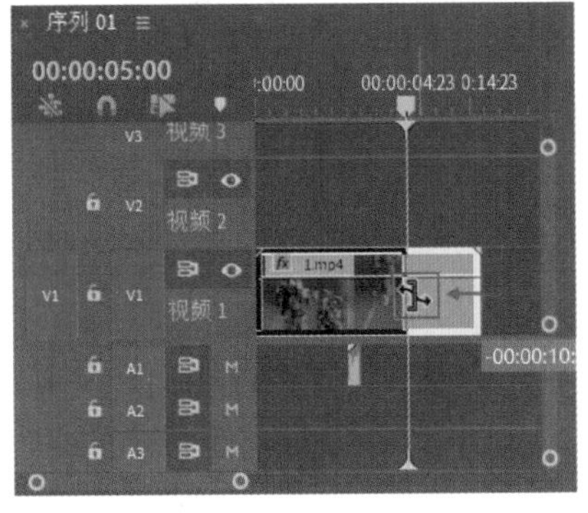

图 5.239

步骤 04 将时间线拖动到00:00:04:00（4秒）的位置，右击V1轨道上的1.mp4素材文件，在弹出快捷菜单中执行【添加帧定格】命令，如图5.240所示。将后半部分1.mp4素材文件移动到V2轨道上的00:00:03:00（3秒）处，使其与音频文件对齐，如图5.241所示。

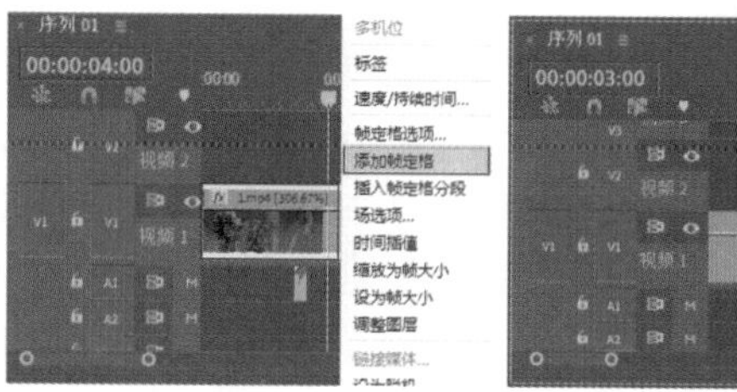

图 5.240　　图 5.241

步骤 05 在【效果】面板的搜索框中搜索【闪光灯】，将该效果拖动到V2轨道的素材文件上，如图5.242所示。在【效果】面板的搜索框中搜索【径向阴影】，同样将该效果拖动到V2轨道的素材文件上，如图5.243所示。

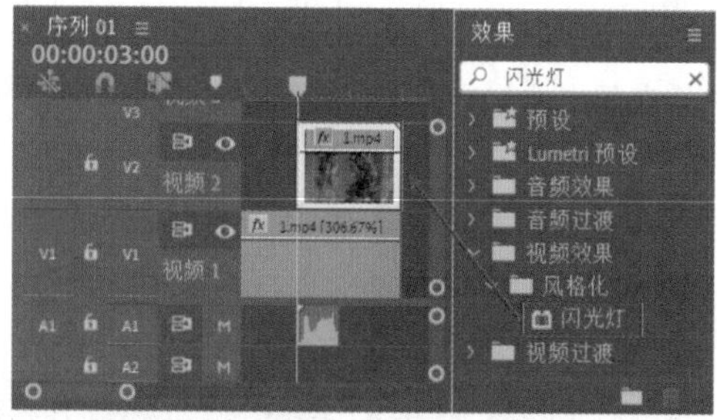

图 5.242

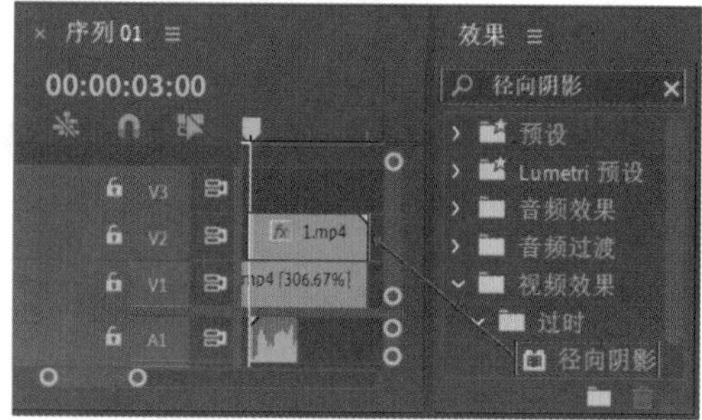

图 5.243

步骤 06 首先选择V2轨道上的1.mp4素材文件，在【效果控件】面板中设置【缩放】为56，如图5.244所示。接着展开【闪光灯】效果，设置【闪光周期(秒)】为0.8，展开【径向阴影】效果，设置【阴影颜色】为白色，【不透明度】为100.0%，【光源】为(1063.0,470.0)，勾选【调整图层大小】复选框，如图5.245所示。

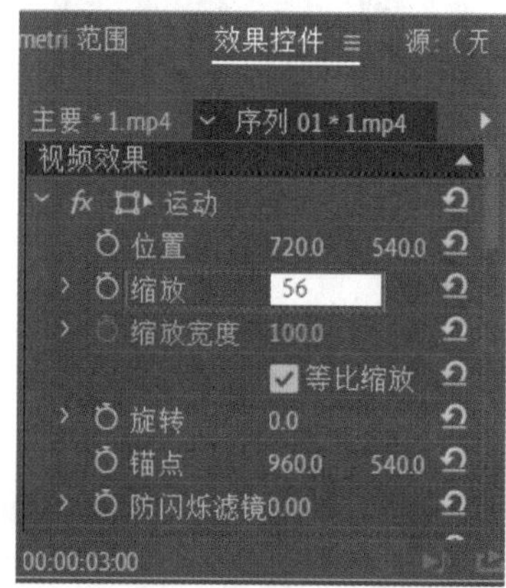

图 5.244

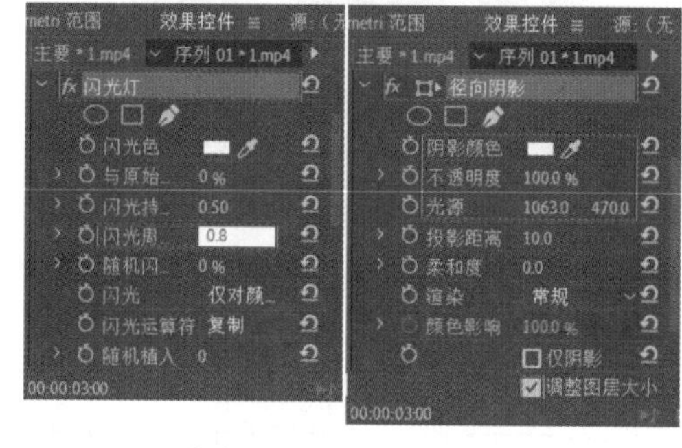

（a）　　（b）

图 5.245

步骤 07 此本实例制作完成，画面效果如图5.246所示。

图 5.246

扫一扫，看视频

常用视频过渡效果

本章内容简介：

视频过渡可针对两个素材之间进行效果处理，也可针对单独素材的首尾部分进行过渡处理。在本章中会讲解视频过渡的操作流程、各个过渡效果组的使用方法及视频过渡在实战中的综合运用等。

重点知识掌握：

- 认识视频过渡效果。
- 添加或删除视频过渡。
- 掌握视频过渡的常用效果。

佳作欣赏：

6.1 认识视频过渡效果

扫一扫，看视频

在影片制作中视频过渡效果具有至关重要的作用，它可将两段素材更好地融合过渡。下面介绍Premiere Pro中的视频过渡效果。

6.1.1 什么是视频过渡效果

扫一扫，看视频

视频过渡效果也可以称为视频转场或视频切换，主要用于素材与素材之间的画面场景切换。通常在影视制作中，将视频过渡效果添加在两个相邻素材之间，在播放时可产生相对平缓或连贯的视觉效果，可以吸引观者的眼球，增强画面的氛围感，如图6.1所示。

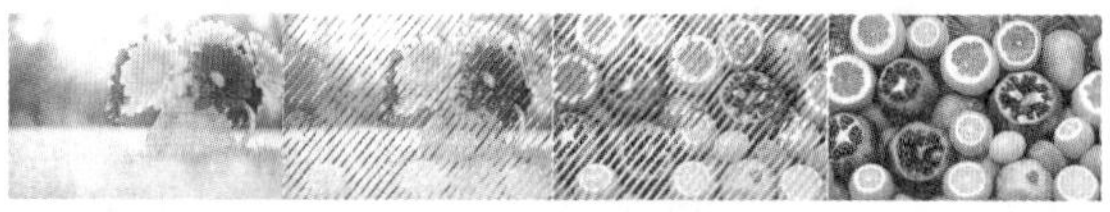

图 6.1

视频过渡效果在操作时需要应用到【效果】面板和【效果控件】面板，如图6.2和图6.3所示。

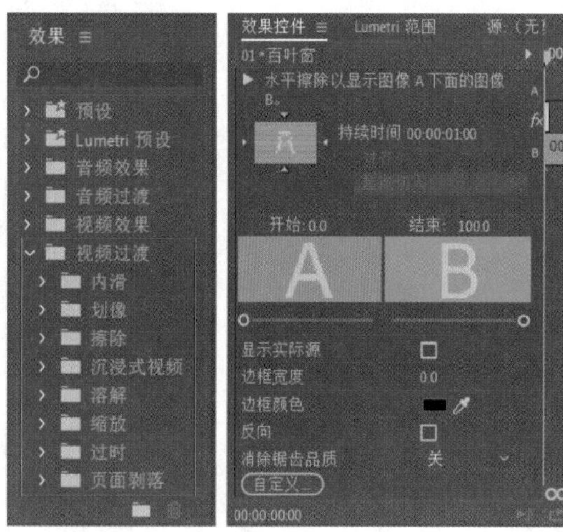

图 6.2　　图 6.3

提示：如何快速找到视频过渡效果

在【效果】面板的搜索框中直接搜索想要添加的过渡效果，此时【效果】面板中快速出现搜索的效果，在一定程度上可以节约操作时间，如图6.4所示。

图 6.4

重点 6.1.2 编辑过渡效果

为素材添加过渡效果后若想对该效果进行编辑，可在【时间轴】面板中单击选择该效果，此时在【效果控件】面板中会显示该效果的一系列参数，从中可编辑该过渡效果的【持续时间】【对齐】【显示实际源】【边框宽度】【边框颜色】【反向】【消除锯齿品质】等参数。需要注意的是，不同的过渡效果，参数也不同，如图6.5所示。

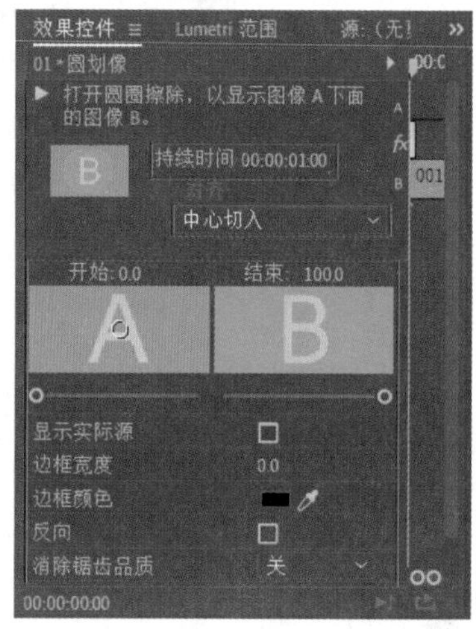

图 6.5

6.2 过时类视频过渡效果

过时类视频过渡效果可将相邻的两个素材进行层次划分，实现从二维到三维的过渡。该效果组下包括【立方体旋转】和【翻转】两种过渡效果，如图6.6所示。

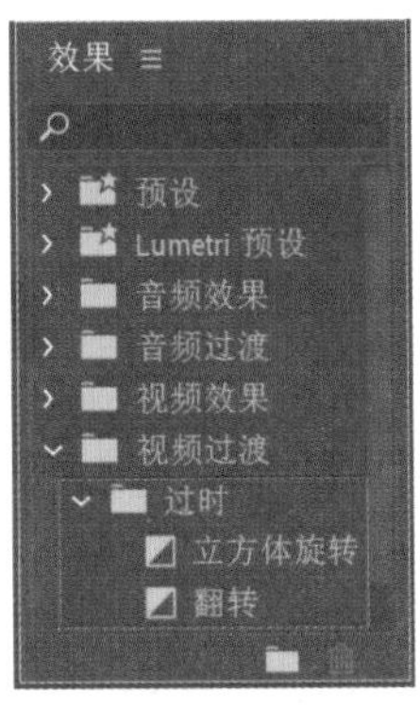

图 6.6

- 【立方体旋转】：可将素材在过渡中制作出空间立方体效果。为素材添加该效果后的画面如图 6.7 所示。

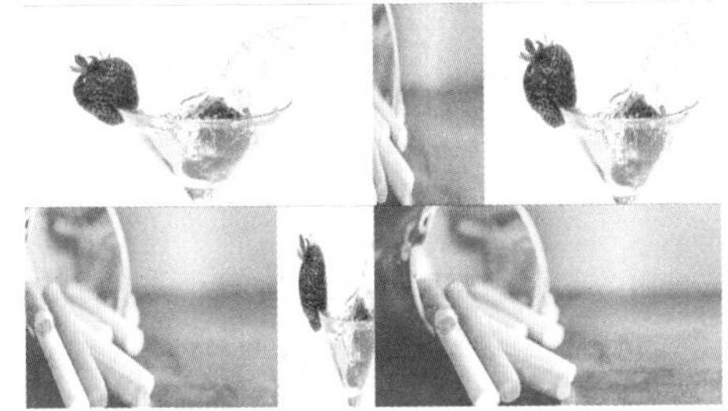

图 6.7

- 【翻转】：应用该效果，以中心为垂直轴线，素材A逐渐翻转隐去，渐渐显示出素材B。为素材添加该效果后的画面如图6.8所示。

图 6.8

提示：改变视频过渡的时间和速度

为素材添加了转场效果后，用鼠标左键按住视频轨道V1上的转场效果的末端，并向右侧拖动，如图6.9所示。释放鼠标，此时发现转场的时间变长了，转场变慢了，如图6.10所示。

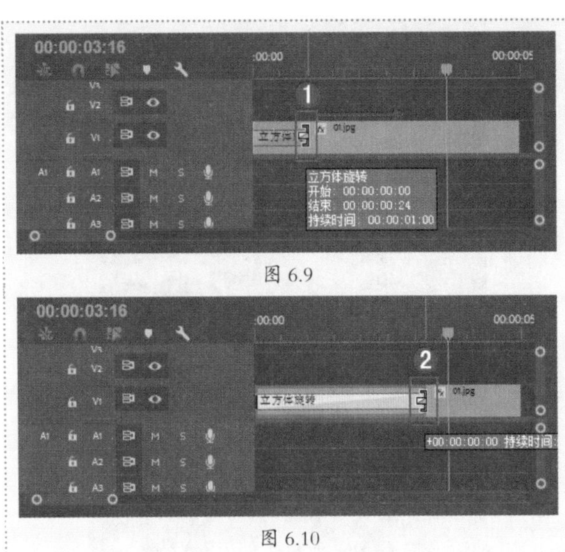

图 6.9

图 6.10

6.3 划像类视频过渡效果

划像类视频过渡效果可对素材A进行伸展并逐渐切换到素材B，包括【交叉划像】【圆划像】【盒形划像】【菱形划像】4种效果，如图6.11所示。

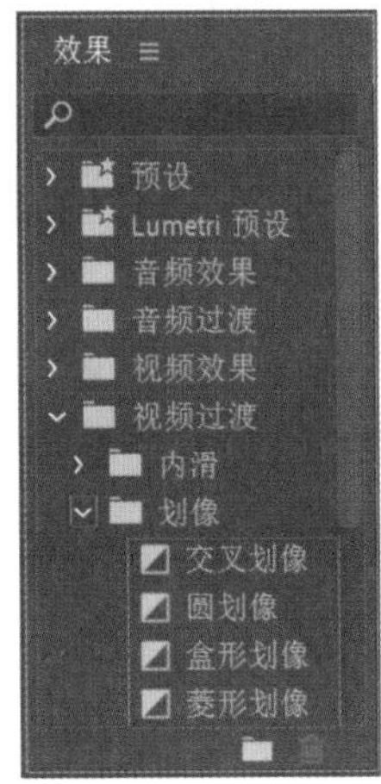

图 6.11

- 【交叉划像】：可将素材A逐渐从中间分裂，向四角伸展直至显示出素材B。为素材添加该效果后的画面如图6.12所示。
- 【圆划像】：在播放时素材B会以圆形的呈现方式逐渐扩大到素材A的上方，直到完全显现出素材B。为素材添加该效果后的画面如图6.13所示。

图 6.12

图 6.13

●【盒形划像】：在播放时素材B会以矩形形状逐渐扩大到素材A的画面中，直到完全显现出素材B。为素材添加该效果后的画面如图6.14所示。

图 6.14

●【菱形划像】：在播放时素材B会以菱形形状出现在素材A的上方并逐渐扩大，直到素材B占据整个画面。为素材添加该效果后的画面如图6.15所示。

图 6.15

6.4 擦除类视频过渡效果

擦除类视频过渡效果可将两个素材呈现擦拭过渡出现的画面效果，包括【擦除】效果组中的【划出】【双侧平推门】【带状擦除】【径向擦除】【插入】【时钟式擦除】【棋盘】【棋盘擦除】【楔形擦除】【水波块】【油漆飞溅】【百叶窗】【螺旋框】【随机块】【随机擦除】【风车】效果，【过时】效果组中的【渐变擦除】效果，共17种，如图6.16所示。

图 6.16

●【划出】：在播放时会使素材A从左到右逐渐划出直到素材A消失完全显现出素材B。为素材添加该效果后的画面如图6.17所示。

图 6.17

●【双侧平推门】：在播放时素材A从中间向两边推去逐渐显现出素材B，直到素材B填满整个画面。为素材添加该效果后的画面如图6.18所示。

图 6.18

●【带状擦除】：素材B以条状形态出现在画面两侧，由两侧向中间不断运动，直至素材A消失。为素材添加该效果后的画面如图6.19所示。

图 6.19

●【径向擦除】：以左上角为中心点，顺时针擦除素材A并逐渐显现出素材B。为素材添加该效果后的画面如图6.20所示。

图 6.20

●【插入】：将素材B由素材A的左上角慢慢延伸到画面中，直至覆盖整个画面。为素材添加该效果后的画面如图6.21所示。

●【时钟式擦除】：在播放时素材A会以时钟转动的方式进行画面旋转擦除，直到画面完全显现出素材B。为素材添加该效果后的画面如图6.22所示。

图 6.21

图 6.22

●【棋盘】：在使用该过渡效果时素材B会以方块的形式逐渐显现在素材A的上方，直到素材A完全被素材B覆盖。为素材添加该效果后的画面如图6.23所示。

图 6.23

●【棋盘擦除】：会使素材B以棋盘的形式进行画面擦除。为素材添加该效果后的画面如图6.24所示。

●【楔形擦除】：会使素材B以扇形形状逐渐呈现在素材A中，直到素材A被素材B完全覆盖。为素材添加该效果后的画面如图6.25所示。

●【水波块】：可将素材A以水波形式横向擦除，直到画面完全显现出素材B。为素材添加该效果后的画面如图6.26所示。

图 6.24

图 6.25

图 6.26

- 【油漆飞溅】：可将素材B以油漆点状呈现在素材A的上方，直到素材B覆盖整个画面。为素材添加该效果后的画面如图6.27所示。

图 6.27

- 【百叶窗】：模拟真实百叶窗拉动的动态效果，以百叶窗的形式将素材A逐渐过渡到素材B。为素材添加该效果后的画面如图6.28所示。

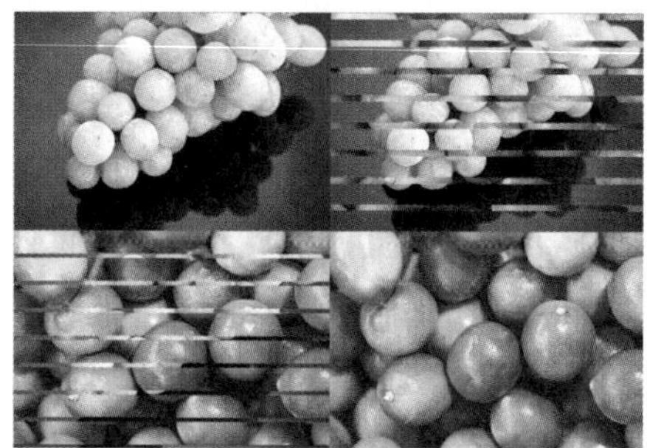

图 6.28

- 【螺旋框】：会使素材B以螺旋状形态逐渐呈现在素材A中。为素材添加该效果后的画面如图6.29所示。

图 6.29

- 【随机块】：可将素材B以多个方块形状呈现在素材A的上方。为素材添加该效果后的画面如图6.30所示。

图 6.30

- 【随机擦除】：可将素材B由上到下以随机以方块的形式呈现在素材A上方。为素材添加该效果后的画面如图6.31所示。
- 【风车】：可模拟风车旋转的擦除效果。素材B以风车旋转叶的形式逐渐出现在素材A中，直到素材A被素材B全部覆盖。为素材添加该效果后的画面如图6.32所示。

图 6.31

图 6.32

●【渐变擦除】：在播放时可将素材A淡化直到完全显现出素材B。为素材添加该效果后的画面如图6.33所示。

图 6.33

6.5 沉浸式视频类视频过渡效果

沉浸式视频类视频过渡效果可将两个素材以沉浸的方式进行画面的过渡，包括【VR光圈擦除】【VR光线】【VR渐变擦除】【VR漏光】【VR球形模糊】【VR色度泄漏】【VR随机块】【VR默比乌斯缩放】8种效果，如图6.34所示。需要注意的是，这些过渡效果需要GPU加速，可使用VR头戴设备体验。

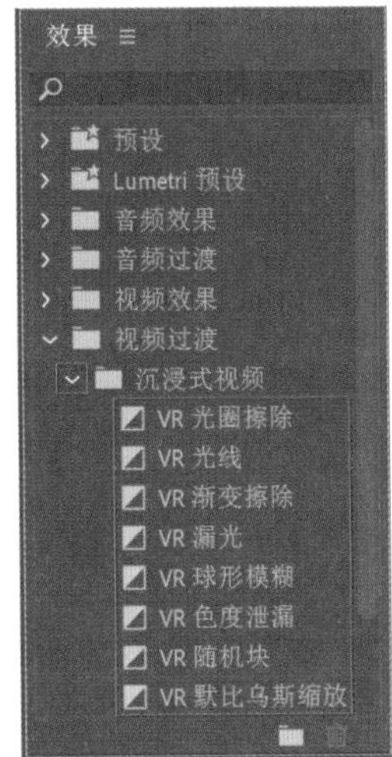

图 6.34

6.6 溶解类视频过渡效果

溶解类视频过渡效果可将画面从素材A逐渐过渡到素材B中，过渡效果自然柔和，包括【MorphCut】【交叉溶解】【叠加溶解】【白场过渡】【胶片溶解】【非叠加溶解】【黑场过渡】7种效果，如图6.35所示。

图 6.35

●【MorphCut】：可修复素材之间的跳帧现象。

●【交叉溶解】：可使素材A的结束部分与素材B的开始部分交叉叠加，直到完全显示出素材B。为素材添加该效果后的画面如图6.36所示。

图 6.36

●【叠加溶解】：可使素材A的结束部分与素材B的开始部分相叠加，并且在过渡的同时会将画面色调及亮度进行相应的调整。为素材添加该效果后的画面如图6.37所示。

图 6.37

●【白场过渡】：可使素材A逐渐变为白色，再由白色逐渐过渡为素材B。为素材添加该效果后的画面如图6.38所示。

图 6.38

●【胶片溶解】：可使素材A的透明度逐渐降低，直到完全显示出素材B。为素材添加该效果后的画面如图6.39所示。

图 6.39

●【非叠加溶解】：在视频过渡时素材B中较明亮的部分将直接叠加到素材A的画面中。为素材添加该效果后的画面如图6.40所示。

图 6.40

●【黑场过渡】：可使素材A逐渐变为黑色，再由黑色逐渐过渡为素材B。为素材添加该效果后的画面如图6.41所示。

图 6.41

6.7 内滑类视频过渡效果

内滑类视频过渡效果主要通过画面滑动进行素材A和素材B的过渡切换，包括【中心拆分】【内滑】【带状内滑】【急摇】【拆分】【推】6种效果，如图6.42所示。

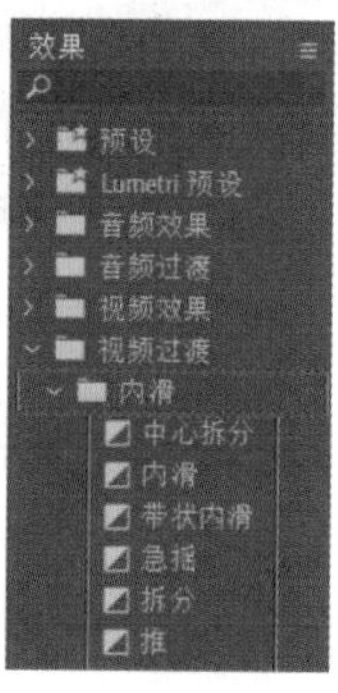

图 6.42

●【中心拆分】：可将素材A拆分成4部分，分别向画面四角处移动，直到移出画面并显现出素材B。为素材添加该效果后的画面如图6.43所示。

图 6.43

●【内滑】：与【推】类似，将素材B由左向右进行推动，直到完全覆盖素材A。为素材添加该效果后的画面如图6.44所示。

图 6.44

●【带状内滑】：将素材B以细长条形状覆盖在素材A上方，并由左右两侧向中间滑动。为素材添加该效果后的画面如图6.45所示。

图 6.45

●【急摇】：可以将素材A移至左侧或在左右晃动中显现素材B。

●【拆分】：可将素材A从中间分开向两侧滑动并逐渐显现出素材B。为素材添加该效果后的画面如图6.46所示。

图 6.46

●【推】：将素材B由左向右进入画面，直到完全覆盖素材A。为素材添加该效果后的画面如图6.47所示。

图 6.47

6.8 缩放类视频过渡效果

缩放类视频过渡效果可将素材A和素材B以缩放的形式进行画面过渡，只包括【交叉缩放】效果，如图6.48所示。

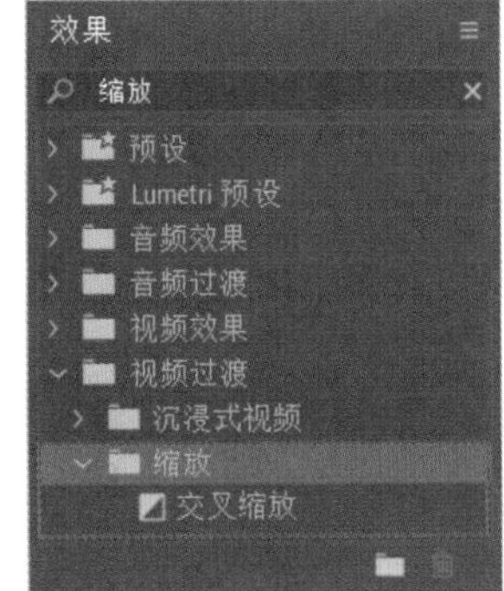

图 6.48

【交叉缩放】：可将素材A不断地放大直到移出画面，同时素材B由大到小进入画面。为素材添加该效果后的画面如图6.49所示。

图 6.49

6.9 页面剥落类视频过渡效果

页面剥落类视频过渡效果通常应用在表现空间及时间的画面场景中，包括【翻页】和【页面剥落】两种效果，如图6.50所示。

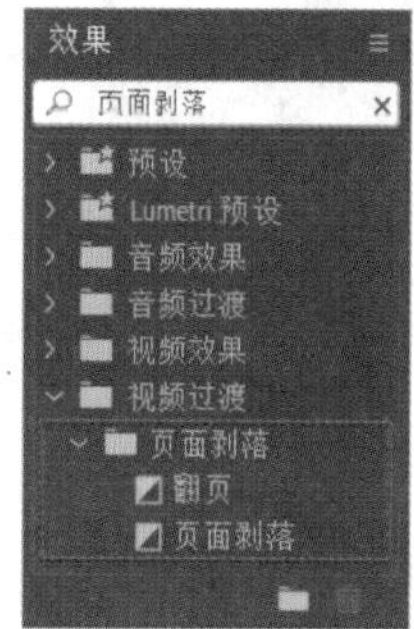

图6.50

- 【翻页】：可将素材A以翻书的形式进行过渡，卷起时背面为透明状态，直到完全显现出素材B。为素材添加该效果后的画面如图6.51所示。

图6.51

- 【页面剥落】：可将素材A以翻页的形式过渡到素材B中，卷起时背面为不透明状态，直到完全显现出素材B。为素材添加该效果后的画面如图6.52所示。

图6.52

6.10 视频过渡效果经典实例

6.10.1 实例：大美山河视频过渡效果

扫一扫，看视频

文件路径：第6章 常用视频过渡效果→实例：大美山河视频过渡效果

本实例主要使用【带状内滑】及【交叉缩放】效果轻松为画面添加转场，制作视觉效果较好的画面。实例效果如图6.53所示。

图6.53

步骤 01 执行【文件】/【新建】/【项目】命令，新建一个项目。在【项目】面板的空白处右击，在弹出的快捷菜单中执行【新建项目】/【序列】命令，弹出【新建序列】对话框，在HDV文件夹下选择HDV 720p24。执行【文件】/【导入】命令，弹出【导入】对话框，导入全部素材文件，如图6.54所示。

图6.54

步骤 02 在【项目】面板中依次选中1.jpg、2.jpg、3.jpg

素材文件，按住鼠标左键将它们拖动到【时间轴】面板中的V1轨道上，如图6.55所示。

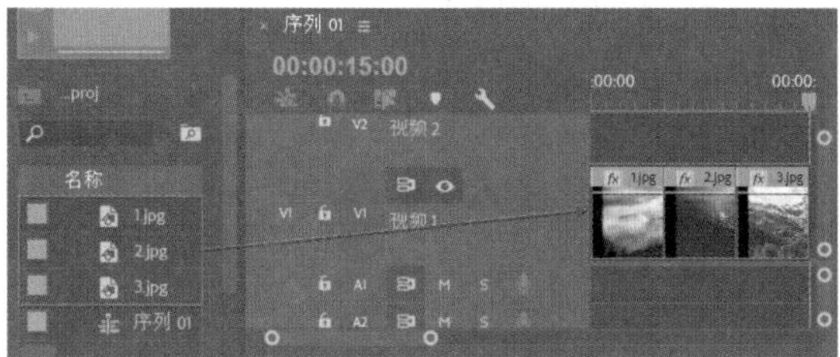

图 6.55

步骤 03 调整素材的位置及大小。在【时间轴】面板中选择1.jpg素材文件，在【效果控件】面板中展开【运动】效果，设置【缩放】为130.0，如图6.56所示。在【时间轴】面板中选择2.jpg素材文件，在【效果控件】面板中设置【位置】为(640.0,350.0)，【缩放】为130.0，如图6.57所示。在【时间轴】面板中选择3.jpg素材文件，在【效果控件】面板中设置【位置】为(640.0,335.0)，【缩放】为130.0，如图6.58所示。

图 6.56

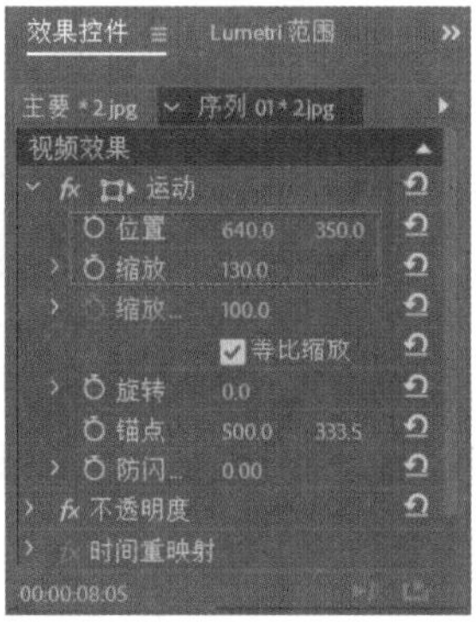

图 6.57

图 6.58

步骤 04 此时画面大小如图6.59~图6.61所示。

图 6.59

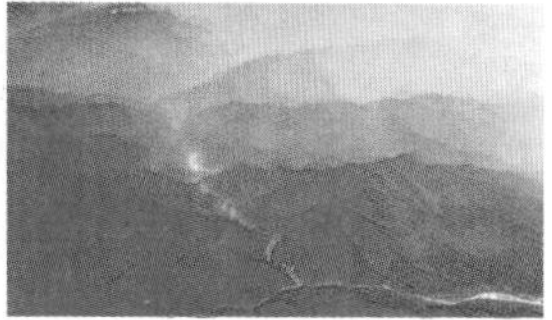

图 6.60

图 6.61

步骤 05 制作画面的转场效果。在【效果】面板的搜索框中搜索【带状内滑】，按住鼠标左键将它拖动到V1轨道上1.jpg素材文件和2.jpg素材文件的中间位置，如图6.62所示。

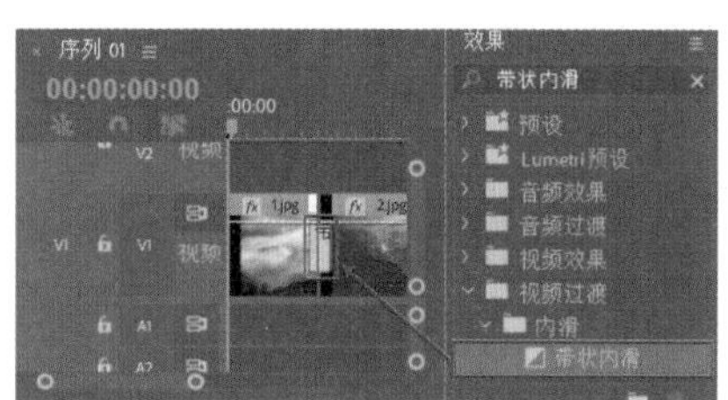

图 6.62

步骤 06 在【时间轴】面板中选择【带状内滑】效果，在【效果控件】面板中更改【持续时间】为00:00:02:00（2秒），如图6.63所示。此时拖动时间线查看画面效果，如图6.64所示。

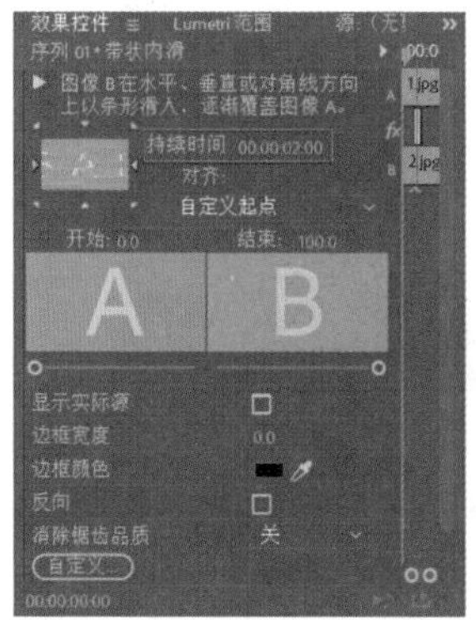

图 6.63

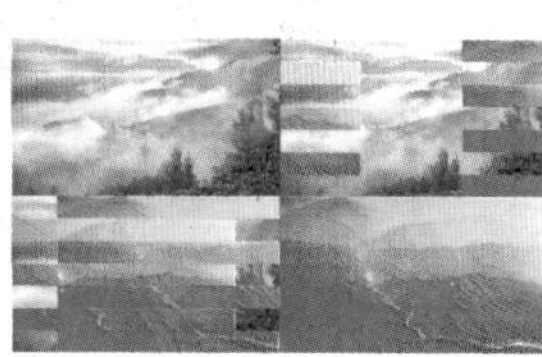

图 6.64

步骤 07 在【效果】面板的搜索框中搜索【交叉缩放】，按住鼠标左键将它拖动到V1轨道上2.jpg素材文件和3.jpg素材文件的中间位置，如图6.65所示。

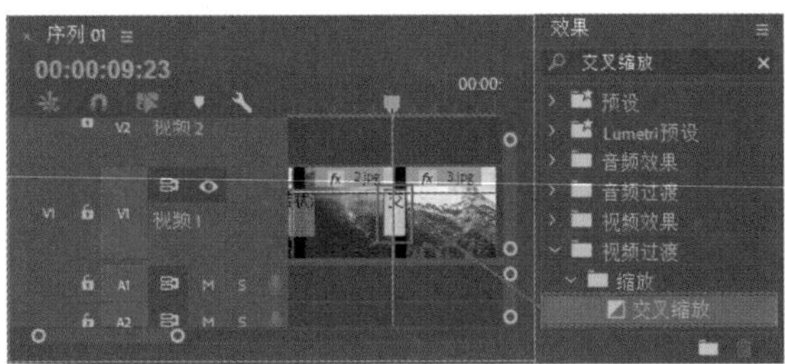
图 6.65

步骤 08 在【时间轴】面板中选择【交叉缩放】效果，在【效果控件】面板中更改【持续时间】为00:00:02:00（2秒），如图6.66所示。此时画面呈现一种逐渐缩放拉伸的效果，如图6.67所示。

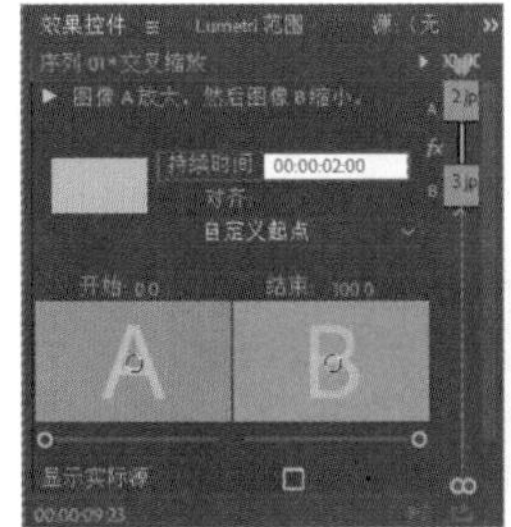
图 6.66

图 6.67

步骤 09 制作文字部分。将时间线滑动至起始位置，在【工具】面板中单击T（文字工具）按钮，接着在【节目监视器】面板中输入合适的文本，如图6.68所示。

图 6.68

步骤 10 选中【时间轴】面板中V2轨道上的文字图层，在【效果控件】面板中展开【文本】/【源文本】，设置合适的【字体系列】和【字体样式】，设置【字体大小】为80，【颜色】为白色，接着展开【变换】，设置【位置】为（847.6,643.3），如图6.69所示。

步骤 11 此时画面效果如图6.70所示。

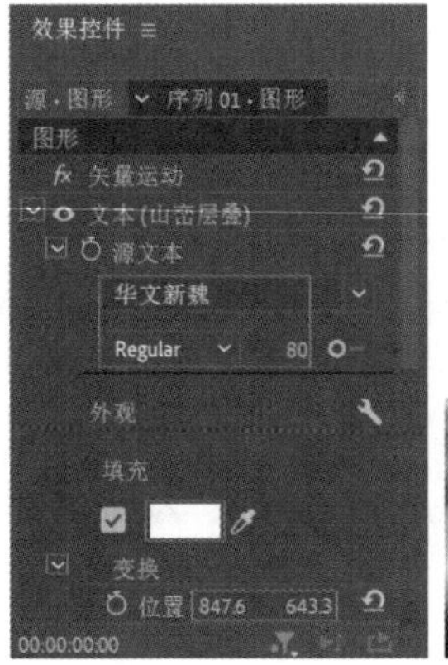
图 6.69

图 6.70

步骤 12 选中【时间轴】面板中V2轨道上的文字图层，按住Alt键的同时按住鼠标左键拖动，将其复制一份，如图6.71所示。

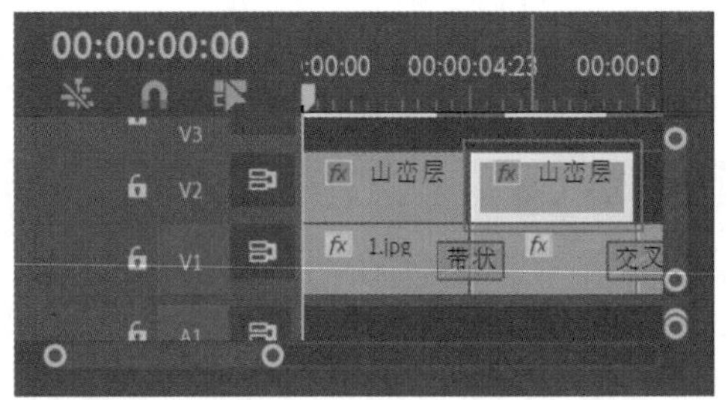
图 6.71

步骤 13 在【时间轴】面板中，选中复制的文字图层，单击【工具】面板中单击T（文字工具）按钮，在【节目监视器】面板中修改文字内容，并移动到画面的合适位置，如图6.72所示。

图 6.72

步骤 14 继续使用同样的方法制作其他文字，效果如图6.73所示。

图 6.73

步骤 15 本实例制作完成，拖动时间线查看画面效果，如图6.74所示。

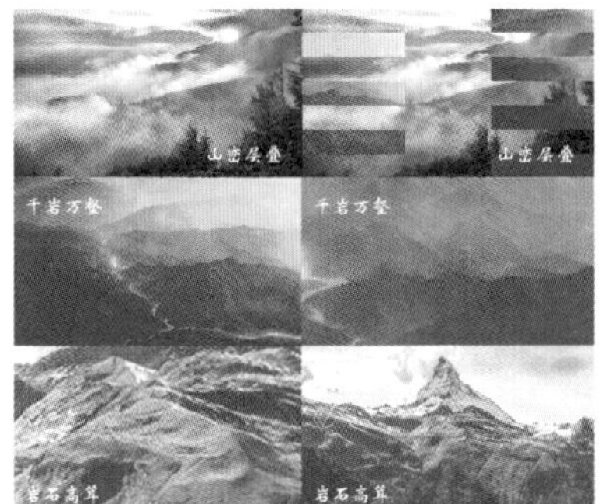

图 6.74

6.10.2 实例：个人写真视频影集转场动画

文件路径：第6章 常用视频过渡效果→实例：个人写真视频影集转场动画

扫一扫，看视频

本实例主要使用【内滑】【胶片溶解】【水波块】及【带状擦除】效果制作富有美感的画面转场，使实例呈现类似电子相册的感觉。实例效果如图6.75所示。

图 6.75

步骤 01 执行【文件】/【新建】/【项目】命令，新建一个项目。在【项目】面板的空白处右击，在弹出的快捷菜单中执行【新建项目】/【序列】命令，弹出【新建序列】对话框，在DV-PAL文件夹下选择【标准48kHz】。执行【文件】/【导入】命令，弹出【导入】对话框，导入全部素材文件，如图6.76所示。

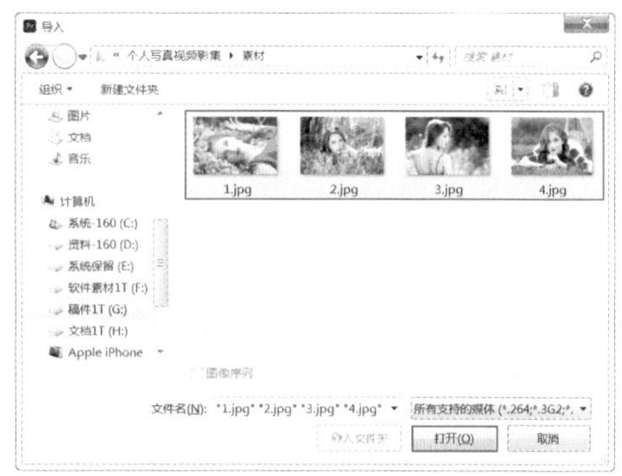

图 6.76

步骤 02 在【项目】面板中分别选择1.jpg、2.jpg、3.jpg、4.jpg素材文件，按住鼠标左键将它们拖动到【时间轴】面板中的V1轨道上，如图6.77所示。

图 6.77

步骤 03 在【时间轴】面板中选择V1轨道上的全部素材文件并右击，在弹出的快捷菜单中执行【速度/持续时间】命令，如图6.78所示。在弹出的【剪辑速度/持续时间】对话框中设置【持续时间】为00:00:03:00（3秒），勾选【波纹编辑，移动尾部剪辑】复选框，如图6.79所示。

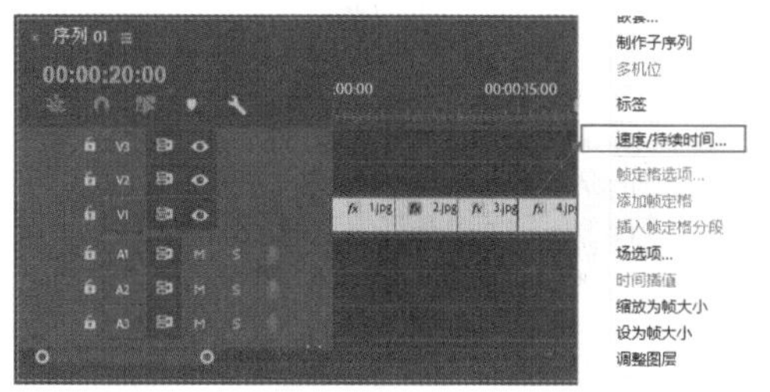

图 6.78

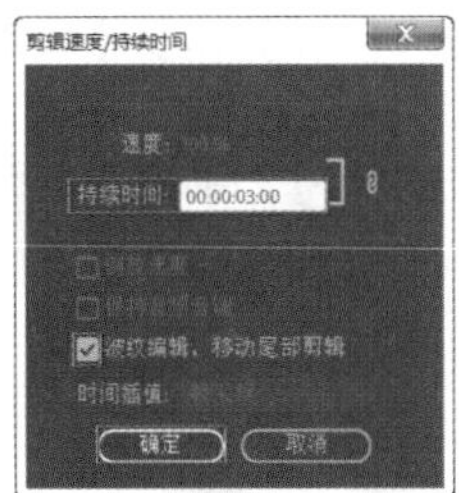

图 6.79

步骤 04 此时【时间轴】面板中的素材文件的持续时间缩短并自动向前移动，如图6.80所示。

图 6.80

步骤 05 调整素材的位置及大小。在【时间轴】面板中选择V1轨道上的1.jpg素材文件，在【效果控件】面板中展开【运动】效果，设置【缩放】为92.0，如图6.81所示。在【时间轴】面板中选择3.jpg素材文件，在【效果控件】面板中设置【缩放】为88.0，如图6.82所示。在【时间轴】面板中选择4.jpg素材文件，设置【缩放】为90.0，如图6.83所示。

图 6.81

图 6.82

图 6.83

步骤 06 此时4个素材的大小情况如图6.84所示。

图 6.84

步骤 07 制作画面的转场效果。在【效果】面板的搜索框中搜索【内滑】，按住鼠标左键将它拖动到V1轨道上1.jpg素材文件的起始位置，如图6.85所示。

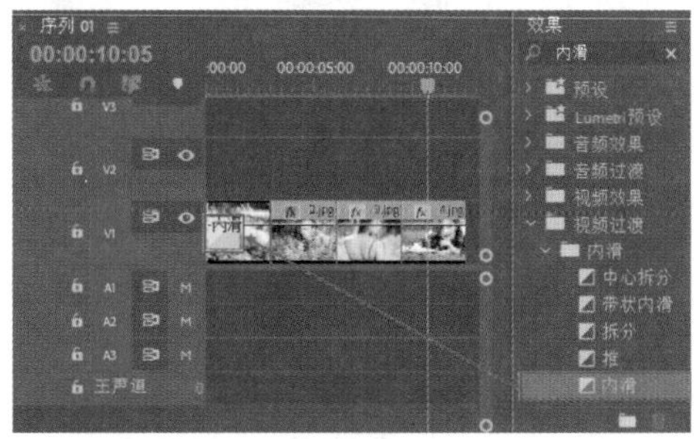

图 6.85

步骤 08 选择V1轨道上的【内滑】效果，在【效果控件】面板中更改【持续时间】为00:00:01:15（1秒15帧），如图6.86所示。此时拖动时间线查看画面效果，可以看到画面从左侧逐渐向右侧移动，如图6.87所示。

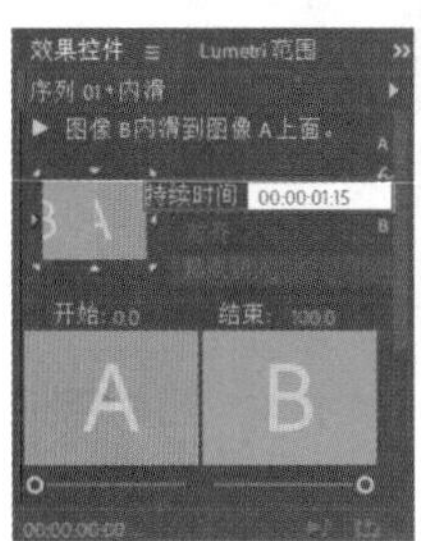

图 6.86

图 6.87

步骤 09 在【效果】面板的搜索框中搜索【胶片溶解】，按住鼠标左键将它拖动到1.jpg素材文件和2.jpg素材文件的中间位置，如图6.88所示。

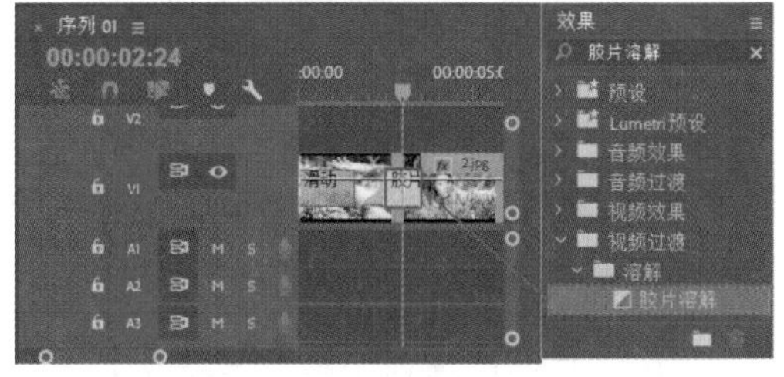

图 6.88

步骤 10 选择【时间轴】面板中的【胶片溶解】效果，在【效果控件】面板中更改【持续时间】为00:00:02:00（2秒），如图6.89所示。此时拖动时间线查看画面效果，如图6.90所示。

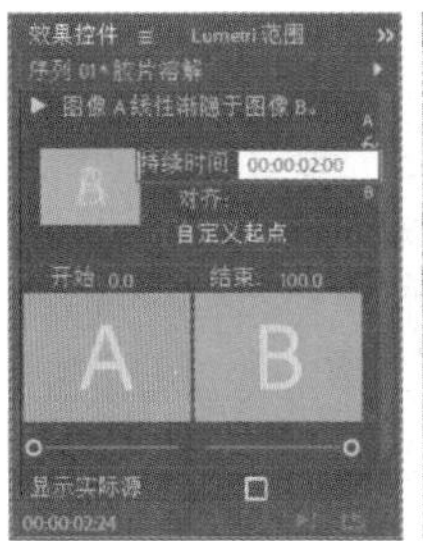

图 6.89　　图 6.90

步骤 11 在【效果】面板的搜索框中搜索【水波块】，按住鼠标左键将它拖动到2.jpg素材文件和3.jpg素材文件的中间位置，如图6.91所示。

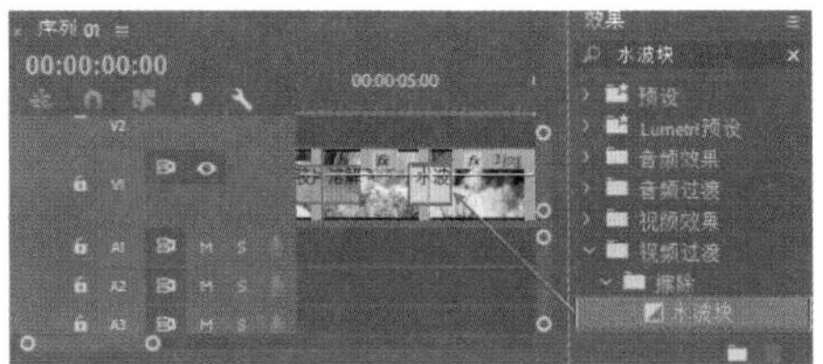

图 6.91

步骤 12 选择【时间轴】面板中的【水波块】效果，在【效果控件】面板中更改【持续时间】为00:00:02:00（2秒），如图6.92所示。此时拖动时间线查看画面效果，如图6.93所示。

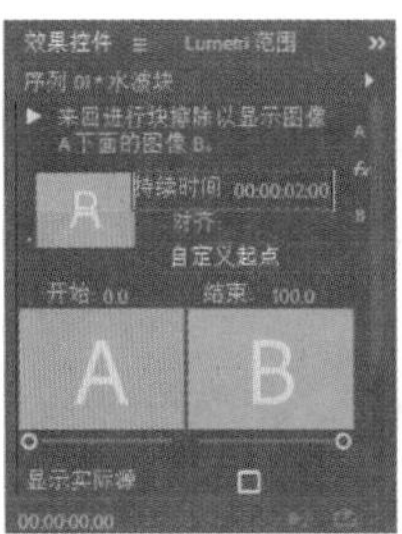

图 6.92　　图 6.93

步骤 13 在【效果】面板的搜索框中搜索【带状擦除】，按住鼠标左键将它拖动到3.jpg素材文件和4.jpg素材文件的中间位置，如图6.94所示。

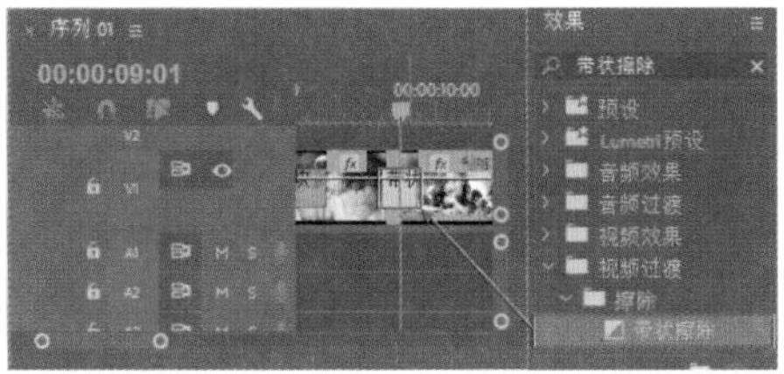

图 6.94

步骤 14 选择【时间轴】面板中的【带状擦除】效果，在【效果控件】面板中更改【持续时间】为00:00:02:00（2秒），如图6.95所示。此时拖动时间线查看画面效果，如图6.96所示。

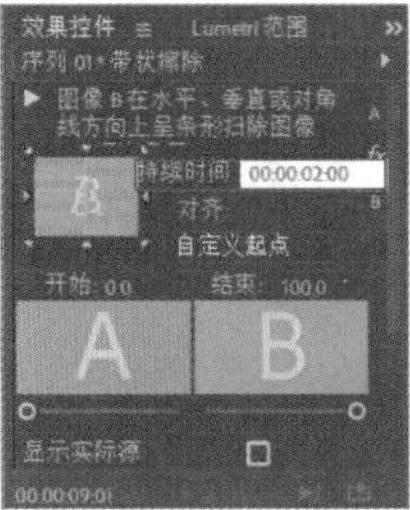

图 6.95　　图 6.96

步骤 15 本实例制作完成，拖动时间线查看画面最终效果，如图6.97所示。

图 6.97

6.10.3　实例：美食视频转场动画

文件路径：第6章 常用视频过渡效果→实例：美食视频转场动画

扫一扫，看视频

本实例主要使用【径向擦除】【棋盘】【中心拆分】【楔形擦除】效果制作连贯有趣的美食广告。实例效果如图6.98所示。

步骤 01 执行【文件】/【新建】/【项目】命令，新建一个项目。在【项目】面板的空白处右击，在弹出的快捷菜单中执行【新建项目】/【序列】命令，弹出【新建序列】对话框，在DV-PAL文件夹下选择【标准48kHz】。执行【文件】/【导入】命令，弹出【导入】对话框，导入全部素材文件，如图6.99所示。

图 6.98

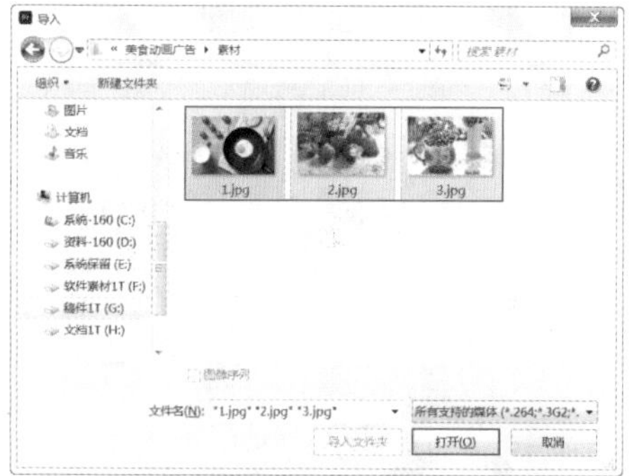
图 6.99

步骤 02 在【项目】面板中依次选择1.jpg、2.jpg、3.jpg素材文件，按住鼠标左键将它们依次拖动到【时间轴】面板中的V1轨道上，如图6.100所示。

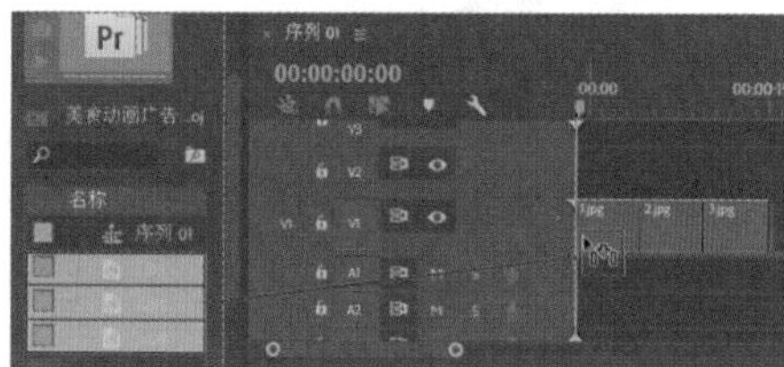
图 6.100

步骤 03 调整素材的位置及大小。在【时间轴】面板中选择V1轨道上的2.jpg素材文件，在【效果控件】面板中展开【运动】效果，设置【缩放】为53.0，如图6.101所示。在【时间轴】面板中选择3.jpg素材文件，在【效果控件】面板中设置【缩放】为90.0，如图6.102所示。

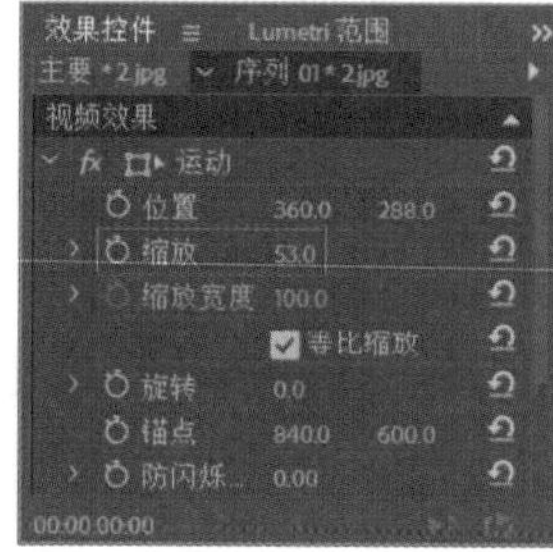
图 6.101

图 6.102

步骤 04 制作画面的转场效果。在【效果】面板的搜索框中搜索【径向擦除】，按住鼠标左键将它拖动到V1轨道上的1.jpg素材文件的起始位置，如图6.103所示。此时拖动时间线查看画面效果，如图6.104所示。

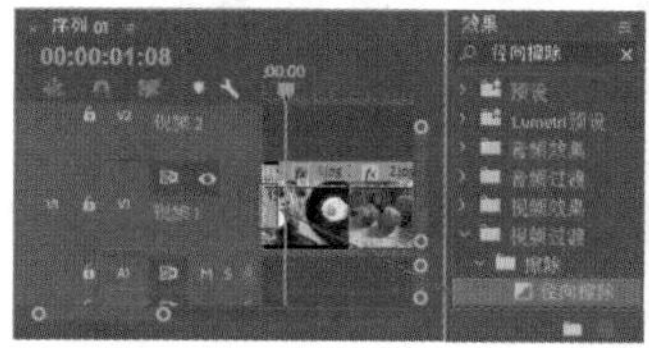
图 6.103

图 6.104

步骤 05 在【效果】面板的搜索框中搜索【棋盘】，按住鼠标左键将它拖动到1.jpg素材文件和2.jpg素材文件的中间位置，如图6.105所示。拖动时间线查看画面效果，如图6.106所示。

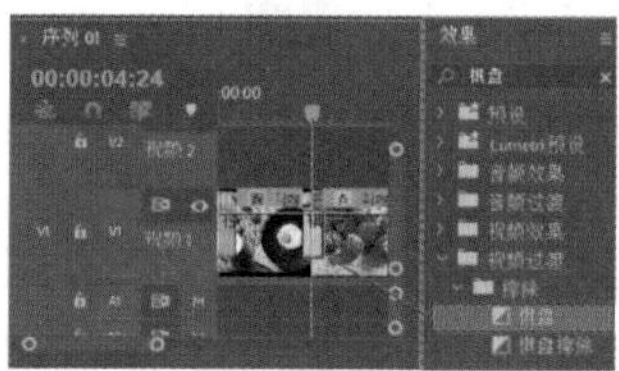
图 6.105

图 6.106

步骤 06 在【效果】面板的搜索框中搜索【中心拆分】，按住鼠标左键将它拖动到2.jpg素材文件和3.jpg素材文件的中间位置，如图6.107所示。拖动时间线查看画面效果，如图6.108所示。

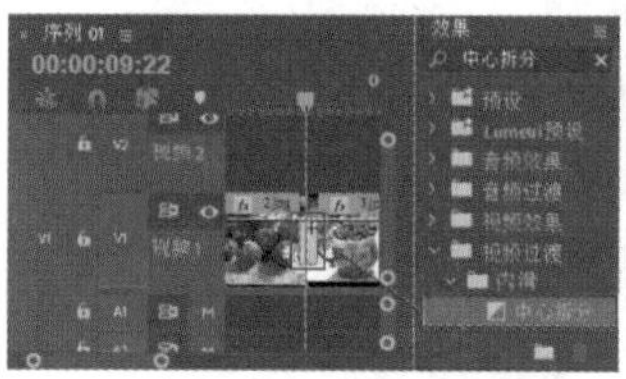
图 6.107

图 6.108

步骤 07 在【效果】面板的搜索框中搜索【楔形擦除】，按住鼠标左键将它拖动到3.jpg素材文件的结束位置，如图6.109所示。拖动时间线查看画面效果，如图6.110所示。

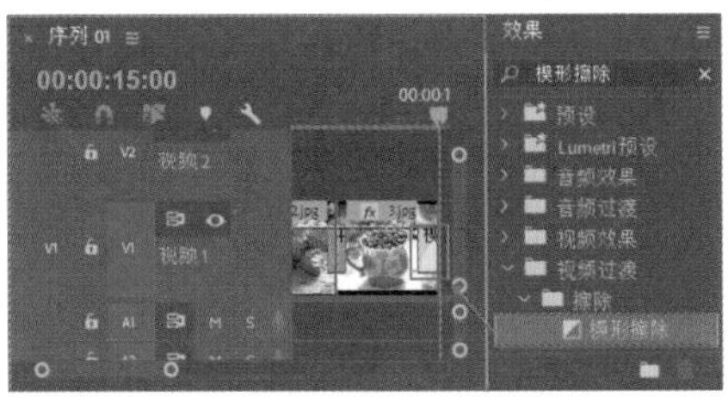

图 6.109

图 6.110

步骤 08 制作文字部分。将时间线滑动到起始位置，在不选中任何图层的状态下，在【工具】面板中单击T（文字工具）按钮，接着在【节目监视器】面板中单击插入光标并输入文字，如图6.111所示。

图 6.111

步骤 09 在【工具】面板中单击▶（选择工具）按钮，在【时间轴】面板中选择文本图层，接着在【效果控件】面板中展开文本，设置合适的【字体系列】和【字体样式】，设置【字体大小】为100，【填充颜色】为白色，如图6.112所示。

步骤 10 在【时间轴】面板中设置V2轨道上文本的结束时间为00:00:15:00（15秒），如图6.113所示。

图 6.112

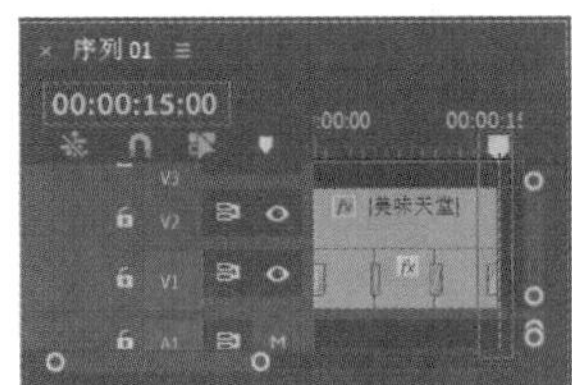

图 6.113

步骤 11 选择V2轨道上的文本图层，在【效果控件】面板中展开【不透明度】效果，由于【不透明度】效果前的切换动画按钮为开启状态，所以此时无须再次进行单击，接着将时间线拖动到起始帧的位置，设置【不透明度】为0.0%，此时在时间线位置自动出现关键帧，将时间线拖动到00:00:02:00（2秒）的位置，设置【不透明度】为100.0%，继续将时间线拖动到00:00:12:24（12秒24帧）的位置，设置【不透明度】为100.0%，将时间线拖动到结束帧的位置，设置【不透明度】为0.0%，如图6.114所示。

步骤 12 本实例制作完成，拖动时间线查看画面最终效果，如图6.115所示。

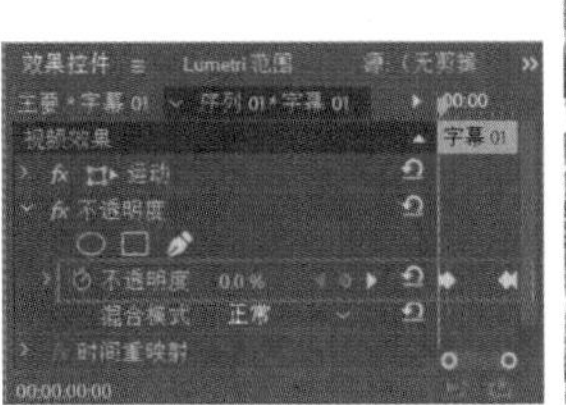

图 6.114

图 6.115

6.10.4 实例：生活类个人视频转场动画

扫一扫，看视频

文件路径：第6章 常用视频过渡效果→实例：生活类个人视频转场动画

本实例主要使用【百叶窗】【交叉缩放】【随机擦除】【双侧平推门】及【风车】效果为画面添加转场，从而提升画面美感。实例效果如图6.116所示。

图 6.116

步骤 01 执行【文件】/【新建】/【项目】命令，新建一个项目。在【项目】面板的空白处右击，在弹出的快捷菜单中执行【新建项目】/【序列】命令，弹出【新建序列】对话框，在HDV文件夹下选择HDV 720p24。执行【文件】/【导入】命令，弹出【导入】对话框，导入全部素材文件，如图6.117所示。

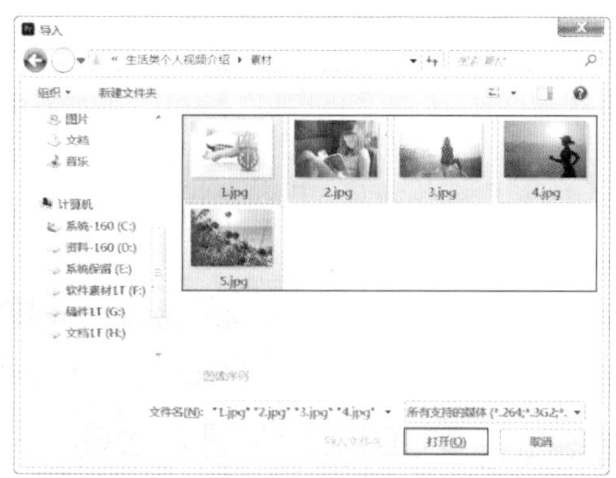

图 6.117

步骤 02 在【项目】面板中依次选择1.jpg、3.jpg、5.jpg素材文件，按住鼠标左键将它们拖动到【时间轴】面板中的V1轨道上，并将5.jpg素材文件向后移动到00:00:13:15（13秒15帧）的位置，将3.jpg素材文件向后移动到00:00:06:15（6秒15帧）的位置，接着在【项目】面板中依次选择2.jpg、4.jpg素材文件，将它们拖动到V2轨道上的00:00:02:20（2秒20帧）处，然后选择4.jpg素材文件，将它向后移动到00:00:09:15（9秒15帧）处，如图6.118所示。

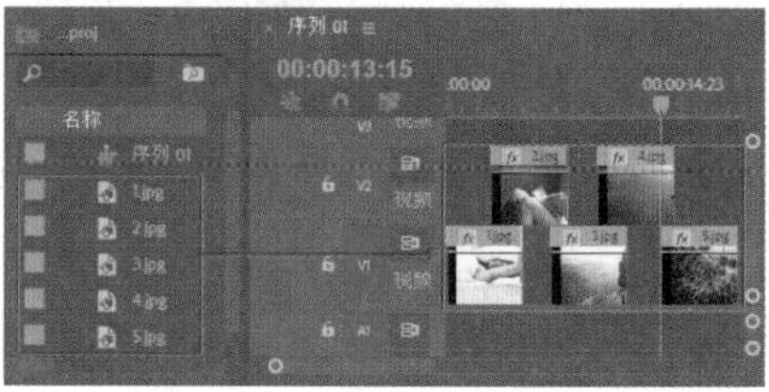

图 6.118

步骤 03 调整素材的位置及大小。在【时间轴】面板中选择1.jpg素材文件，然后在【效果控件】面板中展开【运动】效果，将时间线拖动到起始帧的位置，单击【缩放】左侧的按钮，开启自动关键帧，设置【缩放】为30.0，继续将时间线拖动到00:00:02:15（2秒15帧）的位置，设置【缩放】为30.0，如图6.119所示。在【时间轴】面板中选择2.jpg素材文件，在【效果控件】面板中设置【缩放】为88.0，如图6.120所示。在【时间轴】面板中选择3.jpg素材文件，在【效果控件】面板中设置【缩放】为132.0，如图6.121所示。

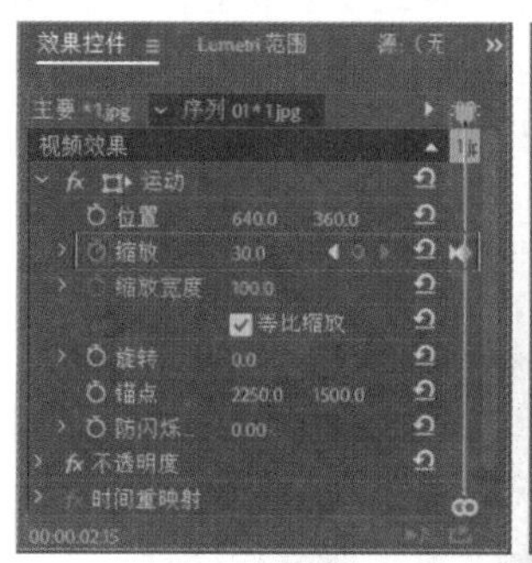

图 6.119

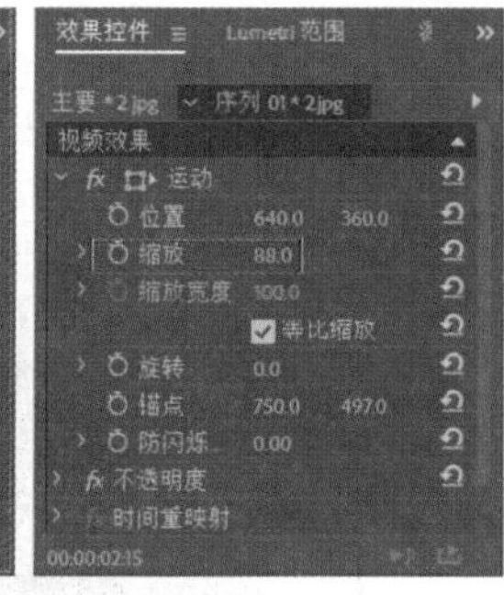

图 6.120

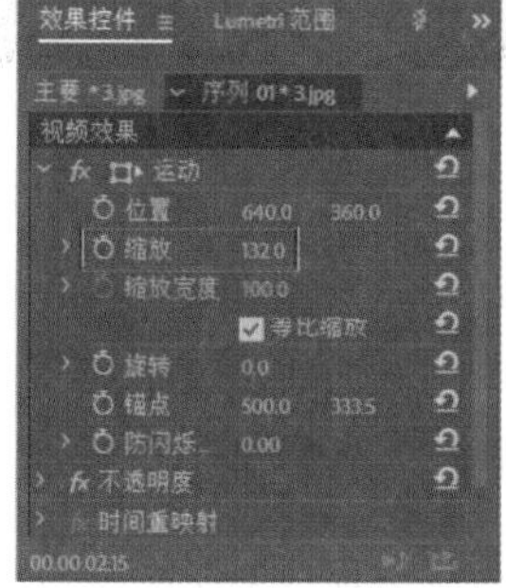

图 6.121

步骤 04 在【时间轴】面板中选择4.jpg素材文件，在【效果控件】面板中设置【位置】为(640.0,310.0)，【缩放】为62，如图6.122所示。最后在【时间轴】面板中选择5.jpg素材文件，然后在【效果控件】面板中展开【运动】效果，设置【位置】为(640.0,420.0)，将时间线拖动到00:00:13:15（13秒15帧）的位置，单击【缩放】左侧的按钮，开启自动关键帧，设置【缩放】为300.0，将时间线拖动到00:00:16:15（16秒15帧）的位置，设置【缩放】为130.0，如图6.123所示。

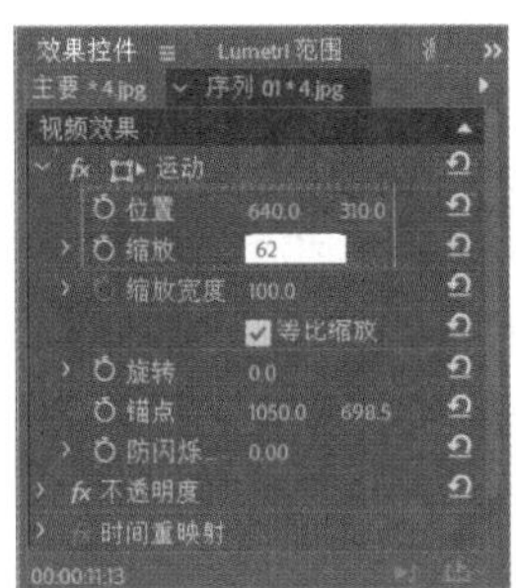

图 6.122

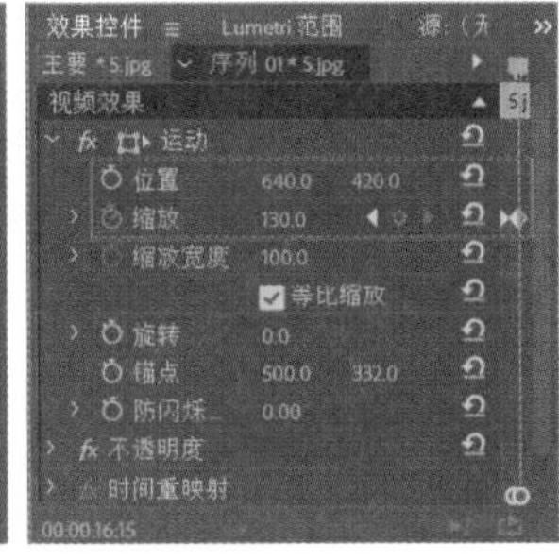

图 6.123

步骤 05 制作画面的转场效果。在【效果】面板的搜索框中搜索【百叶窗】，按住鼠标左键将它拖动到V1轨道上1.jpg素材文件的起始位置，如图6.124所示。此时拖动时间线查看画面效果，如图6.125所示。

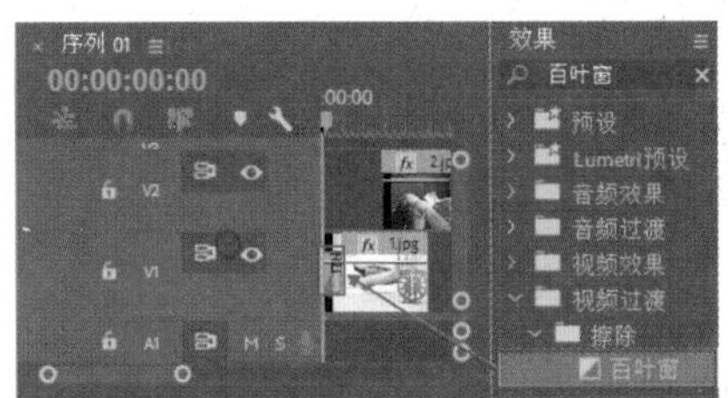

图 6.124

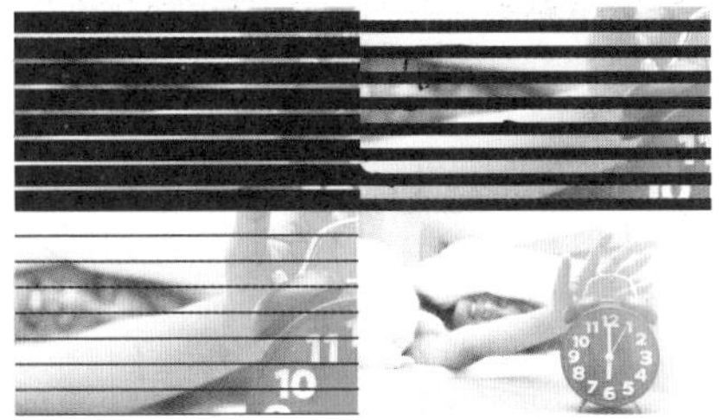

图 6.125

步骤 06 在【效果】面板的搜索框中搜索【交叉溶解】，按住鼠标左键将它拖动到V2轨道上2.jpg素材文件的起始位置，如图6.126所示。

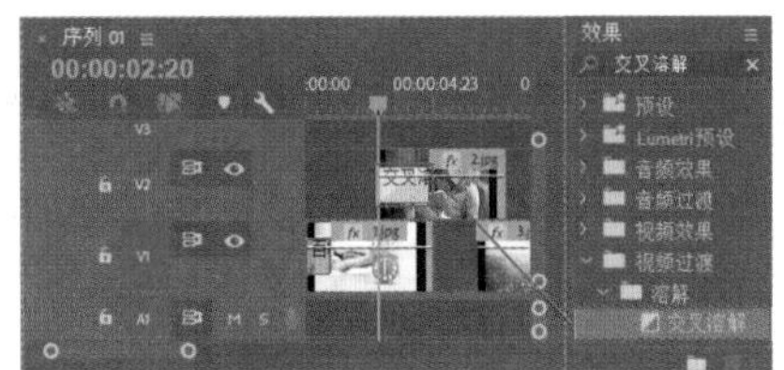

图 6.126

步骤 07 在【时间轴】面板中的V2轨道上选择【交叉溶解】效果，在【效果控件】面板中更改【持续时间】为00:00:01:23（1秒23帧），如图6.127所示。此时画面呈现一种交织叠加的效果，如图6.128所示。

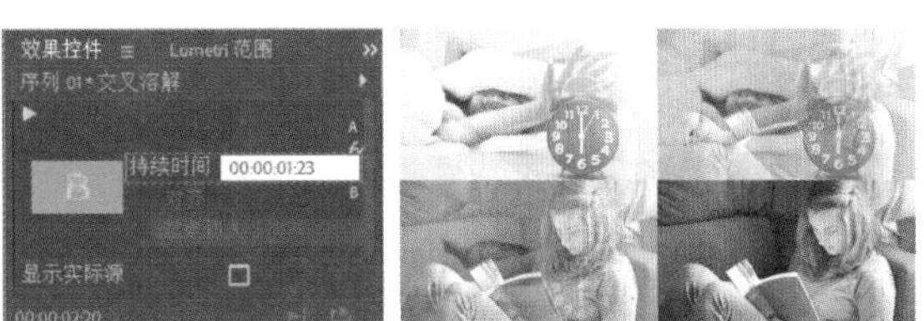

图 6.127　　图 6.128

步骤 08 在【效果】面板的搜索框中搜索【随机擦除】，按住鼠标左键将它拖动到V2轨道上2.jpg素材文件的结束位置，如图6.129所示。此时拖动时间线查看画面效果，如图6.130所示。

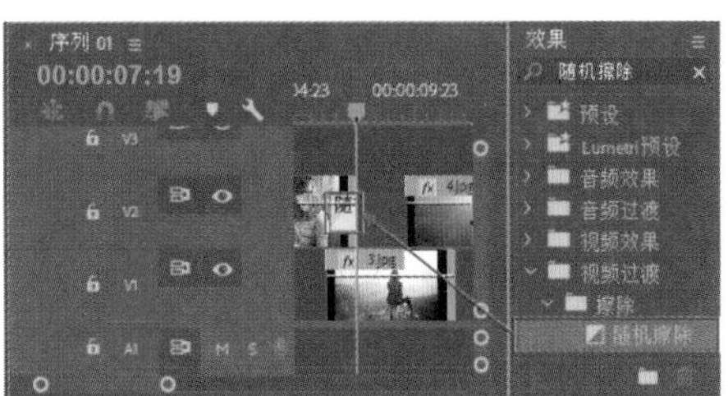

图 6.129

图 6.130

步骤 09 在【效果】面板的搜索框中搜索【双侧平推门】，按住鼠标左键将它拖动到V2轨道上4.jpg素材文件的起始位置，如图6.131所示。

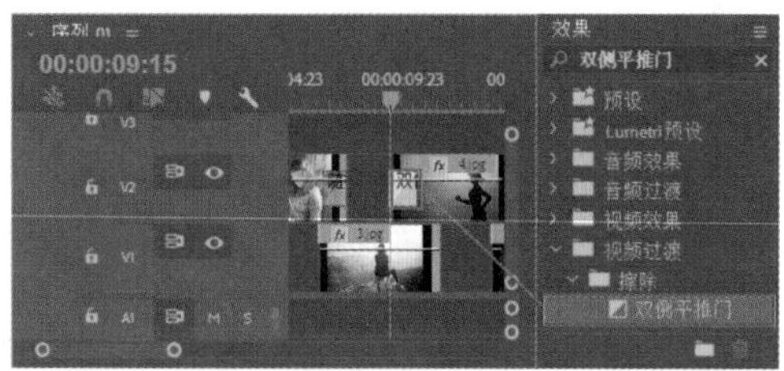

图 6.131

步骤 10 选择【时间轴】面板中的【双侧平推门】效果，在【效果控件】面板中勾选【反向】复选框，如图6.132所示。此时拖动时间线查看画面效果，如图6.133 所示。

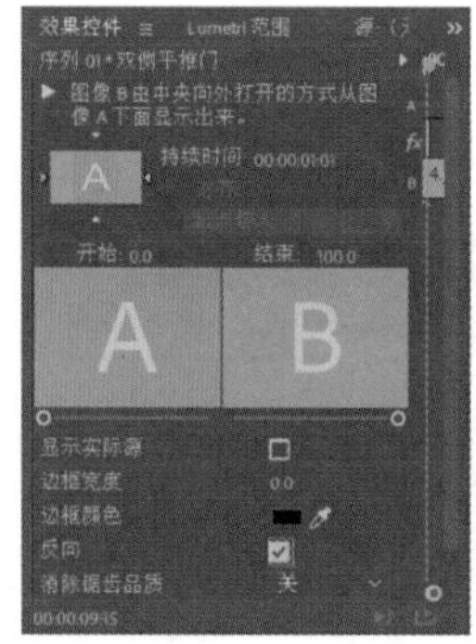

图 6.132

图 6.133

步骤 11 在【效果】面板的搜索框中搜索【风车】，按住鼠标左键将它拖动到V2轨道上4.jpg素材文件的结束位置，如图6.134所示。此时拖动时间线查看画面效果，如图6.135所示。

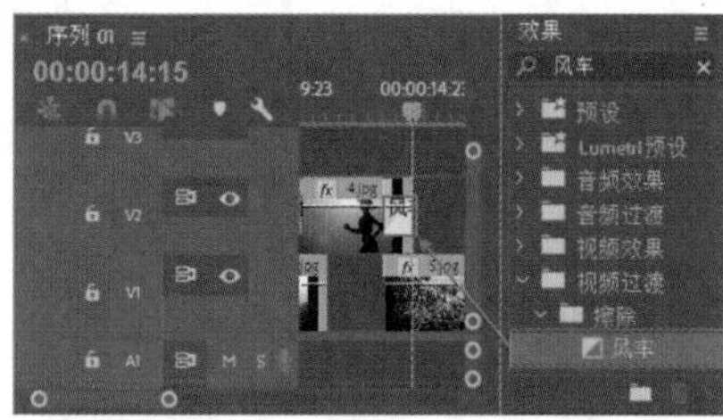

图 6.134

图 6.135

步骤 12 本实例制作完成，拖到时间线查看画面效果，如图6.136所示。

图 6.136

6.10.5 实例：咖啡产品宣传转场动画

扫一扫，看视频

文件路径：第6章 常用视频过渡效果→实例：咖啡产品宣传转场动画

本实例首先使用【旋转扭曲】效果为第一个图片制作特效，然后使用【交叉缩放】效果将两个画面进行衔接。实例效果如图6.137所示。

图 6.137

步骤 01 执行【文件】/【新建】/【项目】命令，新建一个项目。在【项目】面板的空白处右击，在弹出的快捷菜单中执行【新建项目】/【序列】命令，弹出【新建序列】对话框，在DV-PAL文件夹下选择【标准 48kHz】。执行【文件】/【导入】命令，弹出【导入】对话框，导入全部素材文件，如图6.138所示。

步骤 02 在【项目】面板中依次选中01.jpg、02.jpg素材文件，按住鼠标左键将它们拖动到【时间轴】面板中的V1轨道上，如图6.139所示。

图 6.138

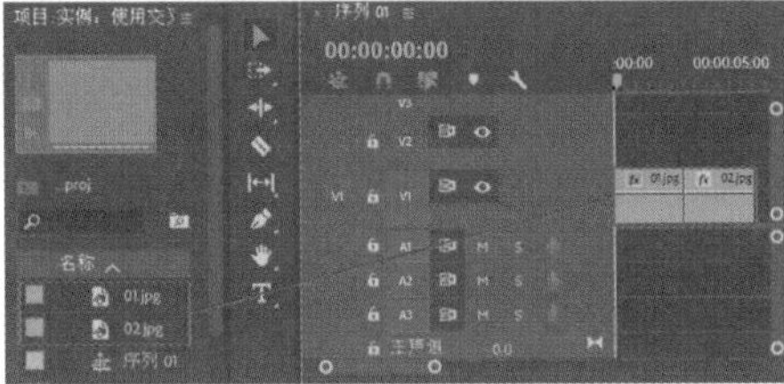

图 6.139

步骤 03 调整素材文件的持续时间，在【时间轴】面板中选择这两个素材文件并右击，在弹出的快捷菜单中执行【速度/持续时间】命令，如图6.140所示。在弹出的【剪辑速度/持续时间】对话框中设置【持续时间】为00:00:03:00（3秒），勾选【波纹编辑，移动尾部剪辑】复选框，如图6.141所示。

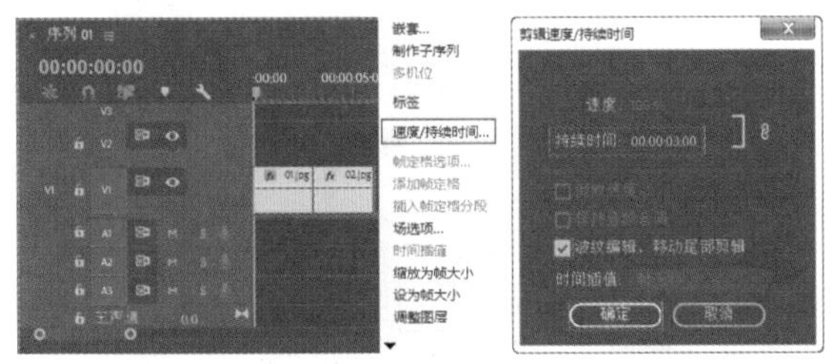

图 6.140　　图 6.141

步骤 04 此时【时间轴】面板中的素材持续时间缩短并依次向前递进移动，如图6.142所示。

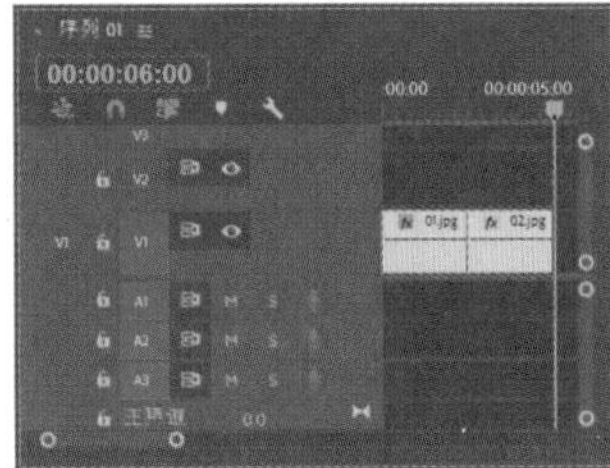

图 6.142

步骤 05 在【时间轴】面板中选择01.jpg素材文件，在【效果控件】面板中展开【运动】效果，设置【缩放】为140.0，如图6.143所示。此时画面效果如图6.144所示。

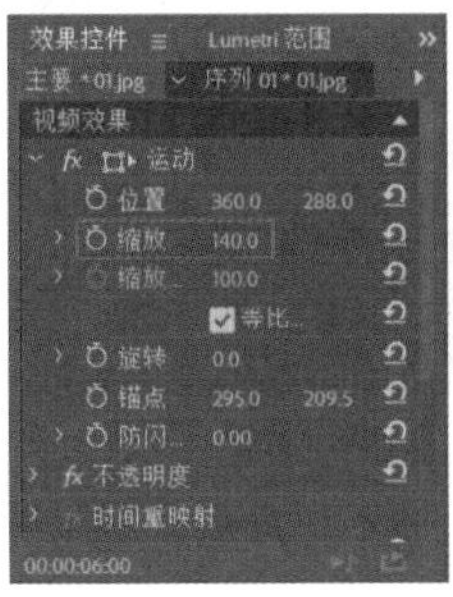

图 6.143　　图 6.144

步骤 06 在【效果】面板的搜索框中搜索【旋转扭曲】，按住鼠标左键将它拖动到V1轨道的01.jpg素材文件上，如图6.145所示。

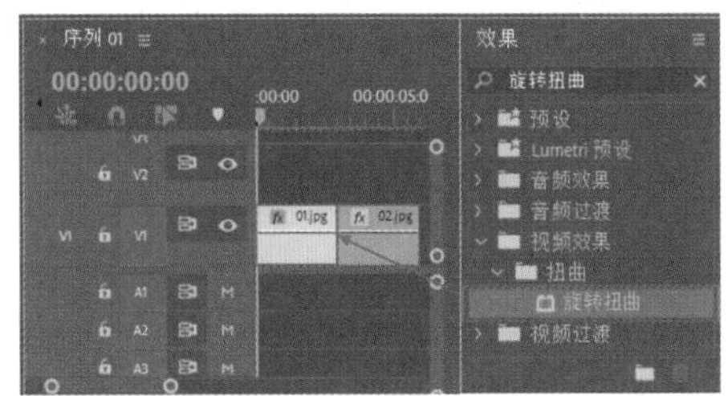

图 6.145

步骤 07 在【效果控件】面板中展开【旋转扭曲】效果，设置【旋转扭曲半径】为50.0，将时间拖动到起始帧的位置，单击【角度】左侧的按钮，开启自动关键帧，设置【角度】为1×40°，将时间线拖动到00:00:01:24（1秒24帧）的位置，设置【角度】为0.0°，如图6.146所示。此时拖动时间线查看当前效果，如图6.147所示。

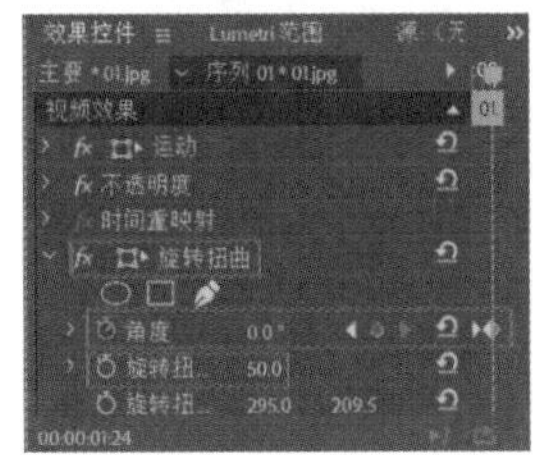

图 6.146　　图 6.147

步骤 08 选择02.jpg素材文件，在【效果控件】面板中展开【运动】效果，设置【位置】为(360.0,317.0)，【缩放】为20.0，如图6.148所示。此时画面效果如图6.149所示。

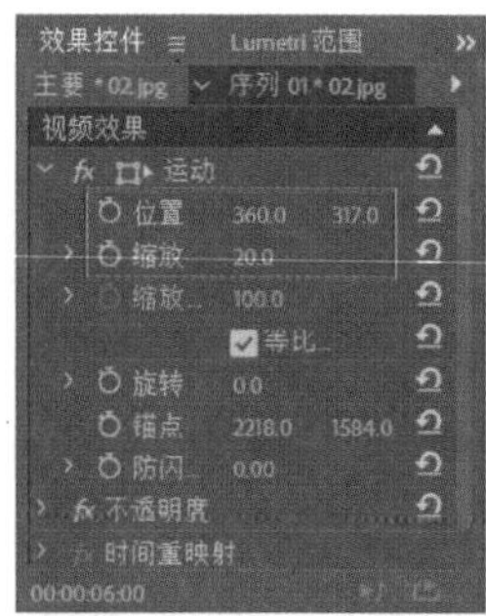

图 6.148

图 6.149

步骤 09 为素材添加转场效果。在【效果】面板的搜索框中搜索【交叉缩放】，按住鼠标左键将它拖动到01.jpg素材文件与02.jpg素材文件的中间位置，如图6.150所示。

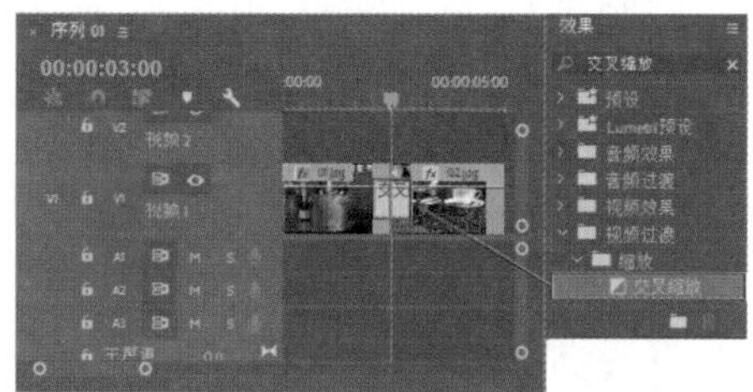

图 6.150

步骤 10 在【时间轴】面板中选择【交叉缩放】过渡效果，在【效果控件】面板中设置【持续时间】为00:00:02:00（2秒），如图6.151所示。此时拖动时间线查看当前效果，如图6.152所示。

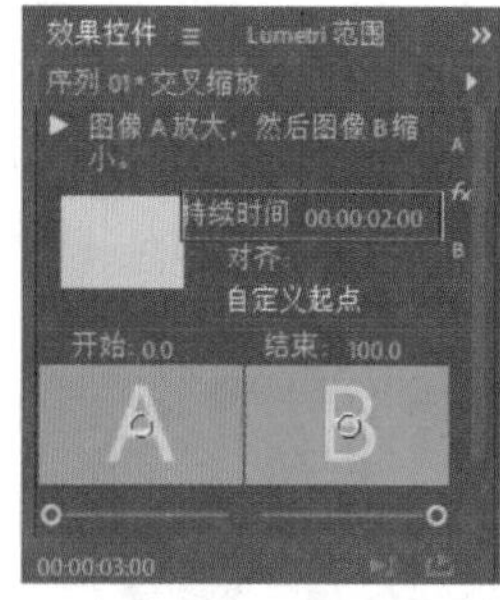

图 6.151

图 6.152

步骤 11 在【效果】面板的搜索框中搜索【楔形擦除】过渡效果，按住鼠标左键将它拖动到02.jpg素材文件的结束位置，如图6.153所示。此时拖动时间线查看当前效果，如图6.154所示。

步骤 12 本实例制作完成，拖动时间线查看画面动态效果，如图6.155所示。

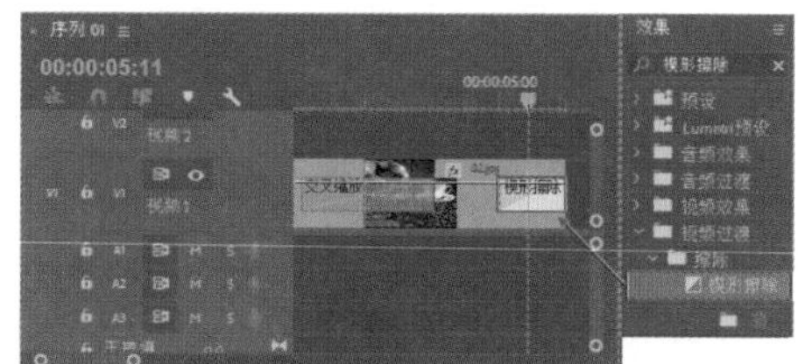

图 6.153

图 6.154

图 6.155

6.10.6 实例：唯美的人与自然转场动画

扫一扫，看视频

文件路径：第6章 常用视频过渡效果→实例：唯美的人与自然转场动画

本实例主要使用【交叉溶解】效果来制作两个画面之间的转场效果，将【白场过渡】和【黑场过渡】效果添加到素材首尾处，使整体呈现出一种淡入淡出的感觉。实例效果如图6.156所示。

图 6.156

步骤 01 执行【文件】/【新建】/【项目】命令，新建一个项目。在【项目】面板的空白处右击，在弹出的快捷菜单中执行【新建项目】/【序列】命令，弹出【新建序列】对话框，在HDV文件夹下选择HDV 720p24。执行【文件】/【导入】命令，弹出【导入】对话框，导入全部素材文件，如图6.157所示。

步骤 02 在【项目】面板中依次选择1.jpg、2.jpg素材文件，按住鼠标左键将它们拖动到【时间轴】面板中的V1轨道上，如图6.158所示。

图 6.157

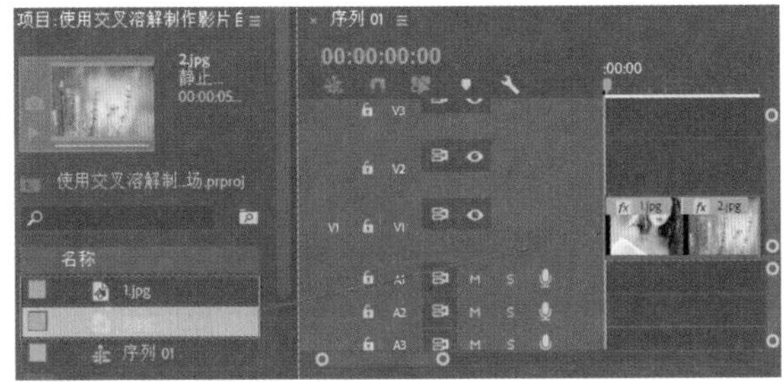

图 6.158

步骤 03 调整素材的位置及大小。在【时间轴】面板中选择1.jpg素材文件，在【效果控件】面板中展开【运动】效果，设置【位置】为(640.0,407.0)，【缩放】为85.0，如图6.159所示。在【时间轴】面板中选择2.jpg素材文件，在【效果控件】面板中设置【位置】为(640.0,290.0)，【缩放】为87.0，如图6.160所示。

图 6.159　　图 6.160

步骤 04 此时画面大小如图6.161和图6.162所示。

图 6.161　　图 6.162

步骤 05 制作画面的转场效果。在【效果】面板的搜索框中搜索【白场过渡】，按住鼠标左键将它拖动到V1轨道上1.jpg素材文件的起始位置，如图6.163所示。

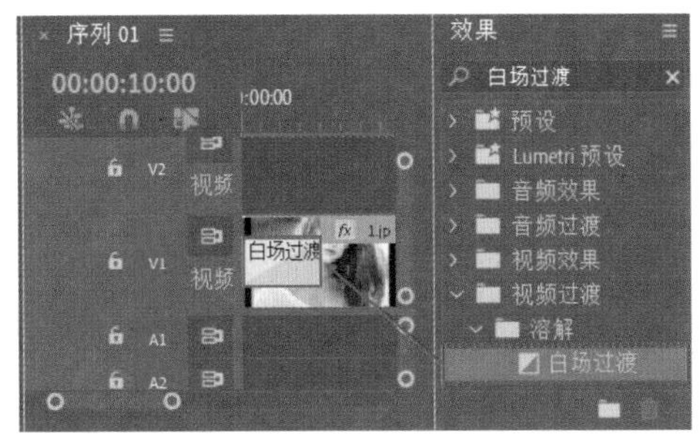

图 6.163

步骤 06 在【时间轴】面板中的【白场过渡】效果上方单击将其选中，然后在【效果控件】面板中更改【持续时间】为00:00:02:00（2秒），如图6.164所示。此时拖动时间线查看画面效果，如图6.165所示。

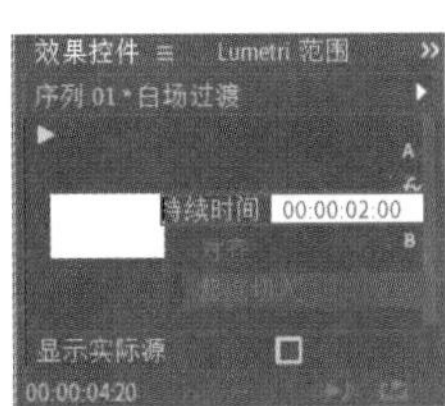

图 6.164　　图 6.165

步骤 07 在【效果】面板的搜索框中搜索【交叉溶解】，按住鼠标左键将它拖动到V1轨道上的1.jpg素材文件和2.jpg素材文件的中间位置，如图6.166所示。

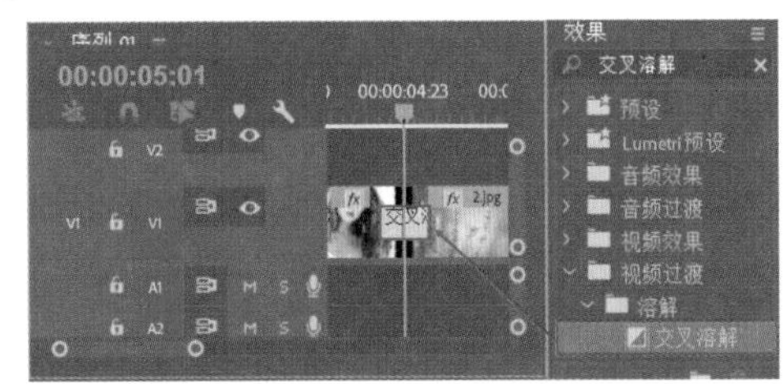

图 6.166

步骤 08 在【时间轴】面板中选择【交叉溶解】效果，在【效果控件】面板中更改【持续时间】为00:00:02:00

(2秒)，如图6.167所示。此时画面呈现一种叠加溶解的效果，如图6.168所示。

图 6.167

图 6.168

步骤 09 在【效果】面板的搜索框中搜索【黑场过渡】，按住鼠标左键将它拖动到V1轨道上2.jpg素材文件的结束位置，如图6.169所示。

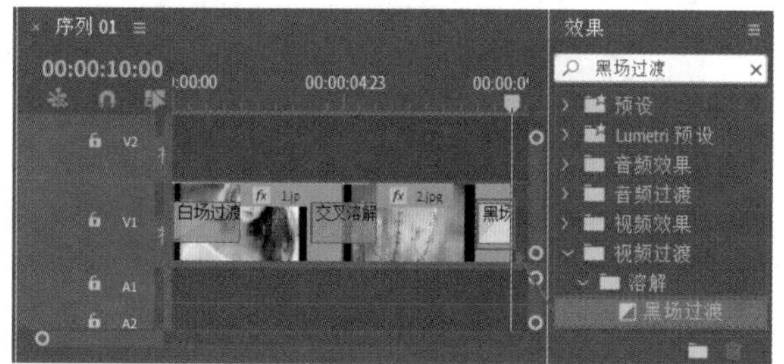

图 6.169

步骤 10 在【时间轴】面板中选择【黑场过渡】效果，在【效果控件】面板中设置【持续时间】为00:00:02:00 (2秒)，如图6.170所示。此时拖动时间线查看画面效果，如图6.171所示。

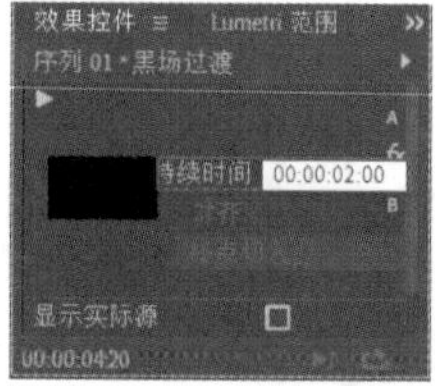

图 6.170

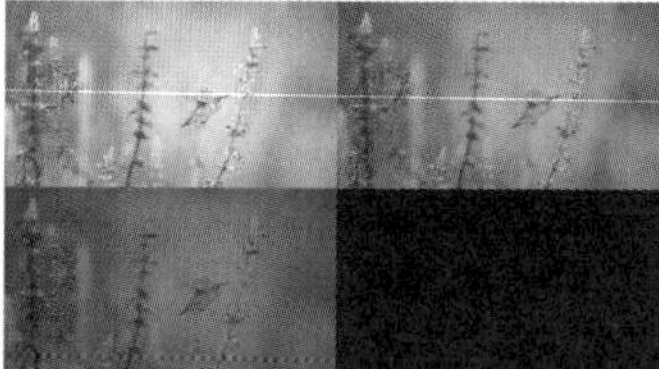
图 6.171

步骤 11 本实例制作完成，拖动时间线查看画面最终效果，如图6.172所示。

图 6.172

扫一扫，看视频

关键帧动画

本章内容简介：

动画是一门综合艺术，它融合了绘画、漫画、电影、数字媒体、摄影、音乐、文学等艺术学科，可以给观者带来更多的视觉体验。在 Premiere Pro中，可以为图层添加关键帧动画，产生基本的位置、缩放、旋转、不透明度等动画效果，还可以为已经添加效果的素材设置关键帧动画，产生效果的变化。

重点知识掌握：

- 了解什么是关键帧。
- 创建和删除关键帧。
- 复制和粘贴关键帧。
- 关键帧在动画制作中的应用。

佳作欣赏：

7.1 认识关键帧

关键帧动画通过为素材的不同时刻设置不同的属性，使该过程产生动画的变换效果。

重点 7.1.1 什么是关键帧

帧是动画中的单幅影像画面，是最小的计量单位。影片是由一张张连续的图片组成的，每幅图片就是一帧，PAL制式每秒25帧，NTSC制式每秒30帧。关键帧是指动画上关键的时刻，至少有两个关键时刻才能构成动画。可以通过设置动作、效果、音频及多种其他属性参数使画面形成连贯的动画效果。关键帧动画至少要通过两个关键帧来完成，如图7.1和图7.2所示。

图 7.1

图 7.2

重点 7.1.2 轻松动手学：为素材设置关键帧动画

扫一扫，看视频

文件路径：第7章 关键帧动画→轻松动手学：为素材设置关键帧动画

步骤 01 执行【文件】/【新建】/【项目】命令，新建一个项目。在【项目】面板的空白处右击，在弹出的快捷菜单中执行【新建项目】/【序列】命令，在弹出的【新建序列】对话框中选择DV-PAL文件夹下的【标准48kHz】。在【项目】面板的空白处双击，在弹出的对话框中导入01.jpg素材文件，如图7.3所示。

步骤 02 将【项目】面板中的01.jpg素材文件拖动到【时间轴】面板中的V1轨道上，如图7.4所示。

图 7.3

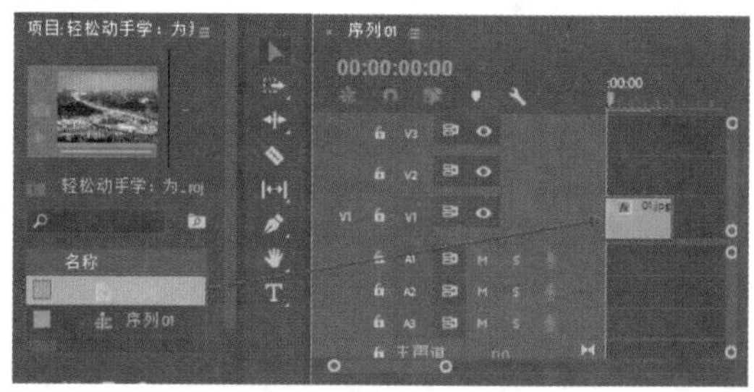

图 7.4

步骤 03 在【时间轴】面板中右击该素材文件，在弹出的快捷菜单中执行【缩放为帧大小】命令，如图7.5所示。此时图片缩放到画布以内，如图7.6所示。

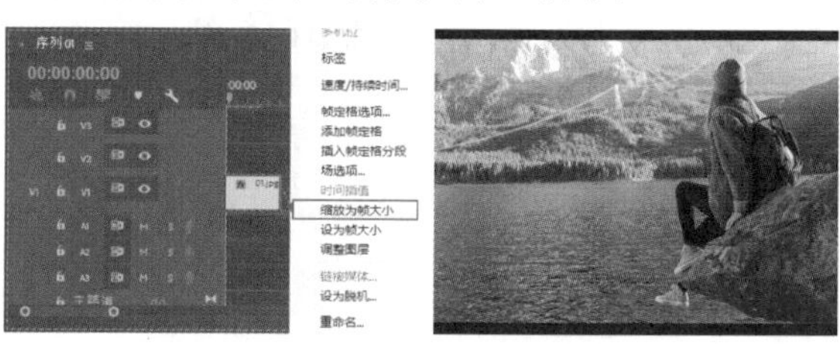

图 7.5　　图 7.6

步骤 04 在【时间轴】面板中选择01.jpg素材文件，将时间线移动到起始帧，然后在【效果控件】面板中激活【缩放】和【不透明度】左侧的 (切换动画)按钮，创建关键帧，当按钮变为蓝色 时关键帧开启，设置【缩放】为400.0，【不透明度】为0.0%。将时间线拖动到00:00:03:00（3秒）的位置，设置【缩放】为110.0，【不透明度】为100.0%，如图7.7所示。此时画面呈现的动画效果如图7.8所示。特别注意：当本书中出现"激活【不透明度】左侧的 (切换动画)按钮"时，表示此时的【不透明度】效果是需要被激活的状态，即让图标变为蓝色。若已经被激活，则无须单击；若未被激活，则需要单击进行激活。

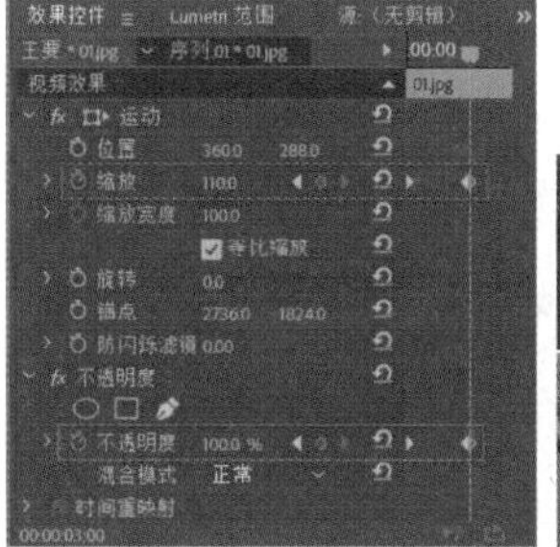

图 7.7

图 7.8

7.2 创建关键帧

扫一扫，看视频

关键帧动画常用于影视制作、微电影、广告等动态设计中。在 Premiere Pro中创建关键帧的方法主要有3种，可在【效果控件】面板中单击【切换动画】按钮添加关键帧、单击【添加/移除关键帧】按钮添加关键帧或在【节目监视器】面板中直接创建关键帧。

重点 7.2.1 单击【切换动画】按钮添加关键帧

在【效果控件】面板中，每个效果前都有(切换动画)按钮，单击该按钮即可启用关键帧，此时【切换动画】按钮变为蓝色，再次单击该按钮，则会关闭该属性的关键帧，此时(切换动画)按钮变为灰色。在创建关键帧时，至少在同一属性中添加两个关键帧，此时画面才会呈现动画效果。

步骤 01 打开Premiere Pro软件，新建项目和序列并导入合适的图片。将图片拖动到【时间轴】面板中，如图7.9所示。选择【时间轴】面板中的素材，在【效果控件】面板中将时间线拖动到合适的位置，更改所选属性的参数。以【缩放】效果为例，此时单击【缩放】效果左侧的(切换动画)按钮，即可创建第1个关键帧，如图7.10所示。

步骤 02 拖动时间轴并更改效果的参数，此时会自动创建第2个关键帧，如图7.11所示。此时按空格键播放动画，即可看到动画效果，如图7.12所示。

图 7.9

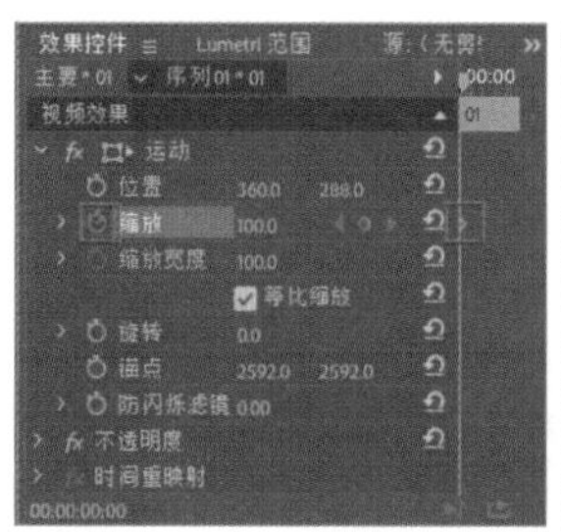

图 7.10

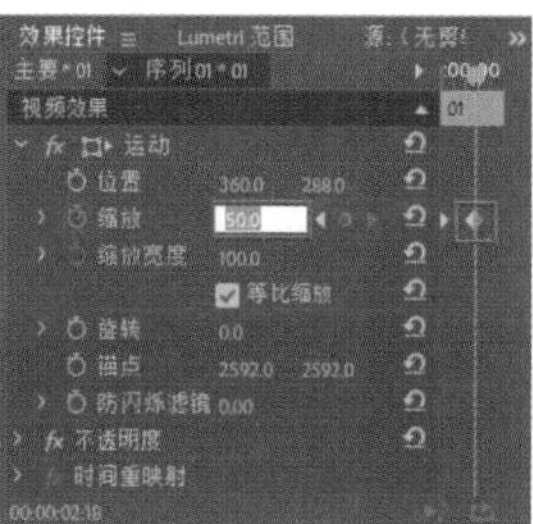

图 7.11

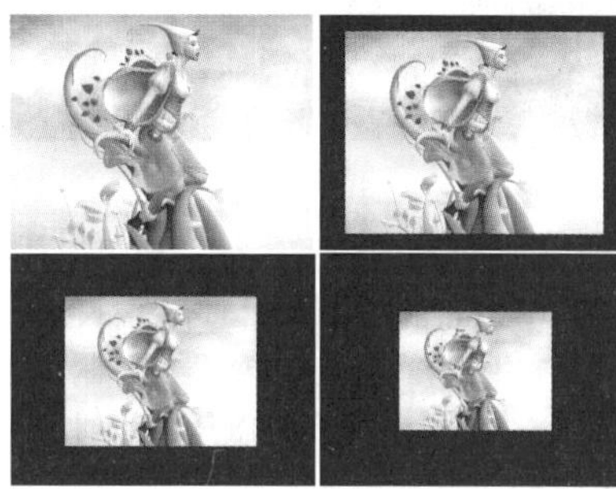

图 7.12

重点 7.2.2 单击【添加/移除关键帧】按钮添加关键帧

步骤 01 在【效果控件】面板中将时间线拖动到合适的位置，单击效果左侧的(切换动画)按钮，即可创建第1个关键帧，如图7.13所示。

步骤 02 此时该属性后会显示(添加/删除关键帧)按

钮，将时间线继续拖动到其他位置，单击◇按钮，即可手动创建第2个关键帧，如图7.14所示。此时该属性的参数与第1个关键帧的参数一致，如果需要更改，则直接更改即可。

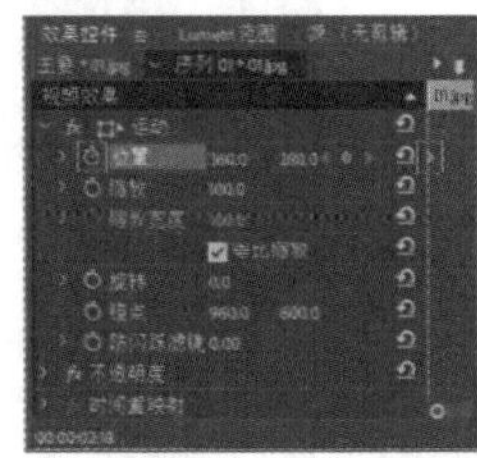

图 7.13

图 7.14

重点 7.2.3 在【节目监视器】面板中添加关键帧

步骤 01 在【效果控件】面板中将时间线拖动到合适的位置，更改所选效果的参数，然后单击效果左侧的按钮，此时会自动创建关键帧，如图7.15所示。添加关键帧后的效果如图7.16所示。

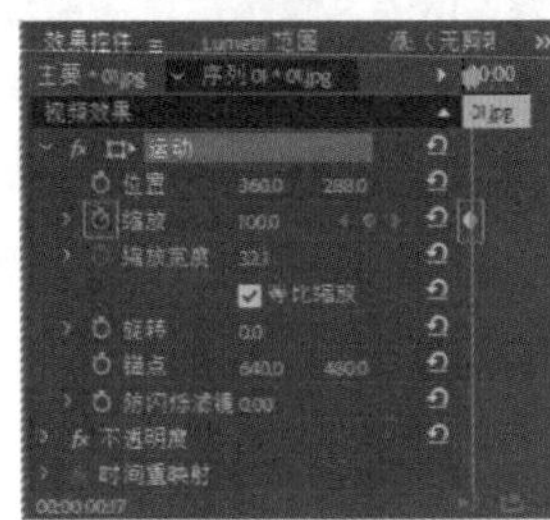

图 7.15

图 7.16

步骤 02 此时对时间线的位置进行移动，在【节目监视器】面板中选中该素材后双击，此时素材周围出现控制点，如图7.17所示。将光标放置在控制点上方，按住鼠标左键缩放素材，如图7.18所示，此时在【效果控件】面板中的时间线上自动创建关键帧，如图7.19所示。

图 7.17

图 7.18

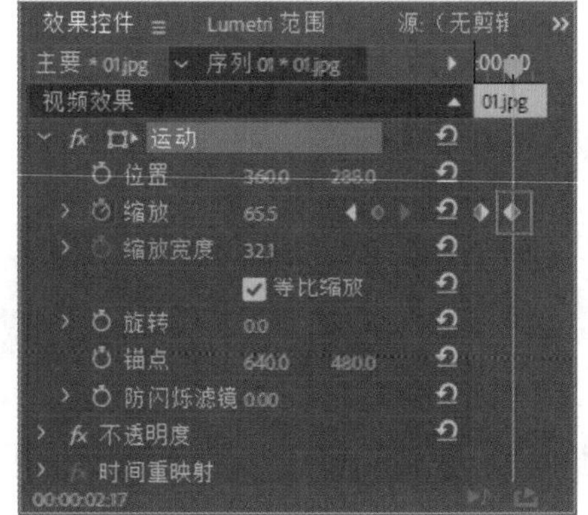

图 7.19

提示：在【效果】面板中为效果设置关键帧

在为【效果】面板中的效果添加关键帧或更改关键帧参数时，方法与【运动】和【不透明度】效果的添加方式相同，如图7.20和图7.21所示。

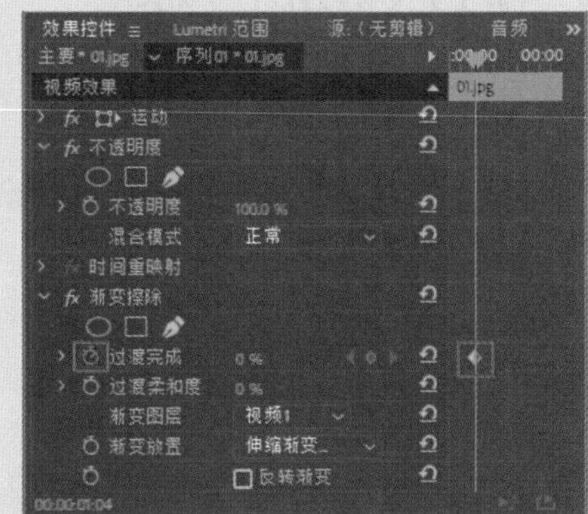

图 7.20

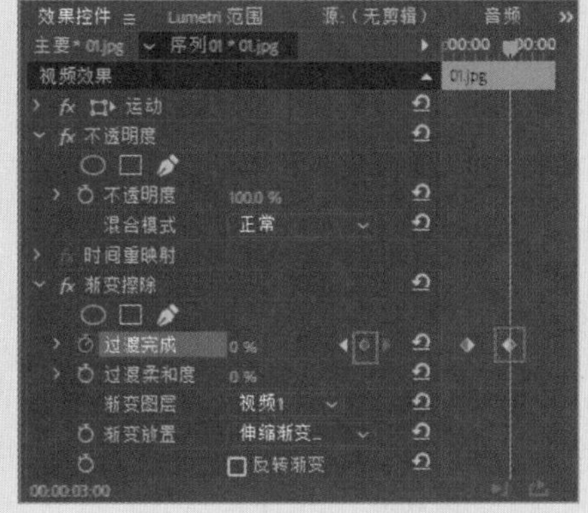

图 7.21

提示：在【时间轴】面板中为【不透明度】效果添加关键帧

在【时间轴】面板中双击V1轨道上1.jpg素材文件左侧的空白位置，如图7.22所示。

右击V1轨道上的1.jpg素材文件，在弹出的快捷菜单中执行【显示剪辑关键帧】/【不透明度】/【不透明度】命令，如图7.23所示。

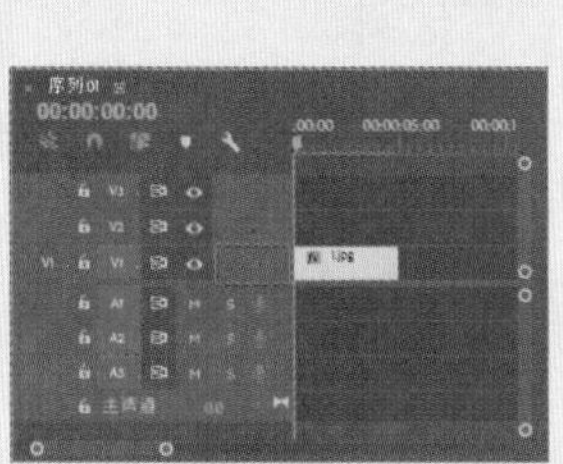

图 7.22

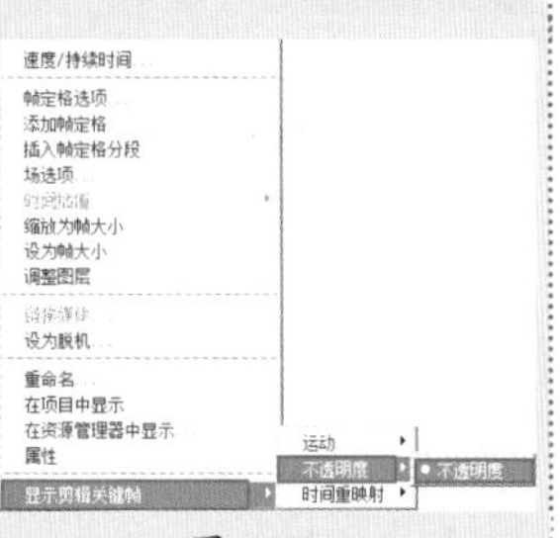

图 7.23

将时间线移动到起始帧的位置，单击V1轨道左侧的【添加/移除关键帧】按钮，此时在素材上方添加了一个关键帧，如图7.24所示。

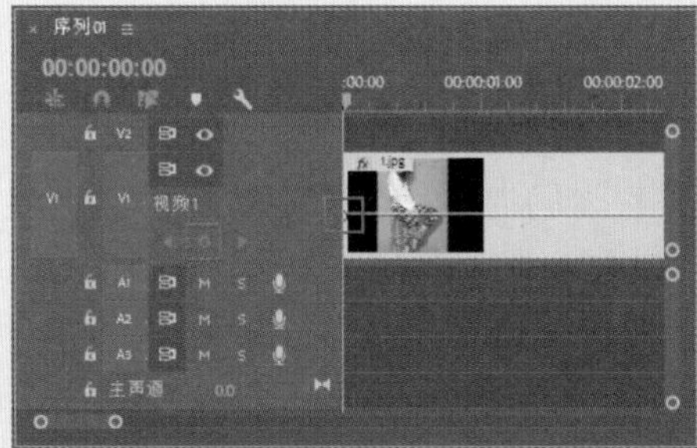

图 7.24

继续将时间线移动到合适的位置，单击V1轨道左侧的【添加/移除关键帧】按钮，此时为素材添加第2个关键帧，如图7.25所示。

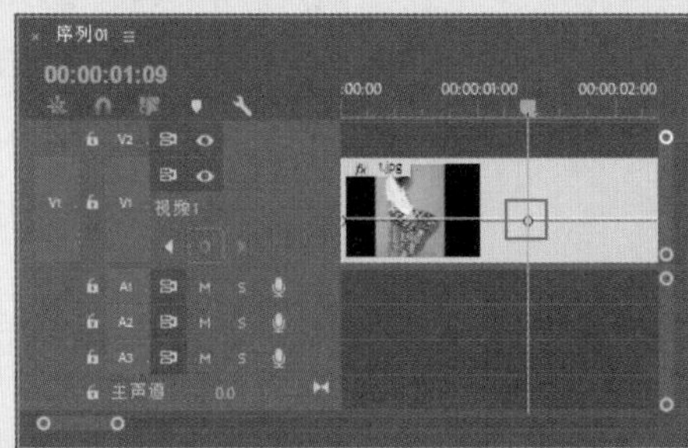

图 7.25

选择素材上方的关键帧，并将该关键帧的位置向上移动（向上表示不透明度数值增大），如图7.26所示。画面调整前后的对比效果如图7.27所示。

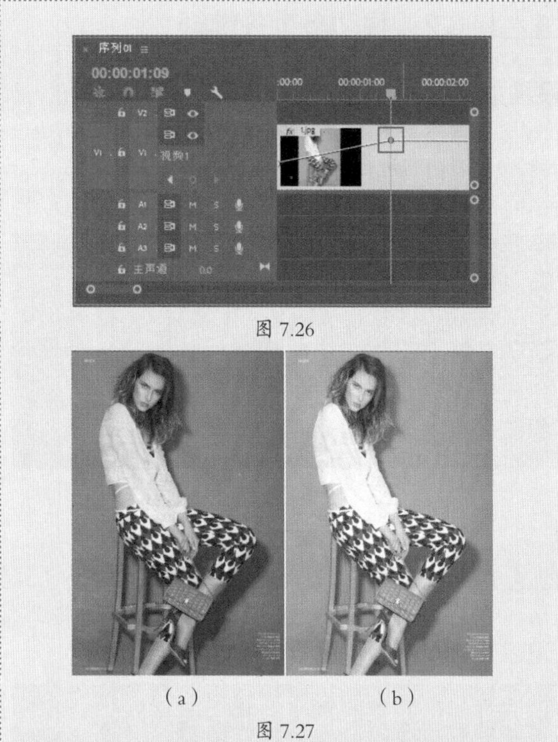

图 7.26

（a）　（b）

图 7.27

7.3 移动关键帧

移动关键帧所在的位置可以控制动画的节奏，两个关键帧隔得越远则动画呈现的效果越慢，越近则越快。

重点 7.3.1　移动单个关键帧

在【效果控件】面板中展开已制作完成的关键帧效果，单击【工具】面板中的（选择工具）按钮，将光标放在需要移动的关键帧上方，按住鼠标左键左右移动，当移动到合适的位置时释放鼠标，完成移动操作，如图7.28所示。

（a）　（b）

图 7.28

重点 7.3.2 移动多个关键帧

步骤 01 单击【工具】面板中的▶(选择工具)按钮，按住鼠标左键将需要移动的关键帧进行框选，将选中的关键帧向左或向右进行拖动即可完成移动操作，如图7.29所示。

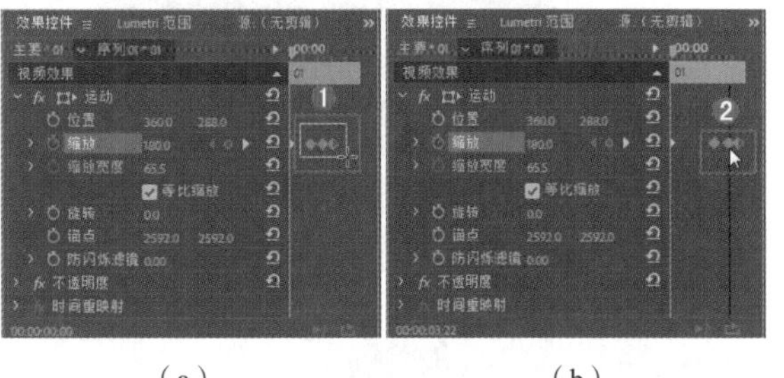

(a) (b)

图 7.29

步骤 02 当想要移动的关键帧不相邻时，单击【工具】面板中的▶(选择工具)按钮，按住Ctrl键或Shift键并选中需要移动的关键帧后拖动即可，如图7.30所示。

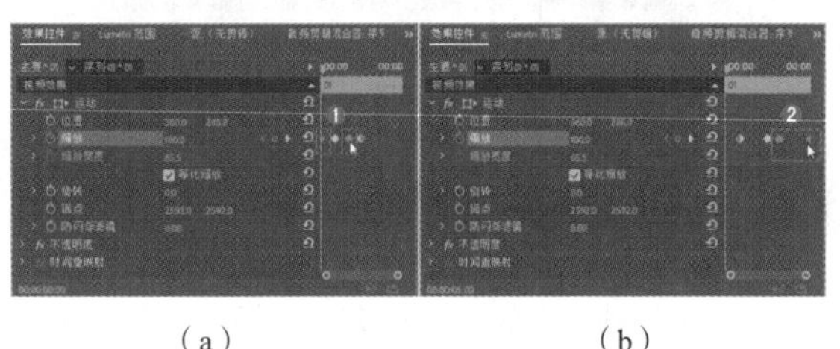

(a) (b)

图 7.30

提示：在【节目监视器】面板中对【位置】效果手动制作关键帧

(1) 选择设置完关键帧的【位置】效果，如图7.31所示。在【节目监视器】面板中双击，此时素材周围出现控制点，如图7.32所示。

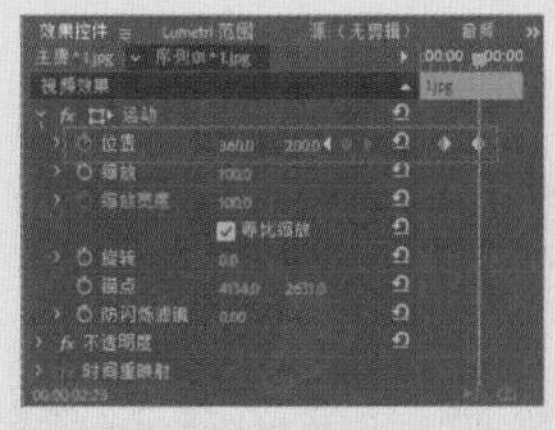

图 7.31

图 7.32

(2) 单击【工具】面板中的▶(选择工具)按钮，在【节目监视器】面板中拖动路径的控制柄，将直线路径手动拖动为弧形，如图7.33所示。此时拖动时间线查看效果时，素材以弧形的运动方式呈现在画面中，如图7.34所示。

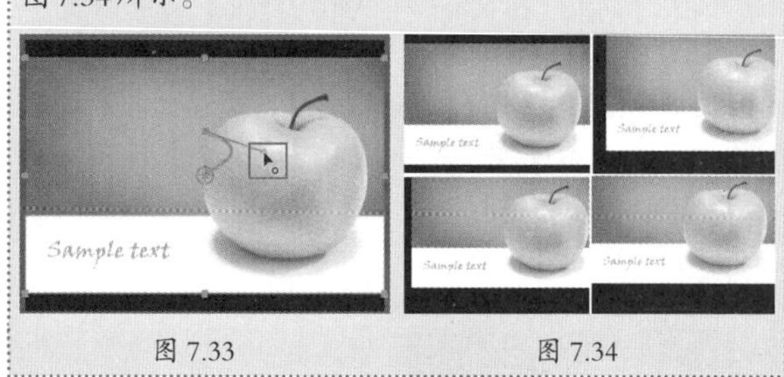

图 7.33　　图 7.34

7.4 删除关键帧

在实际操作中，有时会在素材文件中添加一些多余的关键帧，这些关键帧既无实质性用途又使动画变得复杂，此时需要将多余的关键帧进行删除。删除关键帧的常用方法有以下3种。

7.4.1 使用快捷键快速删除关键帧

单击【工具】面板中的▶(选择工具)按钮，在【效果控件】面板中选择需要删除的关键帧，按Delete键即可完成删除操作，如图7.35所示。

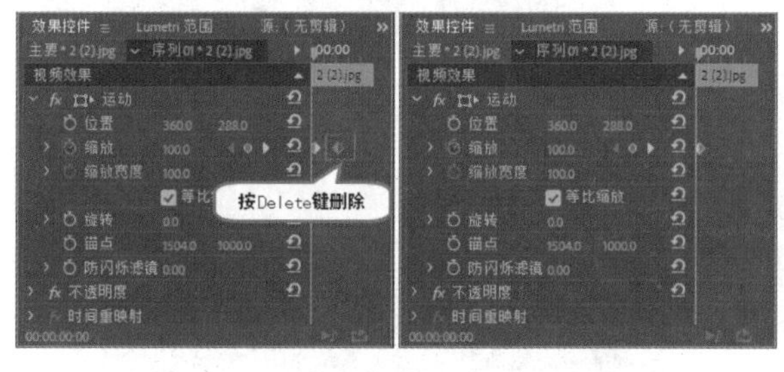

(a) (b)

图 7.35

7.4.2 单击【添加/移除关键帧】按钮删除关键帧

在【效果控件】面板中将时间线拖动到需要删除的关键帧上，此时单击已启用的◆(添加/移除关键帧)按钮，即可删除关键帧，如图7.36所示。

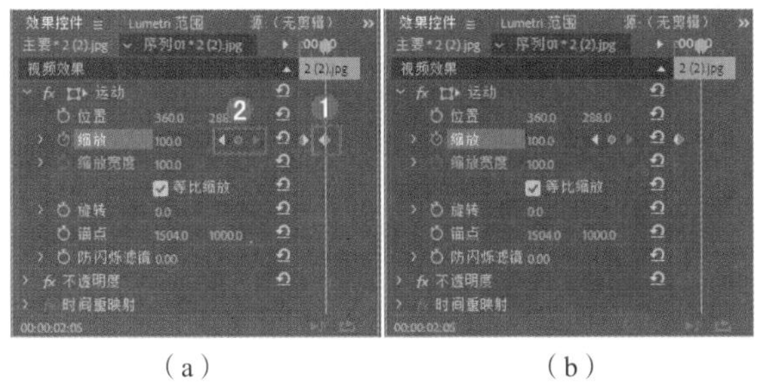

（a）　　　　　　　　（b）

图 7.36

7.4.3　在快捷菜单中删除关键帧

单击【工具】面板中的▶（选择工具）按钮，右击需要删除的关键帧，在弹出的快捷菜单中执行【清除】命令，即可删除关键帧，如图7.37所示。

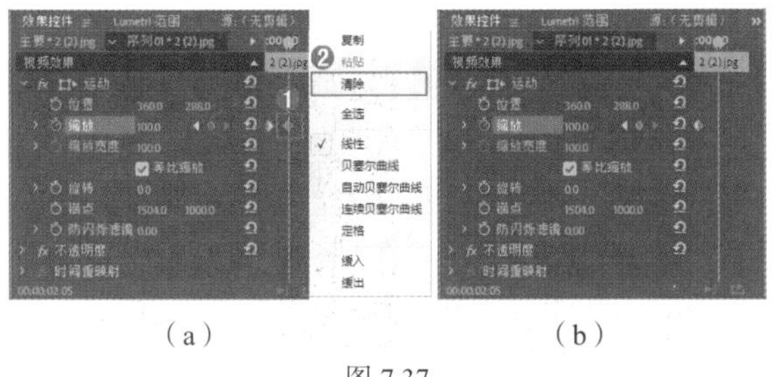

（a）　　　　　　　　（b）

图 7.37

7.5 复制关键帧

在制作影片或动画时，经常会遇到不同素材使用同一组关键帧动画的情况。此时可选中这组制作完的关键帧动画，使用复制、粘贴命令以更便捷的方式完成其他素材的动画制作。复制关键帧有以下3种方法。

7.5.1　使用Alt键复制

单击【工具】面板中的▶（选择工具）按钮，在【效果控件】面板中选择需要复制的关键帧，然后按住Alt键将其向左或向右拖动进行复制，如图7.38所示。

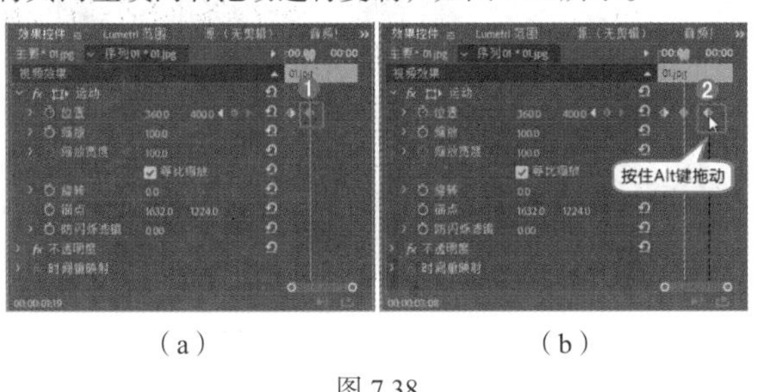

（a）　　　　　　　　（b）

图 7.38

7.5.2　在快捷菜单中复制

步骤 01 单击【工具】面板中的▶（选择工具）按钮，在【效果控件】面板中右击需要复制的关键帧，在弹出的快捷菜单中执行【复制】命令，如图7.39所示。

步骤 02 将时间线拖动到合适的位置并右击，在弹出的快捷菜单中执行【粘贴】命令，此时复制的关键帧出现在时间线上，如图7.40所示。

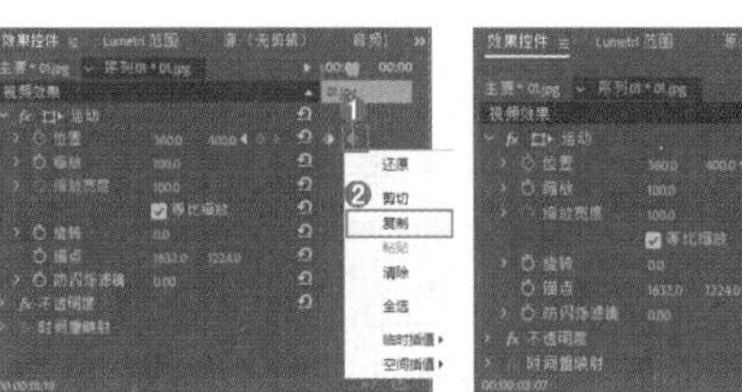

图 7.39　　　　　　图 7.40

7.5.3　使用快捷键复制

步骤 01 单击【工具】面板中的▶（选择工具）按钮，选择需要复制的关键帧，然后使用快捷键Ctrl+C复制，如图7.41所示。

步骤 02 将时间线拖动到合适的位置，使用快捷键Ctrl+V粘贴，如图7.42所示。这种方法在制作动画时简单且节约时间，是较为常用的方法。

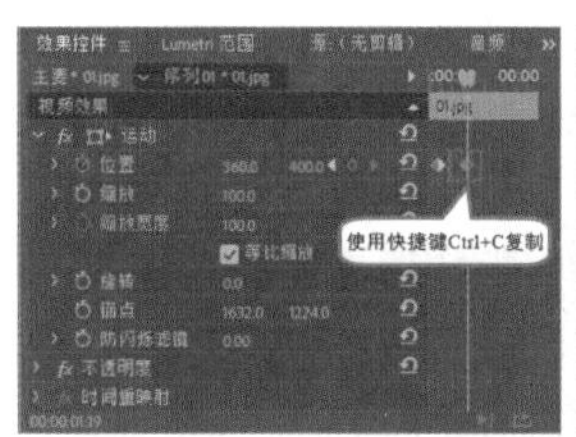

图 7.41

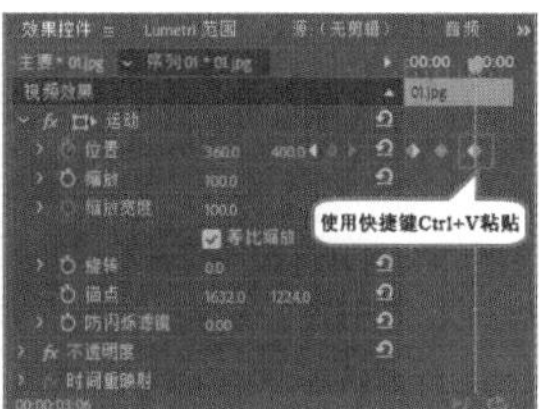

图 7.42

重点 7.5.4　复制关键帧到另外一个素材中

除可以在同一个素材中复制、粘贴关键帧以外，还可以将关键帧动画复制到其他素材上。

步骤 01 选择一个素材中的关键帧，如选择【位置】效果中的所有关键帧，如图7.43所示。

步骤 02 使用快捷键Ctrl+C复制，然后在【时间轴】面板中选择另外一个素材，并选择【效果控件】中的【位置】效果，如图7.44所示。

图 7.43

图 7.44

步骤 03 使用快捷键Ctrl+V完成复制，如图7.45所示。

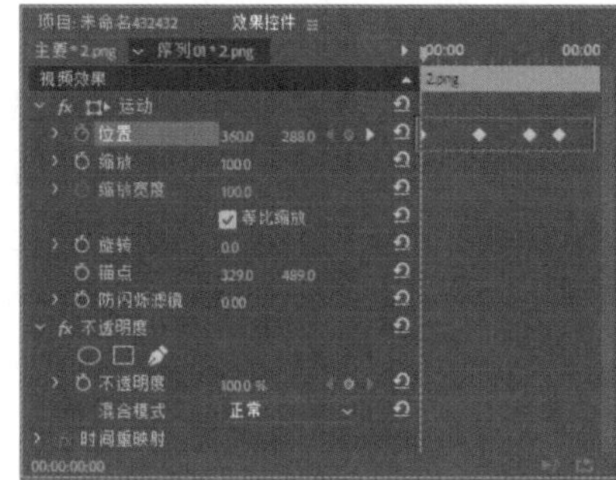

图 7.45

7.6 关键帧插值

插值是指在两个已知值之间填充未知数据的过程。关键帧插值可以控制关键帧的速度变化状态，主要分为【临时插值】和【空间插值】两种。在一般情况下，系统默认使用线性插值法。若想更改插值类型，可右击关键帧，在弹出的快捷菜单中执行相应的命令进行更改，如图7.46所示。

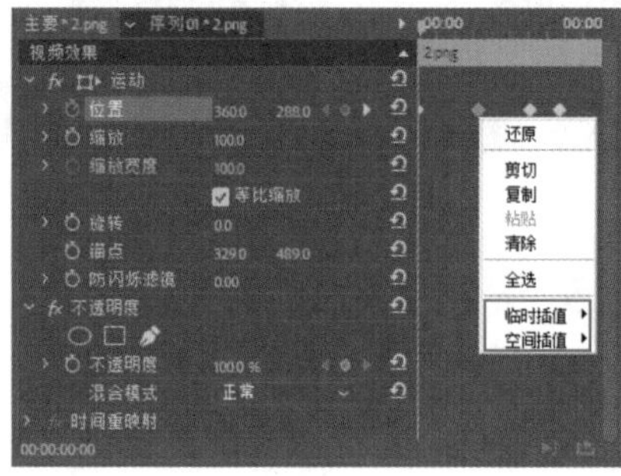

图 7.46

7.6.1 临时插值

临时插值可以控制关键帧在时间线上的速度变化状态。【临时插值】的子菜单如图7.47所示。

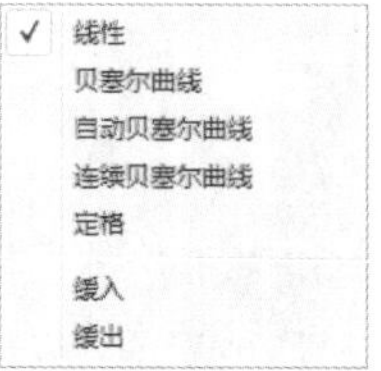

图 7.47

1. 线性

线性插值可以创建关键帧之间的匀速变化。首先在【效果控件】面板中针对某一效果添加两个或两个以上关键帧，然后右击添加的关键帧，在弹出的快捷菜单中执行【临时插值】/【线性】命令，拖动时间线，当时间线与关键帧的位置重合时，该关键帧由灰色变为蓝色，此时的动画效果更为匀速平缓，如图7.48所示。

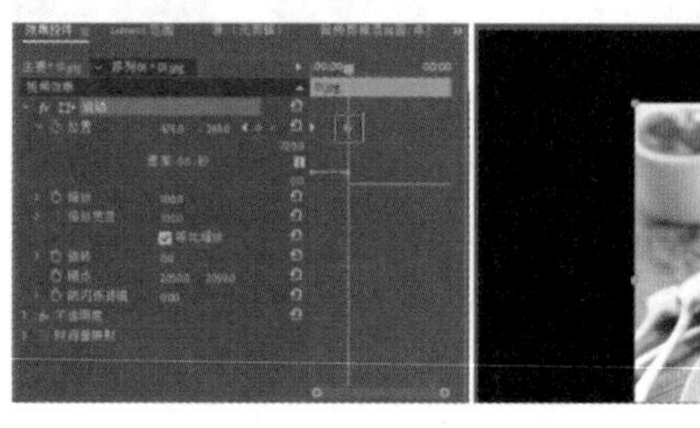

（a）（b）

图 7.48

2. 贝塞尔曲线

贝塞尔曲线插值可以在关键帧的任一侧手动调整图表的形状及变化速率。在快捷菜单中执行【临时插值】/【贝塞尔曲线】命令，拖动时间线，当时间线与关键帧的位置重合时，该关键帧样式变为，并且可在【节目监视器】面板中通过拖动曲线控制柄来调节曲线两侧，从而改变动画的运动速度，如图7.49所示。在调节过程中，单独调节其中一个控制柄，另一个控制柄不发生变化。

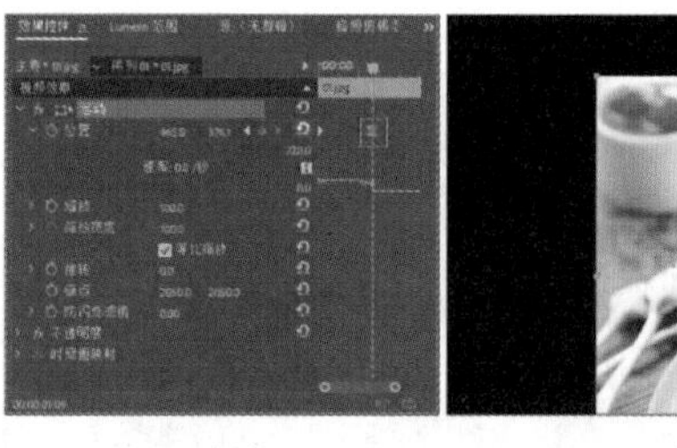

（a）（b）

图 7.49

3. 自动贝塞尔曲线

自动贝塞尔曲线插值可以调整关键帧的平滑变化速率。执行【临时插值】/【自动贝塞尔曲线】命令，拖动时间线，当时间线与关键帧的位置重合时，该关键帧样式变为，如图7.50（a）所示。在曲线节点的两侧会出现两个没有控制线的控制点，拖动控制点可将自动曲线转换为弯曲的贝塞尔曲线，如图7.50（b）所示。

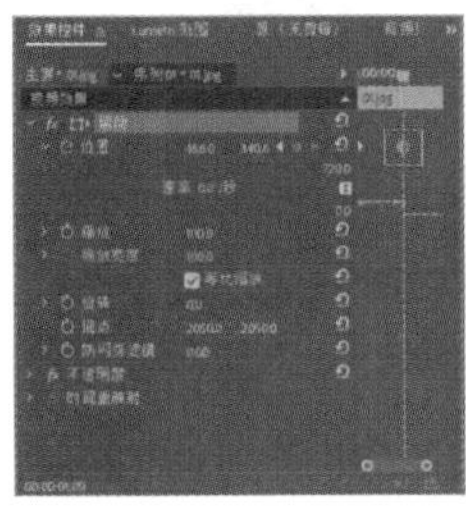
（a）

（b）

图 7.50

4. 连续贝塞尔曲线

连续贝塞尔曲线插值可以创建通过关键帧的平滑变化速率。执行【临时插值】/【连续贝塞尔曲线】命令，拖动时间线，当时间线与关键帧的位置重合时，该关键帧样式变为，如图7.51（a）所示。双击【节目监视器】面板中的画面，此时会出现两个控制柄，可以通过拖动控制柄来改变两侧的曲线弯曲程度，从而改变动画效果，如图7.51（b）所示。

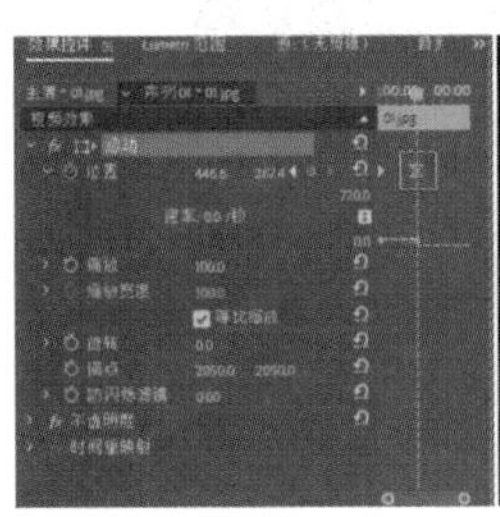
（a）

（b）

图 7.51

5. 定格

定格插值可以更改属性值且不产生渐变过渡。执行【临时插值】/【定格】命令，拖动时间线，当时间线与关键帧的位置重合时，该关键帧样式变为，如图7.52（a）所示。两个速率曲线节点将根据节点的运动状态自动调节速率曲线的弯曲程度，如图7.52（b）所示。当动画播放到该关键帧时，将出现保持前一关键帧画面的效果。

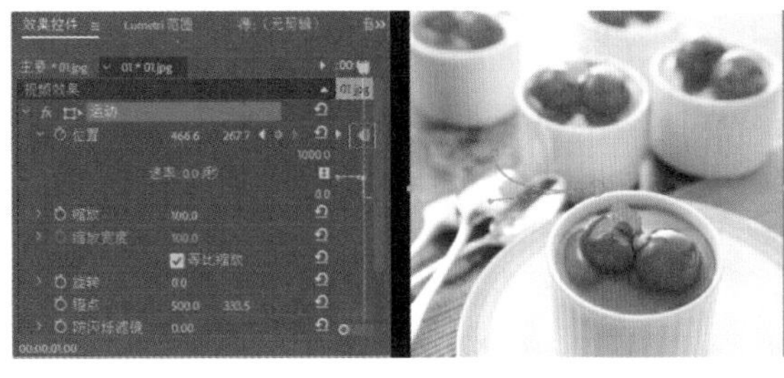
（a）　　（b）

图 7.52

6. 缓入

缓入插值可以减慢进入关键帧的值变化。执行【临时插值】/【缓入】命令，拖动时间线，当时间线与关键帧的位置重合时，该关键帧样式变为，速率曲线节点前面将变成缓入的曲线效果，如图7.53所示。当拖动时间线播放动画时，动画在进入该关键帧时速度逐渐减缓，消除因速度波动大而产生的画面不稳定感。

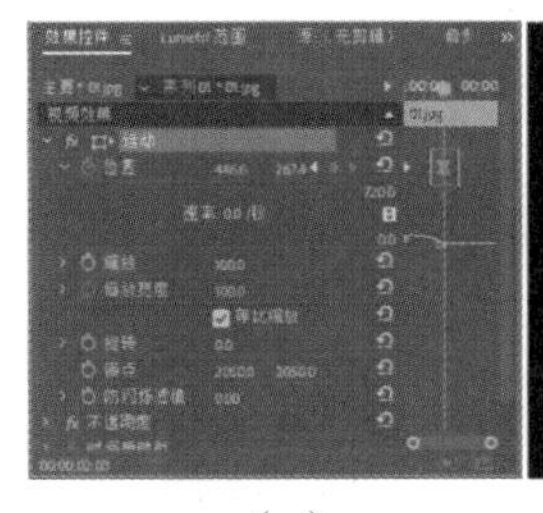
（a）

（b）

图 7.53

7. 缓出

缓出插值可以逐渐加快离开关键帧的值变化。执行【临时插值】/【缓出】命令，拖动时间线，当时间线与关键帧的位置重合时，该关键帧样式变为，速率曲线节点后面将变成缓出的曲线效果，如图7.54所示。当播放动画时，可以使动画在离开该关键帧时速率减缓，同样可消除因速度波动大而产生的画面不稳定感，与缓入是相同的道理。

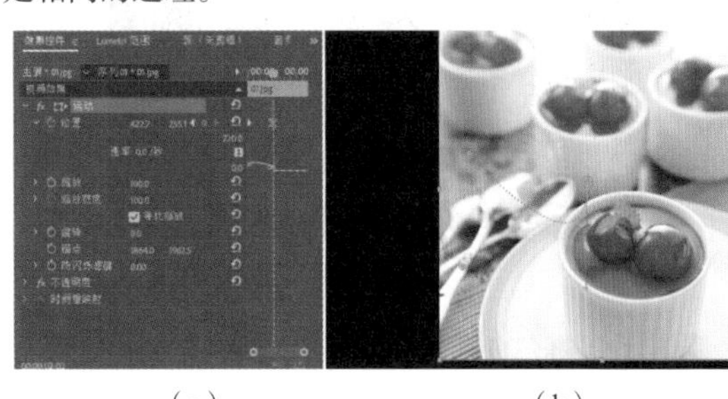
（a）　　（b）

图 7.54

7.6.2 空间插值

空间插值可以设置关键帧的过渡效果，如转折强烈的线性方式、过渡柔和的自动贝塞尔曲线方式等，如图7.55所示。

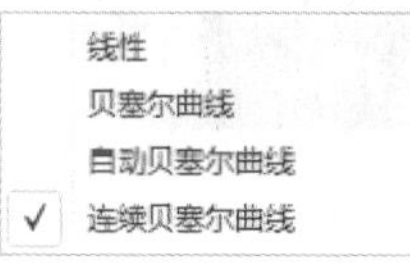

图 7.55

1. 线性

执行【空间插值】/【线性】命令时，关键帧两侧线段为直线，角度转折较明显，如图7.56所示。播放动画时会产生位置突变的效果。

图 7.56

2. 贝塞尔曲线

执行【空间插值】/【贝塞尔曲线】命令时，可在【节目监视器】面板中手动调节控制点两侧的控制柄，通过控制柄来调节曲线形状和画面的动画效果，如图7.57所示。

图 7.57

3. 自动贝塞尔曲线

执行【空间插值】/【自动贝塞尔曲线】命令时，可以更改自动贝塞尔关键帧数值，控制点两侧的手柄位置会自动更改，以保持关键帧之间的平滑速率。如果手动调整自动贝塞尔曲线的方向手柄，则可以将其转换为连续贝塞尔曲线的关键帧，如图7.58所示。

图 7.58

4. 连续贝塞尔曲线

执行【空间插值】/【连续贝塞尔曲线】命令时，也可以手动设置控制点两侧的控制柄来调整曲线方向，与【自动贝塞尔曲线】的操作相同，如图7.59所示。

图 7.59

7.7 常用关键帧动画实例

通过对关键帧动画的创建、编辑等操作的学习，读者应该对关键帧有了很清晰的认识。本节会通过大量的实例，为读者朋友开启动画制作的大门，动画的创建方式比较简单，但是需要注意完整作品的制作思路。

7.7.1 实例：视频变速动画

扫一扫，看视频

文件路径：第7章 关键帧动画→实例：视频变速动画

本实例使用【时间重映射】命令及【钢笔工具】按钮制作视频变速效果，通过本案例可以学会如何对视频的速度进行任意调整，使得视频画面变得更有韵律。实例效果如图7.60所示。

图 7.60

步骤 01 执行【文件】/【新建】/【项目】命令，新建一个项目。执行【文件】/【导入】命令，弹出【导入】对话框，导入全部素材文件，如图7.61所示。

图 7.61

步骤 02 在【项目】面板中依次将1.mp4、2.mp4视频素材文件拖动到【时间轴】面板中的V1轨道上，如图7.62所示。

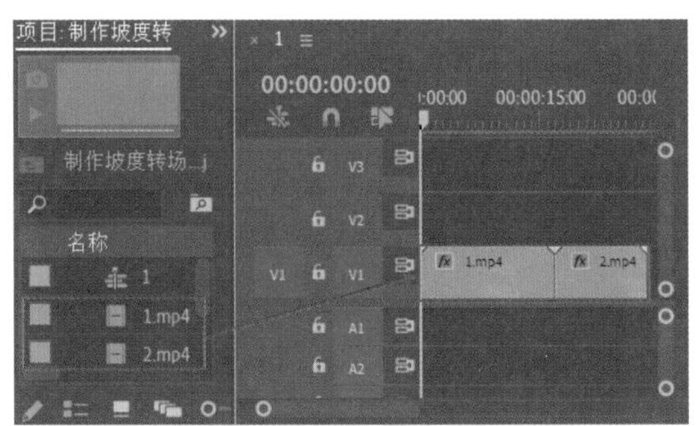

图 7.62

步骤 03 选择V1轨道上的1.mp4素材文件并右击，在弹出的快捷菜单中执行【显示剪辑关键帧】/【时间重映射】/【速度】命令，如图7.63所示。此时将素材轨道拉高，可以看到视频素材上的速度线条，如图7.64所示。

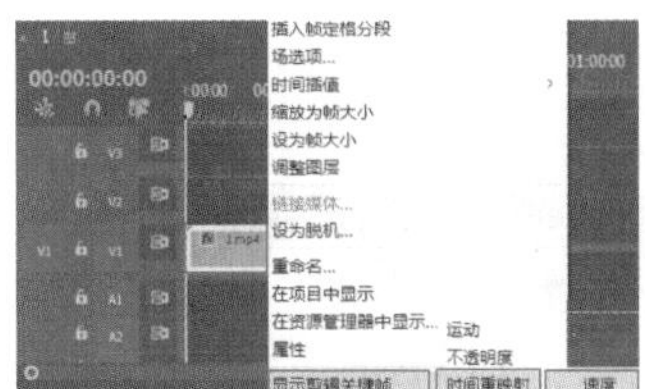

图 7.63

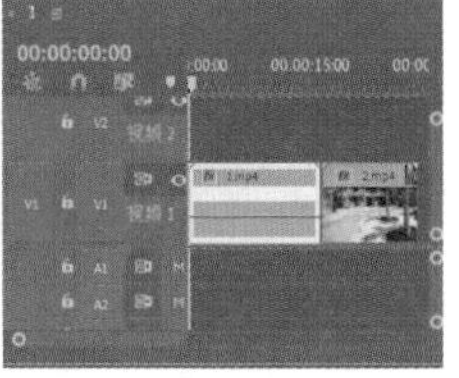

图 7.64

步骤 04 使用同样的方法调出2.mp4素材文件的速度线条，如图7.65所示。在【工具】面板中单击（钢笔工具）按钮，分别在00:00:12:00（12秒）和00:00:22:00（22秒）的位置添加锚点，如图7.66所示。

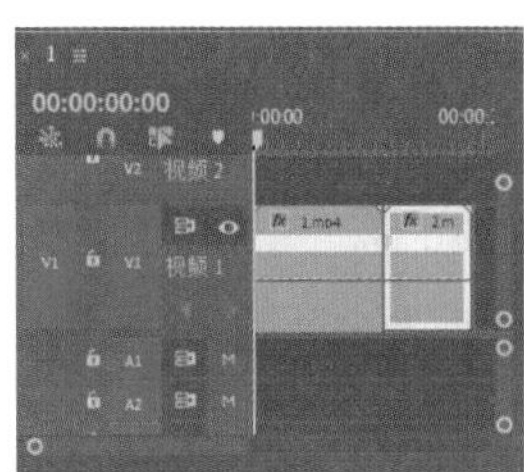

图 7.65

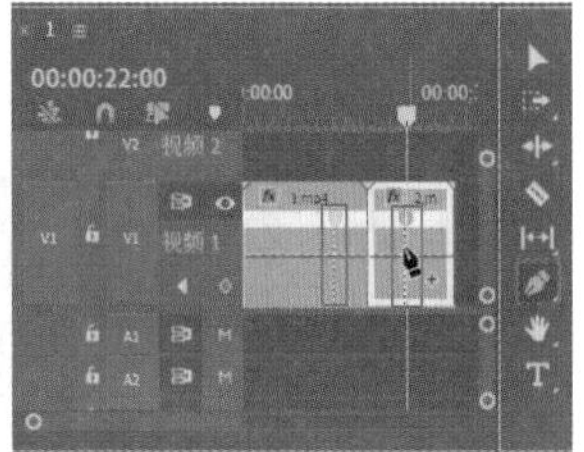

图 7.66

步骤 05 选择1.mp4中锚点后部的线段，按住鼠标左键向上拖动，提高素材的速度，如图7.67所示。释放鼠标后视频素材的持续时间变短，速度变慢，此时按住鼠标左键将2.mp4素材文件向前跟进，如图7.68所示。

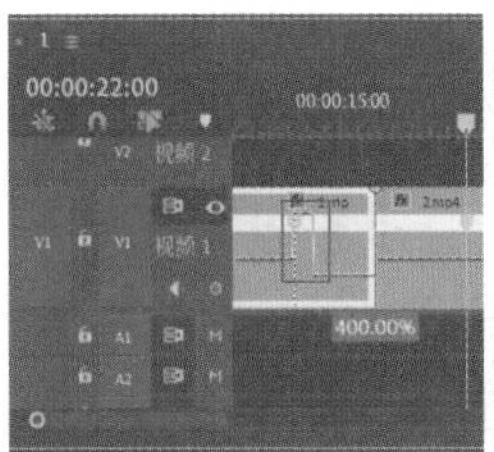

图 7.67

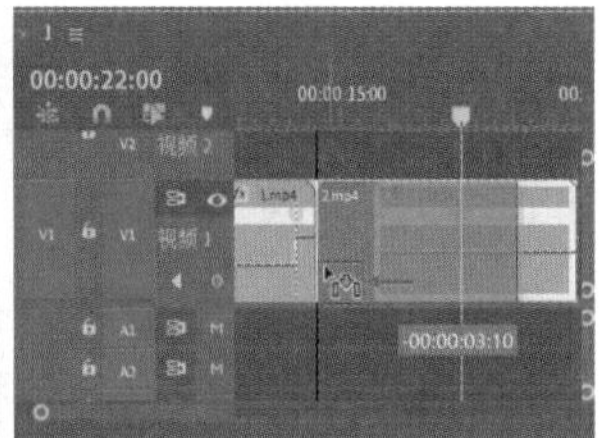

图 7.68

步骤 06 选择2.mp4锚点前的线段，同样按住鼠标左键向上拖动，如图7.69所示。

步骤 07 调整标记，使两段线段呈坡状，如图7.70所示。

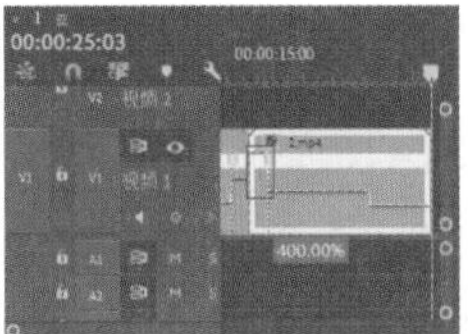

图 7.69

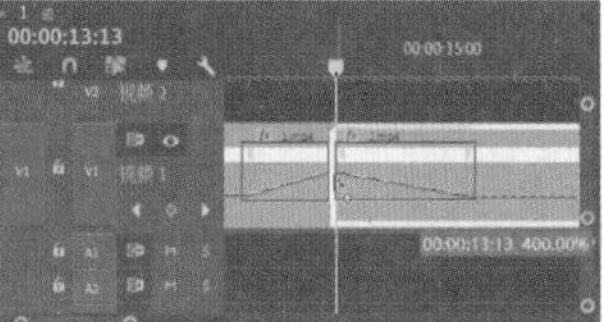

图 7.70

步骤 08 将【项目】面板中的配乐素材拖动到A1轨道上，如图7.71所示。将时间线拖动到视频素材的结束位置，按C键将光标切换为【剃刀工具】，在当前位置剪辑音频素材，如图7.72所示。

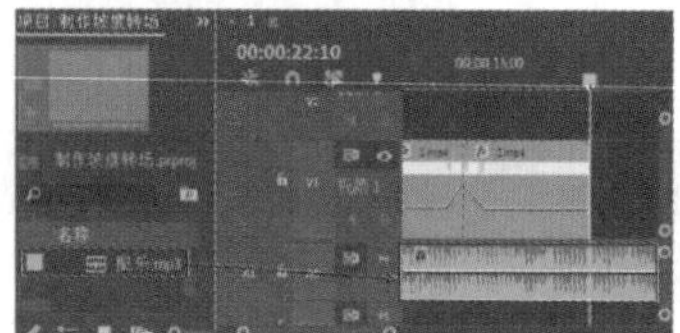

图 7.71　　图 7.72

步骤 09 选择剪辑后的后半部分音频素材，按Delete键将其删除，如图7.73所示。制作淡出音效，在【效果】面板中搜索【指数淡化】，将该效果拖动到音频素材的结束位置，如图7.74所示。

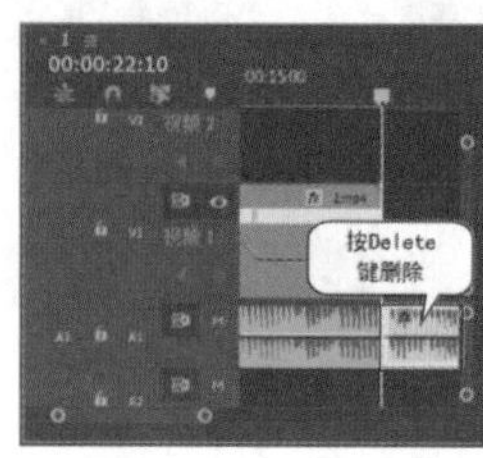

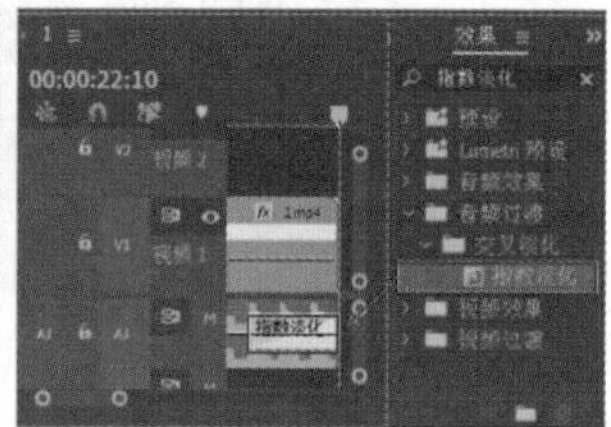

图 7.73　　图 7.74

步骤 10 本实例制作完成，拖动时间线查看画面效果，如图7.75所示。

图 7.75

7.7.2 实例：香水产品广告动画

扫一扫，看视频

文件路径：第7章 关键帧动画→实例：香水产品广告动画

本实例首先使用【圆划像】效果制作背景的过渡效果，然后使用【颜色键】效果去除香水的绿色背景，最后在画面中输入文字并为其添加渐变、百叶窗等动画效果。实例效果如图7.76所示。

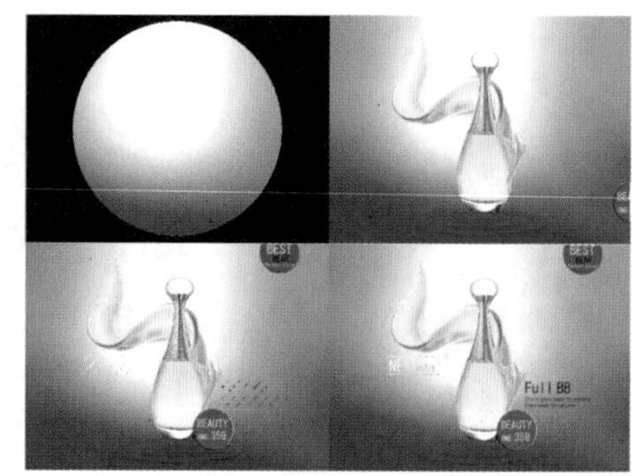

图 7.76

1. 制作图片部分

步骤 01 执行【文件】/【新建】/【项目】命令，新建一个项目。在【项目】面板的空白处右击，在弹出的快捷菜单中执行【新建项目】/【序列】命令，弹出【新建序列】对话框，在DV-PAL文件夹下选择【标准48kHz】。执行【文件】/【导入】命令，弹出【导入】对话框，导入全部素材文件，如图7.77所示。

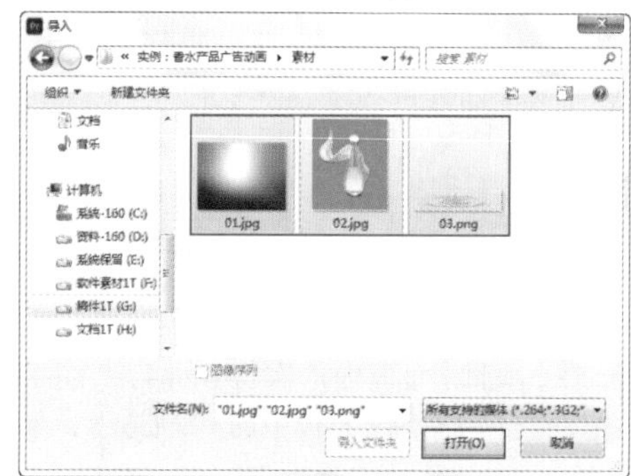

图 7.77

步骤 02 将【项目】面板中的01.jpg、02.jpg素材文件分别拖动到V1和V3轨道上，如图7.78所示。

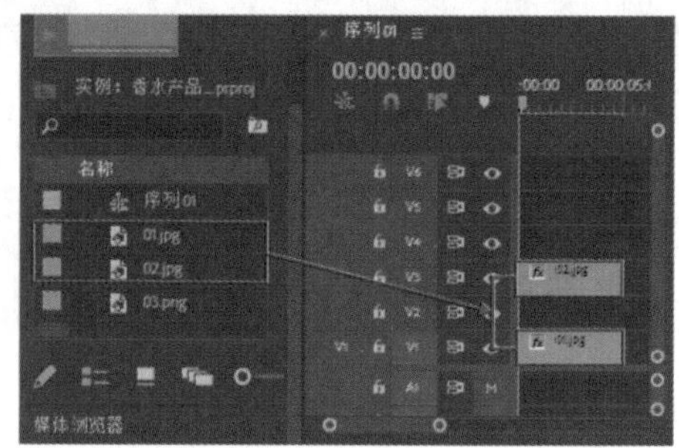

图 7.78

步骤 03 为了便于操作和观看，单击V3轨道左侧的按钮对轨道内容进行隐藏，然后选择V1轨道上的01.jpg素材文件，在【效果控件】面板中展开【运动】效果，设置【缩放】为75.0，如图7.79所示。此时画面效果如图7.80所示。

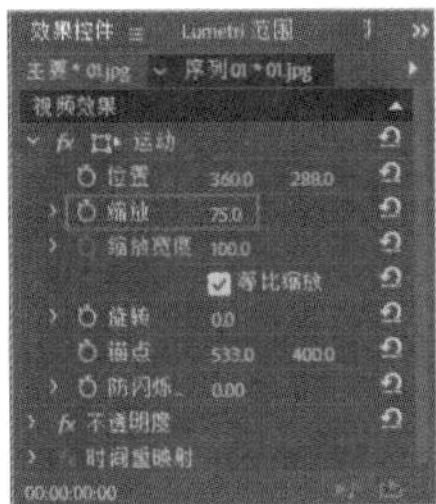

图 7.79

图 7.80

步骤 04 在【效果】面板的搜索框中搜索【Brightness & Contrast】，并按住鼠标左键将它拖动到V1轨道的01.jpg素材文件上，如图7.81所示。

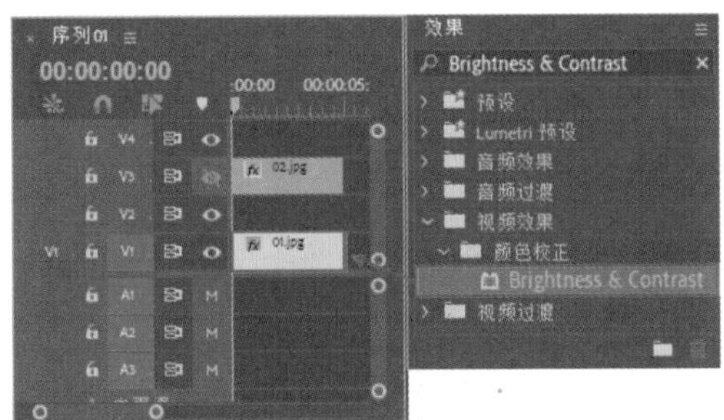

图 7.81

步骤 05 在【效果控件】面板中展开【Brightness & Contrast】效果，设置【亮度】为25.0，【对比度】为5.0，如图7.82所示。此时画面效果如图7.83所示。

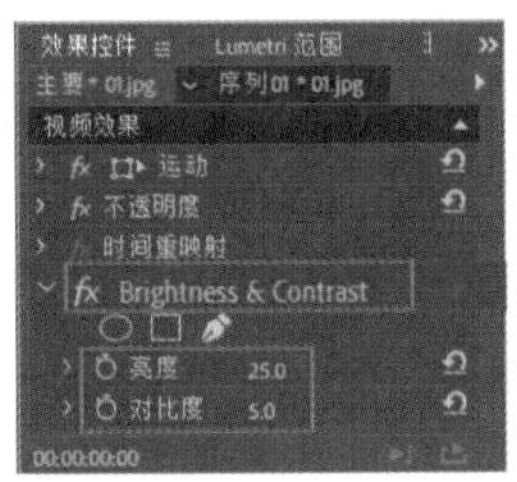

图 7.82

图 7.83

步骤 06 在【效果】面板的搜索框中搜索【圆划像】，按住鼠标左键将它拖动到V1轨道上的01.jpg素材文件的起始位置，如图7.84所示。此时拖动时间线，画面效果如图7.85所示。

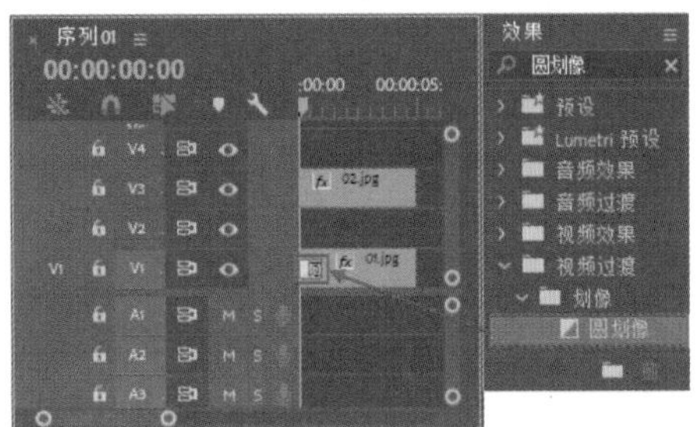

图 7.84

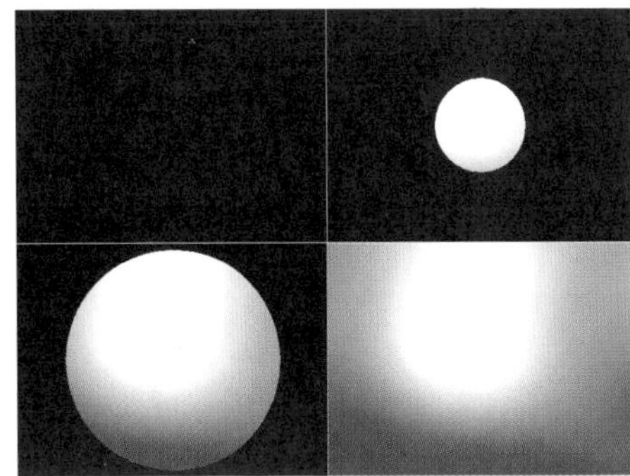

图 7.85

步骤 07 显示并选择V3轨道上的02.jpg素材文件，在【效果控件】面板中展开【运动】效果，设置【位置】为(338.0,288.0)，【缩放】为77.0，展开【不透明度】效果，将时间线拖动到00:00:01:00（1秒）的位置，单击【不透明度】后面的◆（添加/移除关键帧）按钮，设置【不透明度】为0.0%，继续将时间线拖动到00:00:02:00（2秒）的位置，设置【不透明度】为100.0%，如图7.86所示。此时画面效果如图7.87所示。

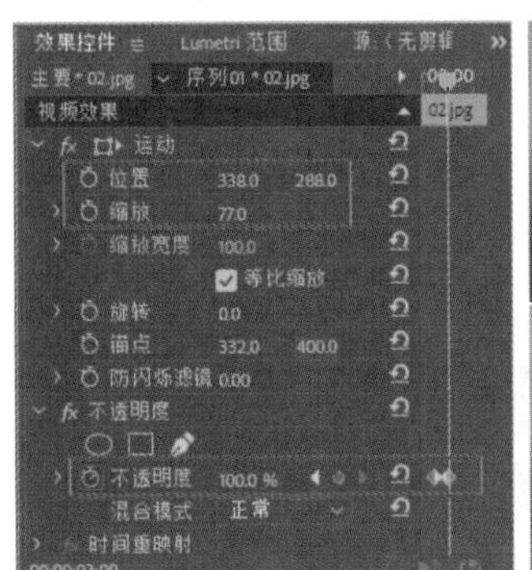

图 7.86

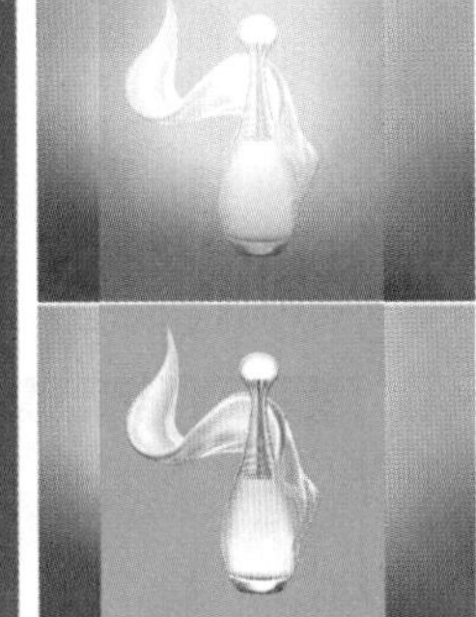

图 7.87

步骤 08 去除香水的绿色背景。在【效果】面板的搜索框中搜索【颜色键】，并按住鼠标左键将该效果拖动到V3轨道的02.jpg素材文件上，如图7.88所示。

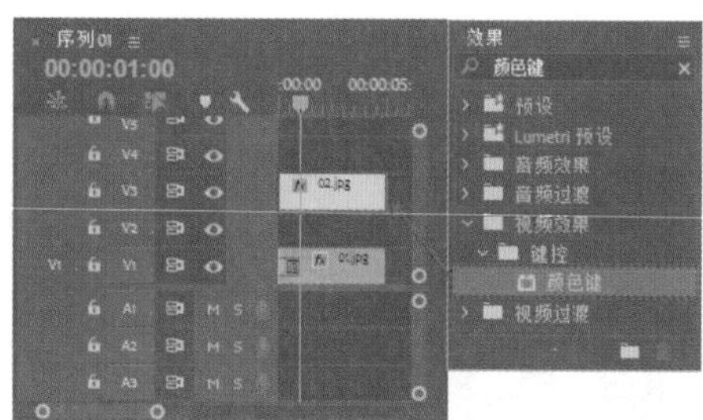

图 7.88

步骤 09 在【效果控件】面板中展开【颜色键】效果，单击【主要颜色】右侧的（吸管工具）按钮，吸取香水的背景颜色，如图7.89所示。此时【效果控件】面板中【颜色键】下方的【主要颜色】变为绿色，设置【颜色容差】为116，如图7.90所示。去除背景后的画面效果如图7.91所示。

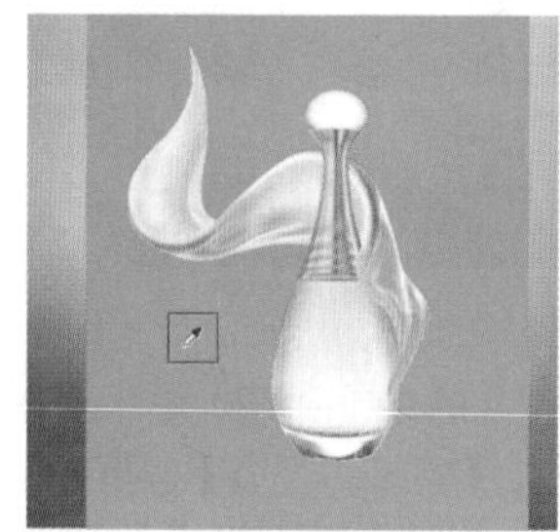

图 7.89

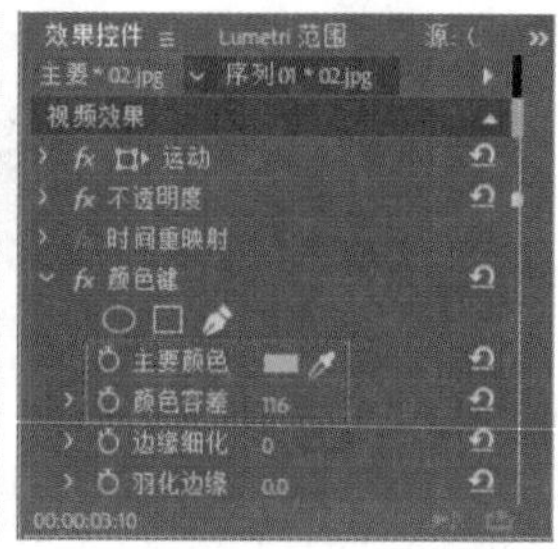

图 7.90

图 7.91

步骤 10 提高香水亮度，使香水更加透亮。在【效果】面板的搜索框中搜索【亮度曲线】，并按住鼠标左键将该效果拖动到V3轨道的02.jpg素材文件上，如图7.92所示。

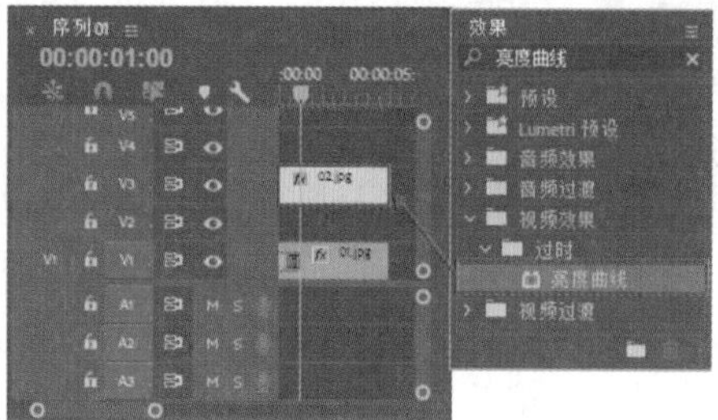

图 7.92

步骤 11 在【效果控件】面板中展开【亮度曲线】效果，在【亮度波形】曲线上添加两个控制点使其呈现S形，如图7.93所示。此时香水效果如图7.94所示。

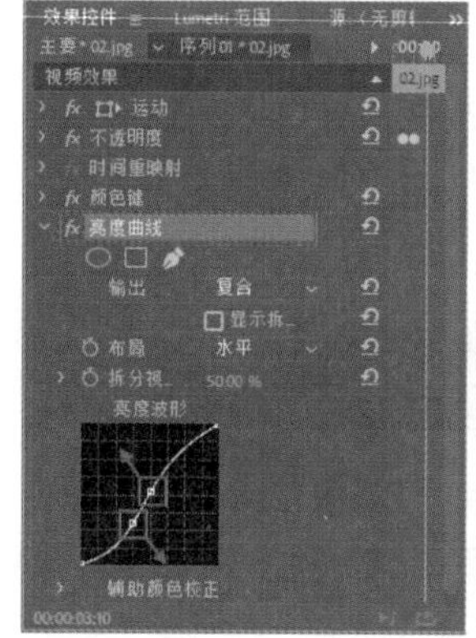

图 7.93

图 7.94

步骤 12 将【项目】面板中的03.png素材文件拖动到V2轨道上，如图7.95所示。

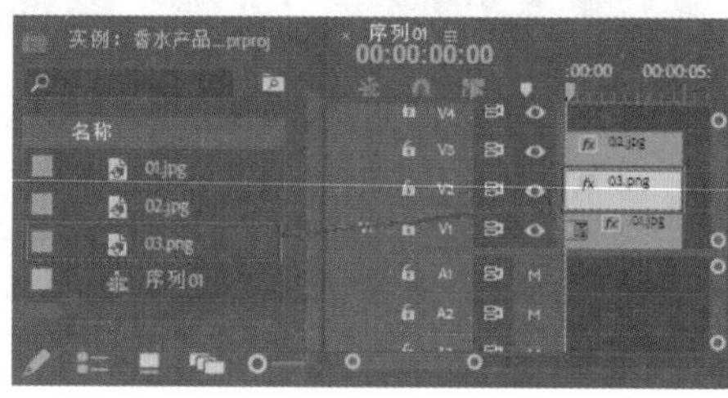

图 7.95

步骤 13 在【效果控件】面板中展开【运动】效果，设置【位置】为(374.0,517.0)，将时间线拖动到00:00:01:00（1秒）的位置，单击【缩放】左侧的按钮，开启自动关键帧，设置【缩放】为0.0，继续将时间线拖动到00:00:02:00（2秒）的位置，设置【缩放】为23.0，如图7.96所示。此时画面效果如图7.97所示。

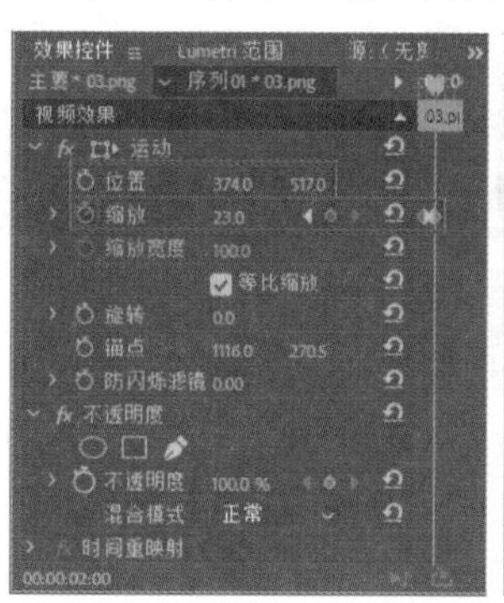

图 7.96

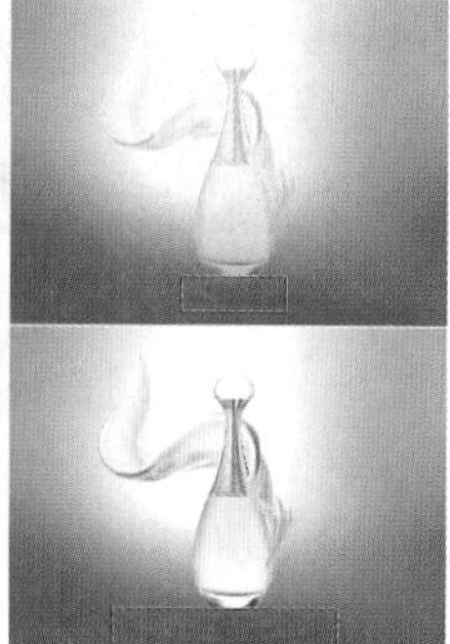

图 7.97

2. 制作文字部分

步骤 01 将时间线滑动至起始位置，在不选中任何图层的状态下，在【工具】面板中单击⬭(椭圆工具)按钮，在【节目监视器】面板中按住Shift键的同时按住鼠标左键在画面底部拖动绘制一个正圆，如图7.98所示。

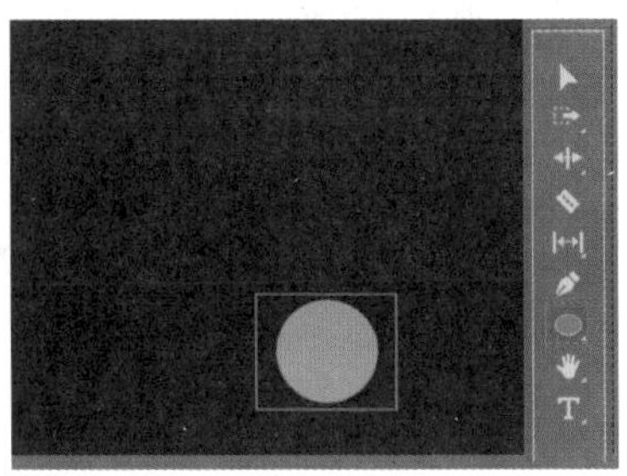

图 7.98

步骤 02 选中图形，在【效果控件】面板中展开【形状】/【外观】，设置【填充颜色】为洋红色，接着展开【变换】，设置【位置】为(400.0,443.2)，如图7.99所示。此时画面效果如图7.100所示。

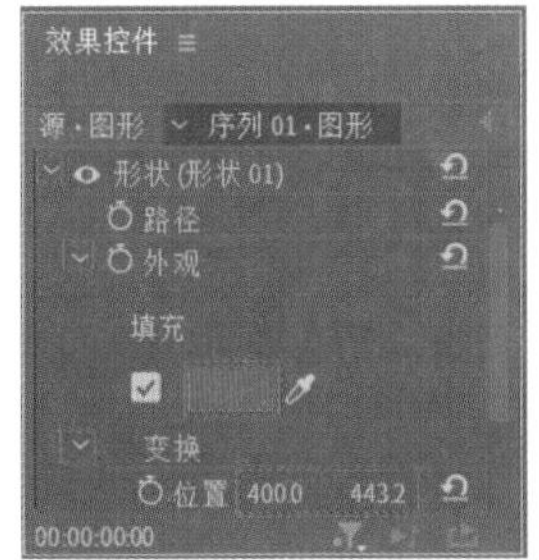

图 7.99

图 7.100

步骤 03 在图形图层选中状态下，单击T(文字工具)按钮，在【节目监视器】面板中的洋红色正圆上单击输入文字，接着在【效果控件】面板中设置合适的【字体系列】及【字体样式】，设置【字体大小】为27，【字距】为100，【行距】为-5，【颜色】为白色，如图7.101所示。

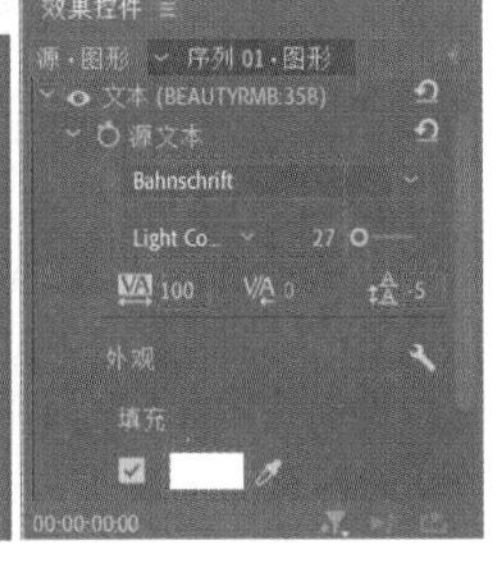

图 7.101

步骤 04 单击T(文字工具)按钮，选中RMB，在【效果控件】面板中更改【字体大小】为18，如图7.102所示。

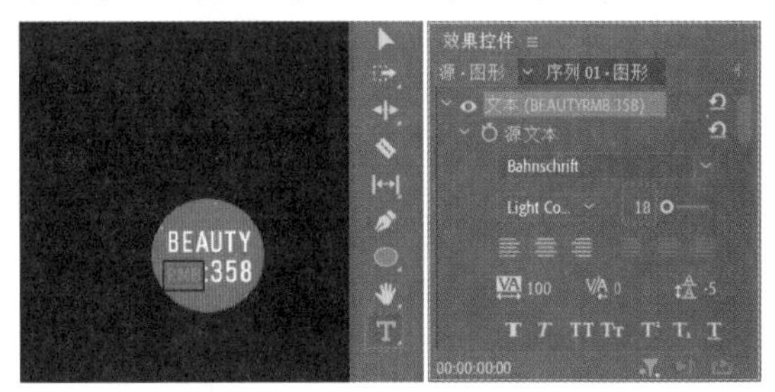

图 7.102

步骤 05 选中V4轨道上的图形图层，将时间线滑动至2秒的位置，在【效果控件】面板中展开【运动】，单击【位置】左侧的⏱按钮，开启自动关键帧，设置【位置】为(685.0,288.0)，将时间线拖动到2秒20帧的位置，设置【位置】为(360.0,288.0)，如图7.103所示。拖动时间线，画面效果如图7.104所示。

图 7.103

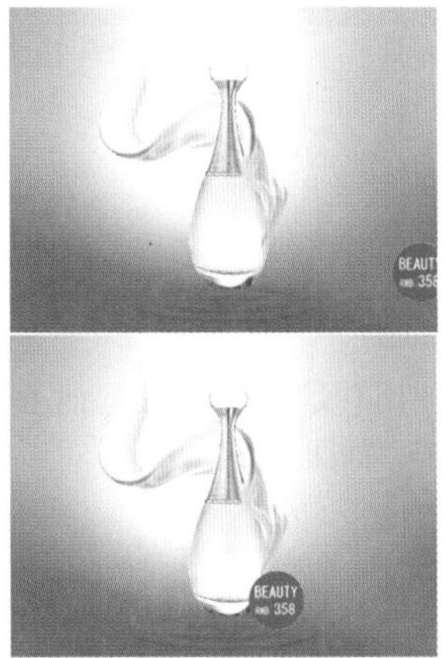

图 7.104

步骤 06 继续使用同样的方法制作画面右上角的文字及图形，如图7.105所示。

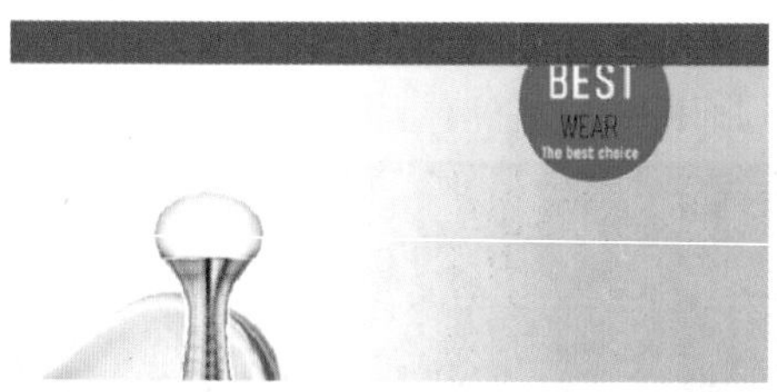

图 7.105

步骤 07 选择【时间轴】面板中V5轨道上的图形图层，在【效果控件】面板中将时间线拖动到00:00:02:20（2秒20帧）的位置，单击【缩放】左侧的按钮，开启自动关键帧，设置【缩放】为150.0，将时间线拖动到00:00:03:15（3秒15帧）的位置，设置【缩放】为100.0，如图7.106所示。此时画面效果如图7.107所示。

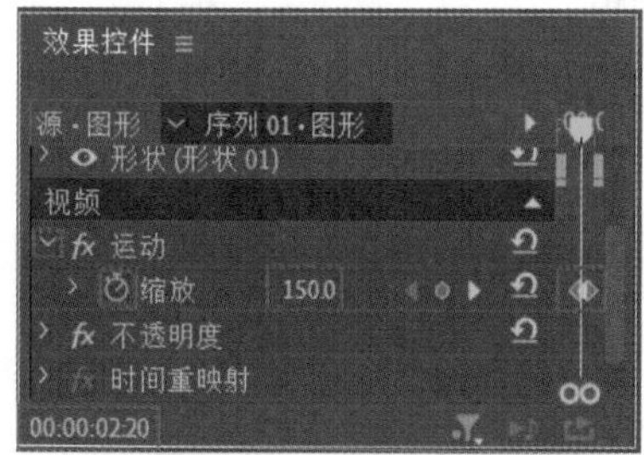

图 7.106

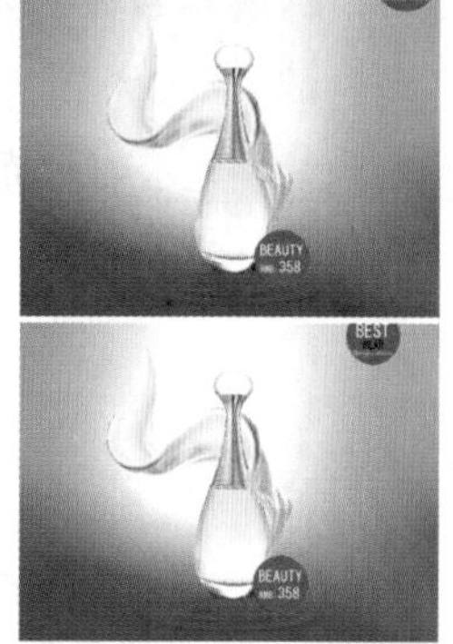

图 7.107

步骤 08 继续使用【文字工具】和其他工具在香水两侧制作文字和图形，如图7.108所示。

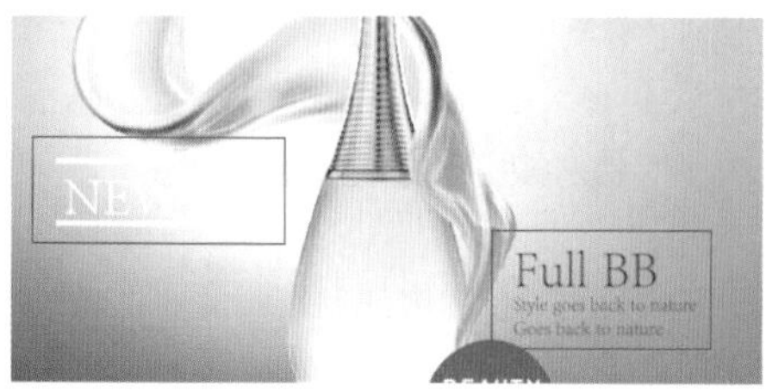

图 7.108

步骤 09 为文字添加渐变效果。在【效果】面板的搜索框中搜索【渐变】，并按住鼠标左键将该效果拖动到V6轨道的文本图层上，如图7.109所示。

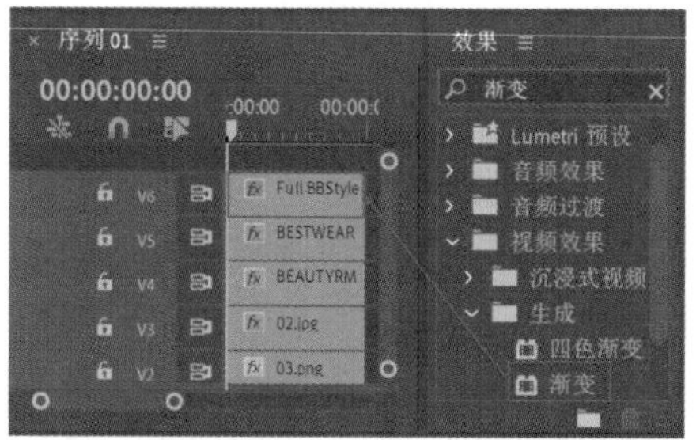

图 7.109

步骤 10 在【效果控件】面板中展开【渐变】效果，设置【起始颜色】为白色，【结束颜色】为深蓝色，【渐变起点】为(297.0,90.0)，【渐变终点】为(510.0,260.0)，如图7.110所示。此时画面效果如图7.111所示。

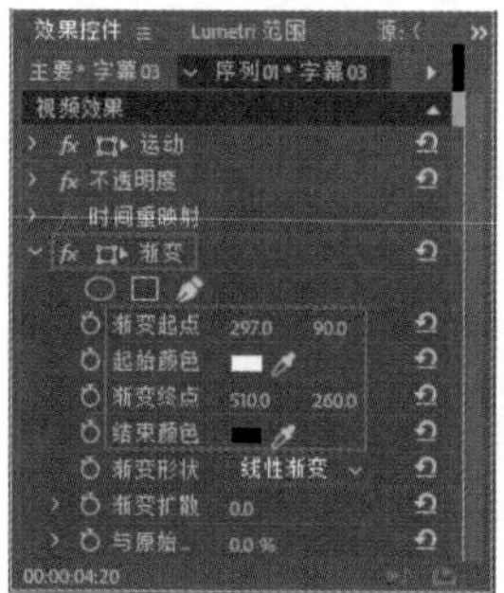

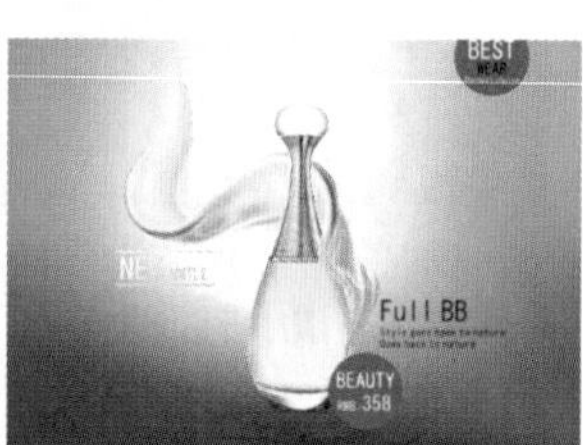

图 7.110　　图 7.111

步骤 11 在【效果】面板的搜索框中搜索【百叶窗】，同样按住鼠标左键将该效果拖动到V6轨道的文本图层上，如图7.112所示。

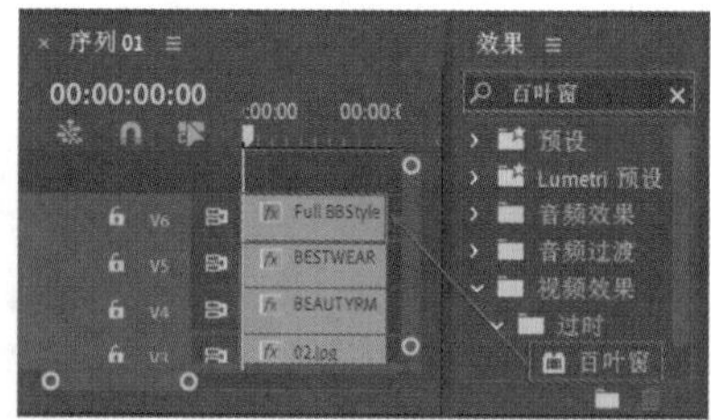

图 7.112

步骤 12 在【效果控件】面板中展开【百叶窗】效果，设置【方向】为45.0°，【宽度】为20，将时间线拖动到00:00:03:15（3秒15帧）的位置，单击【过渡完成】左侧的按钮，开启自动关键帧，设置【过渡完成】为100%，继续将时间线拖动到00:00:04:15（4秒15帧）的位置，设置【过渡完成】为0%，如图7.113所示。此时画面效果如图7.114所示。

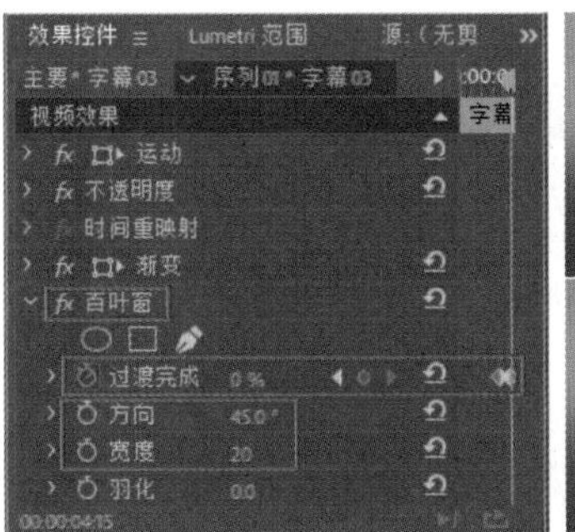

图 7.113

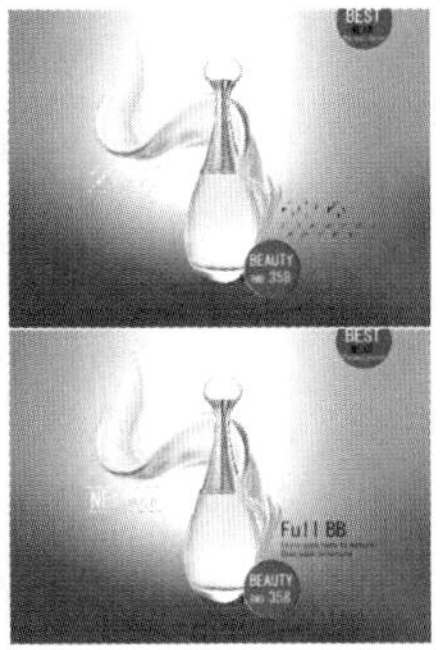

图 7.114

步骤 13 本实例制作完成，拖动时间线查看画面效果，如图7.115所示。

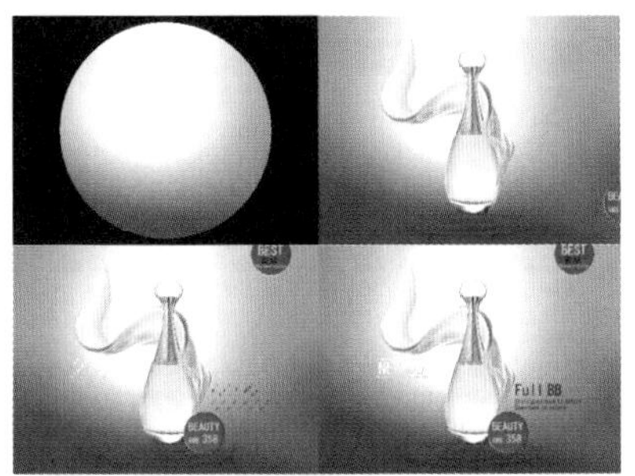

图 7.115

7.7.3　实例：珍珠戒指产品展示广告动画

文件路径：第7章 关键帧动画→实例：珍珠戒指产品展示广告动画

扫一扫，看视频

本实例使用【不透明度】关键帧制作第一张戒指图片的展示动画效果，使用复制关键帧的方式更加便捷地制作另外两张戒指图片的动画效果。实例效果如图7.116所示。

图 7.116

步骤 01 执行【文件】/【新建】/【项目】命令，新建一个项目。执行【文件】/【导入】命令，弹出【导入】对话框，导入全部素材文件，如图7.117所示。

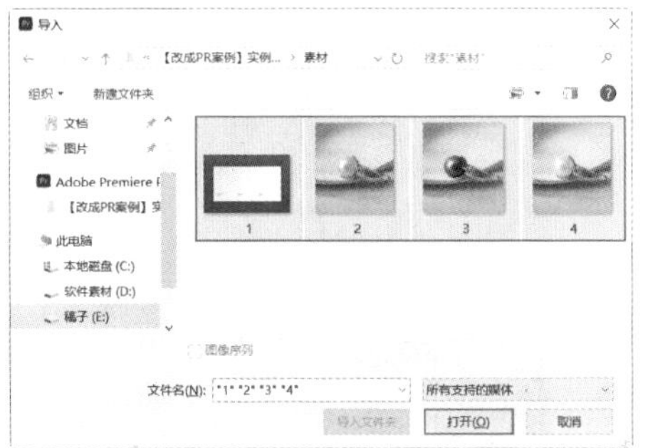

图 7.117

步骤 02 在【项目】面板中将1.jpg、2.png、3.png、4.png素材文件依次拖动到【时间轴】面板中的V1~V4轨道上，如图7.118所示。

步骤 03 为了便于操作，在【时间轴】面板中单击3.png和4.png轨道左侧的◎（切换轨道输出）按钮，对轨道进行隐藏，选择2.png素材文件，如图7.119所示。

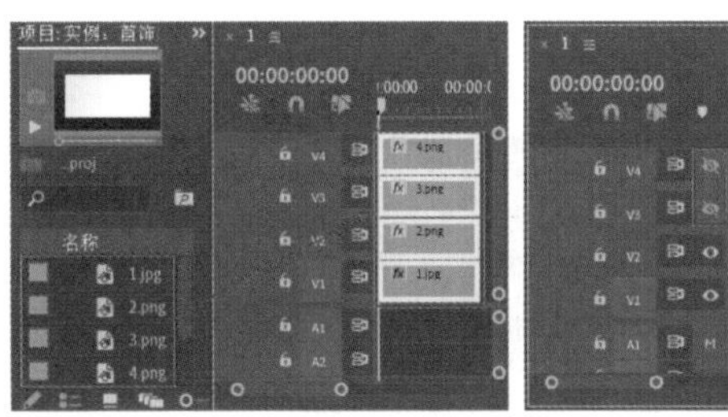

图 7.118　　图 7.119

步骤 04 在【效果控件】面板中设置【位置】为(480.0, 590.0)，将时间线拖动到起始帧的位置，设置【不透明度】为0.0%，将时间线拖动到00:00:01:00（1秒）的位置，设置【不透明度】为100.0%，如图7.120所示。此时画面效果如图7.121所示。

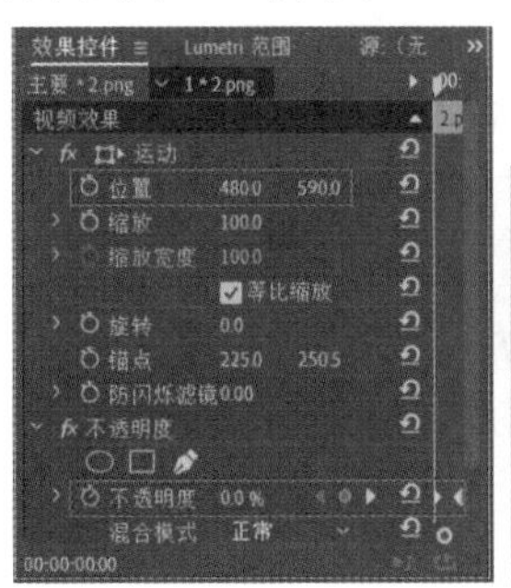

图 7.120

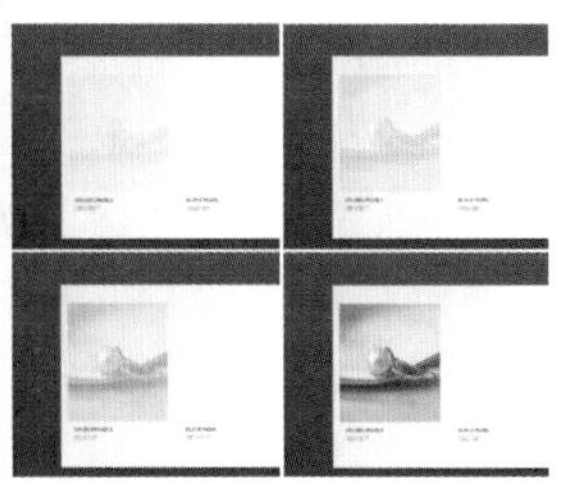

图 7.121

步骤 05 在【时间轴】面板中单击3.png轨道左侧的（切换轨道输出）按钮，让轨道显示出来，选择3.png素材文件，在【效果控件】面板中设置【位置】为（978.0,590.0），如图7.122所示。

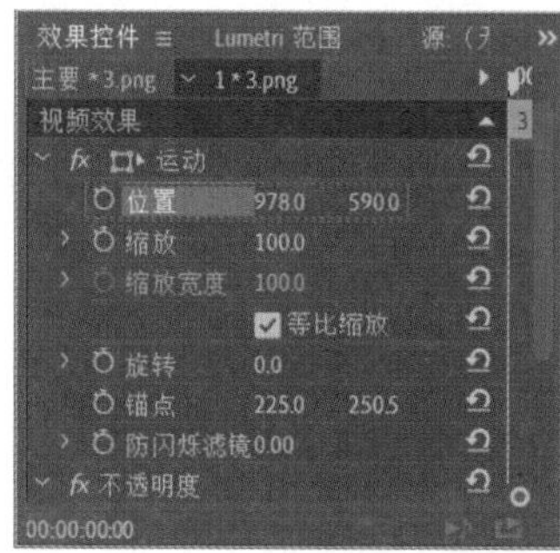

图 7.122

步骤 06 为该图层制作【不透明度】动画效果。在【时间轴】面板中选择V2轨道上的素材，在【效果控件】面板中选择【不透明度】效果，使用快捷键Ctrl+C进行复制，将时间线拖动到00:00:01:00（1秒）的位置，选择3.png素材文件，在【效果控件】面板中使用快捷键Ctrl+V进行粘贴，如图7.123所示。拖动时间线查看效果，如图7.124所示。

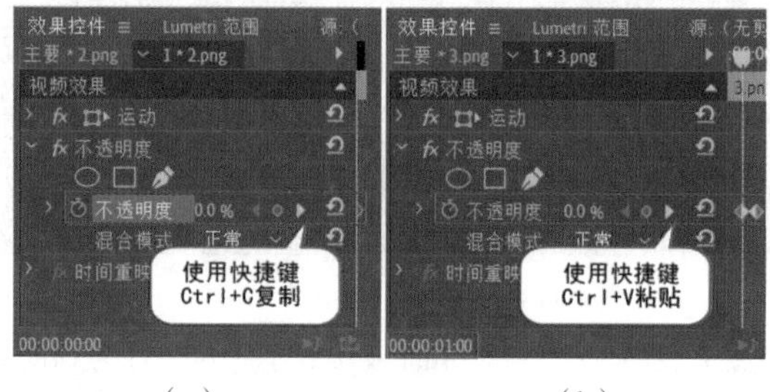

（a）（b）

图 7.123

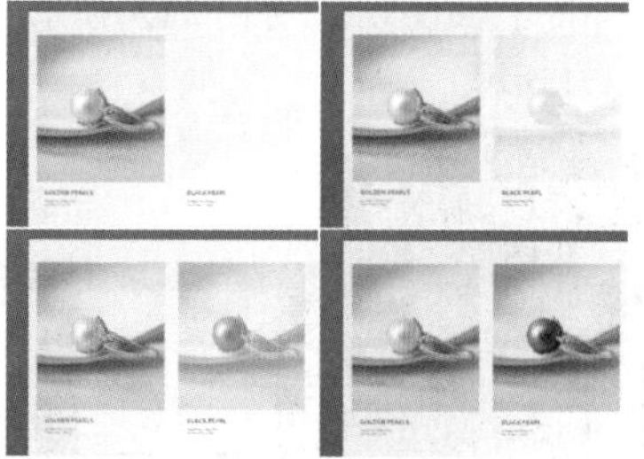

图 7.124

步骤 07 显示并选择V4轨道上的4.png素材文件，在【效果控件】面板中设置【位置】为（1478.0,590.0），选择V3轨道上的素材，复制素材的【不透明度】效果，将时间线拖动到00:00:02:00（2秒）的位置，选择V4轨道上的素材，在【效果控件】面板中使用快捷键Ctrl+V粘贴，如图7.125所示。

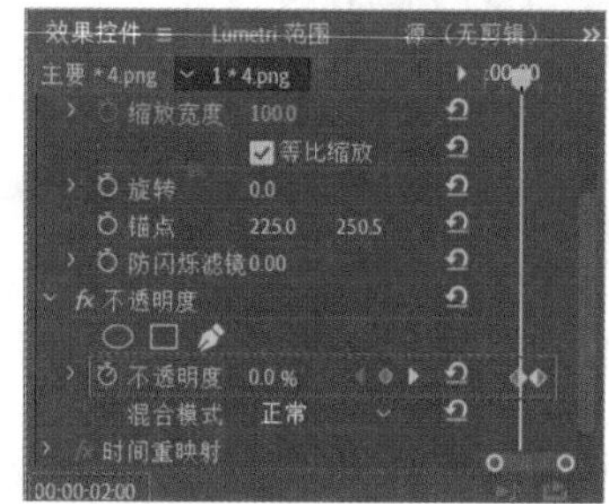

图 7.125

步骤 08 本实例制作完成，拖动时间线查看画面效果，如图7.126所示。

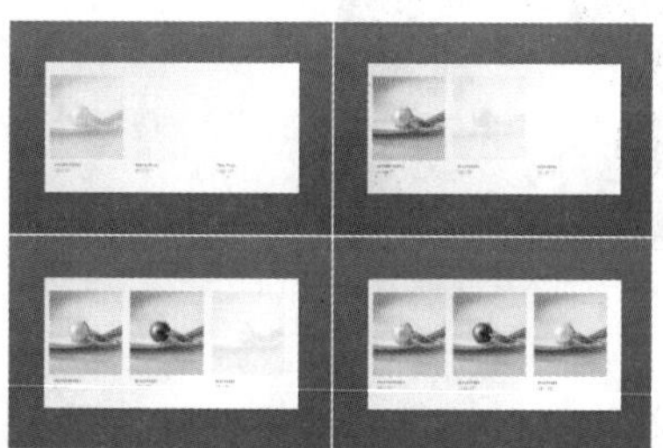

图 7.126

7.7.4 实例：卡通挤压文字动画效果

扫一扫，看视频

文件路径：第7章 关键帧动画→实例：卡通挤压文字动画效果

本实例使用【波形变形】及【球面化】效果制作波纹文字动画。实例效果如图7.127所示。

图 7.127

步骤 01 执行【文件】/【新建】/【项目】命令，新建一个项目。执行【文件】/【导入】命令，弹出【导入】对话框，导入全部素材文件，如图7.128所示。

图 7.128

步骤 02 在【项目】面板中依次将1.jpg、2.png素材文件拖动到【时间轴】面板中的V1、V2轨道上，如图7.129所示。

图 7.129

步骤 03 制作动画效果。在【效果】面板的搜索框中搜索【波形变形】，将该效果拖动到【时间轴】面板中的2.png素材文件上，如图7.130所示。此时文字效果如图7.131所示。

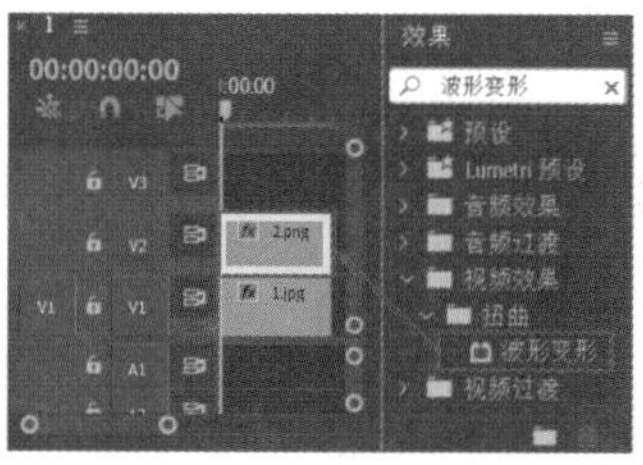

图 7.130

图 7.131

步骤 04 在【效果】面板的搜索框中搜索【球面化】，将该效果同样拖动到【时间轴】面板中的2.png素材文件上，如图7.132所示。

步骤 05 选择V2轨道上的2.png素材文件，在【效果控件】面板中展开【球面化】效果，将时间线拖动到起始帧的位置，单击【半径】左侧的(切换动画)按钮，设置【半径】为650.0，将时间线拖动到00:00:03:00（3秒）的位置，设置【半径】为0.0，如图7.133所示。拖动时间线查看实例效果，如图7.134所示。

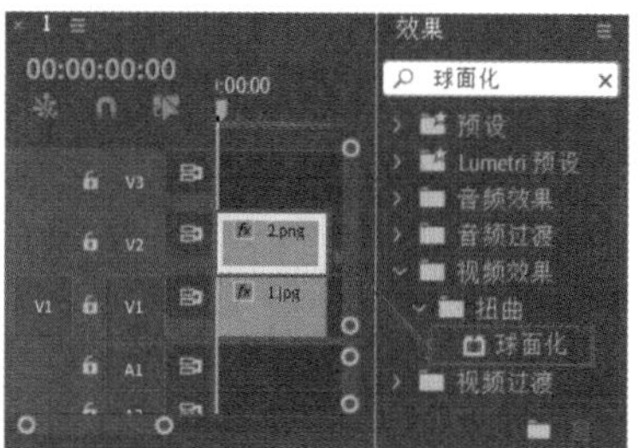

图 7.132

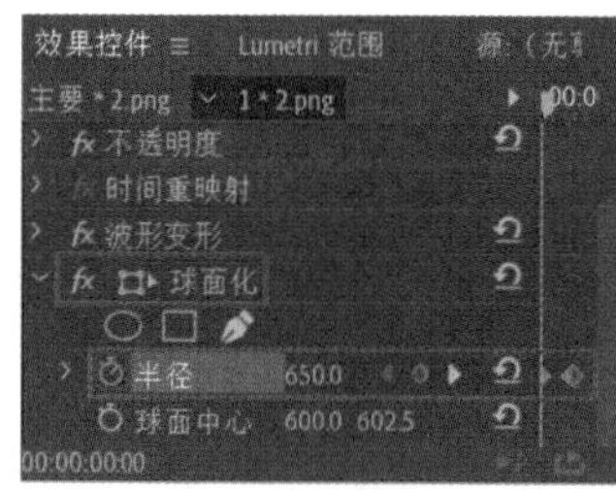

图 7.133　　图 7.134

7.7.5 综合实例：VLOG快速反转转场效果

扫一扫，看视频

文件路径：第7章 关键帧动画→综合实例：VLOG快速反转转场效果

本实例主要使用【复制】及【镜像】效果制作镜像画面，使用【变换】效果制作转动的模糊效果。实例效果如图7.135所示。

图 7.135

步骤 01 执行【文件】/【新建】/【项目】命令，新建一个项目。执行【文件】/【导入】命令，弹出【导入】对话框，导入全部素材文件，如图7.136所示。

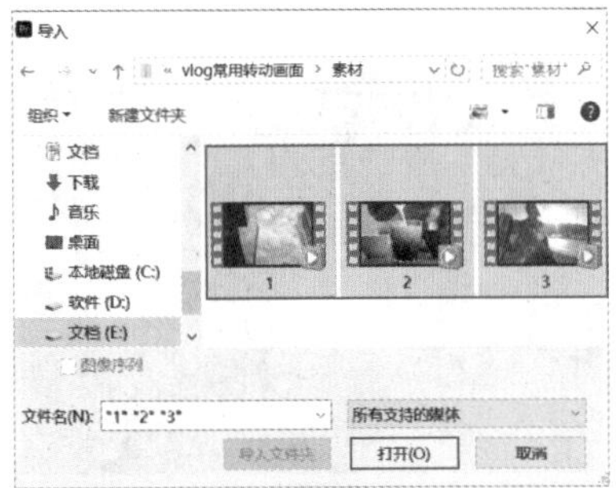

图 7.136

步骤 02 在【项目】面板中依次将1.mp4~3.mp4素材文件拖动到【时间轴】面板中的V1轨道上，如图7.137所示。

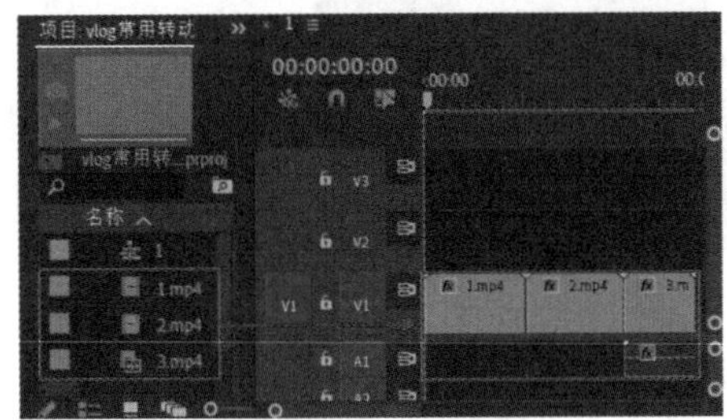

图 7.137

步骤 03 在【时间轴】面板中调整素材的持续时间，选择1.mp4素材文件并右击，在弹出的快捷菜单中执行【速度/持续时间】命令，在弹出的【剪辑速度/持续时间】对话框中设置【持续时间】为00:00:08:00（8秒），勾选【波纹编辑，移动尾部剪辑】复选框，单击【确定】按钮，如图7.138所示。此时后方素材向前跟进。选择2.mp4素材文件并右击，在弹出的快捷菜单中执行【速度/持续时间】命令，在弹出的【剪辑速度/持续时间】对话框中设置【持续时间】为00:00:10:00（10秒），勾选【波纹编辑，移动尾部剪辑】复选框，如图7.139所示。

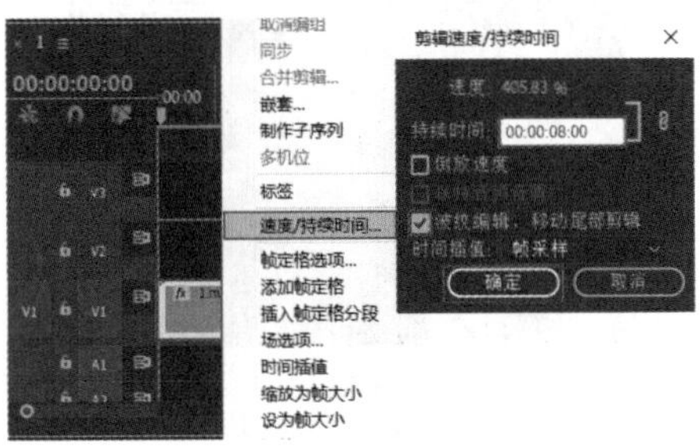

图 7.138

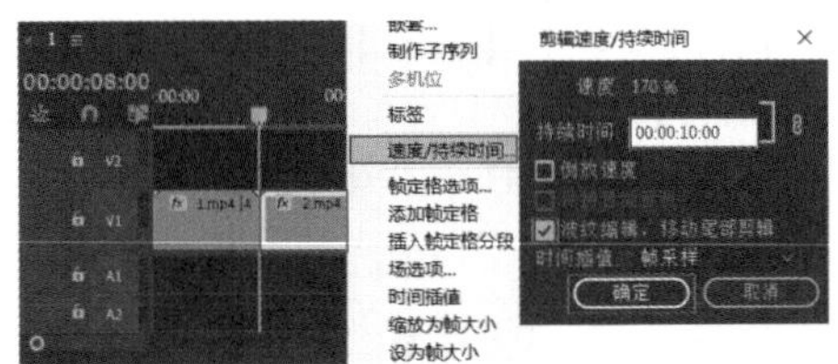

图 7.139

步骤 04 选择3.mp4素材文件并右击，在弹出的快捷菜单中执行【取消链接】命令，选择A1轨道上的素材，按Delete键将其删除，如图7.140所示。

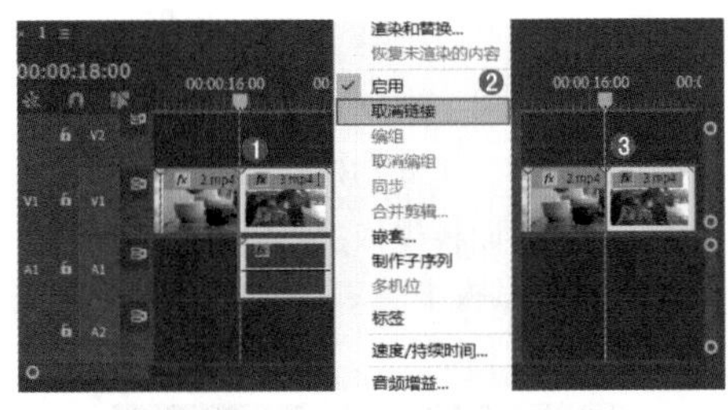

图 7.140

步骤 05 新建两个调整图层，在【项目】面板中执行【新建项目】/【调整图层】命令，在弹出的【调整图层】对话框中单击【确定】按钮，如图7.141和图7.142所示。

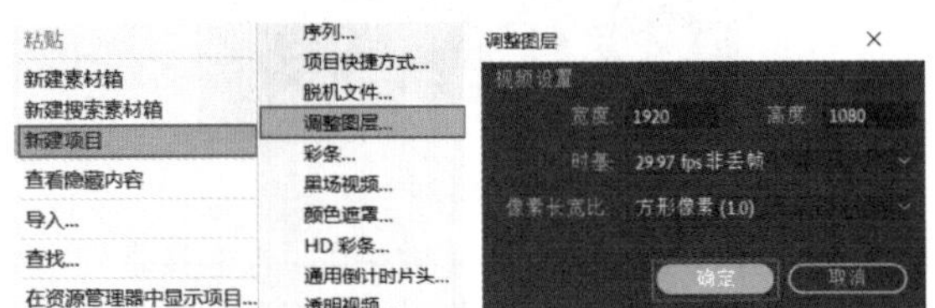

图 7.141　　图 7.142

步骤 06 在【项目】面板中将两个【调整图层】分别拖动到V2、V3轨道上，设置起始时间为00:00:07:00（7秒），持续时间为00:00:02:00（2秒），如图7.143所示。

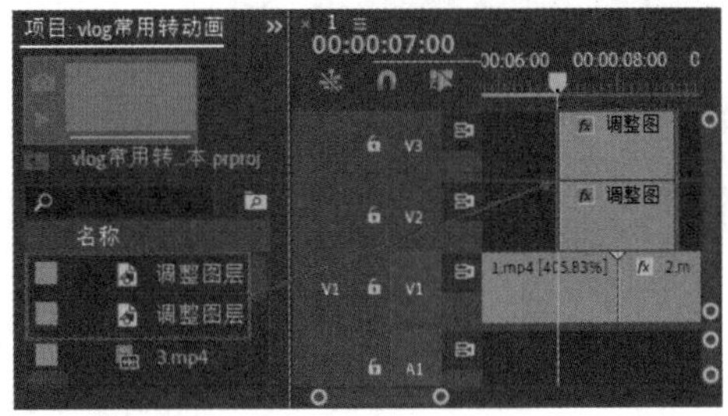

图 7.143

步骤 07 在【效果】面板的搜索框中搜索【复制】，将该效果拖动到V2轨道的【调整图层】上，如图7.144所示。

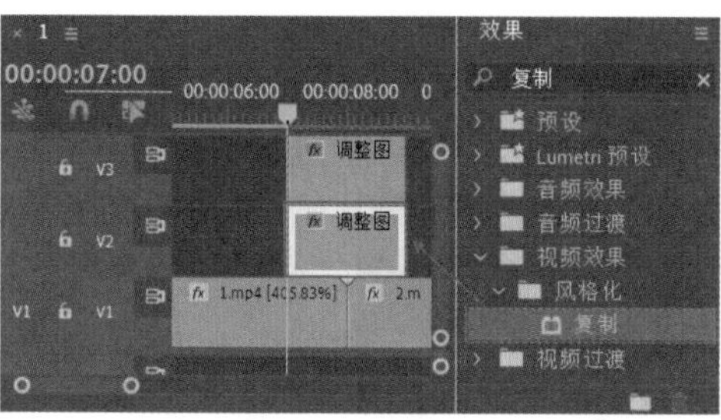

图 7.144

步骤 08 选择V2轨道上的【调整图层】，在【效果控件】面板中展开【复制】效果，设置【计数】为3，如图7.145所示。此时【节目监视器】面板中出现9幅画面，如图7.146所示。

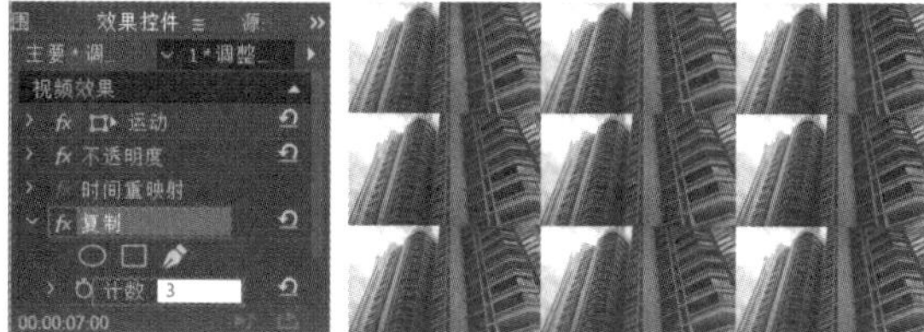

图 7.145　　图 7.146

步骤 09 在【效果】面板中搜索【镜像】，将该效果拖动到V2轨道的【调整图层】上，分别拖动4次，如图7.147所示。

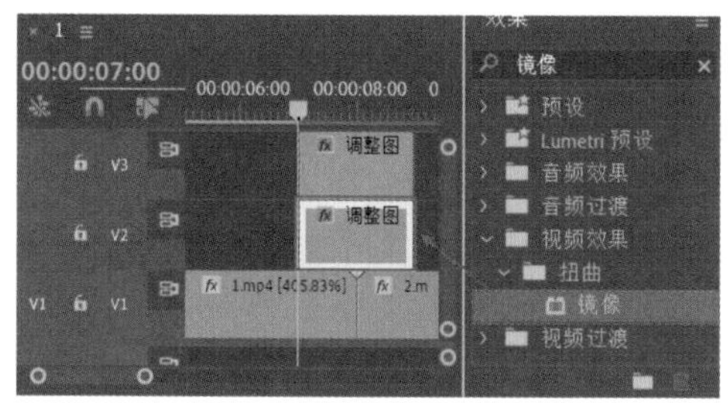

图 7.147

步骤 10 选择V2轨道上的【调整图层】，在【效果控件】面板中展开第1个【镜像】效果，设置【反射中心】为(1920.0,540.0)，然后展开第2个【镜像】效果，设置【反射中心】为(1920.0,720.0)，【反射角度】为90.0°，如图7.148和图7.149所示。

步骤 11 展开第3个【镜像】效果，设置【反射中心】为(922.0,540.0)，【反射角度】为180.0°，然后展开第4个【镜像】效果，设置【反射中心】为(1920.0,134.0)，【反射角度】为270.0°，如图7.150和图7.151所示。

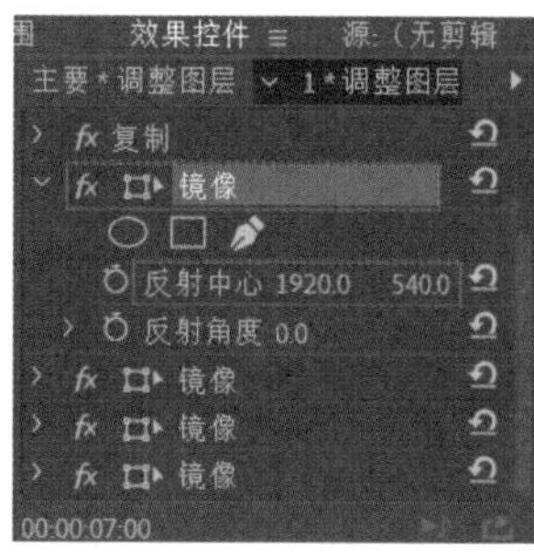

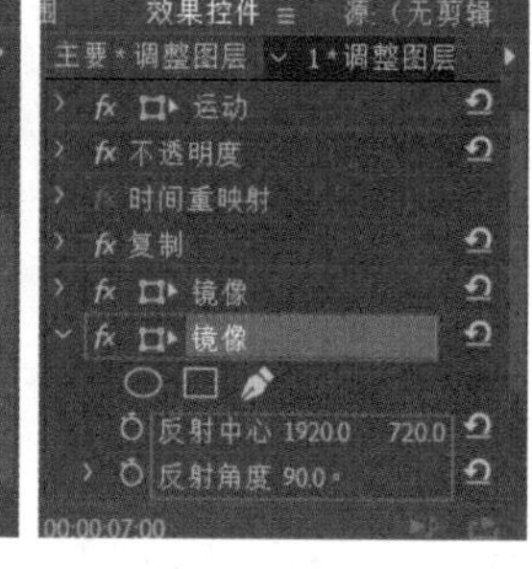

图 7.148　　图 7.149

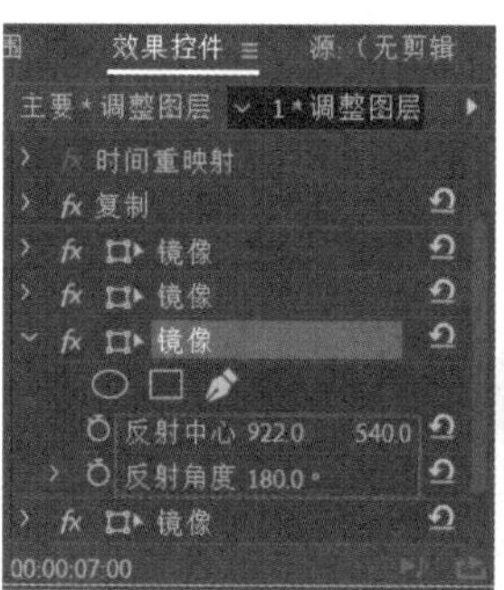

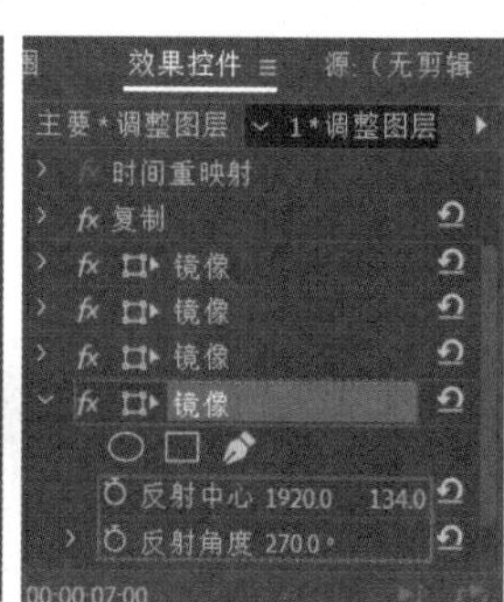

图 7.150　　图 7.151

步骤 12 在【效果】面板的搜索框中搜索【变换】，将该效果拖动到V3轨道的【调整图层】上，如图7.152所示。

步骤 13 选择V3轨道上的【调整图层】，在【效果控件】面板中展开【变换】效果，设置【缩放】为300.0，将时间线拖动到00:00:07:00（7秒）的位置，开启【旋转】关键帧，设置【旋转】为0.0，将时间线拖动到00:00:09:00（9秒）的位置，设置【旋转】为360.0°，取消勾选【使用合成的快门角度】复选框，设置【快门角度】为360.00°，如图7.153所示。拖动时间线查看画面效果，如图7.154所示。

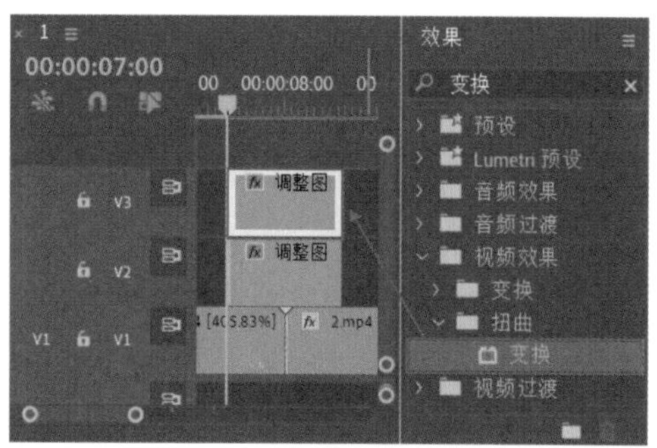

图 7.152

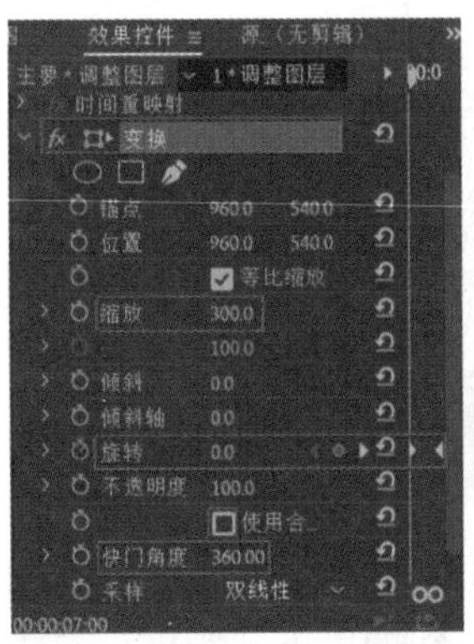

图 7.153

图 7.154

步骤 14 在【效果】面板的搜索框中搜索【交叉缩放】，将该效果拖动到2.mp4和3.mp4素材文件的中间位置，如图7.155所示。

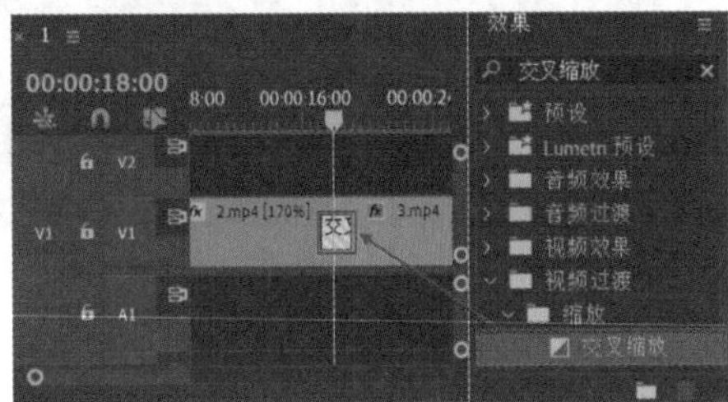

图 7.155

步骤 15 在【时间轴】面板中选择【交叉缩放】效果，设置【持续时间】为00:00:02:00（2秒），如图7.156所示。拖动时间线查看实例效果，如图7.157所示。

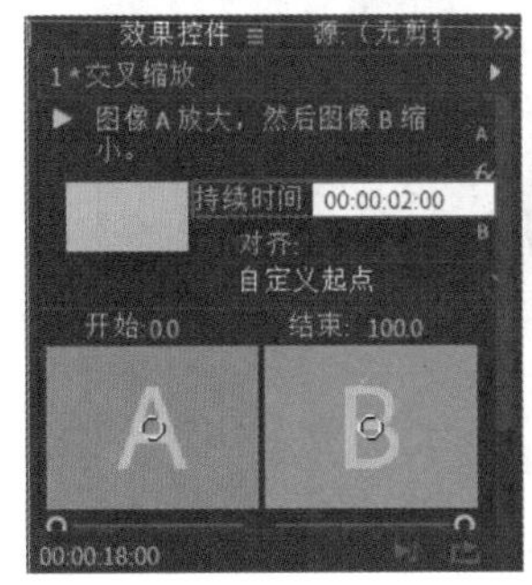

图 7.156

图 7.157

扫一扫，看视频

调　色

本章内容简介：

调色是Premiere Pro中非常重要的功能，在很大程度上能够决定作品的优劣。通常情况下，不同的颜色往往带有不同的情感倾向，在设计作品中也是一样的，只有与作品主题相匹配的色彩才能正确地传达作品的主旨内涵，因此正确地使用调色效果对设计作品而言是非常重要的。本章主要讲解在Premiere Pro中作品调色的流程，以及各类调色效果的应用。

重点知识掌握：

- 调色的概念。
- Premiere Pro中的调色技法与应用。

佳作欣赏：

8.1 调色前的准备工作

扫一扫，看视频

对于设计师来说，调色是后期处理的重头戏。一幅作品的色彩对观者的心理感受会产生很大的影响。例如，同样的美食，不同的照片，哪张看起来更美味一些？美食照片通常饱和度高一些看起来会更美味，如图8.1所示。的确，色彩能够美化照片，同时色彩也具有强大的“欺骗性”。同样一张“行囊”的照片，以不同的颜色进行展示，迎接它的或是轻松愉快的郊游，或是充满悬疑与未知的探险，如图8.2所示。

（a）　　　　（b）

图 8.1

（a）　　　　（b）

图 8.2

调色技术不仅在摄影后期处理中占有重要的地位，在设计中也是不可忽视的部分。设计作品时经常需要使用到各种各样的图片元素，而图片元素的色调与画面是否匹配也会影响到设计作品的成败。调色不仅要使元素变“漂亮”，更重要的是通过色彩的调整使元素“融合”到画面中。在图8.3和图8.4中可以看到部分元素与画面整体“格格不入”，而经过了颜色的调整，则会使元素不再显得突兀，画面整体气氛更统一。

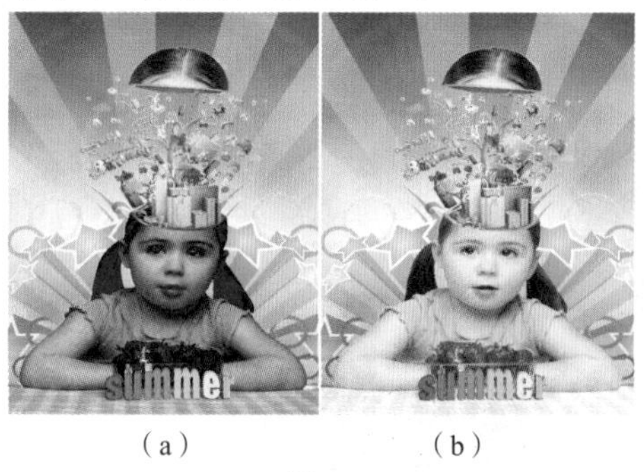

（a）　　　　（b）

图 8.3

（a）　　　　（b）

图 8.4

色彩的力量无比强大，想要掌控这个神奇的力量，Premiere Pro必不可少。Premiere Pro的调色功能非常强大，不仅可以对错误的颜色（即色彩方面不正确的问题，如曝光过度、亮度不足、画面偏灰、色调偏色等）进行校正（图8.5），还能够通过使用调色功能增强画面的视觉效果，丰富画面情感，打造出风格化的色彩（图8.6）。

（a）　　　　（b）

图 8.5

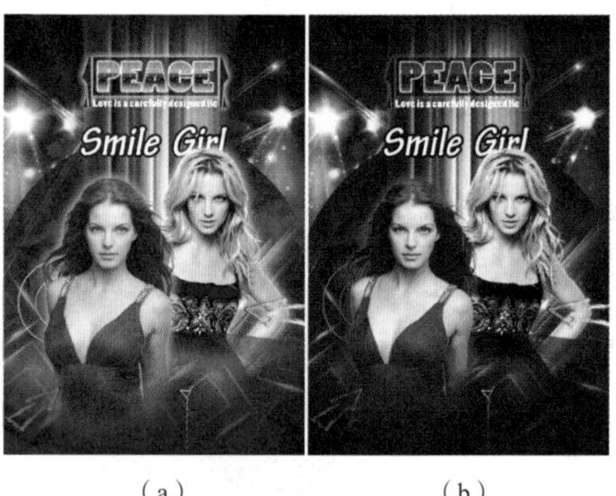

（a）　　　　（b）

图 8.6

8.2 图像控制类视频调色效果

Premiere Pro中的图像控制类视频效果可以平衡画面中强弱、浓淡、轻重的色彩关系，使画面更加符合观者的视觉感受，包括【图像控制】效果组中的【Color Pass】【Color Replace】【Gamma Correction】【黑白】效果，【过时】效果组中的【Color Balance (RGB)】效果，共5种效果。【效果】面板如图8.7所示。

扫一扫，看视频

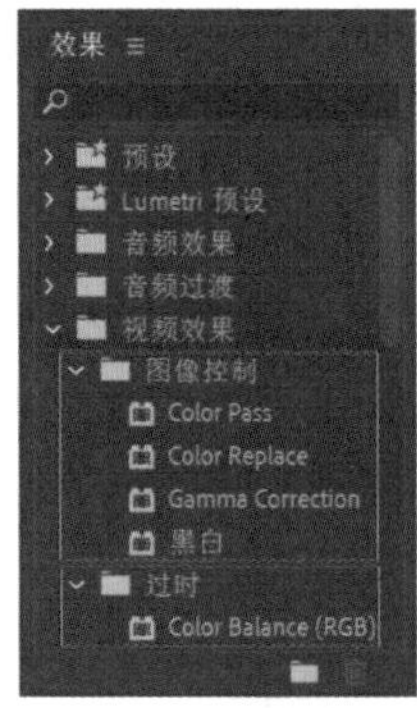

图 8.7

- 【Color Pass】(颜色过滤)：可将画面中的各种颜色通过【相似性】调整为灰度效果。为素材添加该效果的前后对比如图8.8所示。

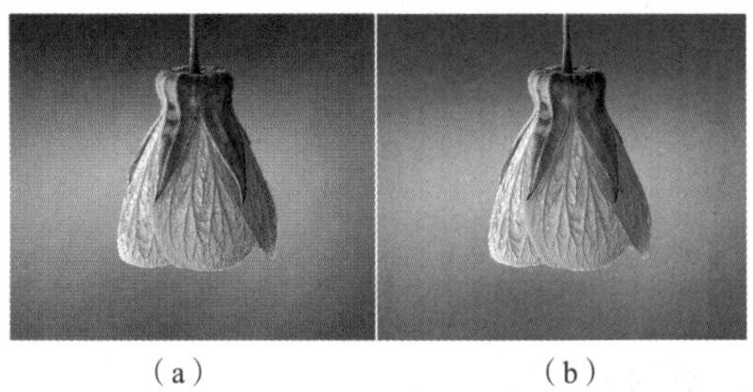

(a)　　(b)

图 8.8

- 【Color Replace】(颜色替换)：可将所选择的目标颜色替换为所选择【替换颜色】中的颜色。为素材添加该效果的前后对比如图8.9所示。

(a)　　(b)

图 8.9

提示：学习调色时要注意的问题

调色命令虽然很多，但并不是每一种都常用，或者说，并不是每一种都适合自己使用。其实在实际调色的过程中，想要实现某种颜色效果，往往是既可以使用这种命令，又可以使用那种命令。这时千万不要纠结于教程中使用的某个特定命令，而必须去使用这个命令。我们只需要选择自己习惯使用的命令即可。

- 【Gamma Correction】(伽玛校正)：可以对素材文件的明暗程度进行调整。为素材添加该效果的前后对比如图8.10所示。

(a)　　(b)

图 8.10

- 【黑白】：可将彩色素材文件转换为黑白效果。为素材添加该效果的前后对比如图8.11所示。

(a)　　(b)

图 8.11

- 【Color Balance (RGB)】(颜色平衡)：可根据参数的调整调节画面中三原色的数量值。为素材添加该效果的前后对比如图8.12所示。

(a)　　(b)

图 8.12

8.2.1　实例：使用【黑白】效果制作局部彩色效果

扫一扫，看视频

文件路径：第8章　调色→实例：使用【黑白】效果制作局部彩色效果

本实例主要使用【黑白】效果将画面变为单色，使用【自由绘制贝塞尔曲线】按钮绘制一个树叶形状的遮罩，从而局部显示彩色效果。实例对比效果如图8.13所示。

（a）

（b）

图8.13

步骤 01 执行【文件】/【新建】/【项目】命令，新建一个项目。执行【文件】/【导入】命令，弹出【导入】对话框，导入素材文件，如图8.14所示。

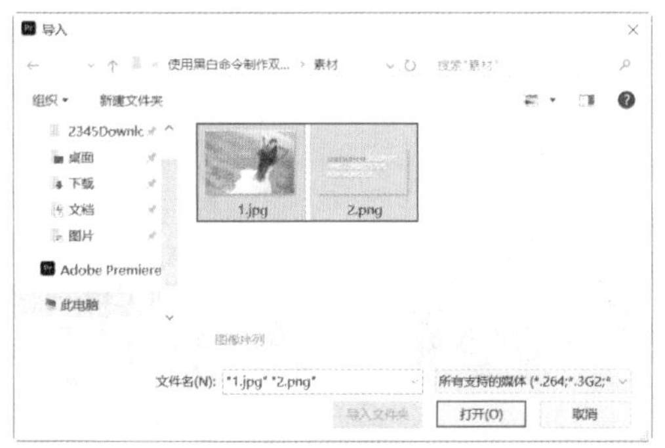

图8.14

步骤 02 在【项目】面板中选择1.jpg素材文件，按住鼠标左键将其拖动到【时间轴】面板中的V1轨道上，如图8.15所示。此时在【项目】面板中自动生成序列。

图8.15

步骤 03 在【效果】面板的搜索框中搜索【黑白】，将该效果拖动到V1轨道的1.jpg素材文件上，如图8.16所示。

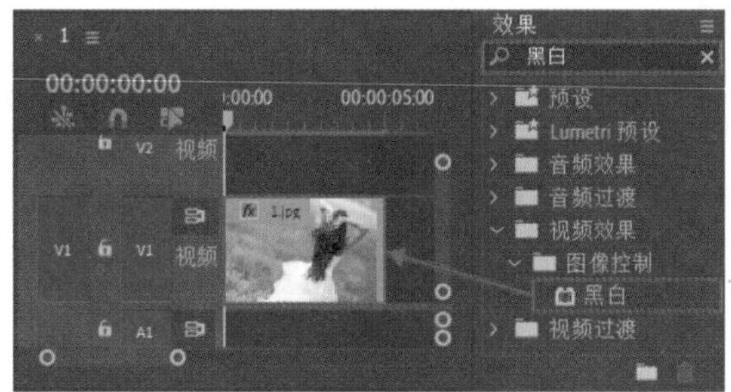

图8.16

步骤 04 选择V1轨道上的1.jpg素材文件，在【效果控件】面板中展开【黑白】效果，单击（自由绘制贝塞尔曲线）按钮，在【蒙版(1)】中设置【蒙版羽化】为0.0，勾选【已反转】复选框，如图8.17所示。在【节目监视器】面板中单击进行绘制，如图8.18所示。

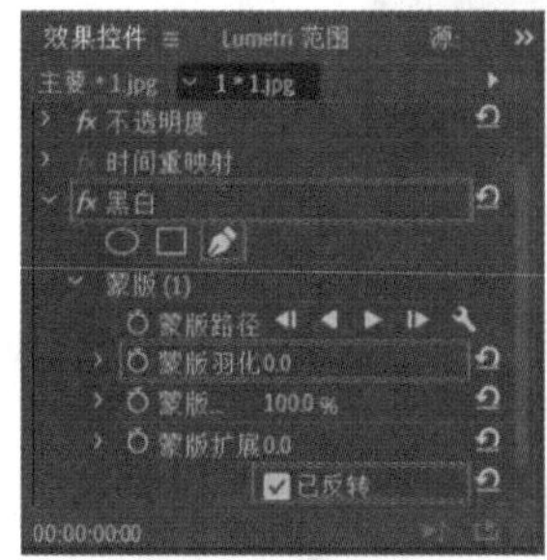

图8.17

图8.18

步骤 05 将【项目】面板中的2.png素材文件拖动到V2轨道上，如图8.19所示。

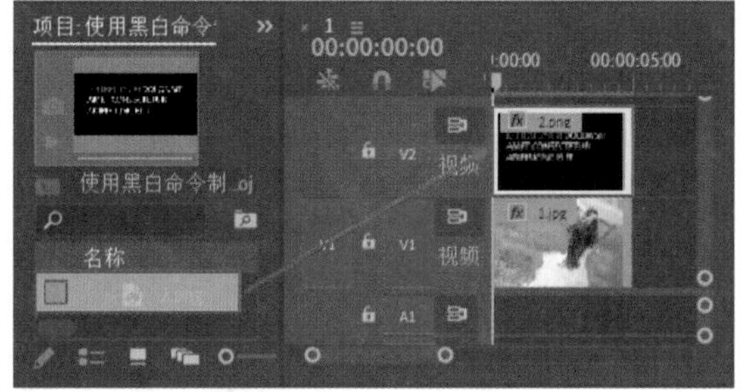

图8.19

步骤 06 选择V2轨道上的2.png素材文件，在【效果控件】面板中设置【位置】为(310.0,728.0)，如图8.20所示。

步骤 07 本实例制作完成，最终画面效果如图8.21所示。

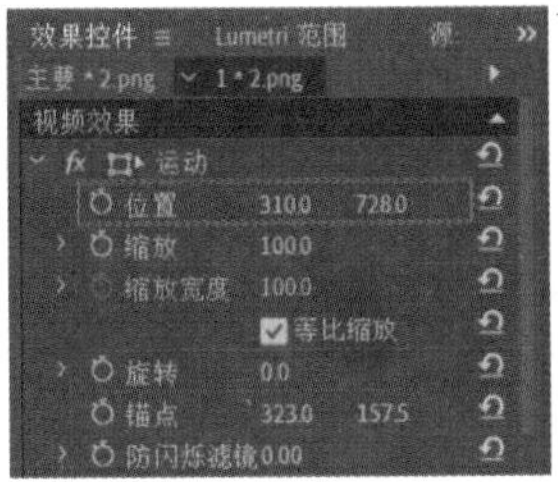

图 8.20

图 8.21

8.2.2 实例：使用【Color Balance (RGB)】效果制作冬日晨景

文件路径：第8章 调色→实例：使用【Color Balance (RGB)】效果制作冬日晨景

扫一扫，看视频

本实例首先使用【阴影/高光】效果将画面暗部提亮，然后使用【Color Balance (RGB)】效果制作冷色调，最后使用【镜头光晕】效果制作镜头光晕。图8.22所示为制作前后的对比效果。

（a）

（b）

图 8.22

步骤 01 执行【文件】/【新建】/【项目】命令，弹出【新建项目】对话框，设置【名称】并单击【浏览】按钮设置保存路径。在【项目】面板的空白处双击，在弹出的对话框中导入全部素材文件，如图8.23所示。

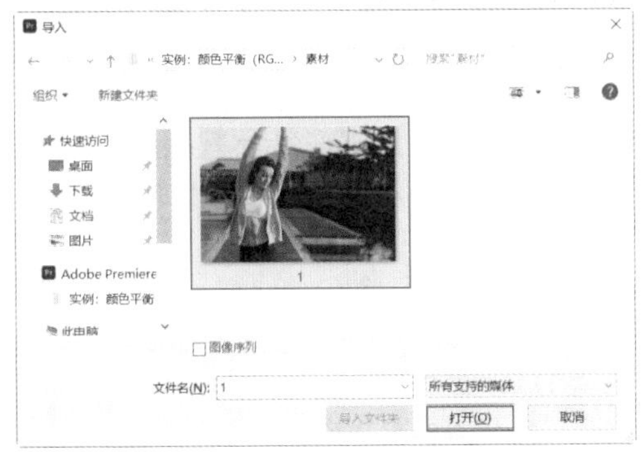

图 8.23

步骤 02 选择【项目】面板中的1.jpg素材文件，按住鼠标左键将其拖动到V1轨道上，如图8.24所示。此时在【项目】面板中自动生成序列。

步骤 03 调整画面阴影部分。在【效果】面板的搜索框中搜索【阴影/高光】，然后按住鼠标左键将其拖动到V1轨道的1.jpg素材文件上，如图8.25所示。

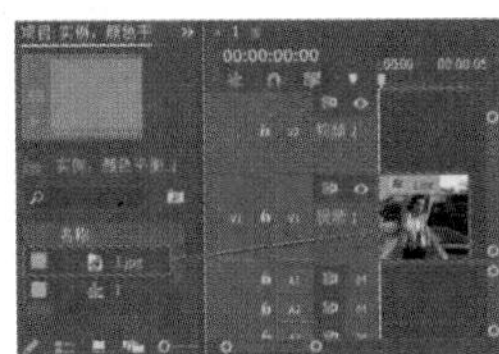

图 8.24

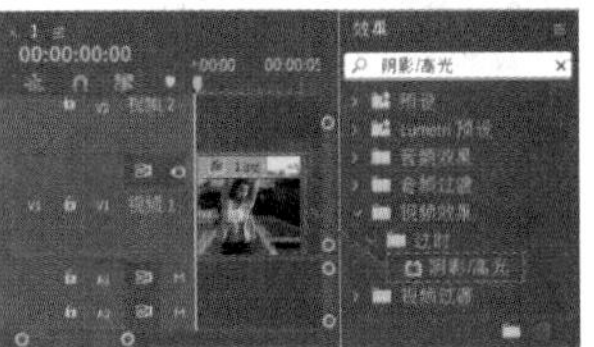

图 8.25

步骤 04 此时自动将画面中的暗部细节提亮，如图8.26所示。

图 8.26

步骤 05 将画面调整为冷色调。在【效果】面板的搜索框中搜索【Color Balance (RGB)】，然后按住鼠标左键将其拖动到V1轨道的1.jpg素材文件上，如图8.27所示。

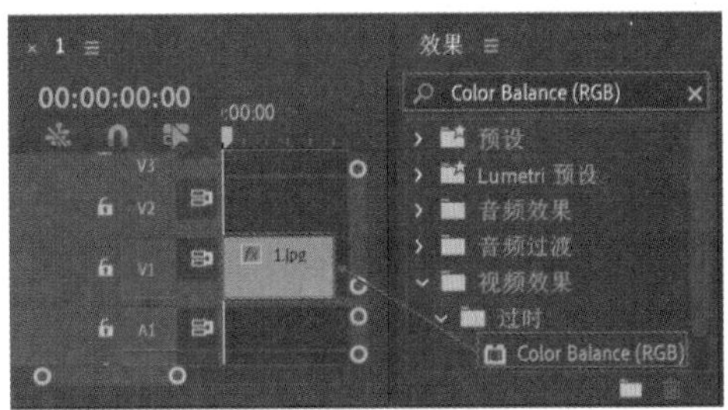

图 8.27

步骤 06 选择V1轨道上的1.jpg素材文件，在【效果控件】面板中展开【Color Balance (RGB)】效果，设置【Red】为39，【Green】为41，【Blue】为53，如图8.28所示。此时画面呈冷色调效果，如图8.29所示。

步骤 07 可以看出此时画面偏暗，在【效果】面板的搜索框中搜索【Brightness & Contrast】，按住鼠标左键将其拖动到V1轨道的1.jpg素材文件上，如图8.30所示。

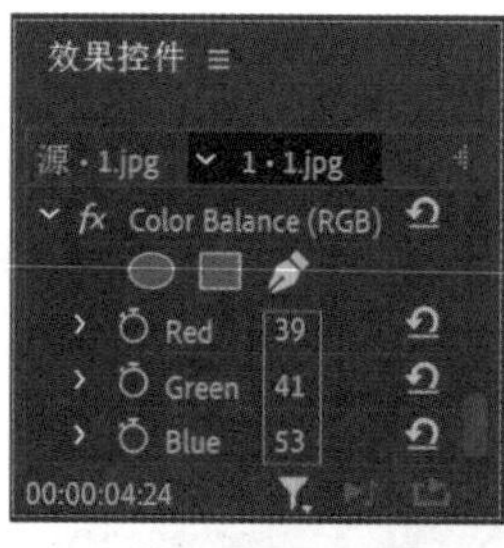

图 8.28

图 8.29

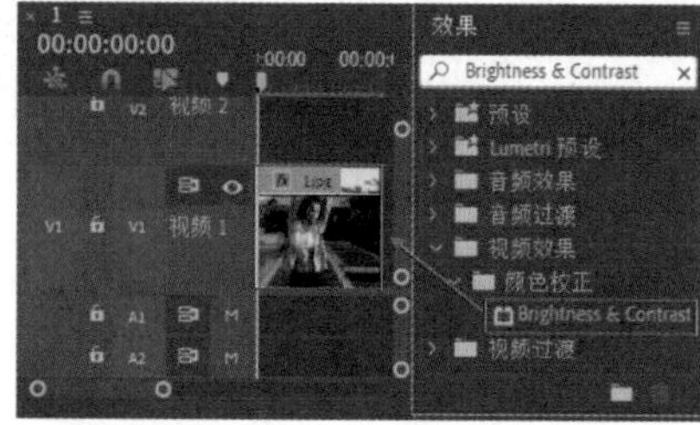

图 8.30

步骤 08 再次选择V1轨道上的1.jpg素材文件，在【效果控件】面板中展开【Brightness & Contrast】效果，设置【亮度】为25.0，【对比度】为15.0，如图8.31所示。此时画面变亮，效果如图8.32所示。

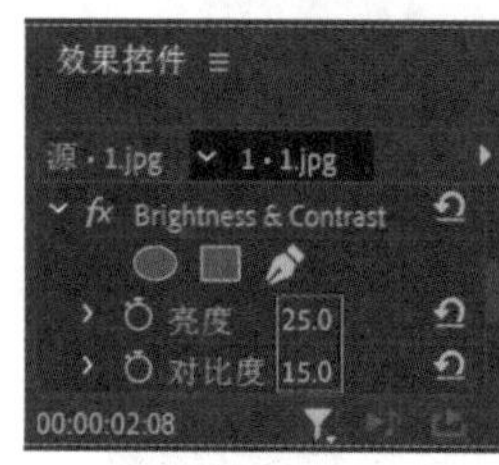

图 8.31

图 8.32

步骤 09 在画面中制作光晕效果。在【效果】面板的搜索框中搜索【镜头光晕】，按住鼠标左键将其拖动到V1轨道的1.jpg素材文件上，如图8.33所示。

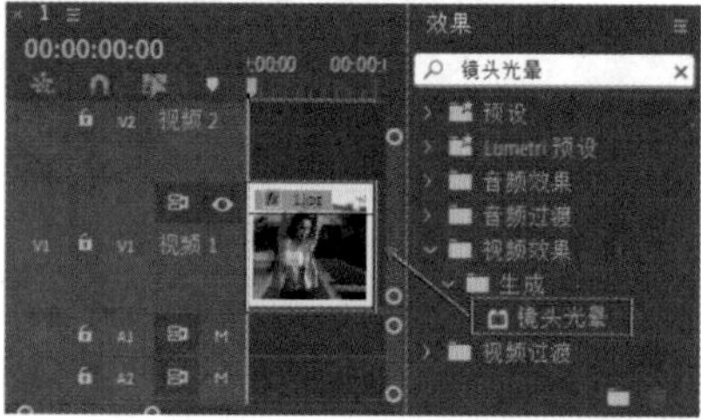

图 8.33

步骤 10 选择V1轨道上的1.jpg素材文件，在【效果控件】面板中展开【镜头光晕】效果，设置【光晕中心】为(3240.0, 340.0)，如图8.34所示。此时画面效果如图8.35所示。

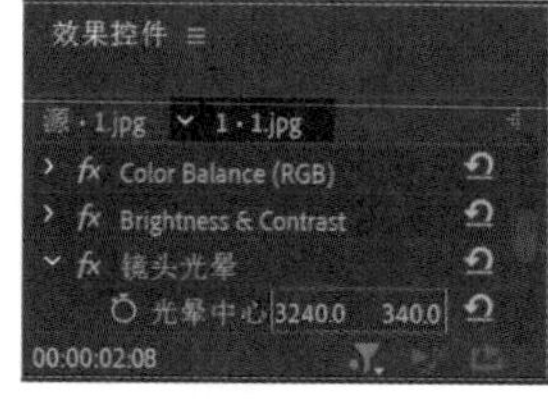

图 8.34

图 8.35

步骤 11 再次在【效果】面板的搜索框中搜索【镜头光晕】，按住鼠标左键将其拖动到V1轨道的1.jpg素材文件上，如图8.36所示。

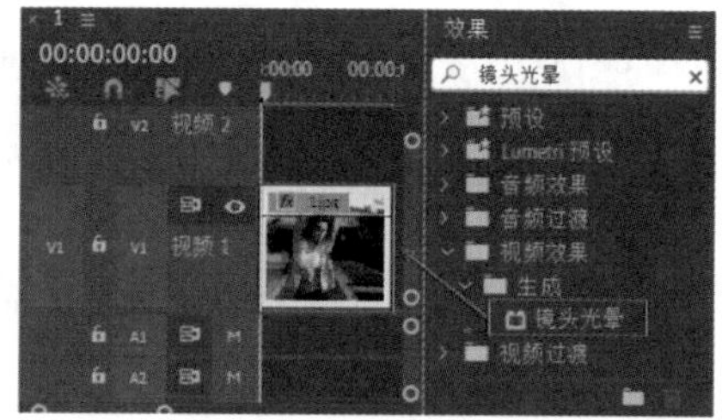

图 8.36

步骤 12 选择V1轨道上的1.jpg素材文件，在【效果控件】面板中展开【镜头光晕】效果，设置【光晕中心】为(2660.0,585.0)，【光晕亮度】为135%，【镜头类型】为【35毫米定焦】，如图8.37所示。

步骤 13 本实例制作完成，最终效果如图8.38所示。

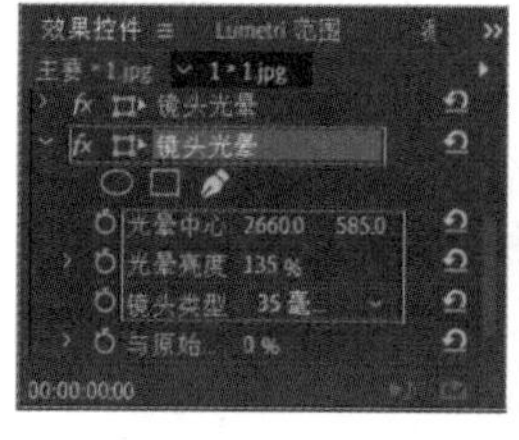

图 8.37

图 8.38

8.2.3 实例：使用【Color Replace】效果制作盛夏变晚秋效果

扫一扫，看视频

文件路径：第8章 调色→实例：使用【Color Replace】效果制作盛夏变晚秋效果

本实例首先使用【Color Replace】效果替换风景图片的地面颜色，然后使用【Brightness & Contrast】效果提高画面亮度。实例前后的对比效果如图8.39所示。

（a）　　（b）

图 8.39

步骤 01 执行【文件】/【新建】/【项目】命令，弹出【新建项目】对话框，设置【名称】并单击【浏览】按钮设置保存路径。在【项目】面板的空白处双击，在弹出的对话框中导入1.jpg素材文件，如图8.40所示。

图 8.40

步骤 02 选择【项目】面板中的1.jpg素材文件，按住鼠标左键将其拖动到V1轨道上，此时在【项目】面板中自动生成序列，如图8.41所示。

步骤 03 将画面中的绿色替换为深黄色。在【效果】面板的搜索框中搜索【Color Replace】，然后按住鼠标左键将其拖动到V1轨道的1.jpg素材文件上，如图8.42所示。

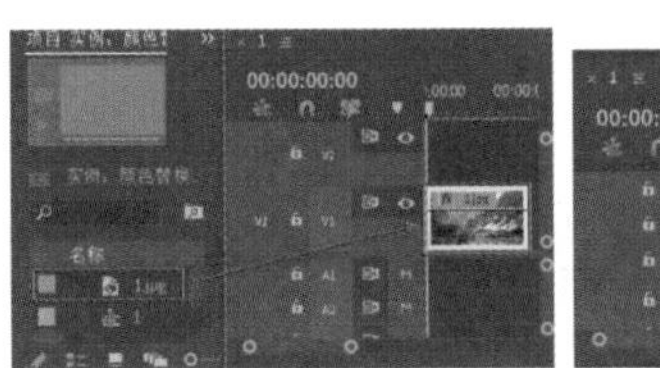

图 8.41　　图 8.42

步骤 04 选择V1轨道上的1.jpg素材文件，在【效果控件】面板中展开【Color Replace】效果，设置【Similarity】为48，【Target Color】为草绿色，【Replace Color】为黄色，如图8.43所示。此时画面效果如图8.44所示。

图 8.43　　图 8.44

步骤 05 可以看出此时画面偏暗，接下来对画面进行提亮。在【效果】面板的搜索框中搜索【Brightness & Contrast】，然后按住鼠标左键将其拖动到V1轨道的1.jpg素材文件上，如图8.45所示。

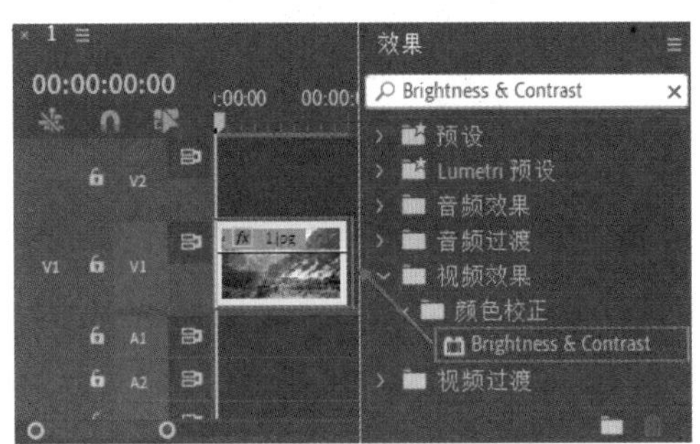

图 8.45

步骤 06 选择V1轨道上的1.jpg素材文件，展开【Brightness & Contrast】效果，设置【亮度】为20.0，【对比度】为15.0，如图8.46所示。

步骤 07 本实例制作完成，画面的最终效果如图8.47所示。

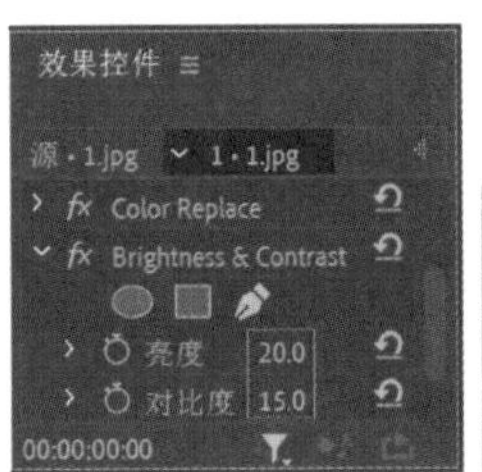

图 8.46　　图 8.47

8.3 过时类视频调色效果

过时类视频调色效果包含【RGB曲线】【RGB颜色校正器】【三向颜色校正器】【亮度曲线】【亮度校正器】【快速模糊】【快速颜色校正器】【自动对比度】【自动色阶】【自动颜色】【视频限幅器（旧版）】【阴影/高光】12种。

扫一扫，看视频

选择【效果】面板中的【视频效果】/【过时】效果，具体如图8.48所示。

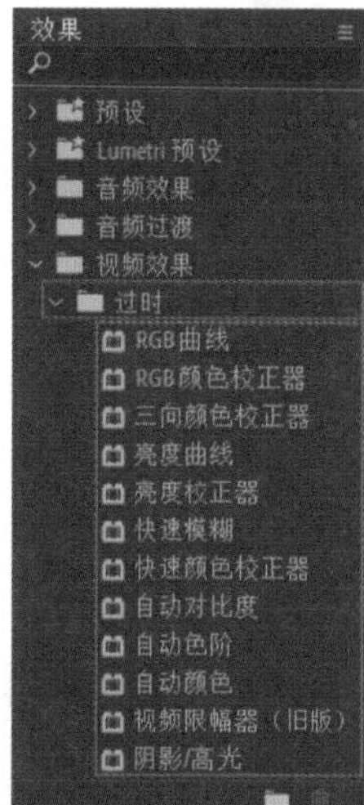

图 8.48

- 【RGB曲线】：是最常用的调色效果之一，可分别针对每一个颜色通道调节颜色，从而可以调节出更丰富的颜色效果。为素材添加该效果的前后对比如图8.49所示。

（a）（b）

图 8.49

- 【RGB颜色校正器】：是比较强大的调色效果。为素材添加该效果的前后对比如图8.50所示。

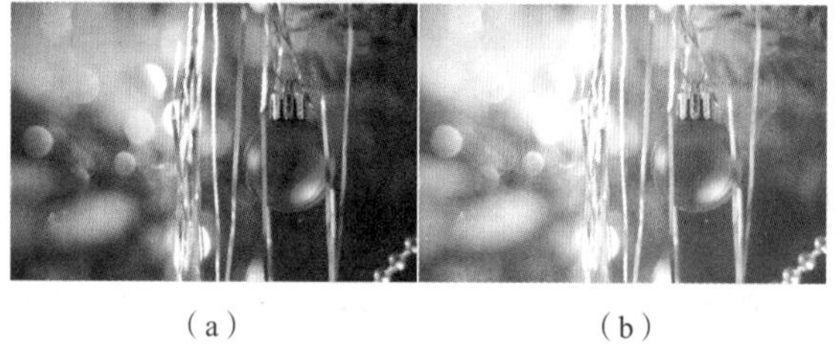

（a）（b）

图 8.50

- 【三向颜色校正器】：可对素材文件的阴影、高光和中间调进行调整。为素材添加该效果的前后对比如图8.51所示。

（a）（b）

图 8.51

- 【亮度曲线】：可使用曲线来调整素材的亮度。为素材添加该效果的前后对比如图8.52所示。

（a）（b）

图 8.52

- 【亮度校正器】：可调整画面的亮度、对比度和灰度值。为素材添加该效果的前后对比如图8.53所示。

（a）（b）

图 8.53

- 【快速模糊】：可根据所调整的模糊数值来控制画面的模糊程度。为素材添加该效果的前后对比如图8.54所示。

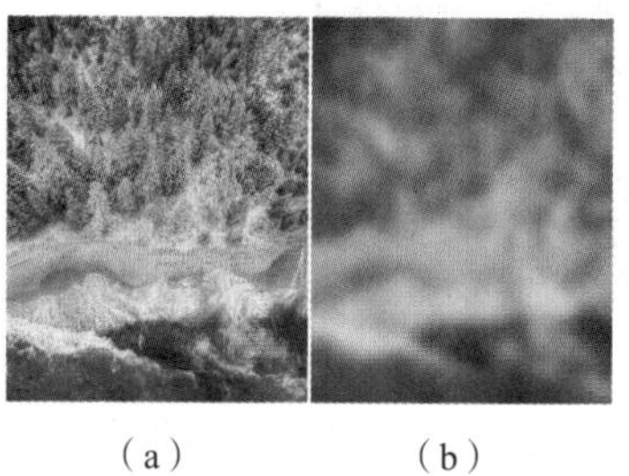

（a）（b）

图 8.54

- 【快速颜色校正器】：可使用色相饱和度来调整素材文件的颜色。为素材添加该效果的前后对比如图8.55所示。

（a）　　（b）

图 8.55

●【自动对比度】：可自动调整素材的对比度。为素材添加该效果的前后对比如图 8.56 所示。

（a）　　（b）

图 8.56

●【自动色阶】：可以自动对素材进行色阶调整。为素材添加该效果的前后对比如图 8.57 所示。

（a）　　（b）

图 8.57

●【自动颜色】：可以对素材的颜色进行自动调节。为素材添加该效果的前后对比如图 8.58 所示。

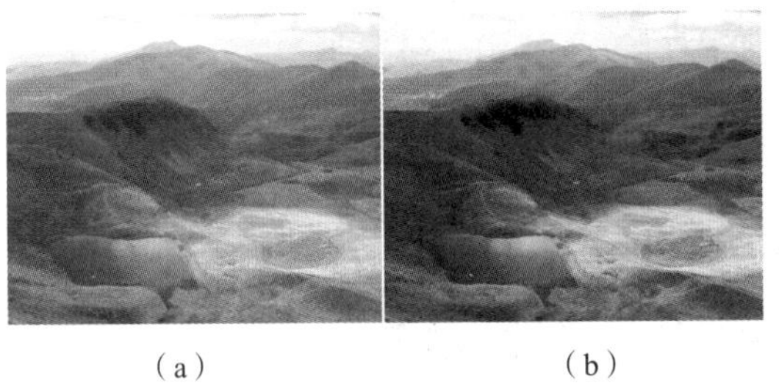

（a）　　（b）

图 8.58

●【视频限幅器（旧版）】：限制素材的亮度和颜色，让输出的视频在广播级范围内。

●【阴影/高光】：可调整素材的阴影和高光部分。为素材添加该效果的前后对比如图 8.59 所示。

（a）　　（b）

图 8.59

8.3.1　实例：使用【RGB 曲线】效果制作清新色调产品主图

文件路径：第 8 章　调色→实例：使用【RGB 曲线】效果制作清新色调产品主图

扫一扫，看视频

本实例使用【RGB 曲线】效果调整颜色通道中各颜色的数量，制作清新色调。实例效果如图 8.60 所示。

图 8.60

步骤 01 执行【文件】/【新建】/【项目】命令，新建一个项目。在【项目】面板的空白处右击，在弹出的快捷菜单中执行【新建项目】/【序列】命令，弹出【新建序列】对话框，并在HDV文件夹下选择HDV 1080p24。执行【文件】/【导入】命令，弹出【导入】对话框，导入1.jpg素材文件，如图 8.61 所示。

图 8.61

步骤 02 将【项目】面板中的1.jpg素材文件拖动到V1轨道上，如图8.62所示。

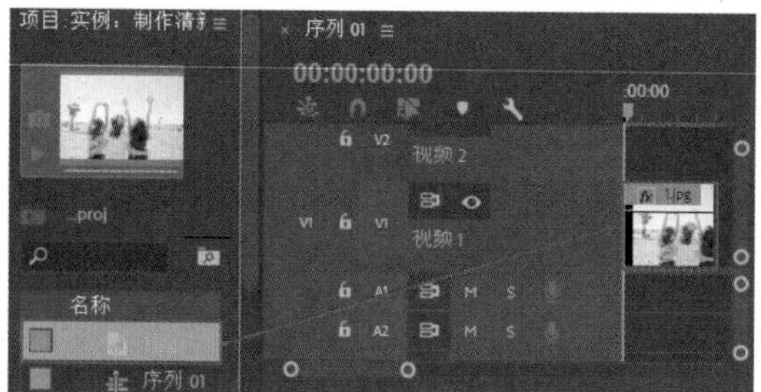

图 8.62

步骤 03 在【时间轴】面板中选择1.jpg素材文件，在【效果控件】面板中展开【运动】效果，设置【位置】为(740.0,448.0)，【缩放】为110.0，如图8.63所示。此时画面效果如图8.64所示。

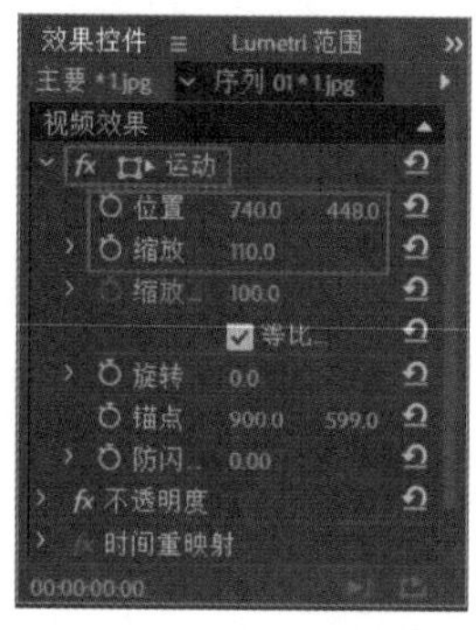

图 8.63

图 8.64

步骤 04 调整画面颜色。在【效果】面板的搜索框中搜索【RGB 曲线】，按住鼠标左键将该效果拖动到V1轨道的1.jpg素材文件上，如图8.65所示。

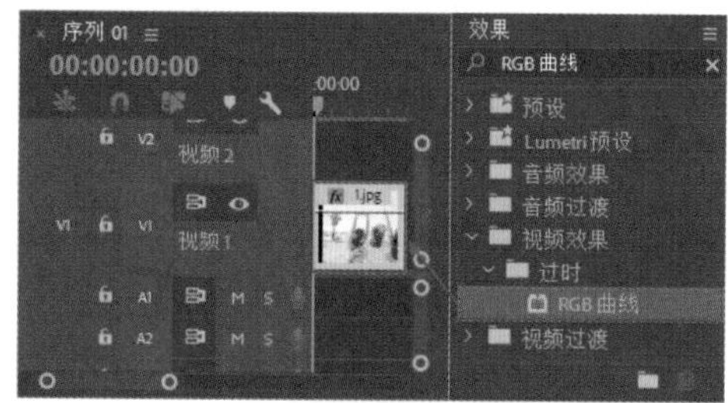

图 8.65

步骤 05 在【时间轴】面板中选择1.jpg素材文件，在【效果控件】面板中展开【RGB 曲线】效果，在【绿色】曲线中按住左下角的控制点并向上拖动，继续在【蓝色】曲线中按住左下角的控制点并向上拖动，如图8.66所示。此时画面效果如图8.67所示。

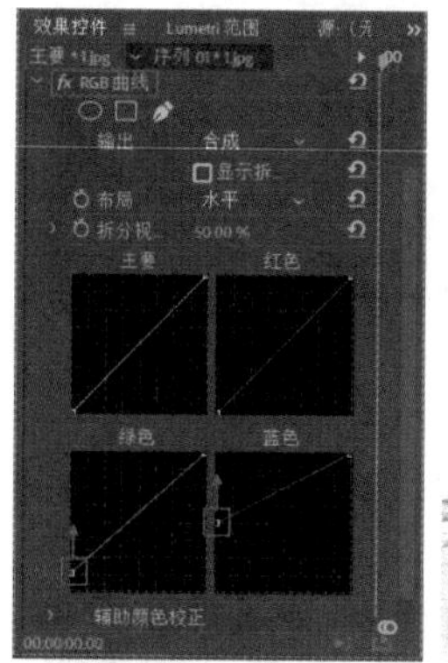

图 8.66

图 8.67

步骤 06 制作文字部分。将时间线滑动到起始位置，在【工具】面板中单击T(文字工具)按钮，然后在【节目监视器】面板中的合适位置单击并输入文本，如图8.68所示。

图 8.68

步骤 07 在【工具】面板中单击▶(选择工具)按钮，在【时间轴】面板中选中文字图层，在【效果控件】面板中展开【文本】/【源文本】，设置【字体系列】为【华文新魏】，【字体大小】为145，【颜色】为黄色，如图8.69所示。此时文本效果如图8.70所示。

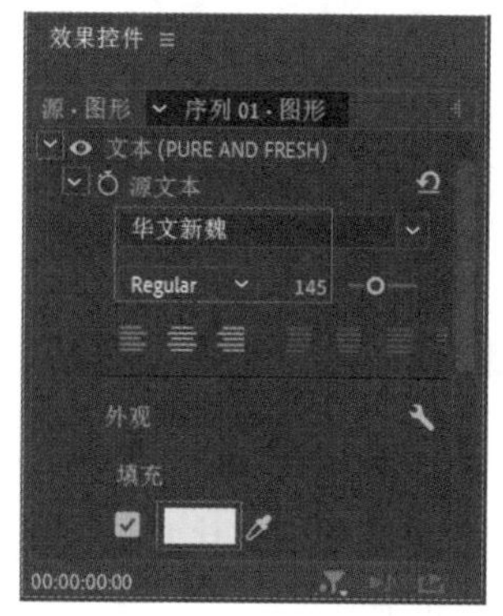

图 8.69

图 8.70

步骤 08 将时间线滑动到起始位置，在【工具】面板中单击■(矩形工具)按钮，接着在【节目监视器】面板中的合适位置，按住鼠标左键并拖动绘制图形，如图8.71所示。

图 8.71

步骤 09 在【工具】面板中单击▶(选择工具)按钮，在【时间轴】面板中选中图形图层，在【效果控件】面板中展开【形状】/【外观】，取消勾选【填充】复选框，勾选【描边】复选框，设置【颜色】为天蓝色，【描边宽度】为10.0，【描边类型】为【外侧】，如图8.72所示。

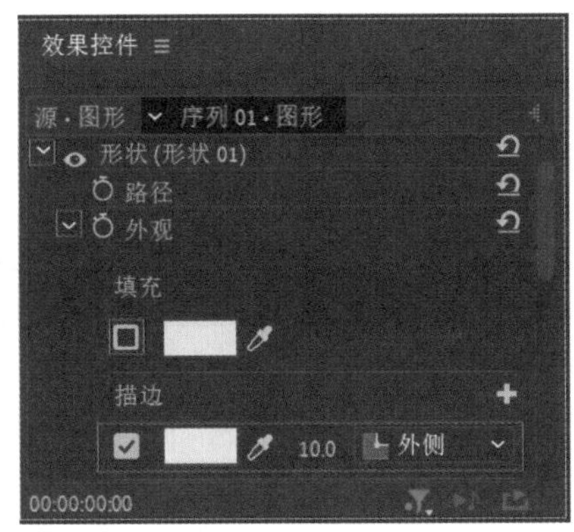

图 8.72

步骤 10 本实例制作完成，实例效果如图8.73所示。

图 8.73

8.3.2 实例：使用【RGB 曲线】效果制作老旧风景相片

文件路径：第8章 调色→实例：使用【RGB 曲线】效果制作老旧风景相片

扫一扫，看视频

本实例主要使用【RGB 曲线】效果调整画面颜色，并搭配【混合模式】效果让边框素材呈现一种泛黄做旧感。画面效果如图8.74所示。

图 8.74

步骤 01 执行【文件】/【新建】/【项目】命令，新建一个项目。在【项目】面板中的空白处双击，在弹出的对话框中导入全部素材文件，如图8.75所示。

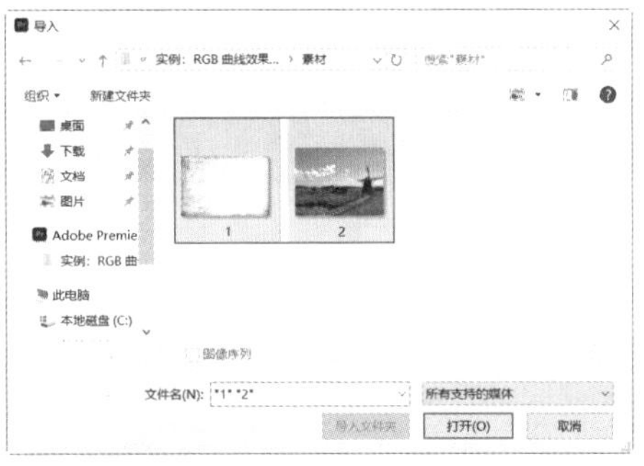

图 8.75

步骤 02 选择【项目】面板中的1.jpg素材文件，将其拖动到【时间轴】面板中，此时自动新建一个序列，然后将1.jpg素材文件拖动到V2轨道上，将2.jpg素材文件拖动到V1轨道上，如图8.76所示。

步骤 03 隐藏V2轨道上的1.jpg素材文件。选择V1轨道上的2.jpg素材文件并右击，在弹出的快捷菜单中执行【缩放为帧大小】命令，然后在【效果控件】面板中设置【缩放】为116，展开【不透明度】效果，设置【混合模式】为【变暗】，如图8.77所示。此时画面效果如图8.78所示。

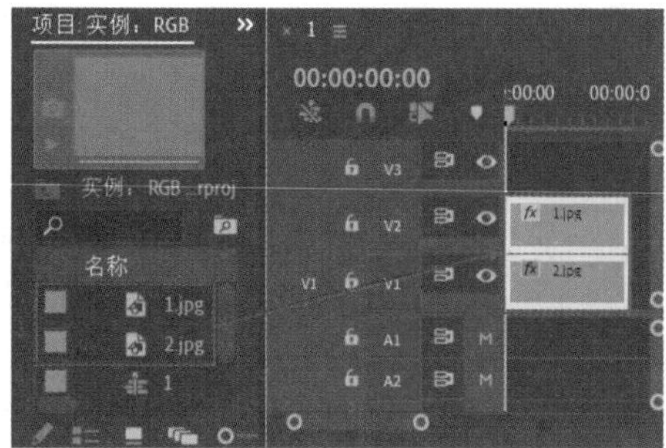

图 8.76

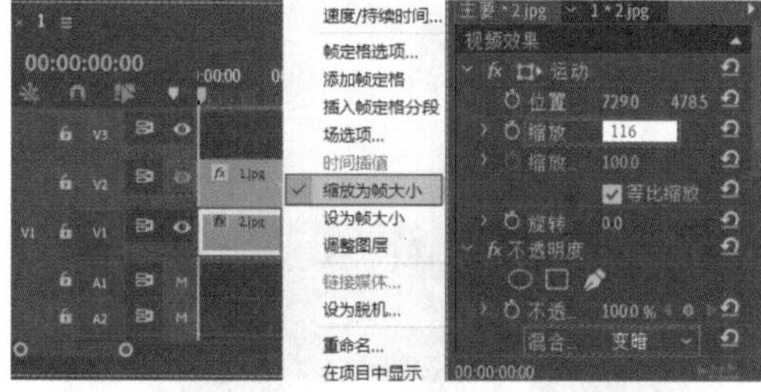

图 8.77

图 8.78

步骤 04 调整画面色调，制作老旧感照片。在【效果】面板的搜索框中搜索【RGB 曲线】，然后按住鼠标左键将其拖动到V1轨道的2.jpg素材文件上，如图8.79所示。

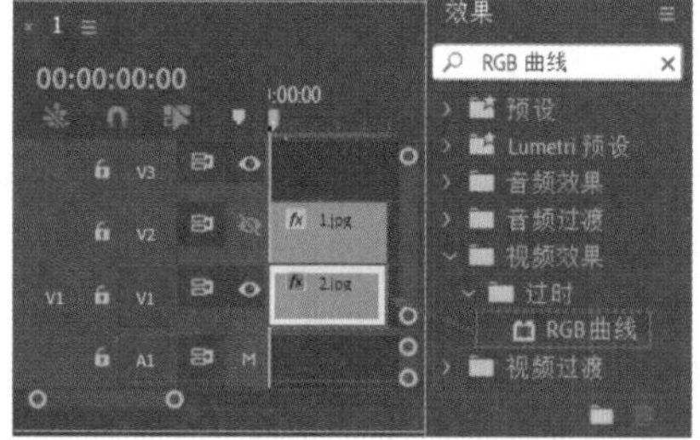

图 8.79

步骤 05 选择2.jpg素材文件，展开【RGB曲线】效果，在【主要】和【红色】曲线上单击添加一个控制点并向左上角拖动，增强画面的亮度和红色数量，如图8.80所示。此时画面效果如图8.81所示。

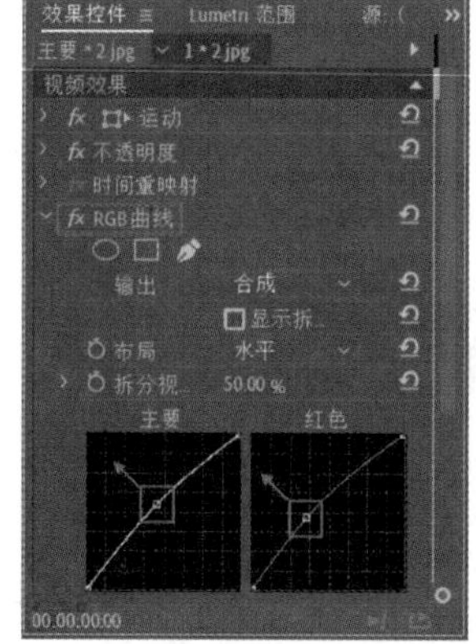

图 8.80　　图 8.81

步骤 06 显示并选择V2轨道上的素材文件。在【效果控件】面板中展开【不透明度】效果，设置【混合模式】为【线性加深】，如图8.82所示。此时画面效果如图8.83所示。

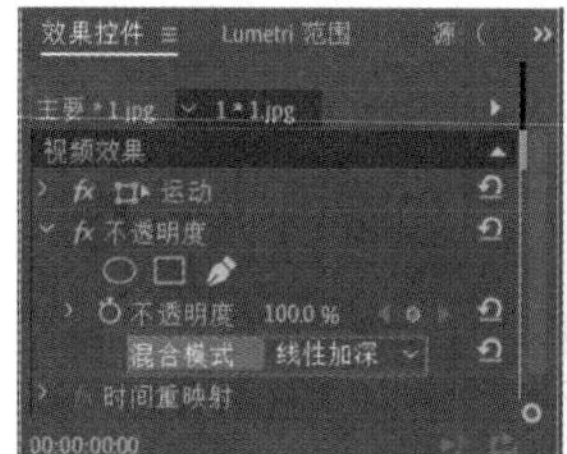

图 8.82　　图 8.83

步骤 07 使用【文字工具】制作文字效果。将时间线滑动到起始位置，在【工具】面板中单击T（文字工具）按钮，在【节目监视器】面板中单击并输入合适的文字，如图8.84所示。

图 8.84

步骤 08 在【工具】面板中单击(选择工具)按钮，在【时间轴】面板中选中文字图层，在【效果控件】面板中展开【文本】/【源文本】，设置合适的【字体系列】，设置【字体大小】为100，【颜色】为白色，如图8.85所示。

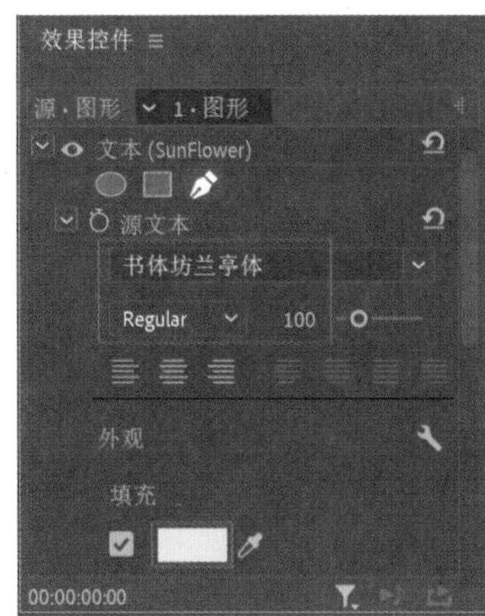

图 8.85

步骤 09 此时文本效果如图8.86所示。继续使用【文字工具】制作其他文字，若想将文字切换到下一行，按Enter键即可。画面最终效果如图8.87所示。

图 8.86　　图 8.87

8.4 颜色校正类视频调色效果

颜色校正类视频调色效果可对素材的颜色进行细致校正，包括【过时】效果组中的【保留颜色】【均衡】【更改为颜色】【更改颜色】【通道混合器】【颜色平衡(HLS)】效果，【颜色校正】效果组中的【ASC CDL】【Brightness & Contrast】【Lumetri 颜色】【色彩】【视频限制器】【颜色平衡】效果，共12种，如图8.88所示。

扫一扫，看视频

- 【保留颜色】：可以选择一种想要保留的颜色，将其他颜色的饱和度降低。为素材添加该效果的前后对比如图8.89所示。

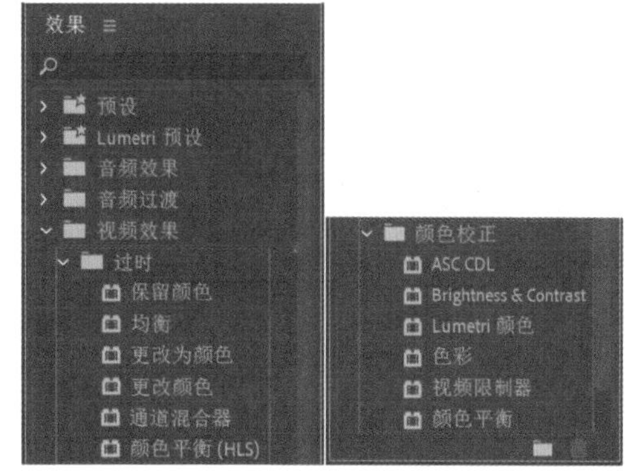

图 8.88

(a)　　(b)

图 8.89

- 【均衡】：可通过RGB、亮度、Photoshop样式自动调整素材的颜色。为素材添加该效果的前后对比如图8.90所示。

(a)　　(b)

图 8.90

- 【更改为颜色】：可将画面中的一种颜色变为另外一种颜色。为素材添加该效果的前后对比如图8.91所示。

(a)　　(b)

图 8.91

- 【更改颜色】：与【更改为颜色】相似，可对颜色进行更改替换。为素材添加该效果的前后对比如图8.92所示。

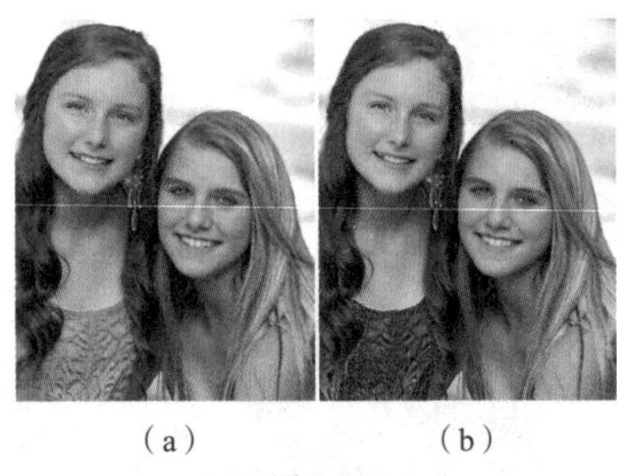

（a）　　（b）

图 8.92

●【通道混合器】：常用于修改画面中的颜色。为素材添加该效果的前后对比如图8.93所示。

（a）　　（b）

图 8.93

●【颜色平衡(HLS)】：可通过色相、亮度和饱和度等参数调节画面色调。为素材添加该效果的前后对比如图8.94所示。

（a）　　（b）

图 8.94

●【ASC CDL】：可对素材文件进行红、绿、蓝3种色相及饱和度的调整。为素材添加该效果的前后对比如图8.95所示。

（a）　　（b）

图 8.95

●【Brightness & Contrast】：可以调整素材的亮度和对比度参数。为素材添加该效果的前后对比如图8.96所示。

（a）　　（b）

图 8.96

●【Lumetri颜色】：可对素材文件在通道中进行颜色的调整。为素材添加该效果的前后对比如图8.97所示。

（a）　　（b）

图 8.97

●【色彩】：可以通过更改的颜色对图像进行颜色的变换处理。为素材添加该效果的前后对比如图8.98所示。

（a）　　（b）

图 8.98

●【视频限制器】：可以对画面中素材的颜色值进行限幅调整。为素材添加该效果的前后对比如图8.99所示。

（a）　　　　　　　　（b）

图 8.99

●【颜色平衡】：可调整素材中阴影红绿蓝、中间调红绿蓝和高光红绿蓝所占的比例。为素材添加该效果的前后对比如图8.100所示。

（a）　　　　　　　　（b）

图 8.100

8.4.1　实例：使用【更改为颜色】效果为人物衣服换色

文件路径：第8章　调色→实例：使用【更改为颜色】效果为人物衣服换色

扫一扫，看视频

本实例使用【更改为颜色】效果将人物的蓝色衣服调整为红色。实例对比效果如图8.101所示。

步骤 01 在Premiere Pro中新建一个项目，执行【文件】/【导入】命令，弹出【导入】对话框，导入1.jpg素材文件，如图8.102所示。

（a）　　　　　　　　（b）

图 8.101

图 8.102

步骤 02 在【项目】面板中选择1.jpg素材文件，按住鼠标左键将其拖动到【时间轴】面板中，如图8.103所示。此时在【项目】面板中自动生成序列。

图 8.103

步骤 03 在【效果】面板的搜索框中搜索【更改为颜色】，将该效果拖动到V1轨道的1.jpg素材文件上，如图8.104所示。

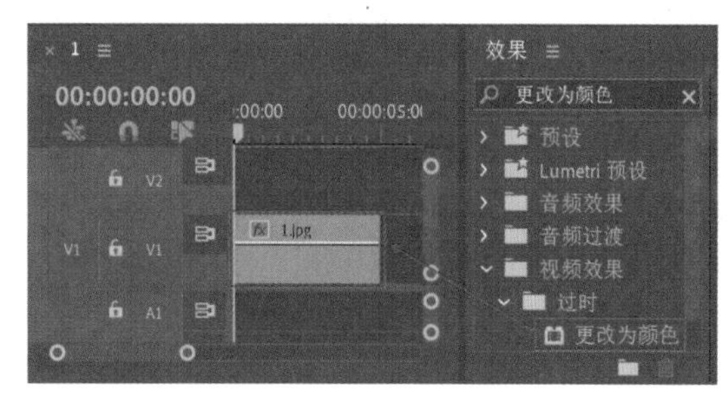

图 8.104

步骤 04 选择V1轨道上的1.jpg素材文件，在【效果控件】面板中展开【更改为颜色】效果，单击【自】右侧的吸管按钮，吸取人物的衣服颜色，此时【自】为蓝色，展开【容差】选项组，设置【色相】为30.0%，如图8.105所示。此时画面效果如图8.106所示。

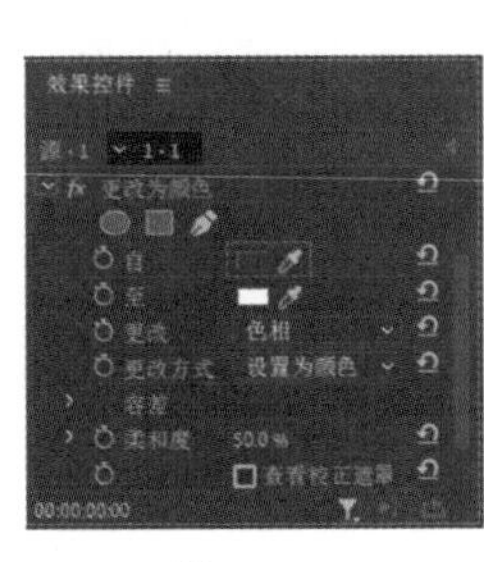

图 8.105

图 8.106

8.4.2 实例：使用【颜色平衡(HLS)】【锐化】【RGB 曲线】效果调整暗淡偏灰人像

扫一扫，看视频

文件路径：第8章 调色→实例：使用【颜色平衡(HLS)】【锐化】【RGB 曲线】效果调整暗淡偏灰人像

本实例首先使用【颜色平衡(HLS)】效果丰富画面颜色，然后使用【锐化】效果突出画面细节，最后使用【RGB 曲线】效果整体提亮。实例对比效果如图8.107所示。

（a）

（b）

图 8.107

步骤 01 在Premiere Pro中新建一个项目，执行【文件】/【导入】命令，弹出【导入】对话框，导入全部素材文件，如图8.108所示。

图 8.108

步骤 02 在【项目】面板中选择1.jpg素材文件，按住鼠标左键将其拖动到【时间轴】面板中，如图8.109所示。此时在【项目】面板中自动生成序列。

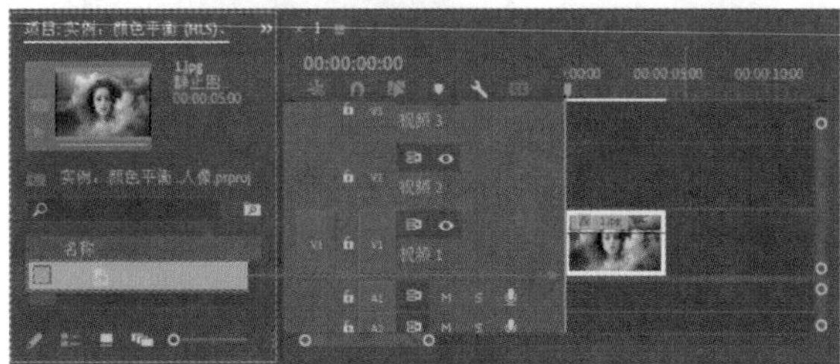

图 8.109

步骤 03 在【效果】面板的搜索框中搜索【颜色平衡(HLS)】，将该效果拖动到V1轨道的1.jpg素材文件上，如图8.110所示。

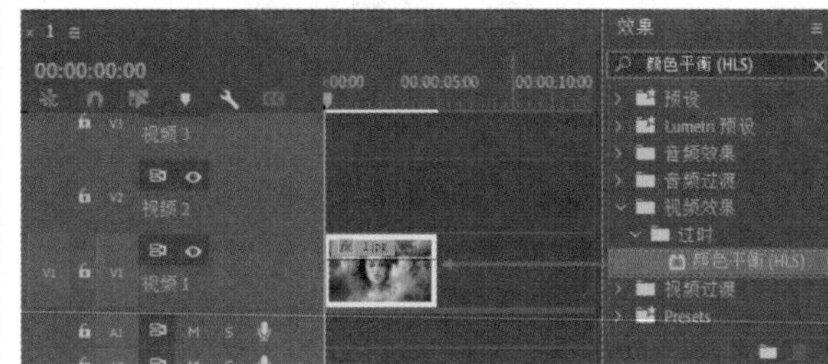

图 8.110

步骤 04 选择V1轨道上的1.jpg素材文件，在【效果控件】面板中展开【颜色平衡(HLS)】效果，设置【亮度】为3.0，【饱和度】为26.0，如图8.111所示。此时画面效果如图8.112所示。

图 8.111

图 8.112

步骤 05 在【效果】面板的搜索框中搜索【锐化】，将该效果拖动到V1轨道的1.jpg素材文件上，如图8.113所示。

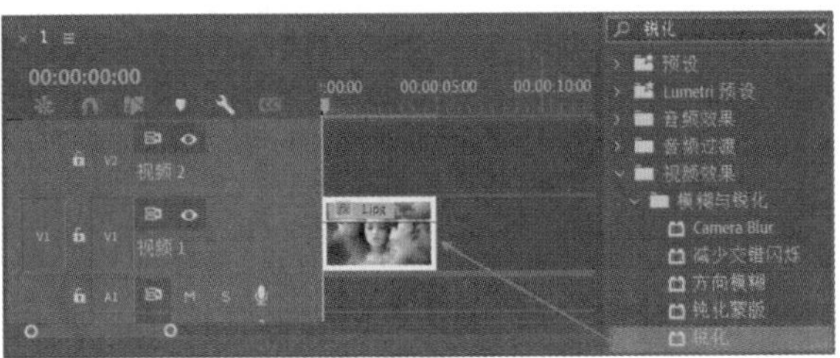

图 8.113

步骤 06 选择V1轨道上的1.jpg素材文件，在【效果控件】面板中展开【锐化】效果，设置【锐化量】为30，如图8.114所示。此时画面效果如图8.115所示。

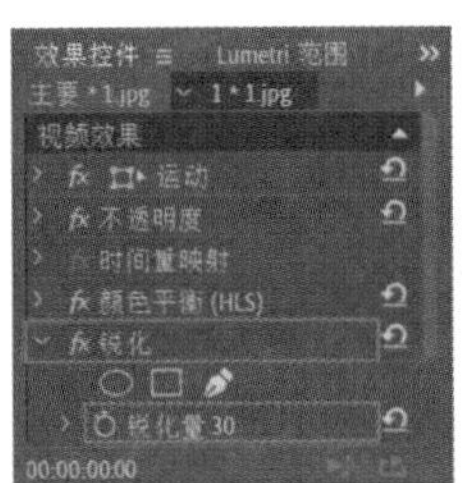

图 8.114

图 8.115

步骤 07 在【效果】面板的搜索框中搜索【RGB 曲线】，将该效果拖动到V1轨道的1.jpg素材文件上，如图8.116所示。

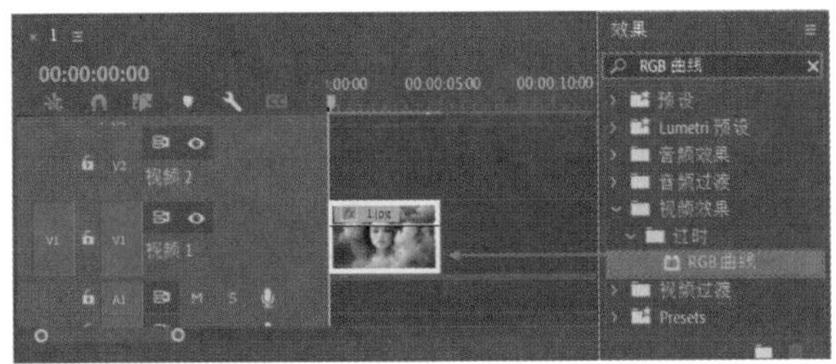

图 8.116

步骤 08 选择V1轨道上的1.jpg素材文件，在【效果控件】面板中展开【RGB 曲线】效果，在【主要】曲线上添加两个控制点将曲线调整为S形，如图8.117所示。调色后的画面效果如图8.118所示。

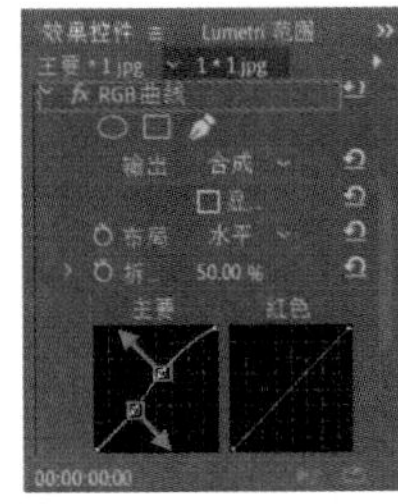

图 8.117

图 8.118

8.4.3 实例：使用【颜色平衡 (HLS)】效果制作浓郁胶片色

扫一扫，看视频

文件路径：第8章 调色→实例：使用【颜色平衡(HLS)】效果制作浓郁胶片色

本实例主要使用【颜色平衡(HLS)】【颜色平衡】【高斯模糊】效果制作风格化胶片照片效果。实例对比效果如图8.119所示。

（a）　　（b）

图 8.119

步骤 01 执行【文件】/【新建】/【项目】命令，新建一个项目。在【项目】面板的空白处双击，在弹出的对话框中导入全部素材文件，如图8.120所示。

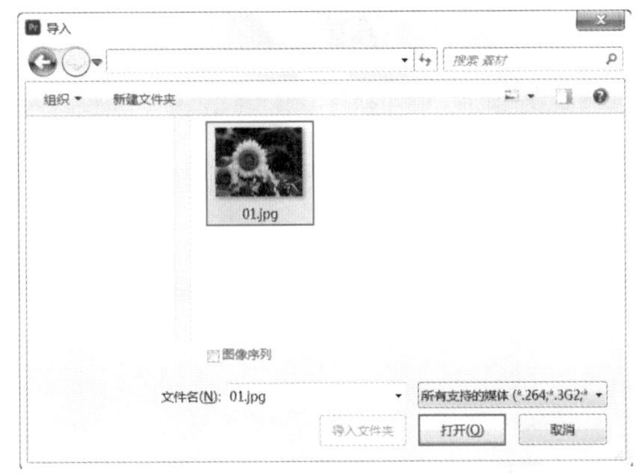

图 8.120

步骤 02 选择【项目】面板中的01.jpg素材文件，按住鼠标左键将其拖动到V1轨道上，如图8.121所示。

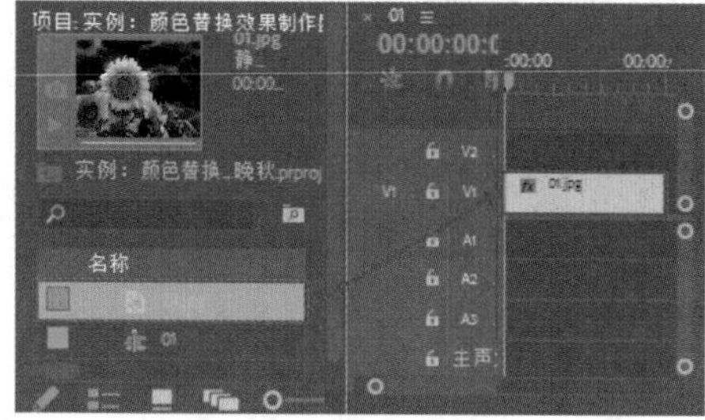

图 8.121

步骤 03 调整画面色调及亮度。在【效果】面板的搜索框中搜索【颜色平衡(HLS)】，然后按住鼠标左键将其拖动到V1轨道的01.jpg素材文件上，如图8.122所示。

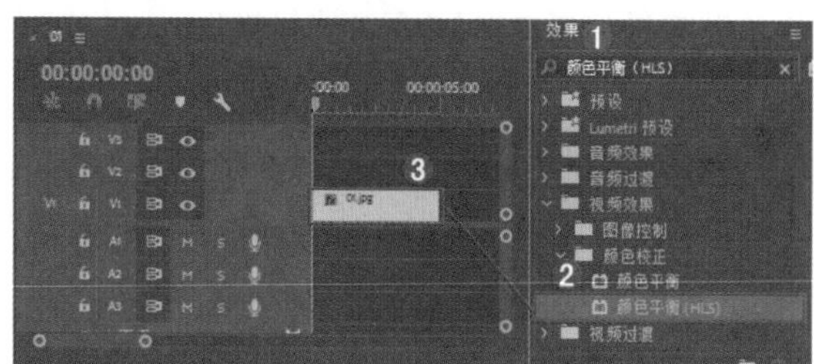

图 8.122

步骤 04 选择V1轨道上的01.jpg素材文件，在【效果控件】面板中展开【颜色平衡(HLS)】效果，设置【色相】为5，【亮度】为40，【饱和度】为15，如图8.123所示。此时画面变亮了，如图8.124所示。

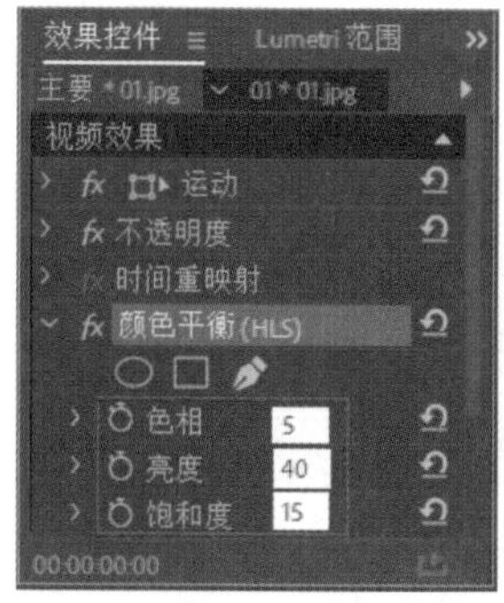

图 8.123　　图 8.124

步骤 05 再次调整画面色调。在【效果】面板的搜索框中搜索【颜色平衡】，然后按住鼠标左键将其拖动到V1轨道的01.jpg素材文件上，如图8.125所示。

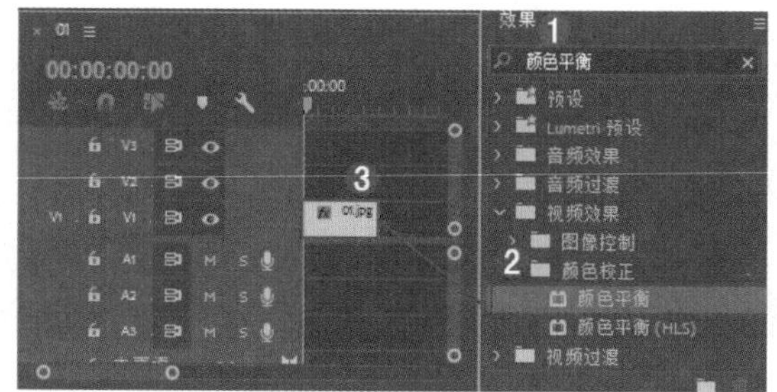

图 8.125

步骤 06 选择V1轨道上的01.jpg素材文件，在【效果控件】面板中展开【颜色平衡】效果，设置【阴影红色平衡】为-100，【阴影绿色平衡】为-25，【阴影蓝色平衡】为-10，【高光红色平衡】为10，【高光绿色平衡】为10，如图8.126所示。此时画面呈绿色调，效果如图8.127所示。

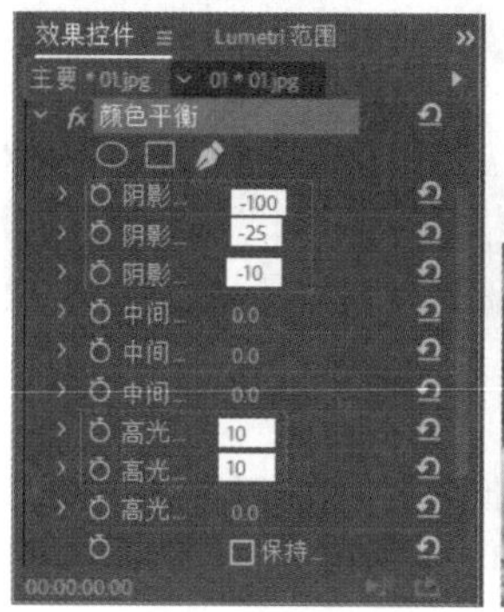

图 8.126　　图 8.127

步骤 07 虚化图片背景，突出主体向日葵。在【效果】面板的搜索框中搜索【高斯模糊】，然后按住鼠标左键将其拖动到V1轨道的01.jpg素材文件上，如图8.128所示。

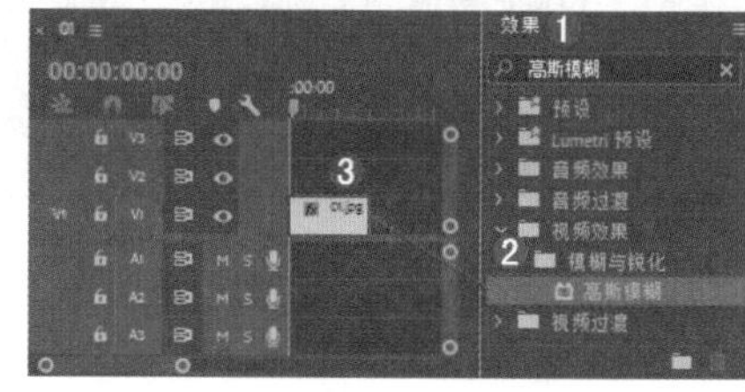

图 8.128

步骤 08 选择V1轨道上的01.jpg素材文件，在【效果控件】面板中展开【高斯模糊】效果，单击⬭(创建椭圆形蒙版)按钮，此时在该效果中出现【蒙版(1)】，设置【蒙版羽化】为177.2，勾选【已反转】复选框，如图8.129所示。在【节目监视器】面板中选择椭圆边缘的各个锚点，适当调整蒙版的形状大小及羽化范围，如图8.130所示。

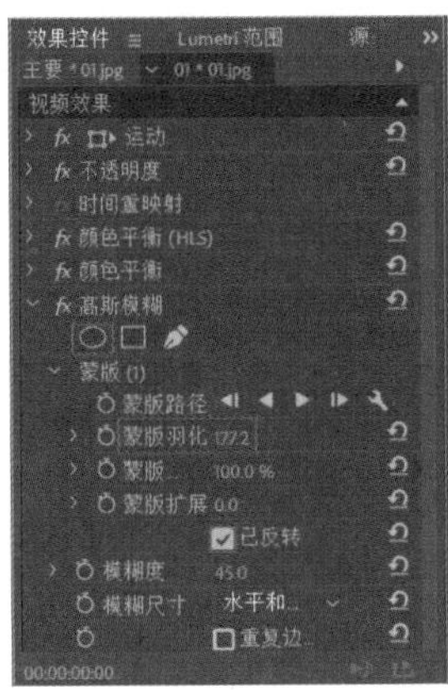

图 8.129

图 8.130

步骤 09 在【高斯模糊】效果中设置【模糊度】为45.0，如图8.131所示。

步骤 10 此时实例制作完成，最终效果如图8.132所示。

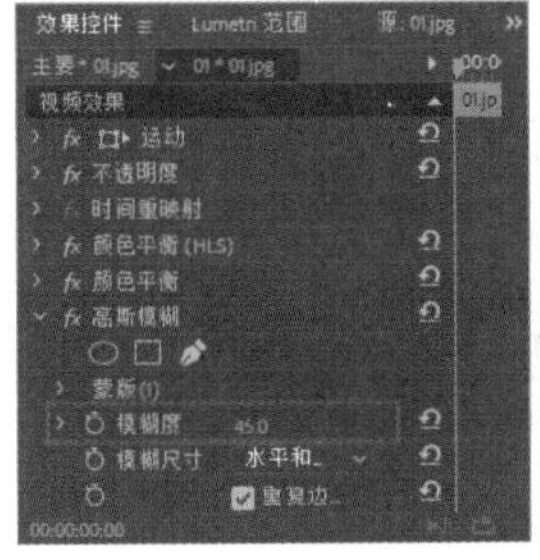

图 8.131

图 8.132

8.4.4 实例：使用【颜色平衡(HLS)】效果制作复古电影色调

文件路径：第8章 调色→实例：使用【颜色平衡(HLS)】效果制作复古电影色调

扫一扫，看视频

本实例主要使用【颜色平衡(HLS)】及【四色渐变】效果更改图片自身的颜色，制作风格化的电影画面。实例效果如图8.133所示。

图 8.133

步骤 01 执行【文件】/【新建】/【项目】命令，新建一个项目。在【项目】面板的空白处双击，在弹出的对话框中导入1.jpg素材文件，如图8.134所示。

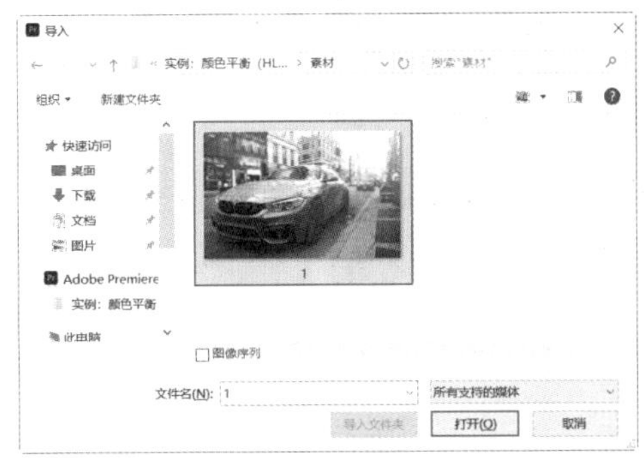

图 8.134

步骤 02 选择【项目】面板中的1.jpg素材文件，按住鼠标左键将其拖动到V1轨道上，此时在【项目】面板中自动生成序列，如图8.135所示。

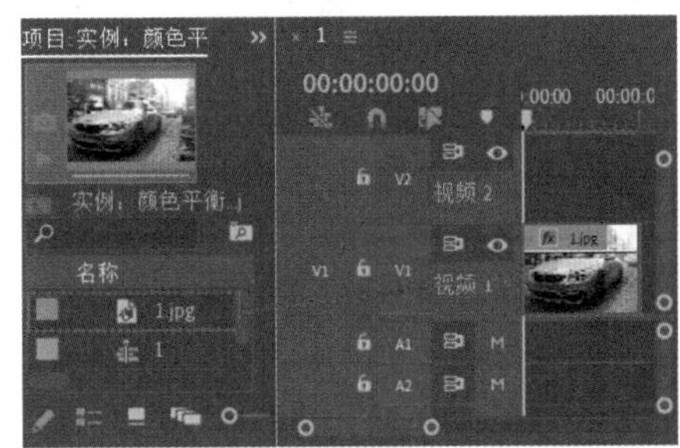

图 8.135

步骤 03 调整画面色调。在【效果】面板的搜索框中搜索【颜色平衡(HLS)】，然后按住鼠标左键将其拖动到V1轨道的1.jpg素材文件上，如图8.136所示。

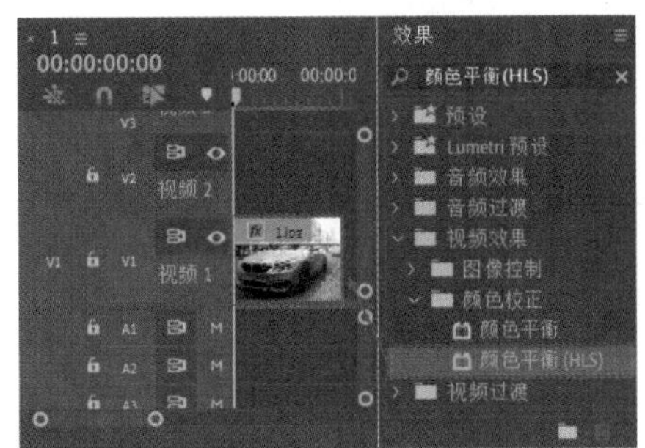

图 8.136

步骤 04 选择V1轨道上的1.jpg素材文件，在【效果控件】面板中展开【颜色平衡(HLS)】效果，设置【色相】

为-190.0°，【亮度】为10.0，【饱和度】为30.0，如图8.137所示。此时画面效果如图8.138所示。

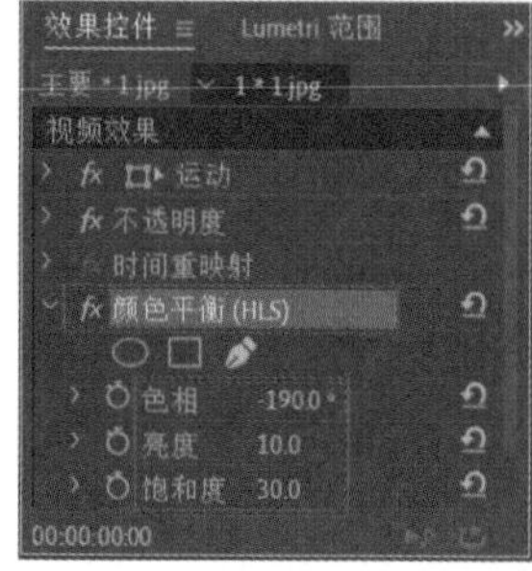

图 8.137

图 8.138

步骤 05 继续调整画面颜色，使颜色变得更加柔和。在【效果】面板的搜索框中搜索【四色渐变】，然后按住鼠标左键将其拖动到V1轨道的1.jpg素材文件上，如图8.139所示。

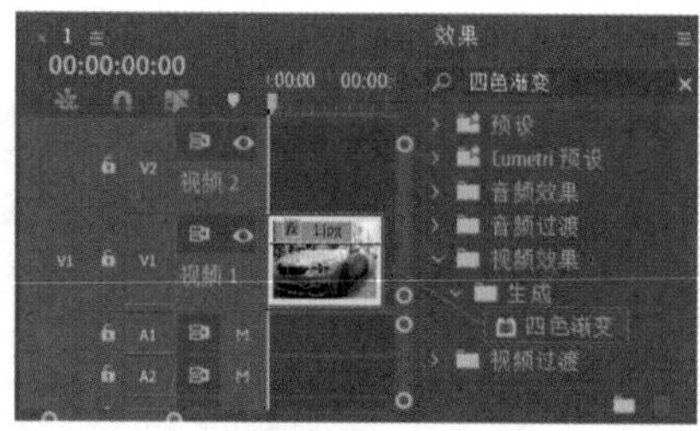

图 8.139

步骤 06 选择V1轨道上的1.jpg素材文件，在【效果控件】面板中展开【四色渐变】效果，设置【颜色1】为橘红色，【颜色2】为朱红色，【颜色3】为蓝色，【颜色4】为浅黄色，设置【混合模式】为【柔光】，如图8.140所示。此时画面色调如图8.141所示。

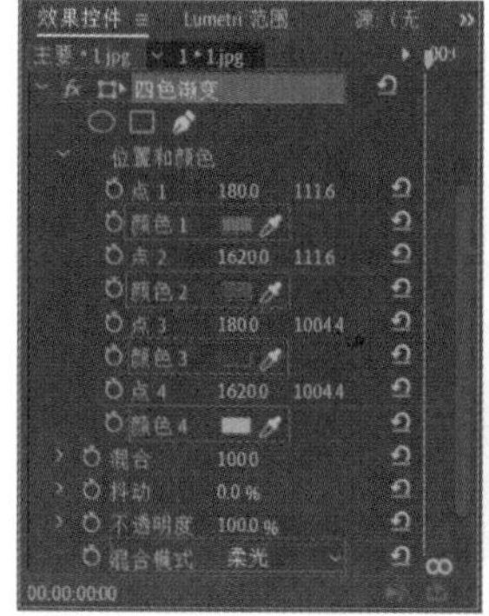

图 8.140

图 8.141

步骤 07 在画面顶部和底部制作黑色长条。在【效果】面板的搜索框中搜索【裁剪】，然后按住鼠标左键将其拖动到V1轨道的1.jpg素材文件上，如图8.142所示。

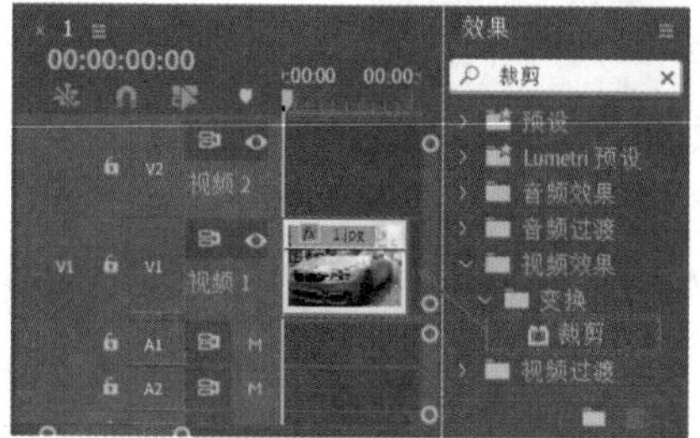

图 8.142

步骤 08 选择V1轨道上的1.jpg素材文件，在【效果控件】面板中展开【裁剪】效果，设置【顶部】为10%，【底部】为10.0%，如图8.143所示。裁剪效果如图8.144所示。

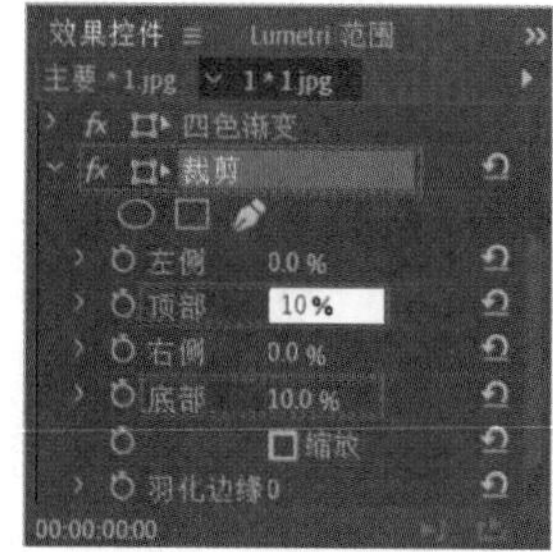

图 8.143

图 8.144

步骤 09 为画面底部添加字幕。将时间线滑动到起始位置，在【工具】面板中单击T（文字工具）按钮，在【节目监视器】面板中单击并输入合适的文字，如图8.145所示。

图 8.145

步骤 10 在【工具】面板中单击▶（选择工具）按钮，在【时间轴】面板中选中文字图层，在【效果控件】面板中展开【文本】/【源文本】，设置合适的【字体系列】，设置【字体大小】为47，【颜色】为白色，勾选【阴影】复选框，设置【颜色】为黑色，【不透明度】为60%，【距离】为10.0，【扩展】为30，如图8.146所示。

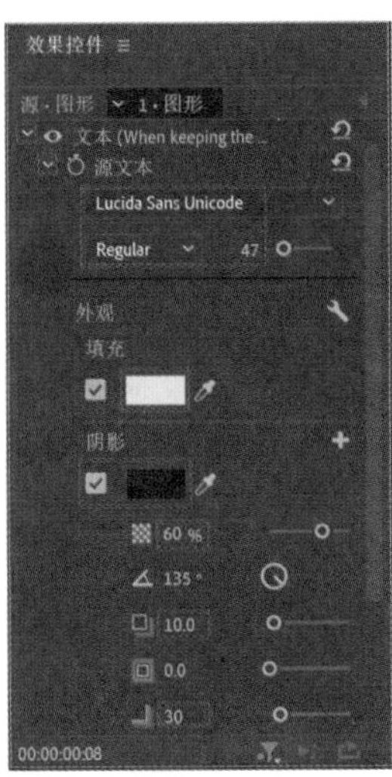

图 8.146

步骤 11 本实例制作完成，最终效果如图8.147所示。

图 8.147

8.4.5 综合实例：制作水墨画效果

文件路径：第8章 调色→综合实例：制作水墨画效果

扫一扫，看视频

水墨画是中国传统绘画的代表，是由水和墨绘制的黑白画。本实例首先使用【黑白】效果去除画面颜色，然后使用【亮度曲线】【高斯模糊】【Levels】等效果调整画面亮度及质感。实例对比效果如图8.148和图8.149所示。

图 8.148

图 8.149

步骤 01 执行【文件】/【新建】/【项目】命令，新建一个项目。在【项目】面板的空白处双击，在弹出的对话框中导入1.jpg和2.png素材文件，如图8.150所示。

图 8.150

步骤 02 选择【项目】面板中的1.jpg素材文件，按住鼠标左键将其拖动到V1轨道上，此时在【项目】面板中自动生成序列，如图8.151所示。

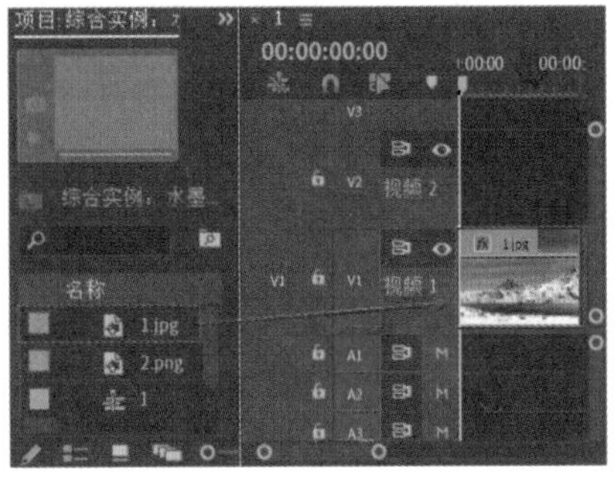

图 8.151

步骤 03 制作水墨画效果。首先在【效果】面板的搜索框中搜索【黑白】，然后按住鼠标左键将其拖动到V1轨道的1.jpg素材文件上，如图8.152所示。此时画面自动变为黑白色调，如图8.153所示。

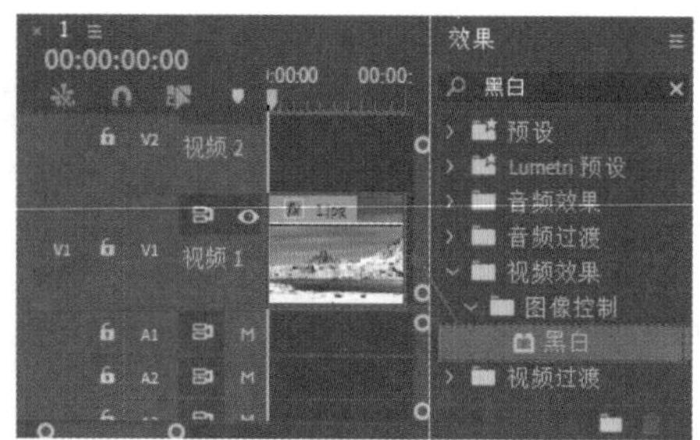

图 8.152

图 8.153

步骤 04 调整画面亮度。在【效果】面板的搜索框中搜索【亮度曲线】，然后按住鼠标左键将其拖动到V1轨道的1.jpg素材文件上，如图8.154所示。

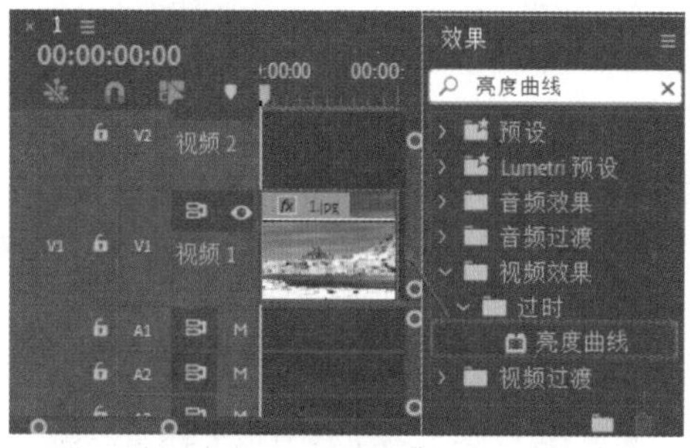

图 8.154

步骤 05 选择V1轨道上的1.jpg素材文件，在【效果控件】面板中展开【亮度曲线】效果，在【亮度波形】曲线上，添加两个控制点并向左上角拖动，如图8.155所示。此时画面效果如图8.156所示。

步骤 06 在【效果】面板的搜索框中搜索【高斯模糊】，然后按住鼠标左键将其拖动到V1轨道的1.jpg素材文件上，如图8.157所示。

步骤 07 选择V1轨道上的1.jpg素材文件，展开【高斯模糊】效果，设置【模糊度】为3，如图8.158所示。此时画面效果如图8.159所示。

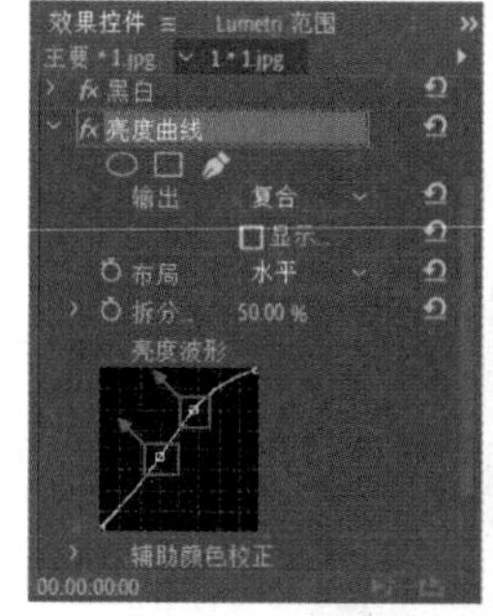

图 8.155　　图 8.156

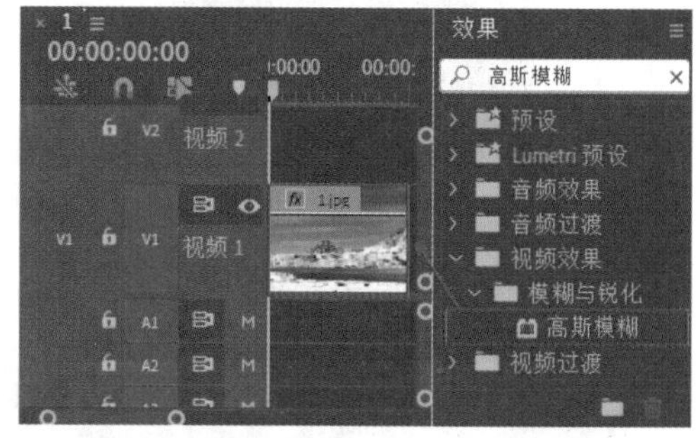

图 8.157

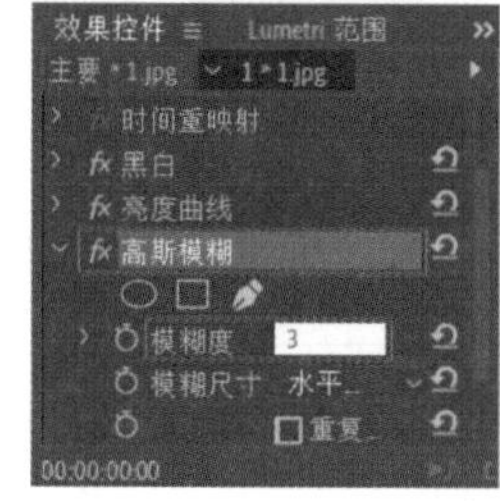

图 8.158　　图 8.159

步骤 08 提亮画面中暗部的细节。在【效果】面板的搜索框中搜索【Levels】，然后按住鼠标左键将其拖动到V1轨道的1.jpg素材文件上，如图8.160所示。

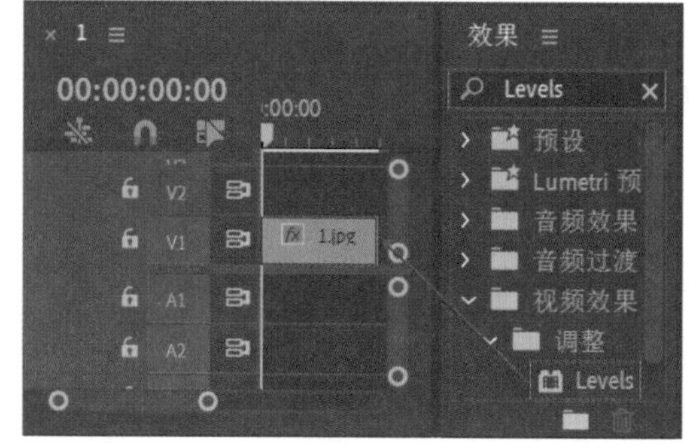

图 8.160

步骤 09 选择V1轨道上的1.jpg素材文件，展开【Levels】效果，设置【(RGB)White Input Level】为195，【(RGB) White Output Levels】为235，如图8.161所示。此时画面效果如图8.162所示。

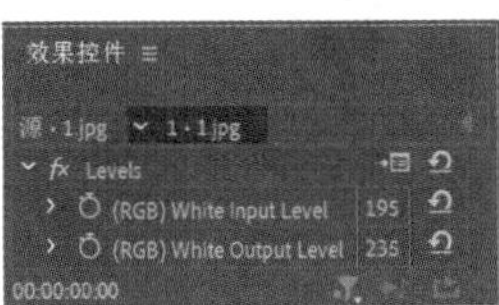

图 8.161

图 8.162

步骤 10 选择【项目】面板中的2.png素材文件，按住鼠标左键将其拖动到V2轨道上，如图8.163所示。

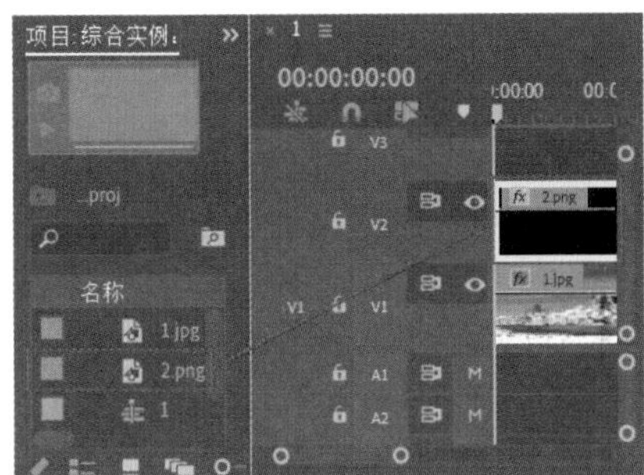

图 8.163

步骤 11 选择V2轨道上的2.png素材文件，在【效果控件】面板中展开【运动】效果，设置【位置】为(655.0,295.0)，【缩放】为52，如图8.164所示。

步骤 12 此时水墨画效果制作完成，最终效果如图8.165所示。

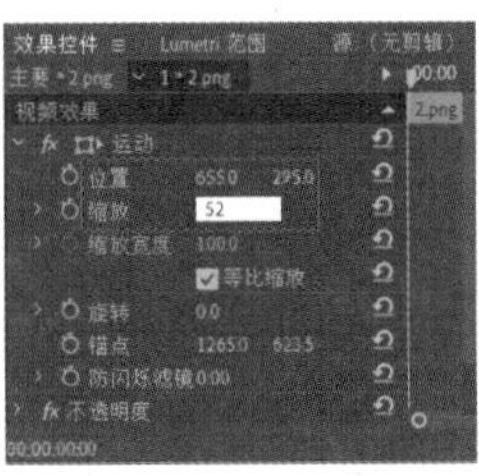

图 8.164

图 8.165

第8章 调色

Chapter 9 第9章

扫一扫，看视频

文　字

本章内容简介：

文字是设计作品中最常见的元素之一，它不仅可以快速地传达作品想要传达的信息，同时也能起到美化版面的作用，所传达的信息也更加直观、深刻。在Premiere Pro中有强大的文字创建与编辑功能，不仅有多种文字工具供操作者使用，还可使用多种参数设置文字效果。本章将讲解多种创建文字及编辑文字属性的方法，通过为文字设置动画制作完整的作品效果。

重点知识掌握：

- 了解创建文字的方法。
- 掌握创建文字及图形的基本操作。
- 应用文字动画。

佳作欣赏：

9.1 创建字幕

在Premiere Pro中可以创建横排文字和竖排文字，如图9.1和图9.2所示。除此以外，还可以沿路径创建文字。

图 9.1

图 9.2

除简单地输入文字以外，还可以通过设置文字的版式、质感等制作出更精彩的文字效果，如图9.3~图9.6所示。

图 9.3

图 9.4

图 9.5

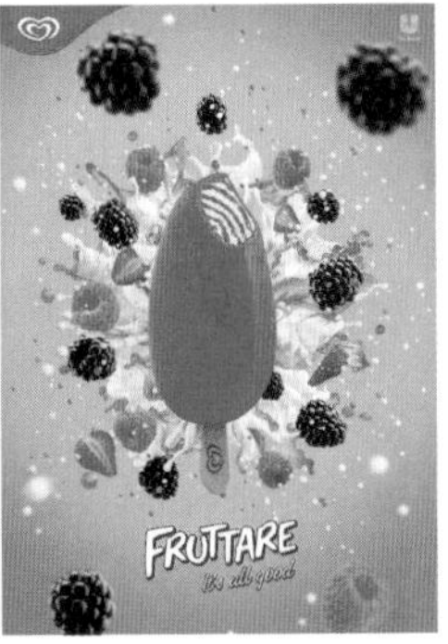

图 9.6

【重点】9.1.1 轻松动手学：使用【文字工具】创建文字

文件路径：第9章 文字→轻松动手学：使用【文字工具】创建文字

扫一扫，看视频

自Premiere Pro CC 2017版本开始，菜单栏中的【字幕】菜单变为了【图形】菜单，但在【工具】面板中增加了T（文字工具）按钮，直接在【工具】面板中单击T（文字工具）按钮，并在【节目监视器】面板中输入文字即可进行字幕的创建，这种方式操作起来更加简单、便捷。

步骤 01 执行【文件】/【新建】/【项目】命令，新建一个项目。然后在【项目】面板的空白处右击，在弹出的快捷菜单中执行【新建项目】/【序列】命令，弹出【新建序列】对话框，并在DV-PAL文件夹下选择【标准48kHz】。执行【文件】/【新建】/【颜色遮罩】命令，弹出【新建颜色遮罩】对话框，如图9.7所示。单击【确定】按钮，在弹出的【拾色器】对话框中设置【颜色】为青色，单击【确定】按钮，弹出【选择名称】对话框，设置新的名称为【颜色遮罩】，设置完成后继续单击【确定】按钮，如图9.8所示。

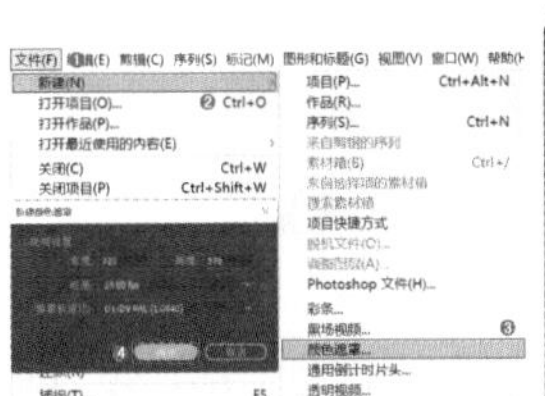

图 9.7

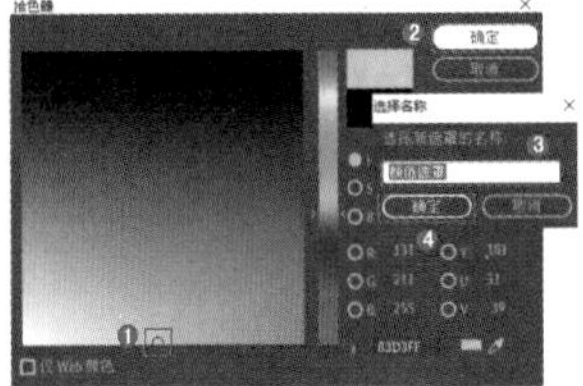

图 9.8

步骤 02 将【项目】面板中的【颜色遮罩】拖动到V1轨道上，如图9.9所示。

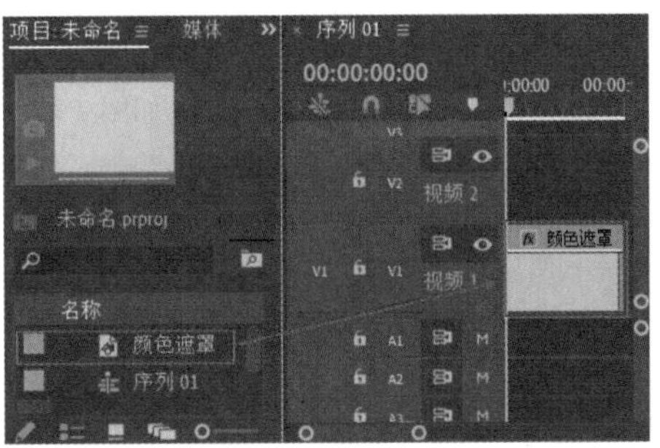

图 9.9

步骤 03 单击【时间轴】面板中的空白处，取消选择【时间轴】面板中的素材文件，然后在【工具】面板中单击T（文字工具）按钮，将光标定位在【节目监视器】面板中，单击插入光标，如图9.10所示。此时即可在画面中创建合适的字幕，如图9.11所示。字幕创建完成后，可以看到在【时间轴】面板中的V2轨道上自动出现新建的字幕素材文件，如图9.12所示。

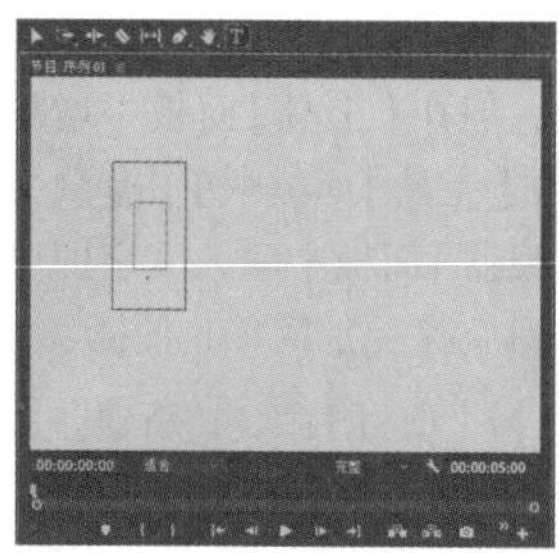
图 9.10

图 9.11

图 9.12

步骤 04 在默认状态下，字体颜色为白色，用户可以更改文字的颜色等属性。选择V2轨道上的文字素材文件，在【效果控件】面板中展开【文本(PURE)】效果并设置合适的【字体系列】，设置【字体大小】为140，在【外观】下方的【填充】中设置【填充颜色】为橘色，然后勾选【阴影】复选框，拖动滑块，设置阴影的【不透明度】为15%，如图9.13所示。此时文字效果如图9.14所示。

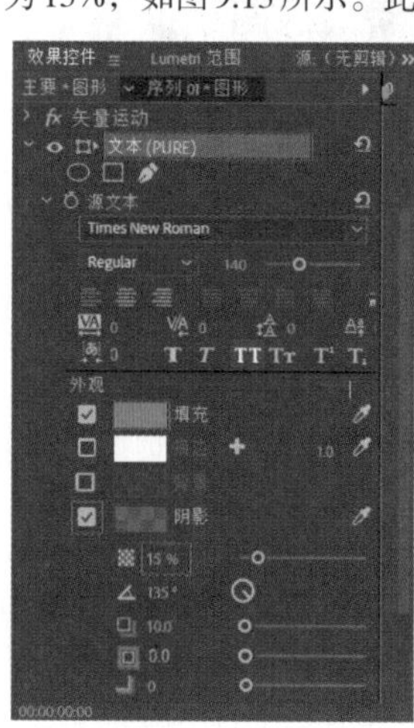
图 9.13

图 9.14

重点 9.1.2 轻松动手学：在【基本图形】面板中创建字幕

扫一扫，看视频

文件路径：第9章 文字→轻松动手学：在【基本图形】面板中创建字幕

下面对在【基本图形】面板中创建字幕的方法进行讲解，该方法不仅可以创建文字，还可以创建形状，与在【工具】面板中使用【文字工具】创建字幕相比，其功能更加强大。

步骤 01 执行【文件】/【新建】/【项目】命令，新建一个项目。然后在【项目】面板的空白处右击，在弹出的快捷菜单中执行【新建项目】/【序列】命令，弹出【新建序列】对话框，并在DV-PAL文件夹下选择【标准48kHz】。执行【文件】/【新建】/【颜色遮罩】命令，弹出【新建颜色遮罩】对话框，如图9.15所示。单击【确定】按钮，在弹出的【拾色器】对话框中设置【颜色】为青色，单击【确定】按钮，弹出【选择名称】对话框，设置新的名称为【颜色遮罩】，设置完成后继续单击【确定】按钮，如图9.16所示。

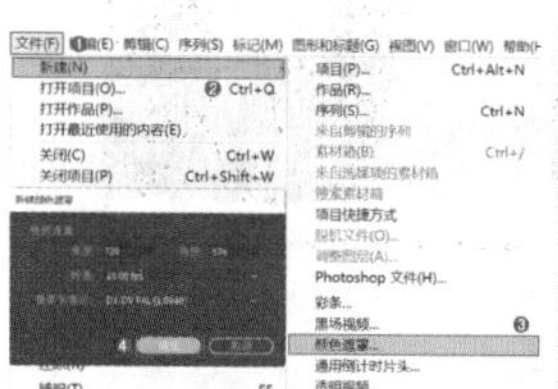
图 9.15

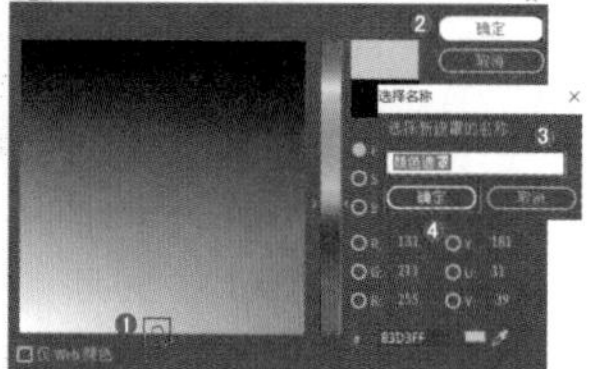
图 9.16

步骤 02 将【项目】面板中的【颜色遮罩】文件拖动到V1轨道上，如图9.17所示。

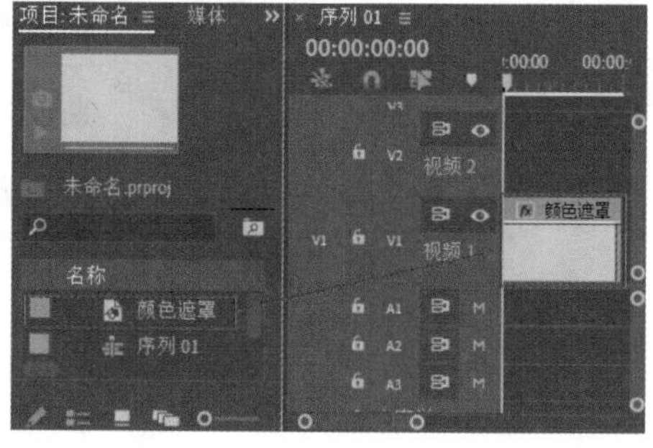
图 9.17

步骤 03 执行【窗口】/【基本图形】命令，打开【基本图形】面板，如图9.18所示。

图 9.18

步骤 04 在【基本图形】面板中单击【编辑】按钮，接着执行【新建图层】/【文本】命令，如图9.19所示。

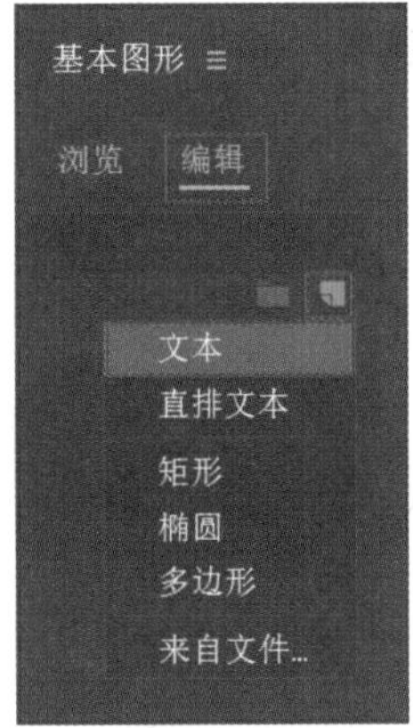

图 9.19

步骤 05 此时在【节目监视器】面板中自动创建文本框与占位符，如图9.20所示。

图 9.20

步骤 06 单击【工具】面板中的T（文字工具）按钮，在【节目监视器】面板中删除占位符，并重新输入文本，如图9.21所示。

图 9.21

步骤 07 文字制作完成后选中文字，在【效果控件】面板中设置【字体大小】为140，【颜色】为粉色，如图9.22所示。

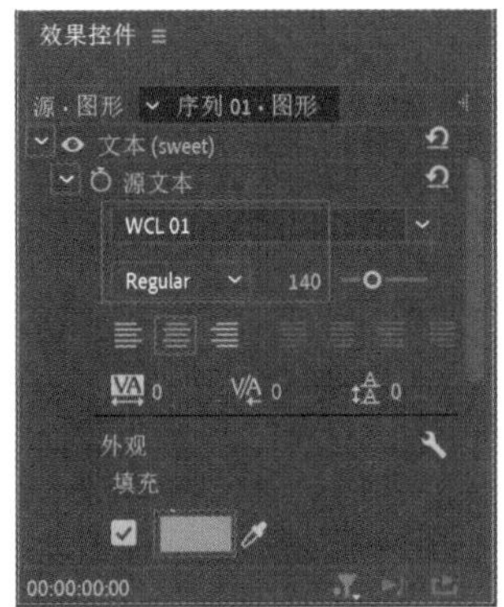

图 9.22

步骤 08 此时画面效果如图9.23所示。

图 9.23

提示：在计算机中添加字体

在Premiere Pro中创建文字时，可以设置需要的字体，但是有时候计算机中默认的字体不一定非常适合该作品效果。假如我们从网络上下载到一款非常合适且版权公开的字体，那么怎么在Premiere Pro中使用呢？

（1）以Windows 10系统的计算机为例。找到下载的字体，选择该字体并按快捷键Ctrl+C将其复制。然后执行计算机中的【开始】/【控制面板】命令，并单击【字体】按钮，如图9.24所示。

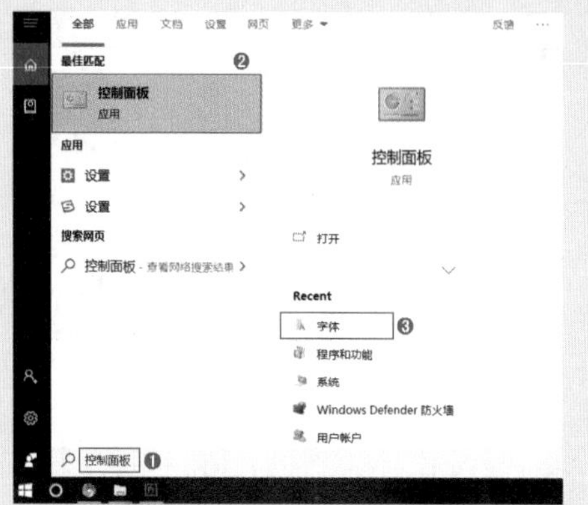

图 9.24

（2）在打开的文件夹中右击，在弹出的快捷菜单中执行【粘贴】命令，此时字体就开始安装了，如图9.25所示。

图 9.25

（3）字体安装成功之后，重新启动Premiere Pro，就可以使用新字体了。在使用Premiere Pro制作文字时，有时会出现一些问题。例如，打开一个项目文件，该计算机中可能没有制作此项目使用的字体，那么会造成字体缺失或字体替换等现象。此时可以在复制文件时将使用过的字体进行复制并安装到使用的计算机中，这样就不会出现字体替换等问题。图9.26所示为字体显示不正确和正确的对比效果。

（a）　　（b）

图 9.26

9.2 常用文字实例

通过对创建字幕的学习，大家对创建文字、修改文字已不陌生。为了夯实基础，接下来针对字幕的应用进行大量实例学习。

9.2.1 实例：制作趣味弯曲翅膀文字

扫一扫，看视频

文件路径：第9章 文字→实例：制作趣味弯曲翅膀文字

本实例使用【旋转扭曲】【湍流置换】效果制作带有弧度的文字效果。实例效果如图9.27所示。

图 9.27

步骤 01 新建一个项目。新建一个自定义序列，设置【帧大小】为1700，【水平】为1080，【像素长宽比】为【方形像素(1.0)】。执行【文件】/【导入】命令，在弹出的对话框中导入1.png素材文件，如图9.28所示。

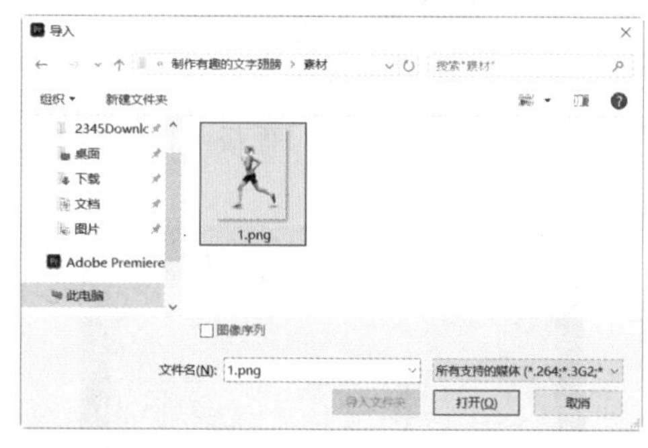

图 9.28

步骤 02 执行【文件】/【新建】/【颜色遮罩】命令，在弹出的【新建颜色遮罩】对话框中单击【确定】按钮，弹出【拾色器】对话框，设置【颜色】为黑色，单击【确定】按钮，弹出【选择名称】对话框，设置名称为【颜色遮罩】，如图9.29所示。

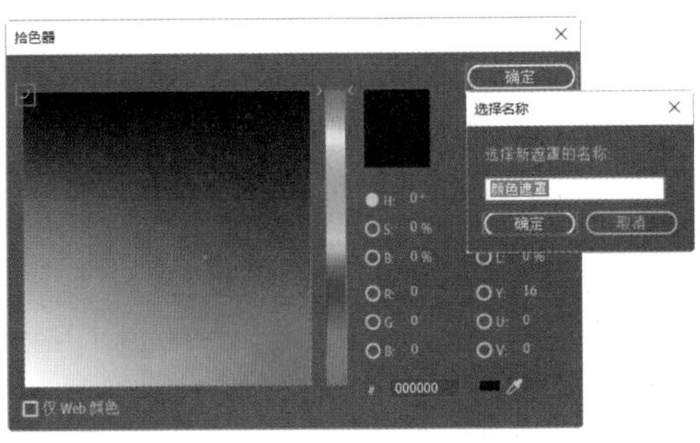

图 9.29

步骤 03 在【项目】面板中选择【颜色遮罩】，将其拖动到V1轨道上，如图9.30所示。

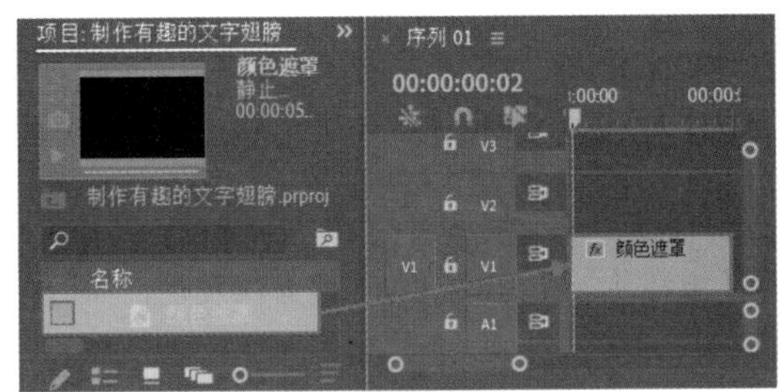

图 9.30

步骤 04 在【效果】面板的搜索框中搜索【渐变】，将该效果拖动到V1轨道的【颜色遮罩】上，如图9.31所示。

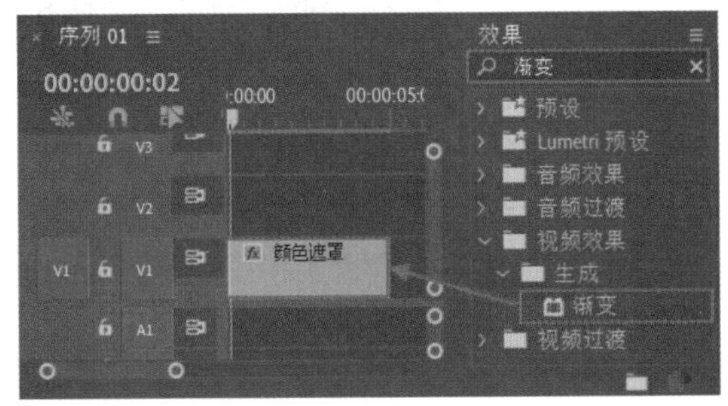

图 9.31

步骤 05 选择V1轨道上的【颜色遮罩】，在【效果控件】面板中展开【渐变】效果，设置【起始颜色】为淡黄色，【渐变终点】为(738.0,917.0)，【渐变形状】为【线性渐变】，如图9.32所示。此时画面效果如图9.33所示。

步骤 06 制作文字部分。将时间线滑动至起始位置，在【工具】面板中单击T（文字工具）按钮，在【节目监视器】面板中的适当位置单击并输入合适的文字，如图9.34所示。

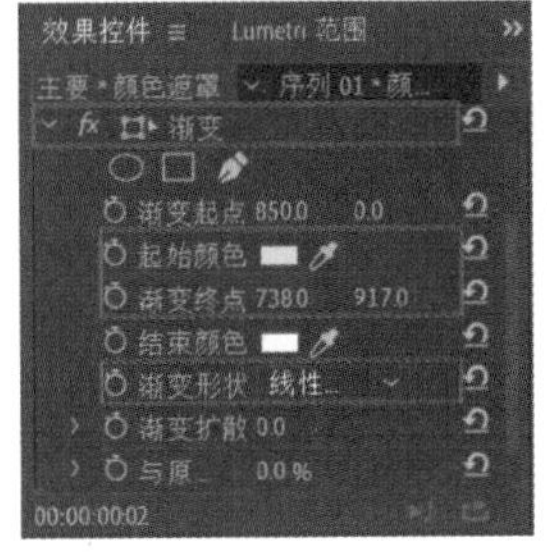

图 9.32

图 9.33

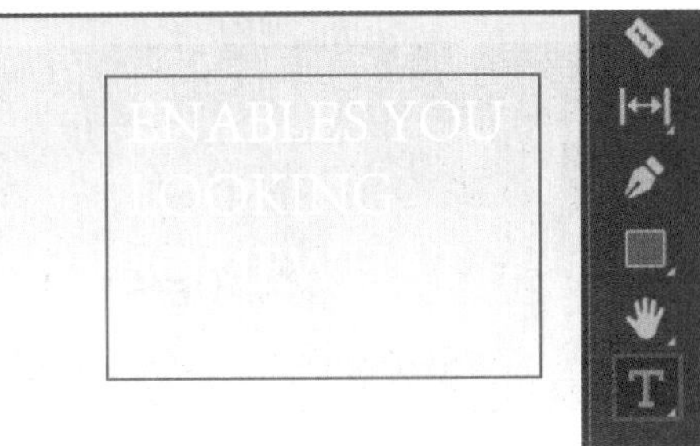

图 9.34

步骤 07 选中文字，在【效果控件】面板中展开【文本】/【源文本】，设置合适的【字体系列】和【字体样式】，设置【字体大小】为100，【字距】为200，【行距】为-15，设置【填充颜色】为红色到白色的渐变，勾选【描边】复选框，设置【描边颜色】为红色，【描边宽度】为5.0，【描边类型】为【中心】，接着展开【变换】，设置【位置】为(540.6,367.2)，如图9.35所示。

步骤 08 此时画面效果如图9.36所示。

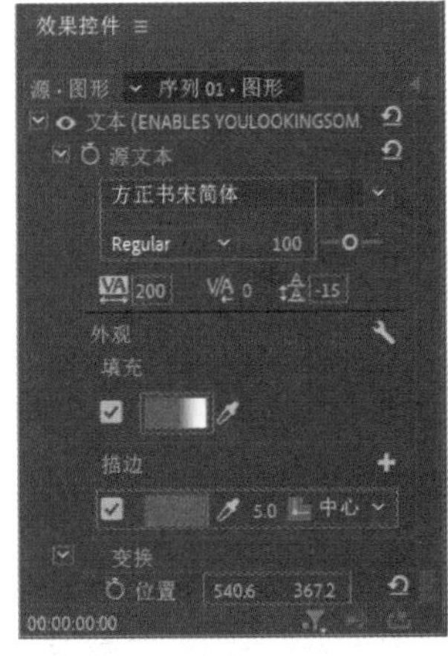

图 9.35

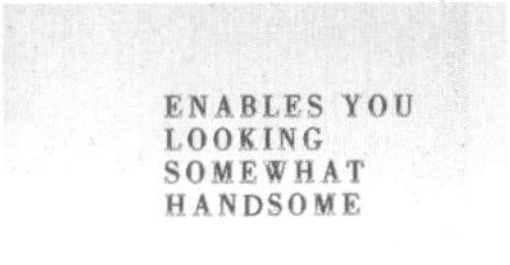

ENABLES YOU
LOOKING
SOMEWHAT
HANDSOME

图 9.36

步骤 09 将【项目】面板中的1.png素材文件拖动到V3轨道上，如图9.37所示。

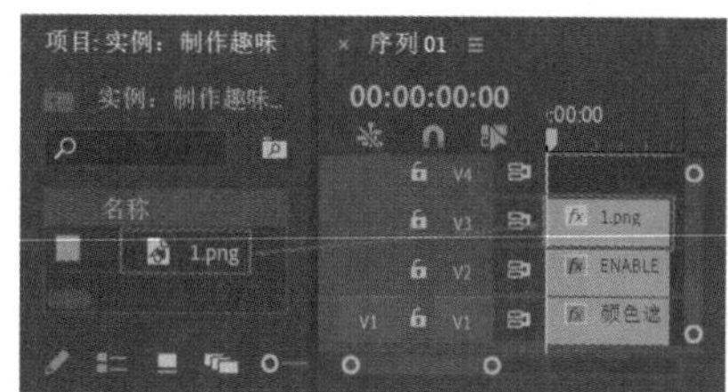

图 9.37

步骤 10 在【效果】面板的搜索框中搜索【旋转扭曲】，将该效果拖动到V2轨道的文字图层上，如图9.38所示。

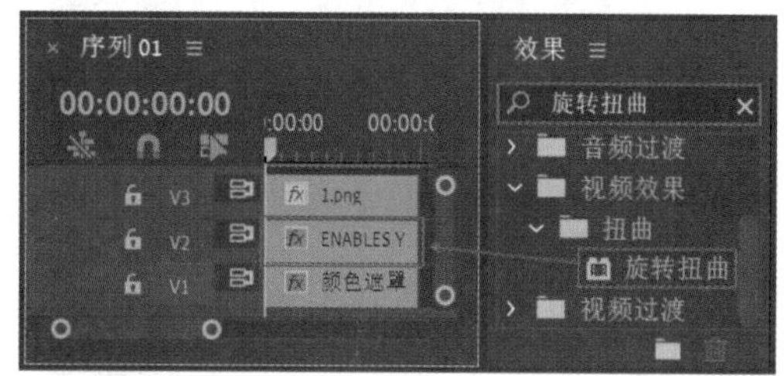

图 9.38

步骤 11 选择V2轨道上的文字图层，在【效果控件】面板中设置【位置】为(850.0,618.0)，【旋转】为-22.0°，展开【旋转扭曲】效果，设置【角度】为68.0°，【旋转扭曲半径】为35.0，【旋转扭曲中心】为(1009.0,540.0)，如图9.39所示。此时画面效果如图9.40所示。

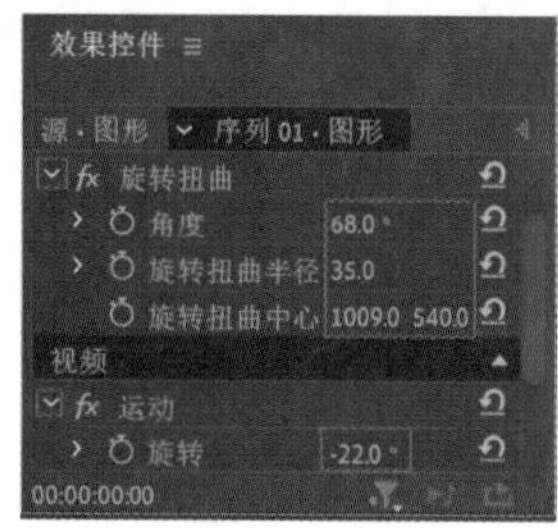

图 9.39　　图 9.40

步骤 12 在【效果】面板的搜索框中搜索【湍流置换】，将该效果拖动到V2轨道的文字图层上，如图9.41所示。

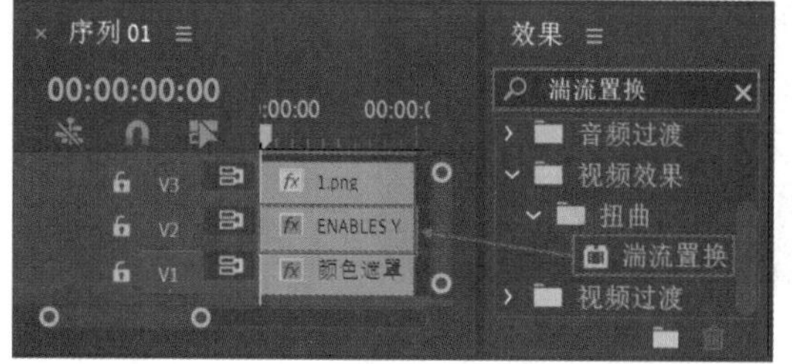

图 9.41

步骤 13 选择V2轨道上的文字图层，在【效果控件】面板中展开【湍流置换】效果，设置【大小】为200.0，如图9.42所示。此时画面效果如图9.43所示。

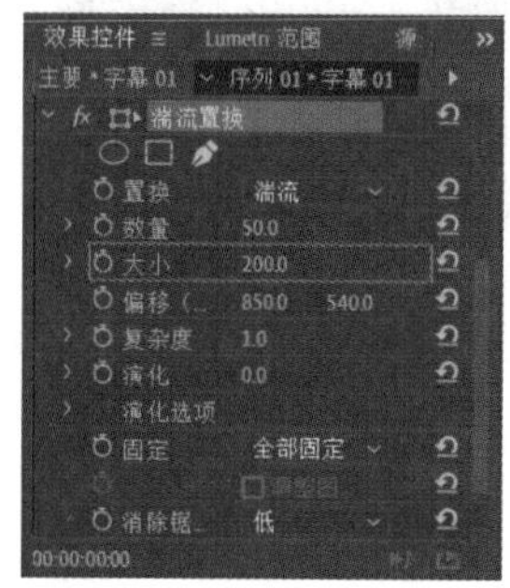

图 9.42　　图 9.43

步骤 14 制作下一个字幕。将时间线滑动至起始位置，在【工具】面板中单击T（文字工具）按钮，在【节目监视器】面板中单击并输入文字Full of vigor，接着在【效果控件】面板中设置合适的【字体系列】和【字体样式】，设置【字体大小】为40，【颜色】为深灰色，如图9.44所示。

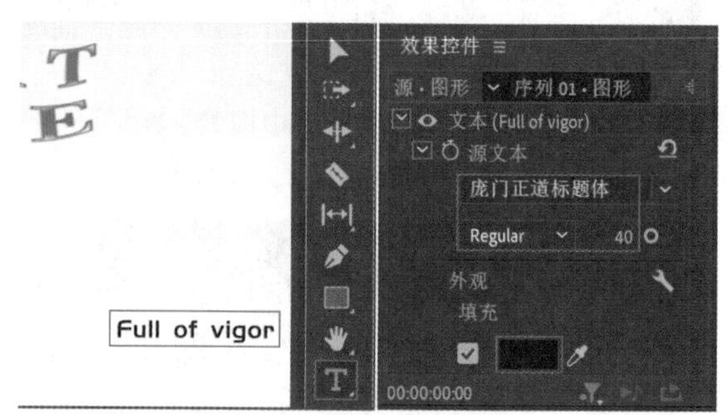

图 9.44

步骤 15 此时画面效果如图9.45所示。

图 9.45

9.2.2 实例：制作扫光文字效果

扫一扫，看视频

文件路径：第9章 文字→实例：制作扫光文字效果

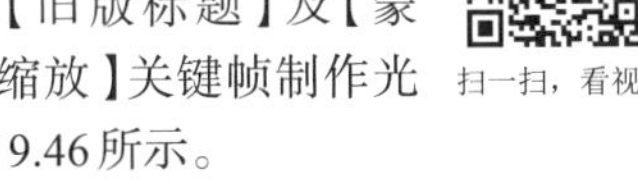

本实例主要使用【旧版标题】及【蒙版】制作文字，使用【缩放】关键帧制作光晕动效。实例效果如图9.46所示。

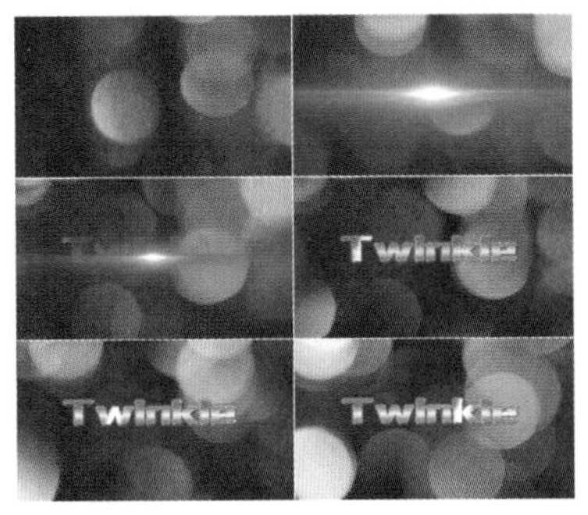

图 9.46

步骤 01 在Premiere Pro软件中新建一个项目，执行【文件】/【导入】命令，在弹出的对话框中导入素材文件，如图9.47所示。

步骤 02 在【项目】面板中将1.mp4视频素材拖动到V1轨道上，将2.png素材文件拖动到V4轨道上，如图9.48所示。单击V4轨道左侧的 (切换轨道输出)按钮，如图9.49所示。

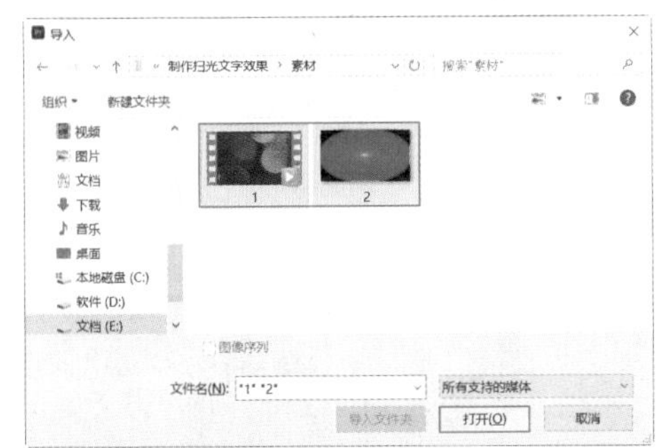

图 9.47

图 9.48

图 9.49

步骤 03 制作文字。将时间线滑动至2秒的位置，在【工具】面板中单击 T (文字工具)按钮，输入文字Twinkle，如图9.50所示。选中文字，在【效果控件】面板中设置合适的【字体系列】和【字体样式】，设置【字体大小】为200，设置【填充颜色】为淡紫色到白色的渐变，勾选【阴影】复选框，设置【不透明度】为50%，【角度】为100.0°，【距离】为17.0，【扩展】为30.0，如图9.51所示。

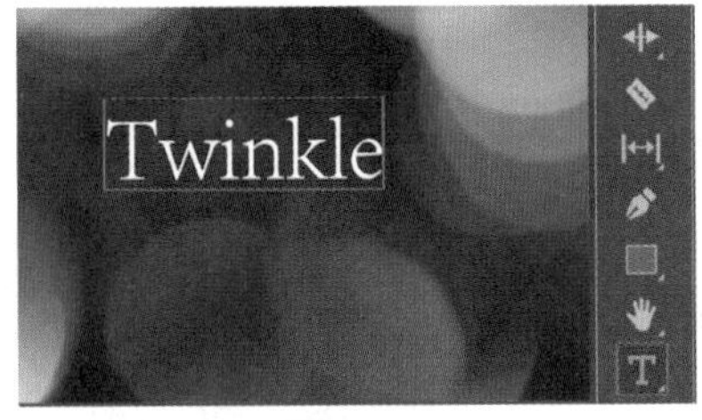

图 9.50

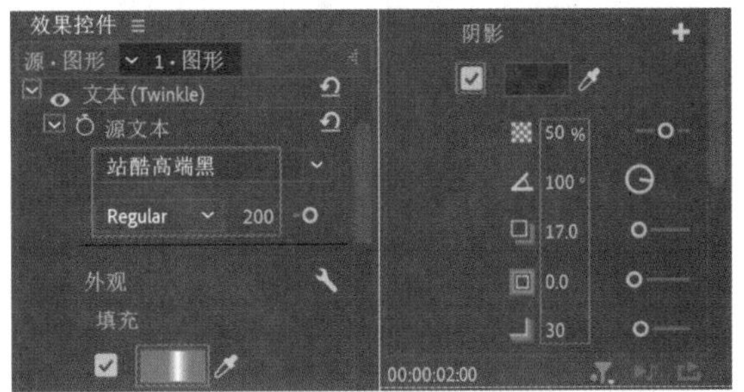

图 9.51

步骤 04 在【效果】面板的搜索框中搜索【Alpha发光】，将该效果拖动到V2轨道的文字图层上，如图9.52所示。

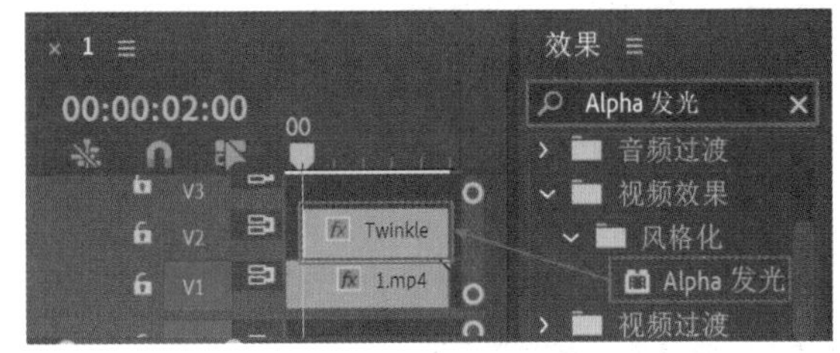

图 9.52

步骤 05 选择V2轨道上的文字图层，在【效果控件】面板中设置【起始颜色】与【结束颜色】均为淡黄色，如图9.53所示。此时文字效果如图9.54所示。

步骤 06 选择V2轨道上的文字图层，按住Alt键的同时按住鼠标左键向V3轨道拖动，释放鼠标后完成复制，如图9.55所示。选择V3轨道上的文字图层，将文字的【颜色】更改为白色，如图9.56所示。

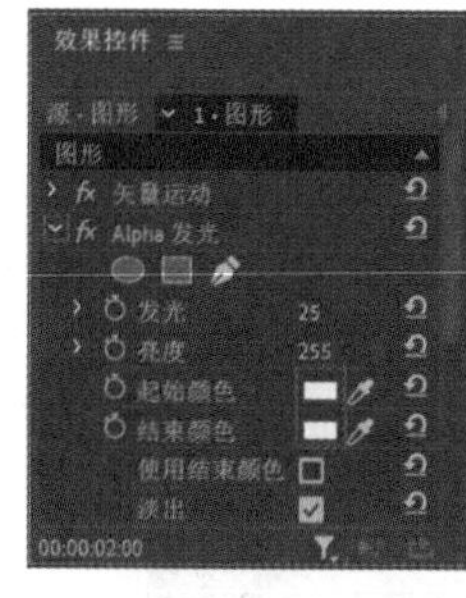

图 9.53

图 9.54

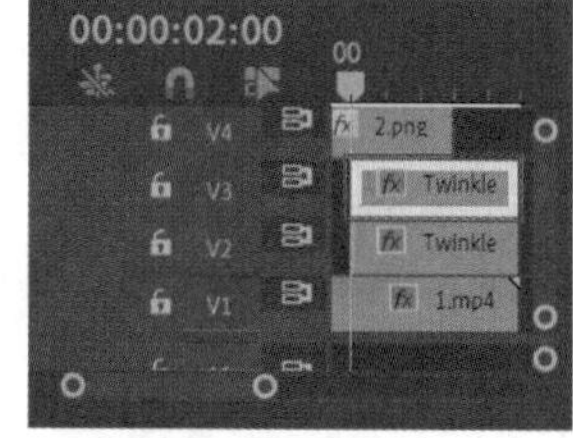

图 9.55

图 9.56

步骤 07 选择V3轨道上的文字图层，在【效果控件】面板中展开【不透明度】效果，单击(自由绘制贝塞尔曲线)按钮，然后将时间线滑动到2秒的位置，开启【蒙版路径】关键帧，在文字左侧绘制一个四边形蒙版，并设置【蒙版羽化】为30.0，如图9.57和图9.58所示。

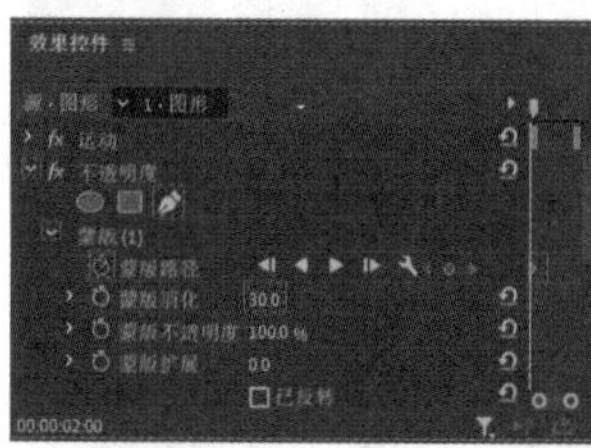

图 9.57

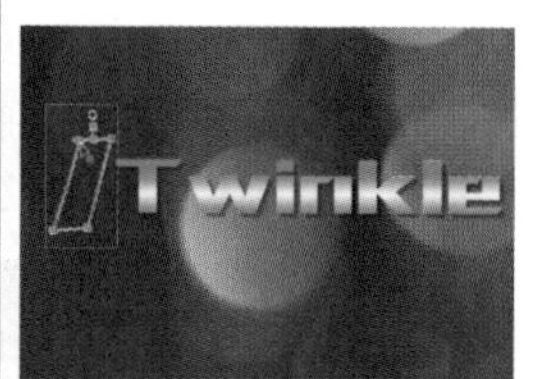

图 9.58

步骤 08 将时间线拖动到00:00:06:23(6秒23帧)的位置，将蒙版移动到文字右侧，如图9.59和图9.60所示。

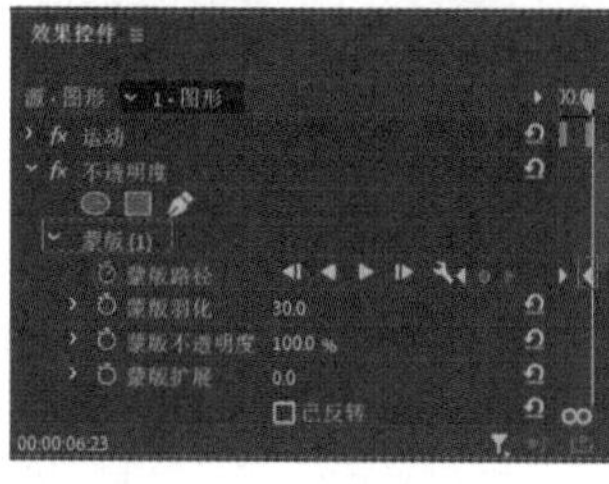

图 9.59

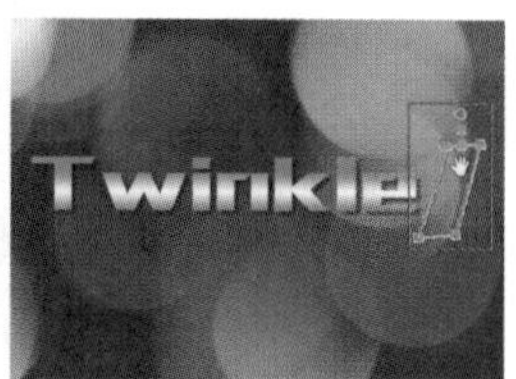

图 9.60

步骤 09 拖动时间线查看扫光效果，如图9.61所示。

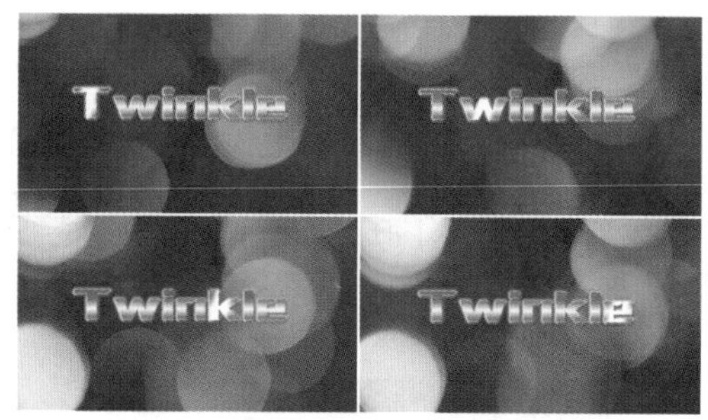

图 9.61

步骤 10 显现并选择V4轨道上的2.png素材文件，将时间线拖动到起始帧的位置，在【效果控件】面板中开启【缩放】关键帧，设置【缩放】为0.0，将时间线拖动到00:00:00:20（20帧）的位置，设置【缩放】为800.0，将时间线拖动到00:00:02:20（2秒20帧）的位置，设置【缩放】为0.0，如图9.62所示。

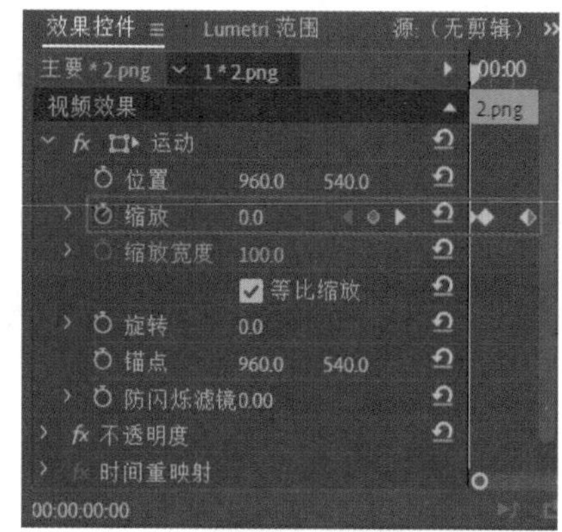

图 9.62

步骤 11 此时画面效果如图9.63所示。

图 9.63

9.2.3　实例：制作玻璃滑动文字

扫一扫，看视频

文件路径：第9章　文字→实例：制作玻璃滑动文字

本实例主要使用【工具】面板中的【文字工具】及【矩形工具】制作玻璃滑动效果。实例效果如图9.64所示。

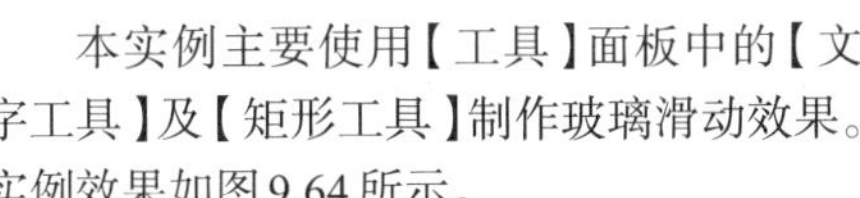

图9.64

步骤 01 执行【文件】/【新建】/【项目】命令，新建一个项目。执行【文件】/【导入】命令，在弹出的对话框中导入视频素材，如图9.65所示。

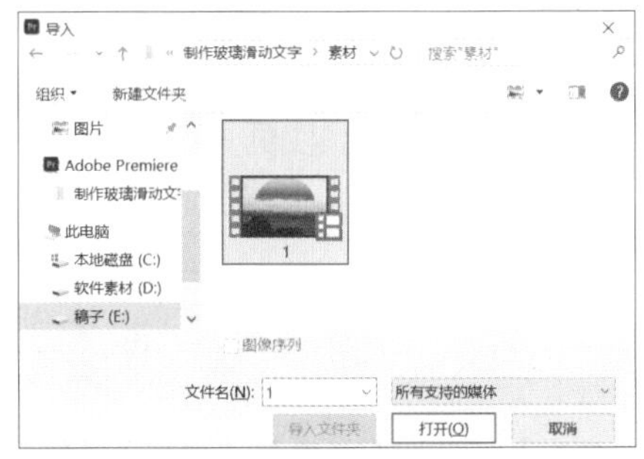

图9.65

步骤 02 在【项目】面板中将1.mp4素材文件拖动到V1、V2轨道上，如图9.66所示。

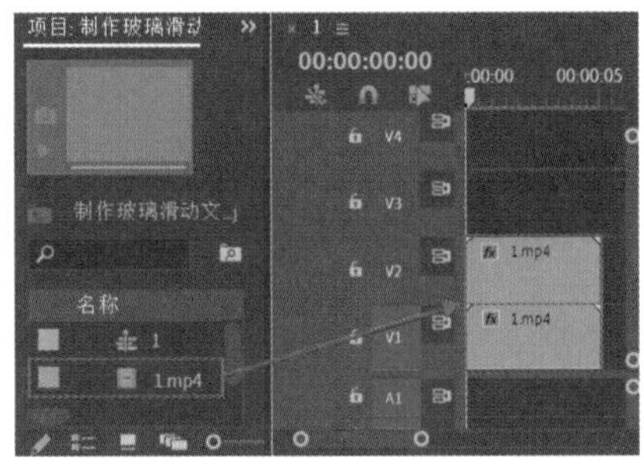

图9.66

步骤 03 制作文字部分。在【工具】面板中单击T（文字工具）按钮，在【节目监视器】面板中输入文字BALANCE，在【效果控件】面板中设置合适的【字体系列】和【字体样式】，设置【字体大小】为287，单击TT（全部大写字母）按钮，如图9.67所示。

图9.67

步骤 04 勾选【描边】复选框，设置【描边颜色】为淡黄色，【描边宽度】为20.0，勾选【阴影】复选框，设置【距离】为15.0，展开【变换】效果，设置【位置】为(400.0,625.0)，如图9.68所示。选择V3轨道上的文字图层，按住Alt键的同时按住鼠标左键向V4轨道上拖动，释放鼠标后完成复制，如图9.69所示。

图9.68

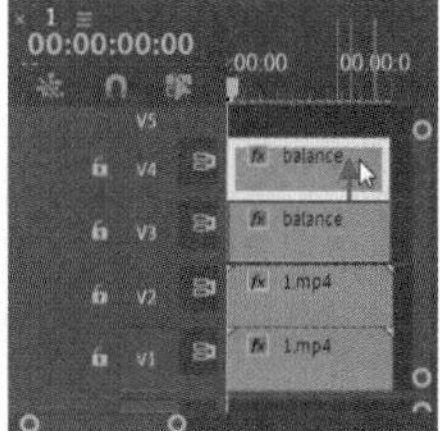

图9.69

步骤 05 选择V4轨道上的文字图层，在【效果控件】面板中设置【缩放】为110.0，【描边宽度】为35.0，如图9.70和图9.71所示。

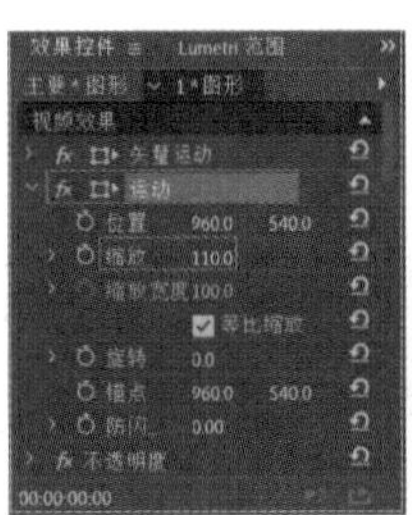

图9.70

图9.71

步骤 06 在【工具】面板中长按【钢笔工具】，在弹出的工具组中选择【矩形工具】，在文字右侧按住鼠标左键绘制一个矩形，如图9.72所示。

图 9.72

步骤 07 在【时间轴】面板中选择图形图层，在【效果控件】面板中展开【运动】效果，设置【缩放】为150.0，【旋转】为30.0°，将时间线拖动到起始帧的位置，打开【位置】关键帧，设置【位置】为(–665.0,540.0)，将时间线拖动到00:00:03:00（3秒）的位置，设置【位置】为(110.0,540.0)，将时间线拖动到00:00:05:00（5秒）的位置，设置【位置】为(1005.0,540.0)，如图9.73所示。

步骤 08 在【时间轴】面板中选择V2、V4轨道上的内容，在【效果】面板的搜索框中搜索【轨道遮罩键】，将该效果拖动到V2、V4轨道上，如图9.74所示。

图 9.73

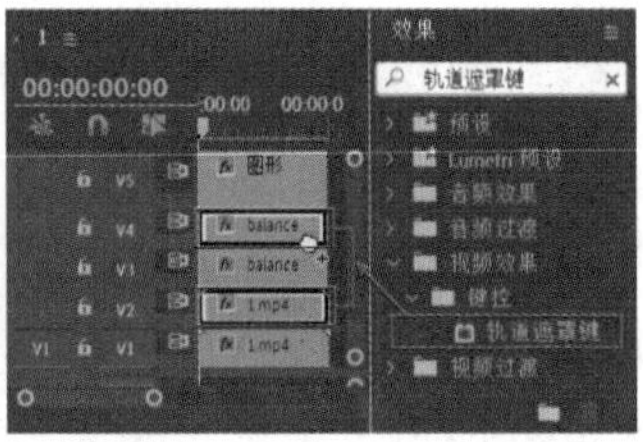

图 9.74

步骤 09 选择V2轨道上的内容，在【效果控件】面板中设置【缩放】为200.0，展开【轨道遮罩键】效果，设置【遮罩】为【视频5】，如图9.75所示。选择V4轨道上的内容，在【效果控件】面板中展开【轨道遮罩键】效果，设置【遮罩】同样为【视频5】，如图9.76所示。

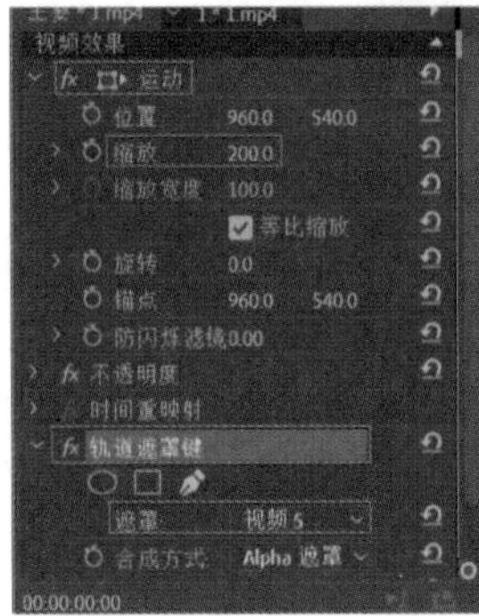

图 9.75

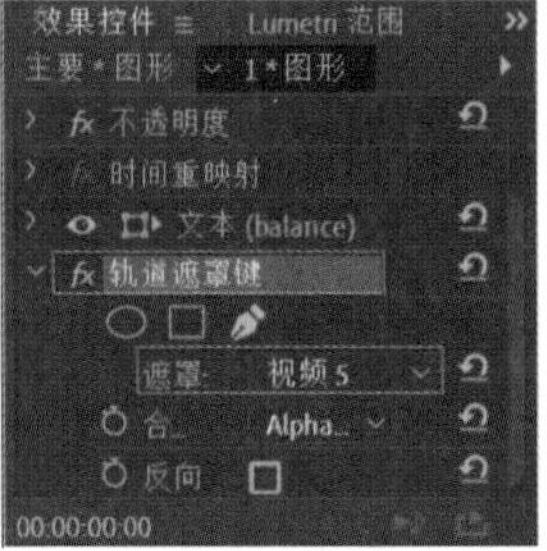

图 9.76

步骤 10 本实例制作完成，拖动时间线查看玻璃滑动效果，如图9.77所示。

图 9.77

9.2.4　实例：多彩糖果文字

扫一扫，看视频

文件路径：第9章　文字→实例：多彩糖果文字

本实例主要使用【投影】【渐变】效果为文字制作渐变色调效果，最终呈现精美的糖果色广告。实例效果如图9.78所示。

图 9.78

步骤 01 执行【文件】/【新建】/【项目】命令，新建一个项目。在【项目】面板的空白处右击，在弹出的快捷菜单中执行【新建项目】/【序列】命令，弹出【新建序列】对话框，并在HDV文件夹下选择HDV 720p24。执行【文件】/【导入】命令，在弹出的对话框中导入全部素材文件，如图9.79所示。

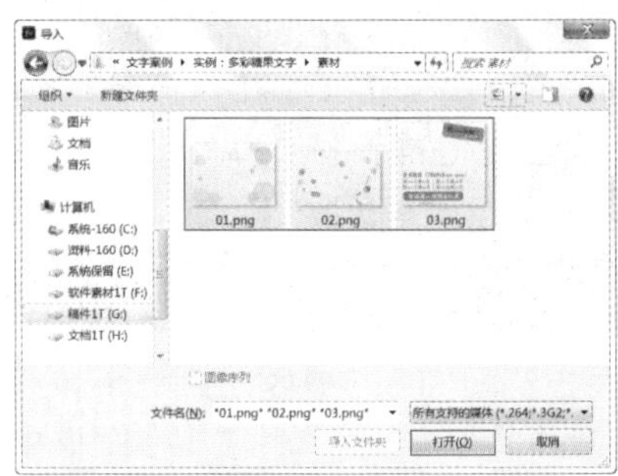

图 9.79

步骤 02 制作画面背景。执行【文件】/【新建】/【颜色遮罩】命令，弹出【新建颜色遮罩】对话框，如图9.80所示。单击【确定】按钮，在弹出的【拾色器】对话框中设置【颜色】为白色，单击【确定】按钮，弹出【选择名称】对话框，设置新遮罩的名称为【颜色遮罩】，如图9.81所示。

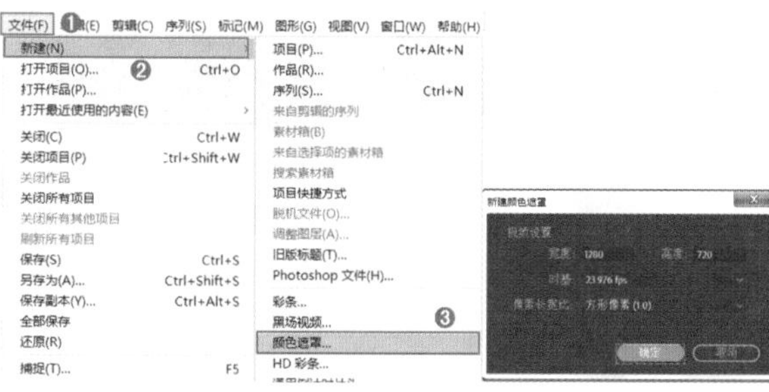

图 9.80

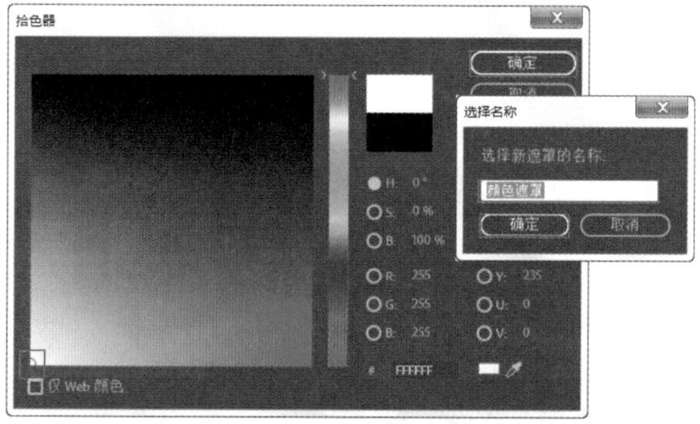

图 9.81

步骤 03 将【项目】面板中的【颜色遮罩】、01.png素材文件分别拖动到V1、V2轨道上，如图9.82所示。

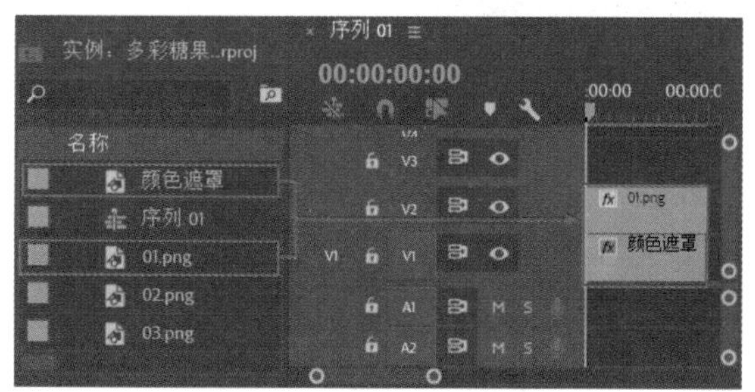

图 9.82

步骤 04 选择【时间轴】面板中V2轨道上的01.png素材文件，在【效果控件】面板中展开【运动】效果，设置【缩放】为126.0，如图9.83所示。此时画面效果如图9.84所示。

图 9.83　　图 9.84

步骤 05 制作文字的背景形状。将时间线滑动至起始位置，在【工具】面板中单击（钢笔工具）按钮，在工作区域中的合适位置单击建立锚点并绘制一个不规则的形状，在绘制时可通过调整锚点两端的控制柄来改变路径形状，如图9.85所示。

图 9.85

步骤 06 在【时间轴】面板中选中图形图层，在【效果控件】面板中展开【形状】/【外观】，设置【填充颜色】为灰色，如图9.86所示。

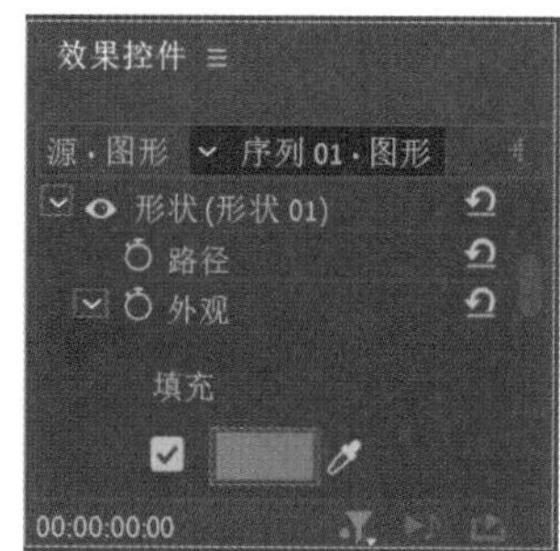

图 9.86

步骤 07 在弹出的【拾色器】窗口中设置【填充类型】为【径向渐变】，然后编辑一个米黄色到黄色的渐变颜色，接着单击【确定】按钮，如图9.87所示。

步骤 08 勾选【阴影】复选框，设置【颜色】为苔藓绿，【不透明度】为50%，【角度】为100°，【距离】为6.0，【扩展】为20，如图9.88所示。此时画面效果如图9.89所示。

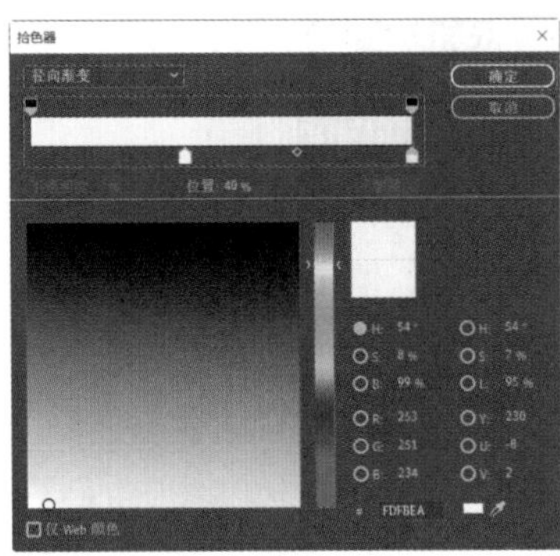

图 9.87

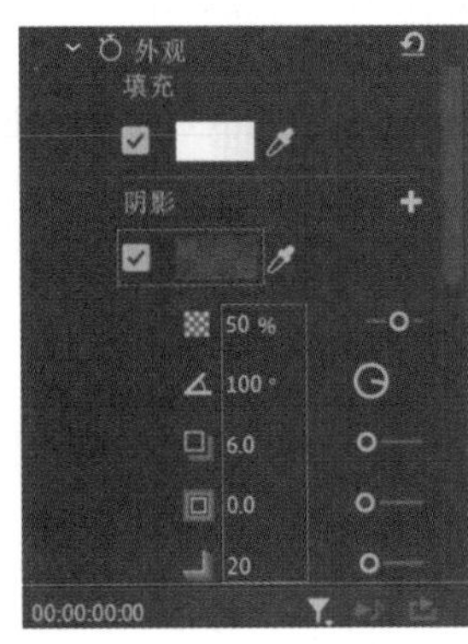

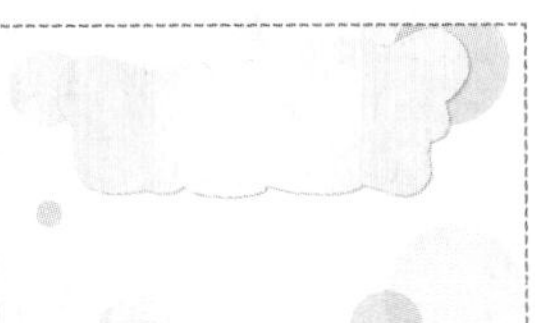

图 9.88　　图 9.89

步骤 09 制作文字部分。将时间线滑动至起始位置，在【工具】面板中单击T（文字工具）按钮，在工作区域中单击鼠标左键输入文字，如图9.90所示。

图 9.90

步骤 10 在【时间轴】面板中选中V4轨道的文字图层，在【效果控件】面板中展开【文本】/【源文本】，设置合适的【字体系列】和【字体样式】，设置【字体大小】为150，【颜色】为黄绿色，勾选【阴影】复选框，设置【颜色】为苔藓绿，【不透明度】为70%，【角度】为135°，【距离】为8.0，【大小】为8.0，【扩展】为35.0，展开【变换】，设置【位置】为(185.5,225.8)，【旋转】为-5.0°，如图9.91所示。

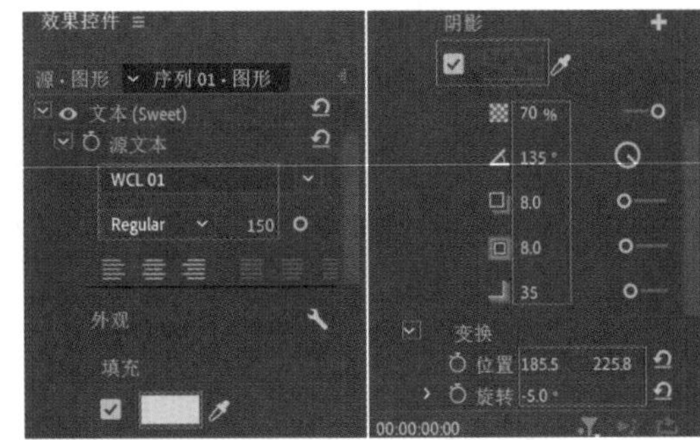

图 9.91

步骤 11 此时画面效果如图9.92所示。

图 9.92

步骤 12 选择Sweet文本，使用快捷键Ctrl+C进行复制，使用快捷键Ctrl+V进行粘贴，然后将新文本适当向上移动，并更改【填充颜色】为绿色系线性渐变，如图9.93所示。

图 9.93

步骤 13 继续使用同样的方法制作下方文字，效果如图9.94所示。

图 9.94

步骤 14 在【项目】面板中将03.png、02.png素材文件分别拖动到【时间轴】面板中的V6、V7轨道上，如图9.95所示。

图 9.95

步骤 15 为了便于观看和操作，单击V6轨道左侧的 按钮隐藏图层，然后选择V5轨道上的03.png素材文件，在【效果控件】面板中展开【运动】效果，设置【位置】为(756.0,360.0)，【缩放】为45.0，如图9.96所示。当前画面效果如图9.97所示。

图 9.96　　图 9.97

步骤 16 显现并选择V6轨道上的02.png素材文件，在【效果控件】面板中展开【运动】效果，设置【位置】为(690.0,360.0)，【缩放】为83.0，如图9.98所示。

步骤 17 本实例制作完成，实例效果如图9.99所示。

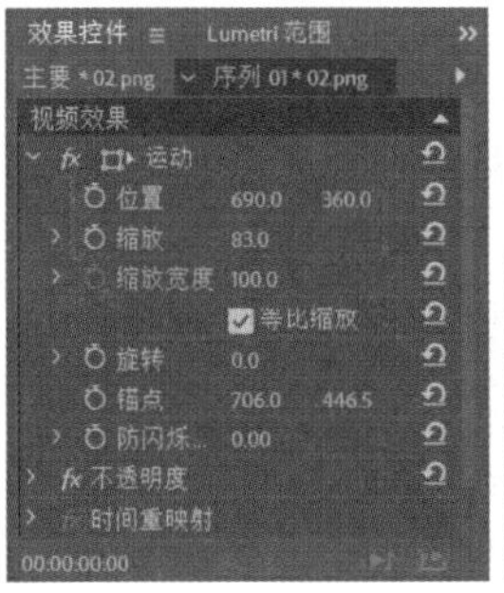

图 9.98　　图 9.99

9.2.5 实例：制作视频片尾参演人员滚动字幕

文件路径：第9章 文字→实例：制作视频片尾参演人员滚动字幕

扫一扫，看视频

本实例主要制作片尾字幕。案例效果如图9.100所示。

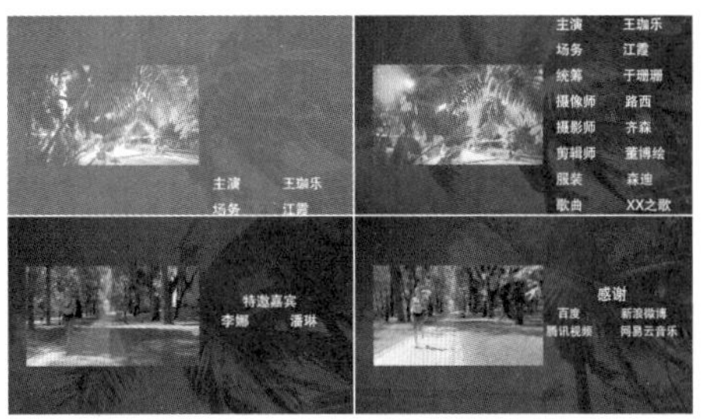

图 9.100

步骤 01 在Premiere Pro软件中新建一个项目。执行【文件】/【导入】命令，在弹出的对话框中导入视频素材，如图9.101所示。

图 9.101

步骤 02 在【项目】面板中将【背景.mp4】素材文件拖动到V1轨道上，如图9.102所示。

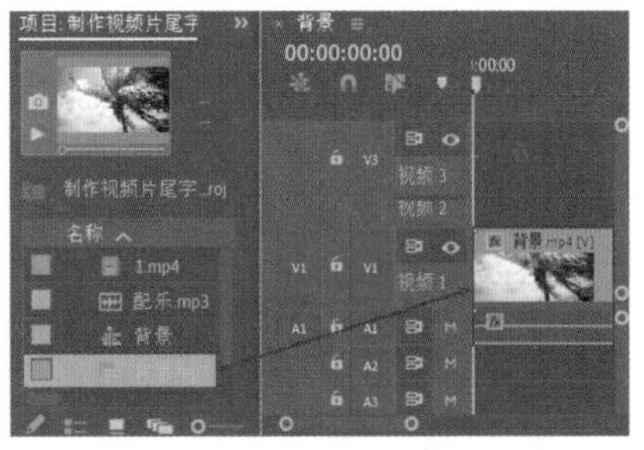

图 9.102

步骤 03 在【时间轴】面板中选择【背景.mp4】素材文件并右击，在弹出的快捷菜单中执行【取消链接】命令，如图9.103所示。选择A1轨道上的音频素材文件，按

Delete键删除，如图9.104所示。

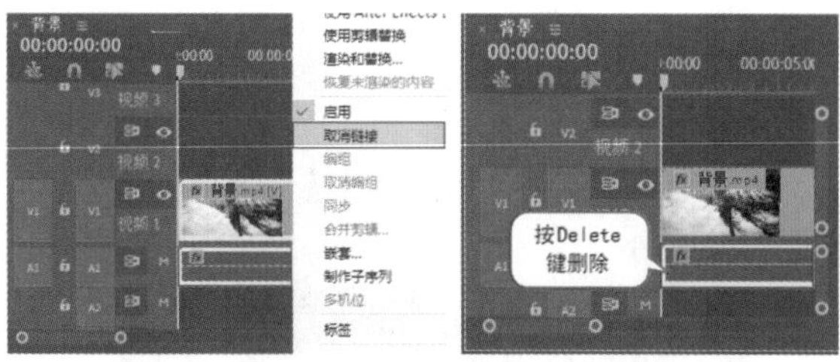

图 9.103　　　　图 9.104

步骤 04 选择V1轨道上的素材文件，在【效果控件】面板中关闭【不透明度】关键帧，设置【不透明度】为15.0%，如图9.105所示。此时画面效果如图9.106所示。

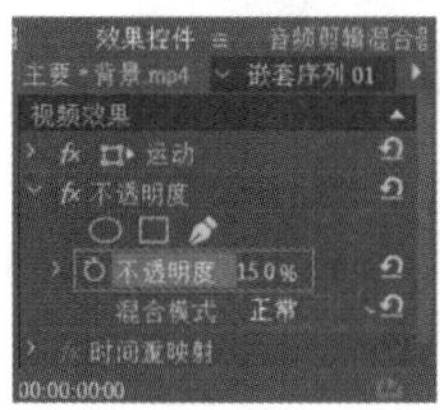

图 9.105　　　　图 9.106

步骤 05 在【项目】面板中选择1.mp4素材文件，将其拖动到V2轨道上，设置结束时间与V1轨道上的素材文件相同，如图9.107所示。

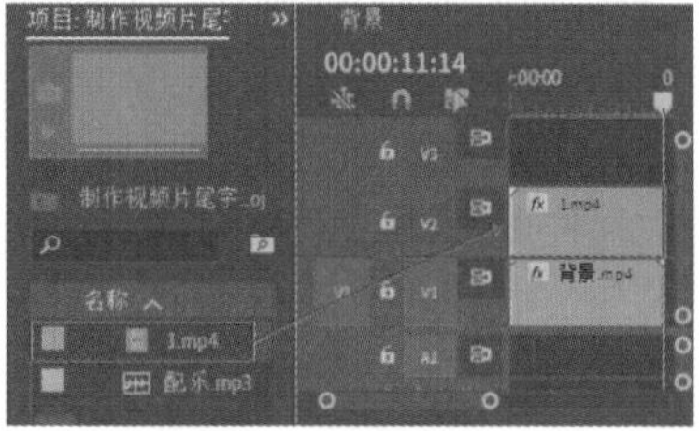

图 9.107

步骤 06 选择V2轨道上的1.mp4素材文件，在【效果控件】面板中设置【位置】为(583.0,540.0)，【缩放】为50，如图9.108所示。此时画面效果如图9.109所示。

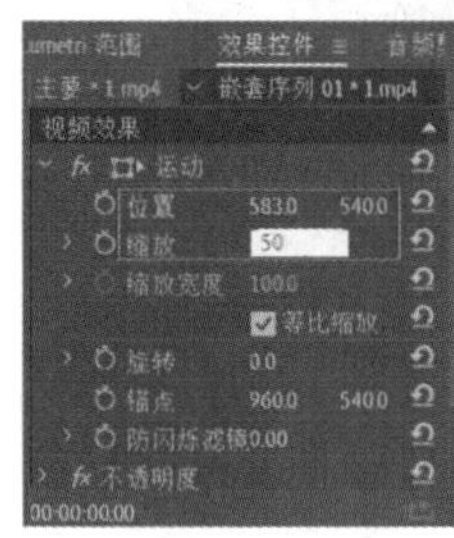

图 9.108　　　　图 9.109

步骤 07 制作文字。将时间线滑动至起始位置，在【工具】面板中单击T(文字工具)按钮，在【节目监视器】面板的工作区域右侧位置单击并输入文字，在输入时按Enter键即可将文字切换到另一行。文字输入完成后，使用工具箱中▶(选择工具)，选中文字，在【效果控件】面板中展开【文本】/【源文本】，设置合适的【字体系列】和【字体样式】，设置【字体大小】为80，【颜色】为白色，如图9.110所示。

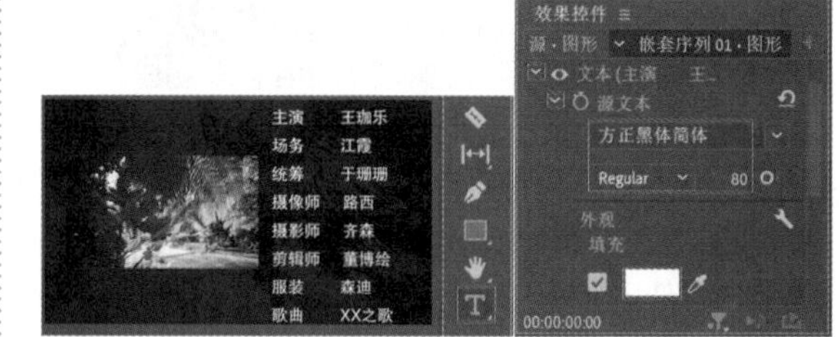

图 9.110

步骤 08 将时间滑动至起始位置，选中文字图层，在【效果控件】面板中展开【文本】/【变换】，单击【位置】左侧的⏱(时间变化秒表)按钮，开启自动关键帧，设置【位置】为(1248.3,1183.7)，将时间线滑动至4秒20帧的位置处，设置【位置】为(1248.3，-1240.2)，如图9.111所示。此时文字出现滚动画面感，如图9.112所示。

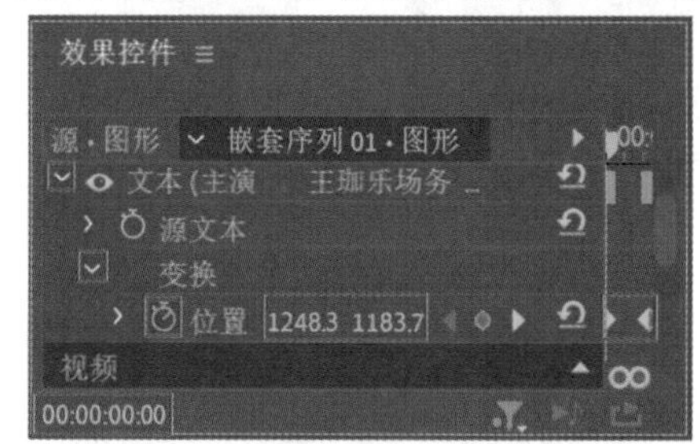

图 9.111

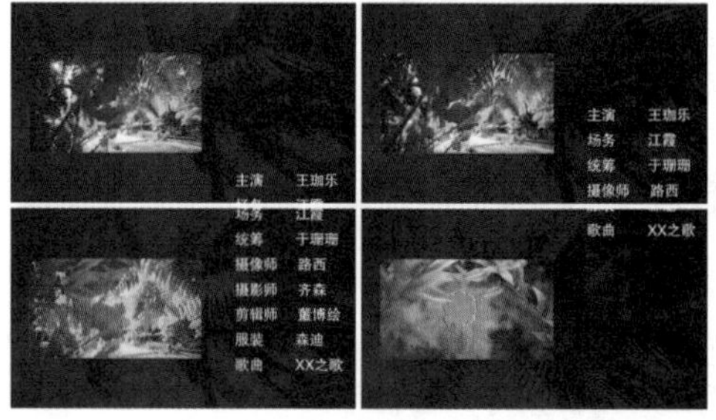

图 9.112

步骤 09 继续使用同样的方法制作其他文字，如图9.113所示。

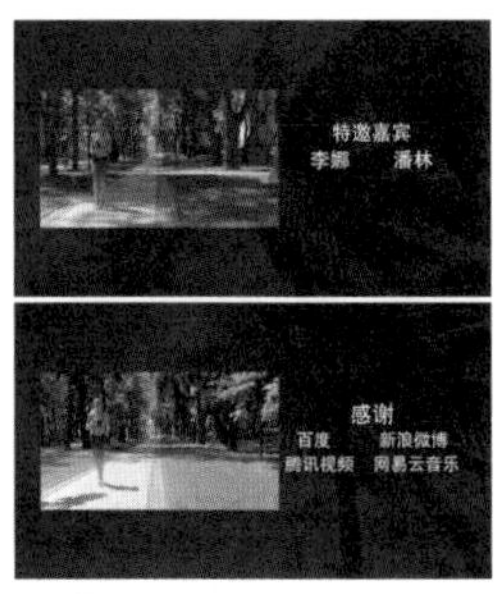

图 9.113

步骤 10 在【效果】面板的搜索框中搜索【交叉溶解】，将该效果拖动到V3轨道上相邻字幕的交接位置，如图9.114所示。

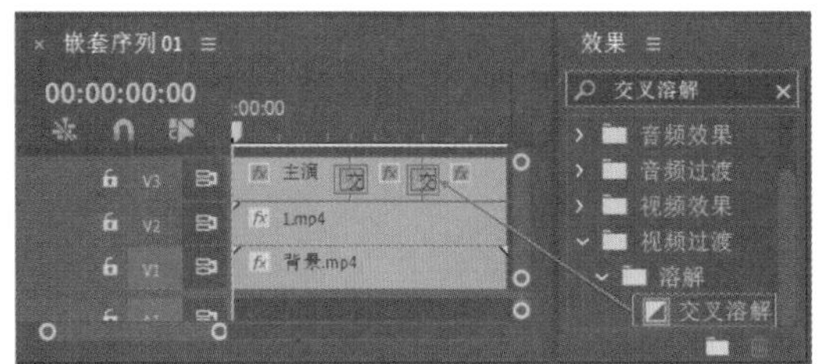

图 9.114

步骤 11 在【时间轴】面板中选择全部素材并右击，在弹出的快捷菜单中执行【嵌套】命令，在弹出的对话框中单击【确定】按钮，如图9.115所示。

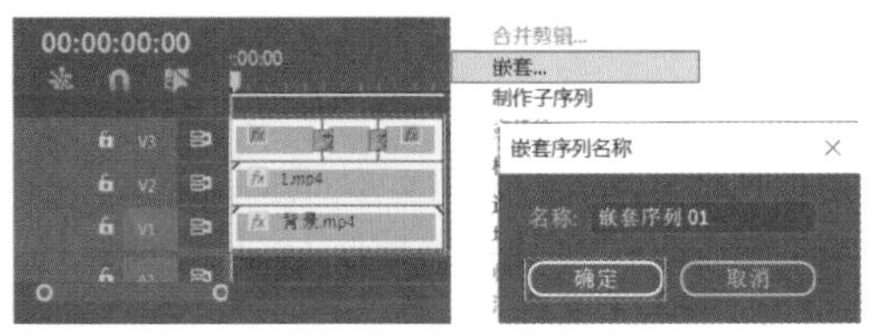

图 9.115

步骤 12 在【效果】面板的搜索框中搜索【白场过渡】，将该效果拖动到【嵌套序列01】的起始位置，再次搜索【黑场过渡】，将该效果拖动到【嵌套序列01】的结束位置，如图9.116所示。

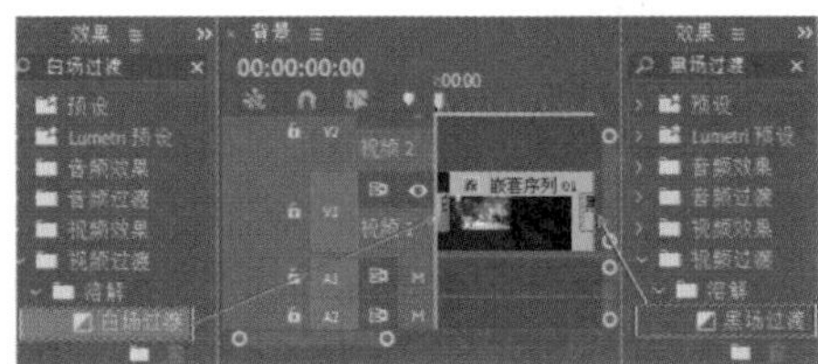

图 9.116

步骤 13 在【项目】面板中将配乐素材拖动到A1轨道上，如图9.117所示。

图 9.117

步骤 14 将时间线拖动到视频素材的结束位置，按C键将光标切换为【剃刀工具】，在当前位置剪辑音频素材，如图9.118所示。选择后半部分音频，按Delete键将音频删除，如图9.119所示。

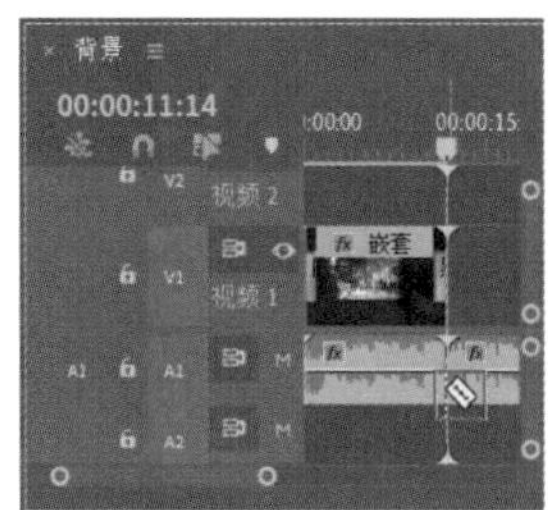

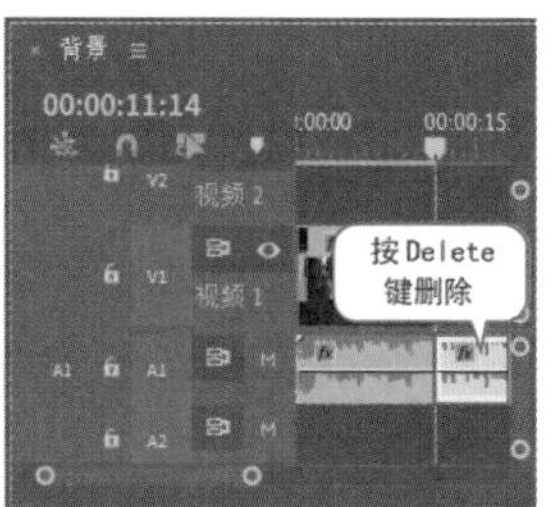

图 9.118　　图 9.119

步骤 15 在【效果】面板的搜索框中搜索【指数淡化】，将该效果拖动到配乐素材的结束位置，如图9.120所示。

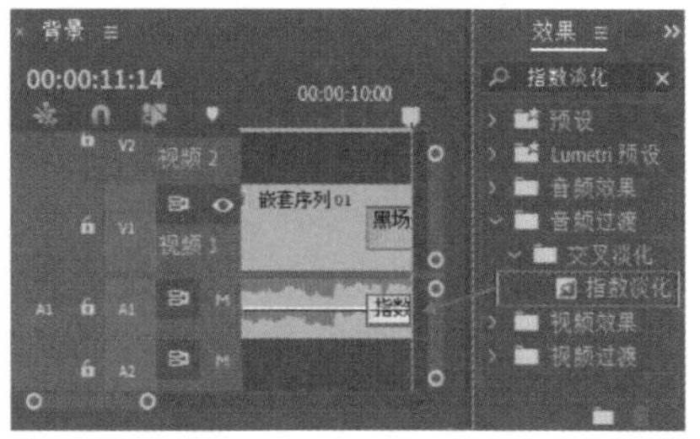

图 9.120

步骤 16 本实例制作完成，拖动时间线查看实例效果，如图9.121所示。

图 9.121

9.2.6　实例：制作电商平台鞋店宣传广告

扫一扫，看视频

文件路径：第9章　文字→实例：制作电商平台鞋店宣传广告

本实例主要制作文字及形状。实例效果如图9.122所示。

图 9.122

步骤 01 在Premiere Pro中新建一个项目。执行【文件】/【导入】命令，在弹出的对话框中导入全部素材文件，如图9.123所示。

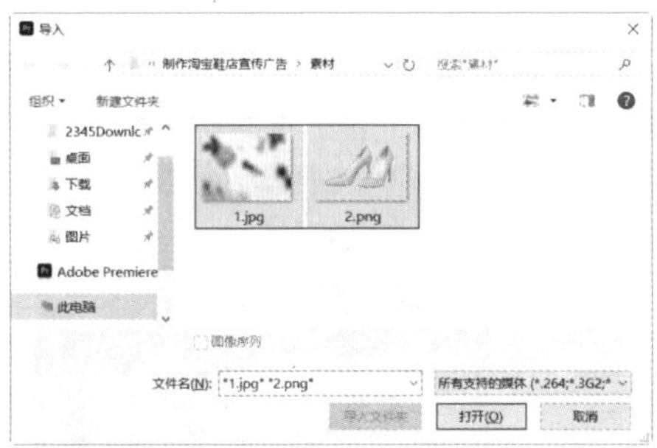

图 9.123

步骤 02 在【项目】面板中选择1.jpg素材文件，按住鼠标左键将其拖动到【时间轴】面板中的V1轨道上，如图9.124所示。此时在【项目】面板中自动生成序列。

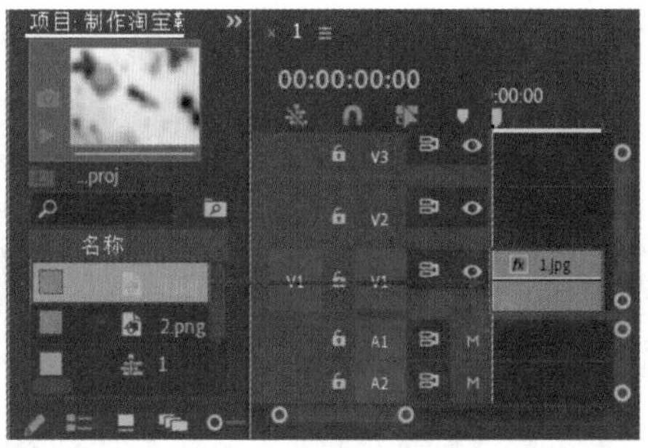

图 9.124

步骤 03 绘制形状。将时间线滑动至起始位置，在【工具】面板中单击▇(矩形工具)按钮，在工作区域中的适当位置绘制一个矩形，在【时间轴】面板中选中图形图层，在【效果控件】面板中展开【形状】/【外观】，设置【填充颜色】为白色，如图9.125所示。

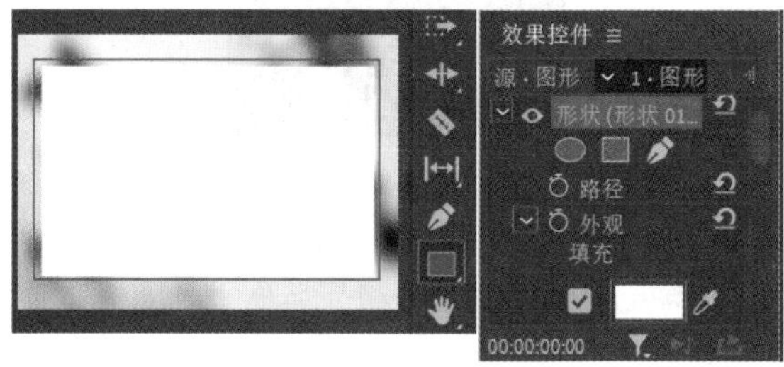

图 9.125

步骤 04 将时间线滑动至起始位置，继续使用【矩形工具】在白色矩形上方绘制蓝色矩形，如图9.126所示。

图 9.126

步骤 05 将素材2.png拖动到V4轨道上，选择V4轨道上的2.png素材文件，在【效果控件】面板中设置【位置】为(334.0,350.0)，【缩放】为35.0，如图9.127所示。此时画面效果如图9.128所示。

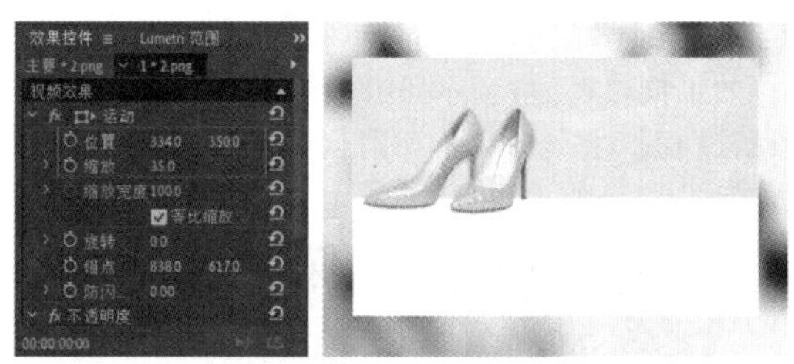

图 9.127　　图 9.128

步骤 06 制作文字部分。将时间线滑动至起始位置，在【工具】面板中单击T(文字工具)按钮，在【节目监视器】面板中的适当位置单击并输入文字2028，如图9.129所示。

图 9.129

步骤 07 在【时间轴】面板中选中文字图层，在【效果控件】面板中展开【文本】/【源文本】，设置合适的【字体系列】和【字体样式】，设置【字体大小】为170，【填充颜色】为浅蓝色，如图9.130所示。

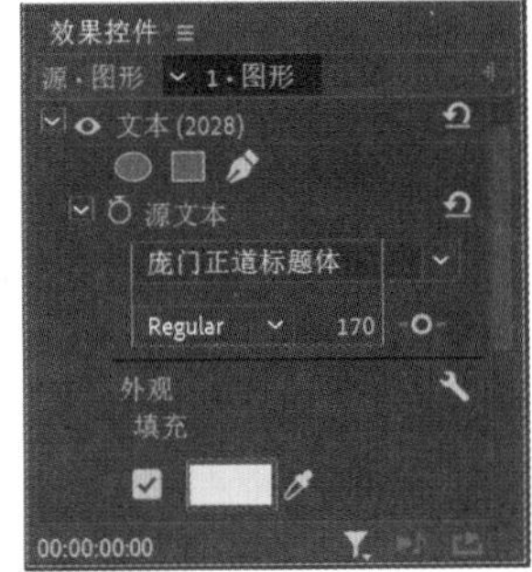

图 9.130

步骤 08 此时画面效果如图9.131所示。

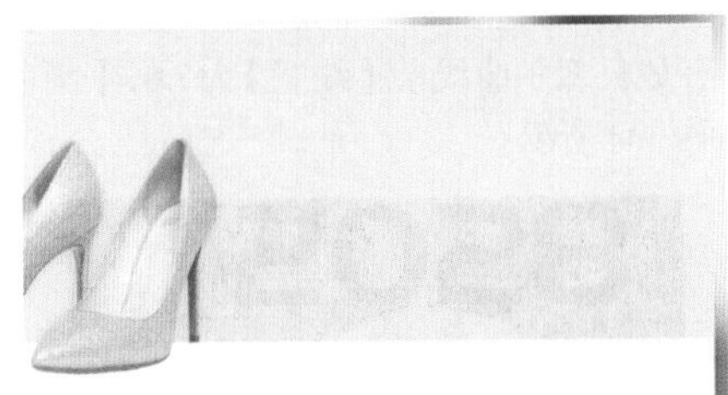

图 9.131

步骤 09 继续使用同样的方法在画面中合适的位置制作其他文字，如图9.132所示。

图 9.132

步骤 10 将时间线滑动至起始位置，在【工具】面板中单击(钢笔工具)按钮，在白色文字下方绘制一条直线。接着在【效果控件】面板中取消勾选【填充】复选框，勾选【描边】复选框，设置【描边颜色】为白色，【描边宽度】为2.0，如图9.133所示。

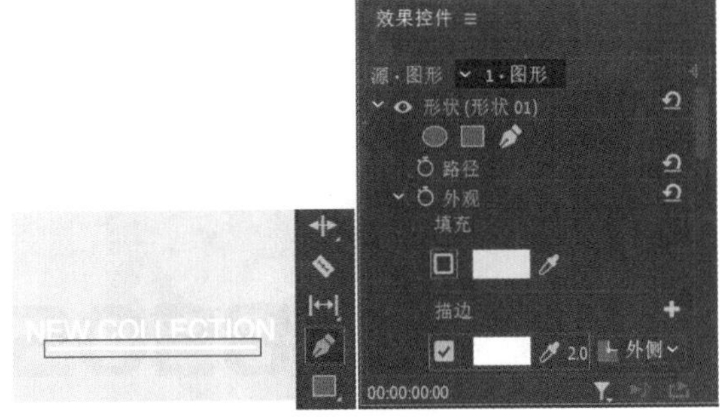

图 9.133

步骤 11 将时间线滑动至起始位置，在【工具】面板中单击(矩形工具)按钮，在文字的周围绘制一个矩形。接着在【效果控件】面板中取消勾选【填充】复选框，勾选【描边】复选框，设置【描边颜色】为蓝色，【描边宽度】为4.0，如图9.134所示。

图 9.134

步骤 12 本实例制作完成，画面效果如图9.135所示。

图 9.135

9.2.7　实例：制作新锐风格CD封面

扫一扫，看视频

文件路径：第9章　文字→实例：制作新锐风格CD封面

本实例主要使用【旋转】关键帧制作圆形人物图片的旋转效果。实例效果如图9.136所示。

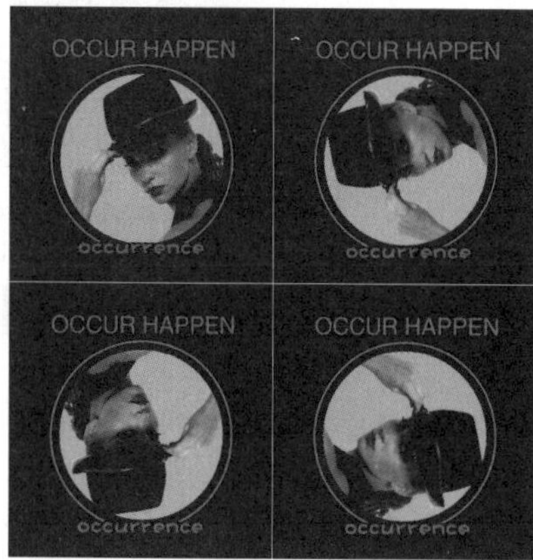

图 9.136

步骤 01 在Premiere Pro软件中新建一个项目。新建一个自定义序列，设置【帧大小】为1000，【水平】为1000，【像素长宽比】为【方形像素(1.0)】。执行【文件】/【导入】命令，在弹出的对话框中导入1.png素材文件，如图9.137所示。

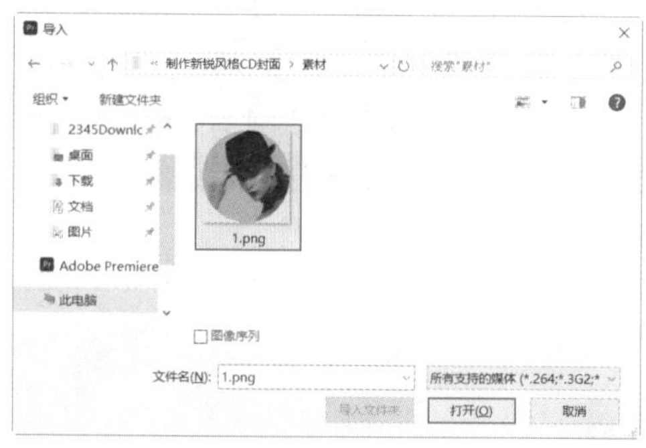
图 9.137

步骤 02 将【项目】面板中的1.png素材文件拖动到【时间轴】面板中的V1轨道上，如图9.138所示。

步骤 03 选择V1轨道上的1.png素材文件，在【效果控件】面板中设置【位置】为(500.0,550.0)，【缩放】为45.0。将时间线拖动到起始帧的位置，单击【旋转】左侧的（时间变化秒表）按钮，开启自动关键帧，设置【旋转】为0.0°，将时间线拖动到结束帧的位置，设置【旋转】为2x+0.0°，如图9.139所示。拖动时间线查看画面效果，如图9.140所示。

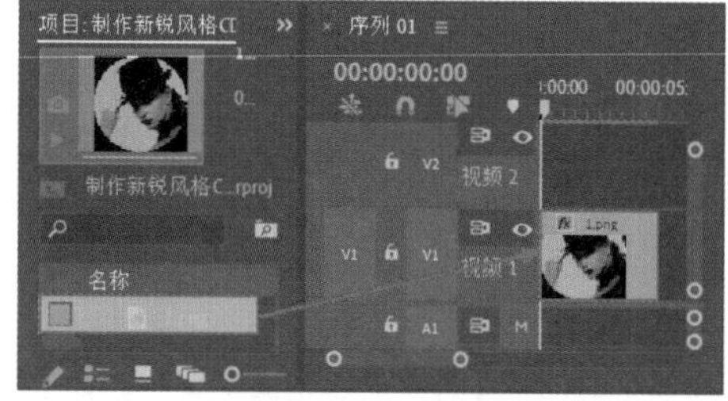
图 9.138

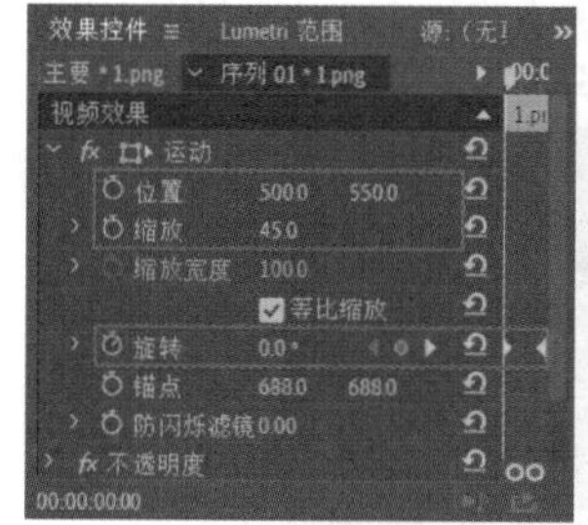
图 9.139

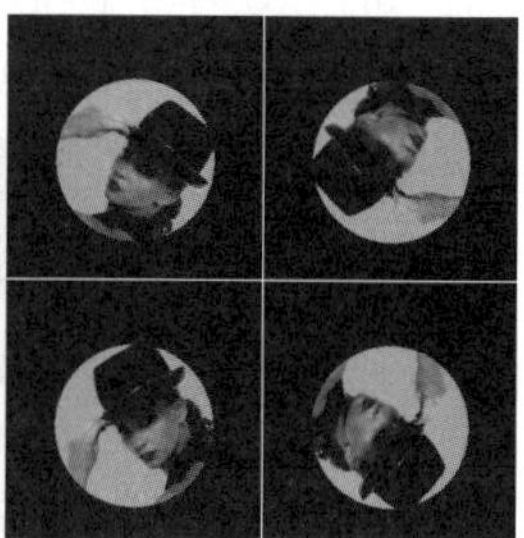
图 9.140

步骤 04 制作形状部分。将时间线滑动到起始位置，在不选中任何图层的状态下，在【工具】面板中单击（椭圆工具）按钮，在工作区域中的适当位置按住Shift键的同时按住鼠标左键绘制一个正圆形状，设置【图形类型】为【开放贝塞尔曲线】，【线宽】为7.0，【颜色】为蓝色，如图9.141所示。

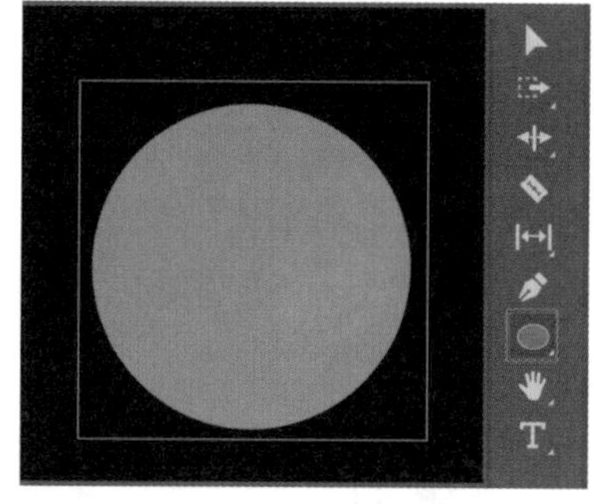
图 9.141

步骤 05 单击【工具】面板中的（选择工具）按钮，在【时间轴】面板中选择V2轨道上的图形图层，接着在【效果控件】面板中展开【形状】/【外观】，取消勾选【填充】，勾选【描边】复选框，设置【描边颜色】为蓝色，【描边宽度】为7.0，如图9.142所示。

步骤 06 继续选择V2轨道上的形状文件，在【效果控件】面板中单击【不透明度】下方的■(创建四点多边形蒙版)按钮，勾选【已反转】复选框，如图9.143所示。在【节目监视器】面板中调整蒙版的形状及位置，如图9.144所示。

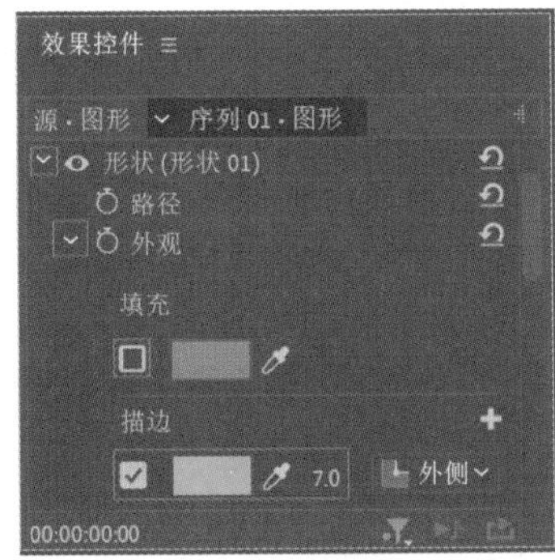

图 9.142

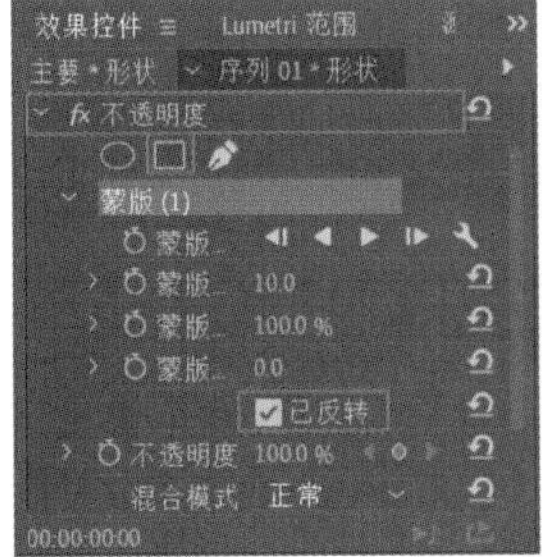

图 9.143　　图 9.144

步骤 07 制作文字部分。在【工具】面板中单击T(文字工具)按钮，在【节目监视器】面板的工作区域中的形状下方位置单击并输入文字，如图9.145所示。设置合适的【字体系列】和【字体样式】，设置【字体大小】为66，【颜色】为蓝色，如图9.146所示。

图 9.145

图 9.146

步骤 08 制作下一个字幕。在【工具】面板中单击T(文字工具)按钮，在【节目监视器】面板的工作区域中的形状上方单击并输入文字OCCUR HAPPEN，设置合适的【字体系列】和【字体样式】，设置【字体大小】为80，【颜色】为蓝色，如图9.147所示。

图 9.147

步骤 09 文字制作完成后关闭【效果控件】面板，按住鼠标左键分别将【项目】面板中的文字文件拖动到V3和V4轨道上。

步骤 10 本实例制作完成，拖动时间线查看实例效果，如图9.148所示。

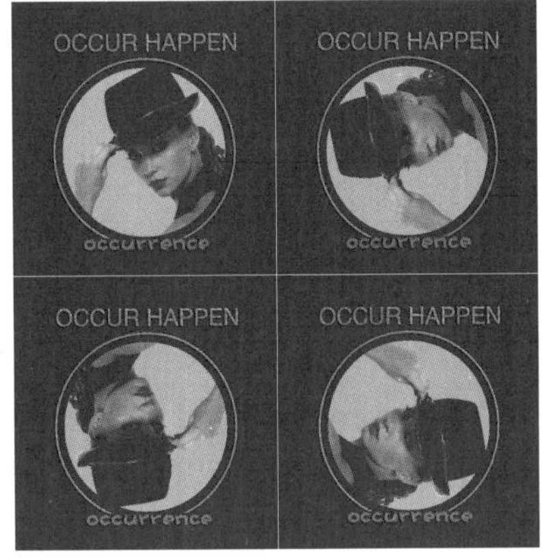

图 9.148

9.2.8　实例：根据画面声音搭配同步字幕

扫一扫，看视频

文件路径：第9章　文字→实例：根据画面声音搭配同步字幕

本实例主要使用【文字工具】及【钢笔工具】制作开头部分，使用【描边】效果制作与音频同步的文字。实例效果如图9.149所示。

图 9.149

步骤 01 在Premiere Pro软件中新建一个项目。执行【文件】/【导入】命令，在弹出的对话框中导入视频素材文件，如图9.150所示。

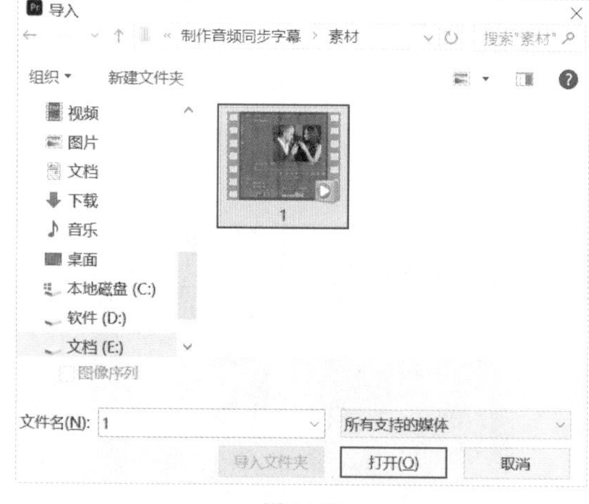

图 9.150

步骤 02 在【项目】面板中将1.mp4视频素材拖动到V1轨道上，设置起始时间为00:00:01:25（1秒25帧），如图9.151所示。

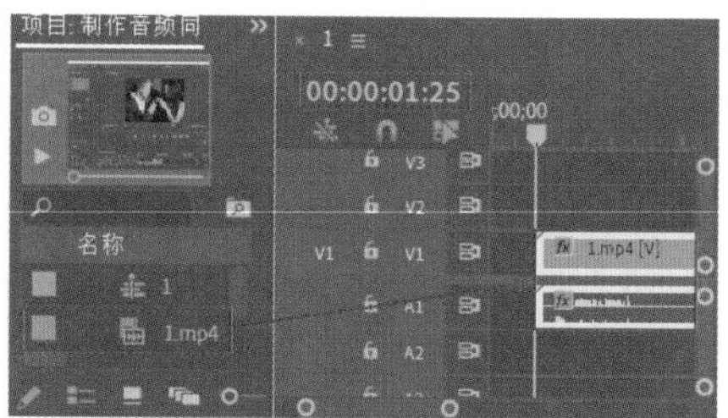

图 9.151

步骤 03 将音频部分变声并调大音量。在【效果】面板的搜索框中搜索【音高换挡器】，将该效果拖动到【时间轴】面板中的1.mp4素材文件上，如图9.152所示。

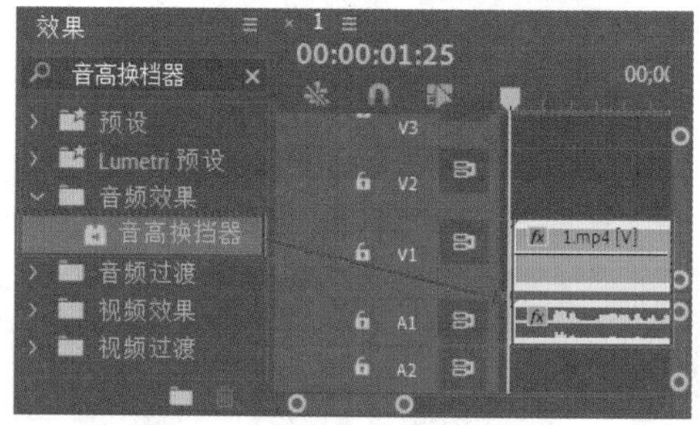

图 9.152

步骤 04 选择【时间轴】面板中的1.mp4素材文件，在【效果控件】面板中设置【级别】【左】【右】均为6，展开【音高换挡器】效果，单击【编辑】按钮，在弹出的对话框中设置【预设】为【愤怒的沙鼠】，【半音阶】为10，【精度】为【高精度】，如图9.153所示。

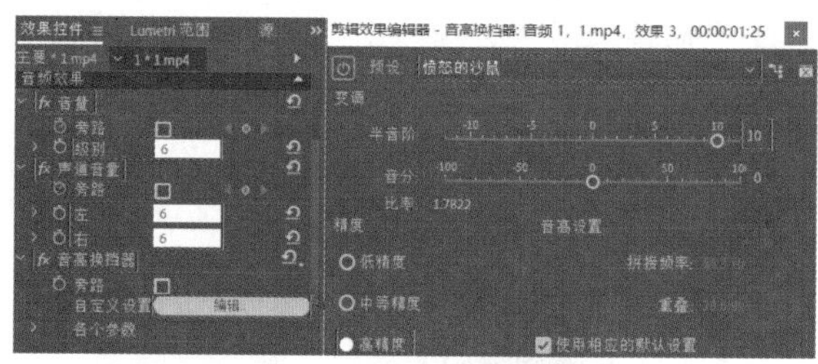

图 9.153

步骤 05 制作开头文字。将时间线滑动至起始位置，在【工具】面板中单击T（文字工具）按钮，在【节目监视器】面板中的合适位置单击并输入文字【小课堂】，如图9.154所示。

步骤 06 在【时间轴】面板中选中文字图层，在【效果控件】面板中展开【文本】/【源文本】，设置合适的【字体系列】和【字体样式】，设置【字体大小】为90，【颜色】为白色，如图9.155所示。此时画面文字效果如图9.156所示。

图 9.154

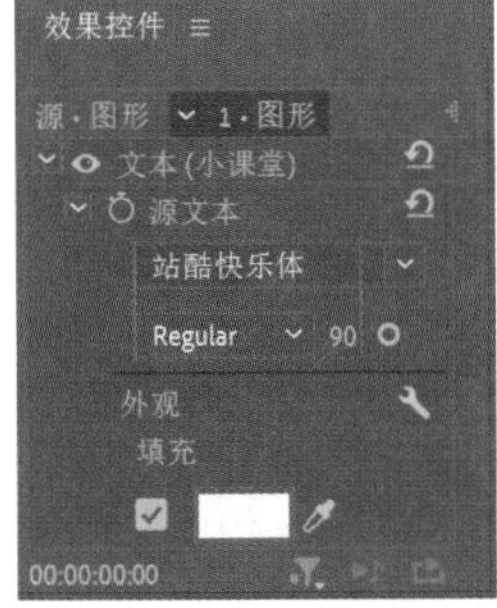

图 9.155　　图 9.156

步骤 07 继续使用同样的方法制作其他文字，如图9.157所示。

步骤 08 在文字图层选中的状态下，单击【工具】面板中的(钢笔工具)按钮，在文字左上角绘制图形，如图9.158所示。在【效果控件】面板中设置【颜色】为白色，如图9.159所示。

图 9.157

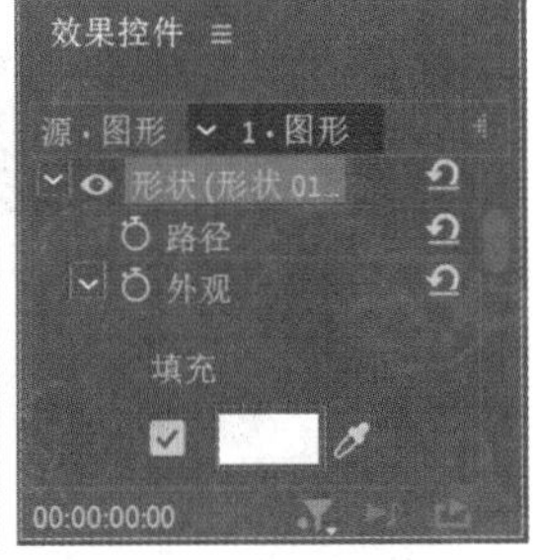

图 9.158　　图 9.159

步骤 09 继续在文字图层选中的状态下，使用【钢笔工具】在文字其他位置绘制其他图形，如图9.160所示。

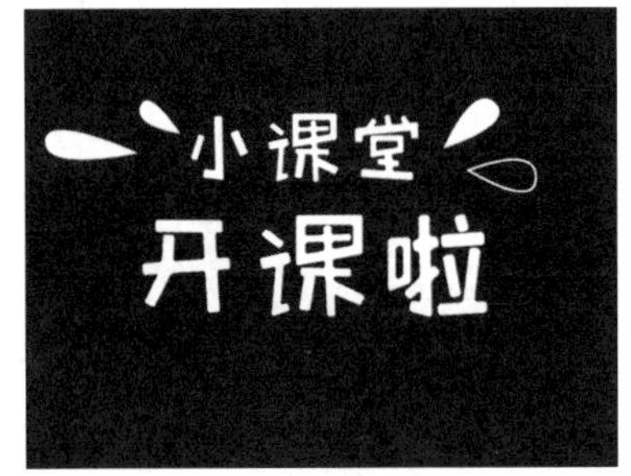

图 9.160

步骤 10 在文字图层选中的状态下，单击【工具】面板中的(钢笔工具)按钮，在文字底部绘制图形，接着在【效果控件】面板中取消勾选【填充】复选框，勾选【描边】复选框，设置【描边颜色】为白色，【描边宽度】为5.0，【描边类型】为【中心】，如图9.161所示。

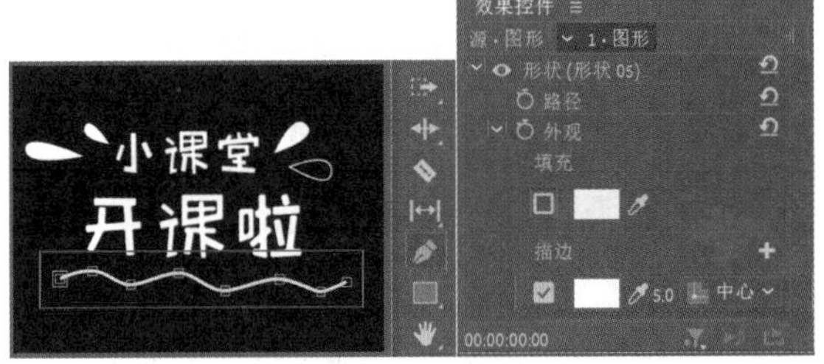

图 9.161

步骤 11 单击【工具】面板中的(选择工具)按钮，选中绘制的曲线，将其复制一份并移动到合适位置，效果如图9.162所示。

图 9.162

步骤 12 将时间线滑动至1秒13帧的位置，在【工具】面板中单击(文字工具)按钮，在【节目监视器】面板中的合适位置单击并输入文字，接着在【效果控件】面板中设置合适的【字体系列】和【字体样式】，设置【字体大小】为30，【颜色】为白色，接着勾选【描边】，设置【描边颜色】为蓝绿色，【描边宽度】为2.0，如图9.163所示。

图 9.163

步骤 13 将时间线滑动至6秒03帧的位置，在【时间轴】面板中设置文字图层的结束时间为6秒03帧，如图9.164所示。

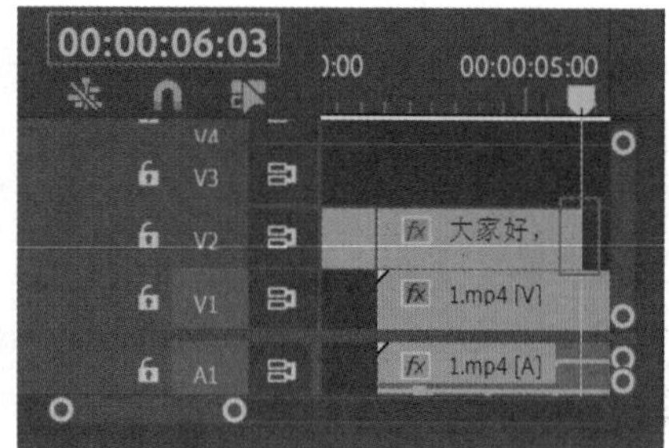

图9.164

步骤 14 继续使用同样的方法在画面中合适的位置制作其他文字，如图9.165所示。

图 9.165

步骤 15 在【效果】面板的搜索框中搜索【交叉溶解】，将该效果拖动到第1个字幕与第2个字幕的中间，如图9.166所示。

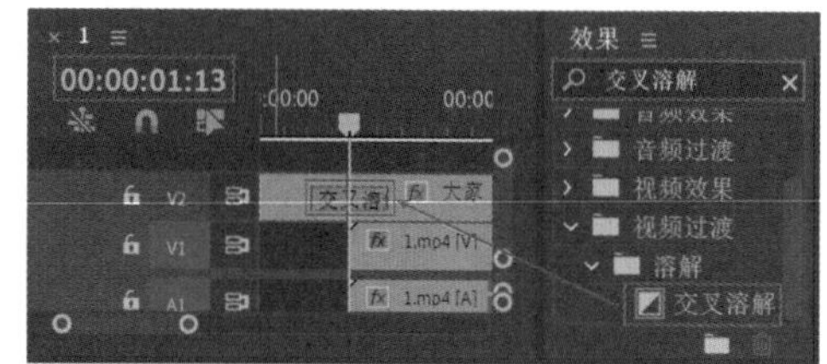

图 9.166

步骤 16 本实例制作完成，拖动时间线查看画面效果，如图9.167所示。

图 9.167

9.2.9 综合实例：制作涂鸦文字动效

扫一扫，看视频

文件路径：第9章 文字→综合实例：制作涂鸦文字动效

本实例主要使用【文字工具】制作画面中的形状及文字部分，使用【波形变形】效果为文字制作波浪式动态效果。实例效果如图9.168所示。

图 9.168

步骤 01 执行【文件】/【新建】/【项目】命令，新建一个项目。在【项目】面板的空白处右击，在弹出的快捷菜单中执行【新建项目】/【序列】命令，弹出【新建序列】对话框，并在DV-PAL文件夹下选择【标准48kHz】。执行【文件】/【导入】命令，在弹出的对话框中导入全部素材文件，如图9.169所示。

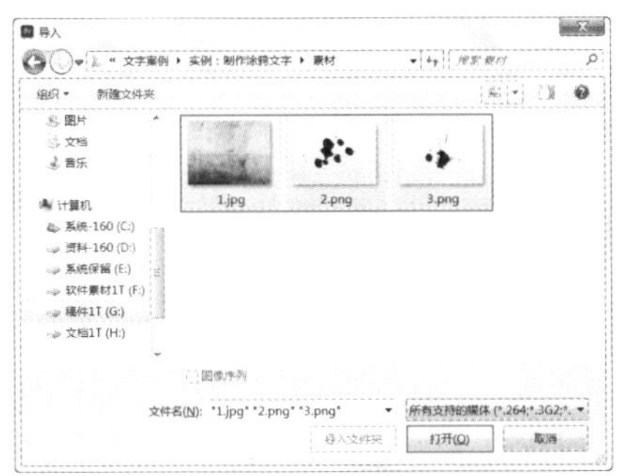

图 9.169

步骤 02 将【项目】面板中的1.jpg、2.png、3.png素材文件分别拖动到V1、V2、V3轨道上，如图9.170所示。

步骤 03 为了便于操作和观看，单击V2、V3轨道左侧的 (切换轨道输出)按钮，对轨道内容进行隐藏，然后选择V1轨道上的1.jpg素材文件，在【效果控件】面板中展开【运动】效果，设置【缩放】为33.0，如图9.171所示。此时画面效果如图9.172所示。

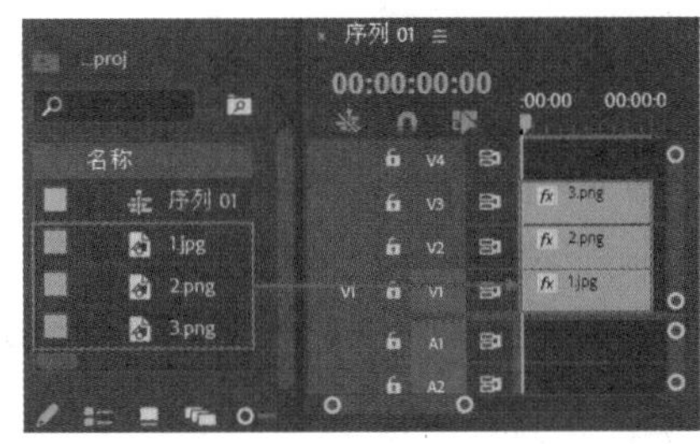

图 9.170

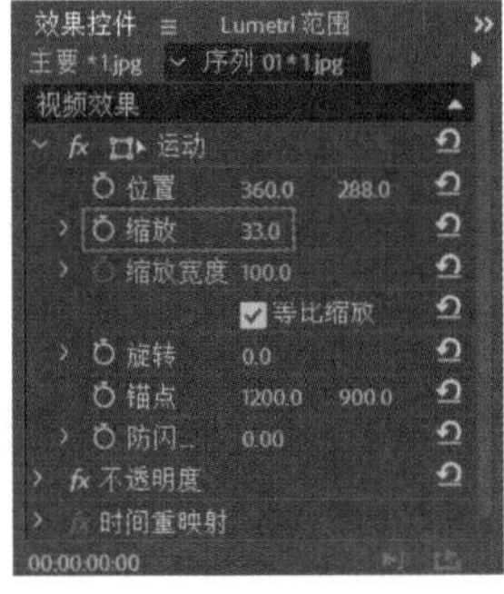

图 9.171

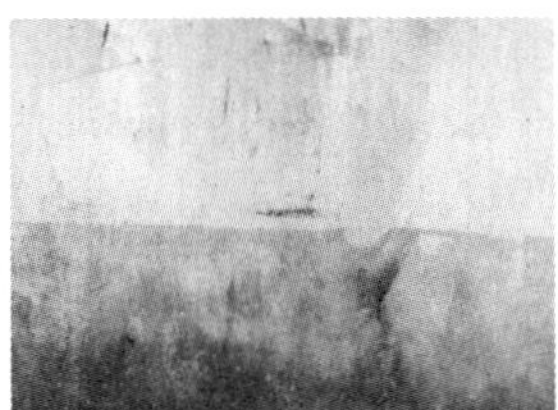

图 9.172

步骤 04 在【效果】面板的搜索框中搜索【油漆飞溅】，按住鼠标左键将它拖动到V1轨道的1.jpg素材文件的起始位置，如图9.173所示。此时拖动时间线查看画面效果，如图9.174所示。

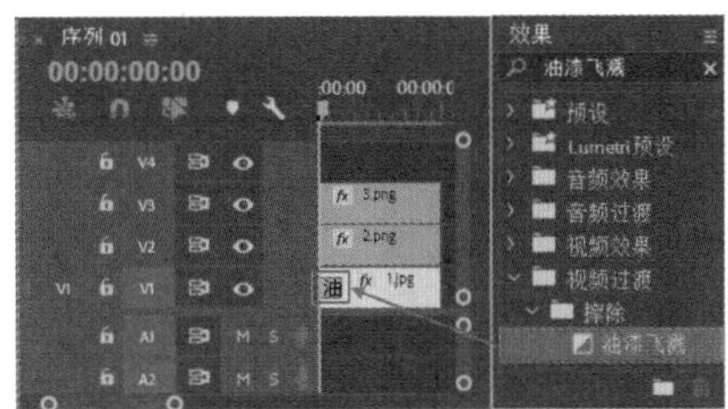

图 9.173

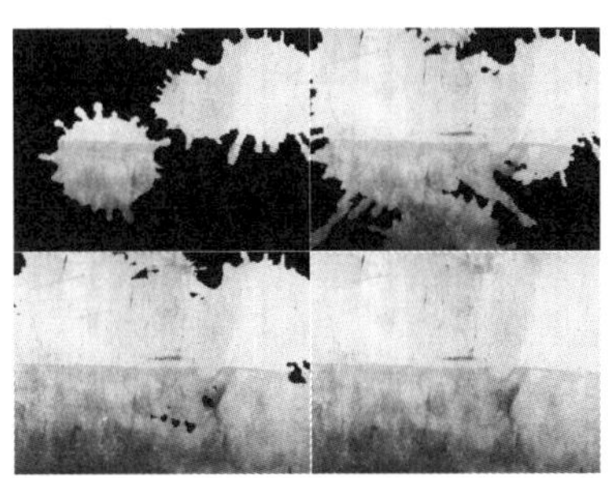

图 9.174

步骤 05 显现并选择V2轨道上的2.png素材文件，在【效果控件】面板中展开【运动】效果，设置【位置】为(288.0,275.0)，将时间拖动到00:00:01:00（1秒）的位置，单击【缩放】左侧的 按钮，开启自动关键帧，设置【缩放】为0.0，将时间线拖动到00:00:02:00（2秒）的位置，设置【缩放】为30.0，如图9.175所示。此时画面效果如图9.176所示。

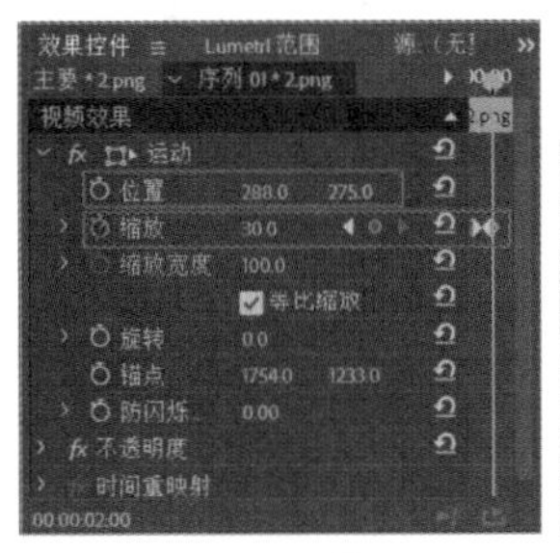

图 9.175

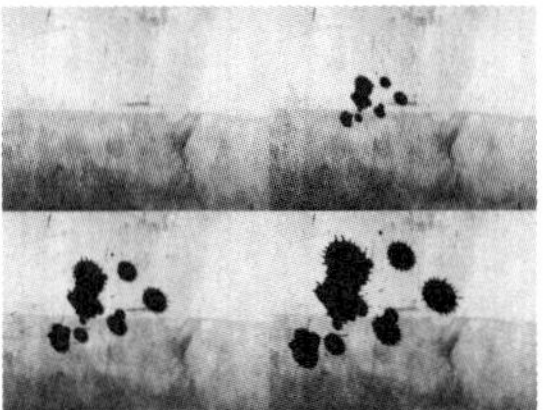

图 9.176

步骤 06 显现并选择V3轨道上的3.png素材文件，在【效果控件】面板中展开【运动】效果，设置【位置】为(571.0,288.0)，【缩放】为25.0，展开【不透明度】效果，将时间线拖动到00:00:02:00（2秒）的位置，设置【不透明度】为0.0%，此时在当前位置自动出现关键帧，将时间线拖动到00:00:03:00（3秒）的位置，设置【不透明度】为100.0%，如图9.177所示。此时画面效果如图9.178所示。

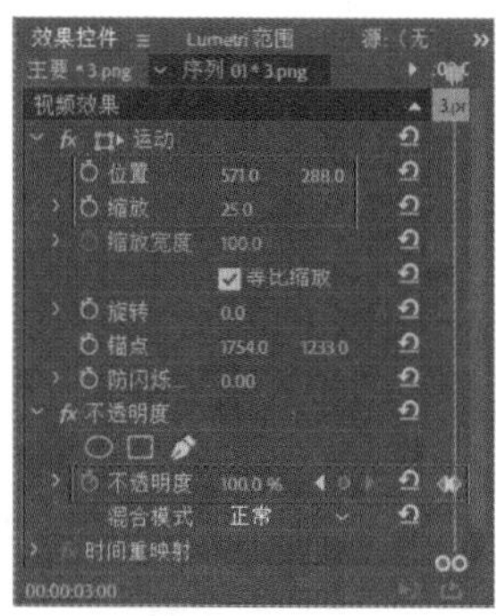

图 9.177

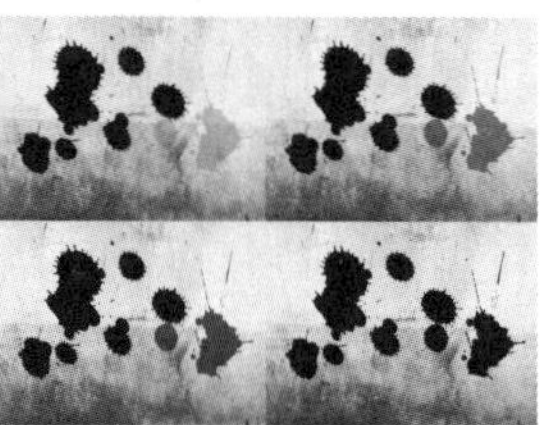

图 9.178

步骤 07 将时间线滑动至起始位置，在【工具】面板中单击（钢笔工具）按钮，在【节目监视器】面板中的合适位置单击并建立锚点，绘制一个四边形，如图9.179所示。

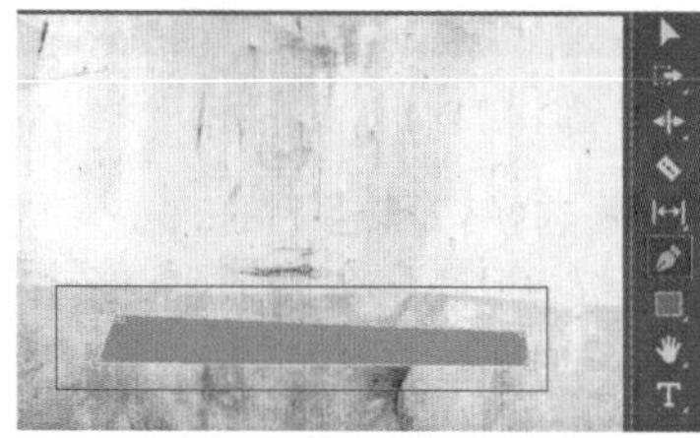

图 9.179

步骤 08 在【工具】面板中单击（选择工具）按钮，选中图形，在【效果控件】面板中展开【形状】/【外观】，设置【填充颜色】为黑色，设置【位置】为（181.6,425.3），如图9.180所示。

步骤 09 继续使用同样的方法制作另一个四边形，效果如图9.181所示。

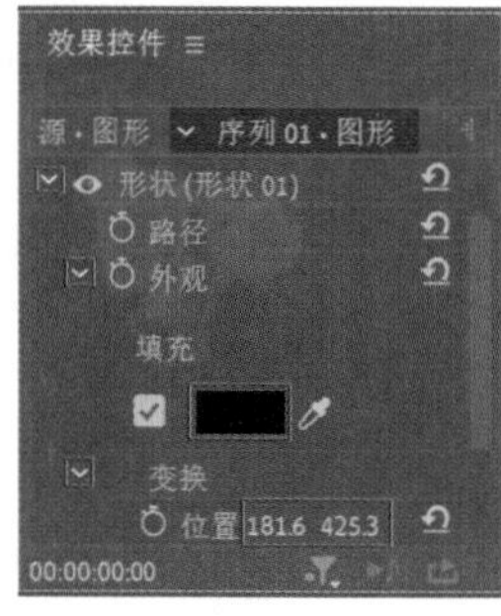

图 9.180

图 9.181

步骤 10 制作字幕部分。将时间线滑动至起始位置，在【工具】面板中单击（文字工具）按钮，接着在【节目监视器】面板中单击并输入文字，如图9.182所示。

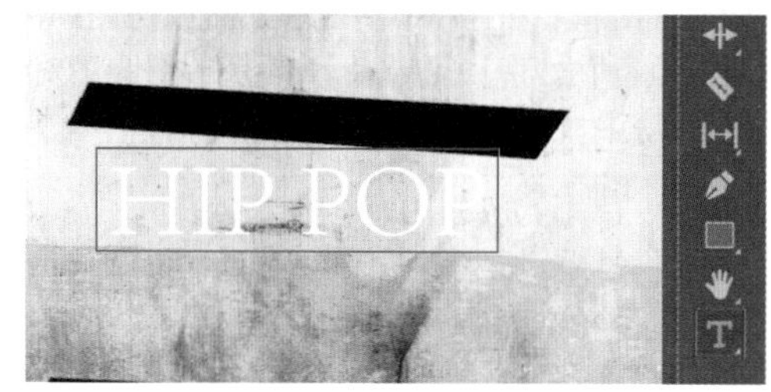

图 9.182

步骤 11 选中文字图层，在【效果控件】面板中展开【文本】/【源文本】，设置合适的【字体系列】及【字体样式】，设置【字体大小】为110，【填充颜色】为绿色，勾选【描边】，设置【描边颜色】为绿色，【描边宽度】为4.0，接着单击【描边】后方的（向此图层添加描边）按钮，设置【描边颜色】为黑色，【描边宽度】为8.0，接着展开【变换】，设置【位置】为（200.0,317.9），如图9.183所示。使用同样的方式在主体文字下方继续绘制一个四边形，如图9.184所示。

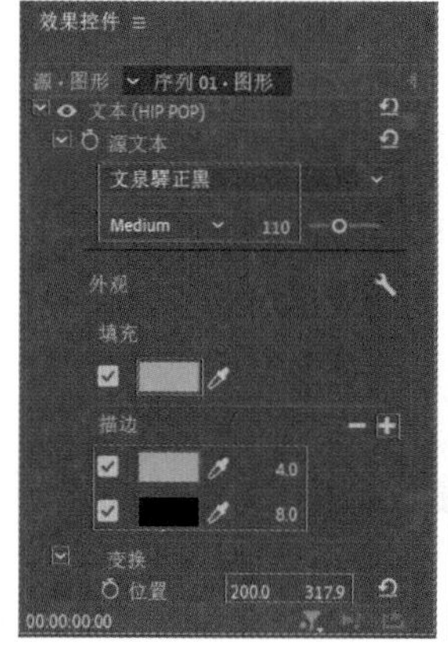

图 9.183

图 9.184

步骤 12 继续使用【文字工具】创建文字，在【效果控件】面板中展开【文本】/【源文本】，设置合适的【字体系列】及【字体样式】，设置【字体大小】为33，【颜色】为绿色，勾选【描边】复选框，设置【描边颜色】为绿色，【描边宽度】为1.0，接着单击【描边】后方的（向此图层添加描边）按钮，设置【描边颜色】为黑色，【描边宽度】为6.0，接着展开【变换】，设置【位置】为

(489.1,399.2),【旋转】为15.0°，并适当调整文字的位置，如图9.185所示。

图 9.185

步骤 13 在【时间轴】面板中调整文字图层的顺序，如图9.186所示。

图 9.186

步骤 14 继续使用同样的方法在画面中的合适位置制作其他文字，效果如图9.187所示。

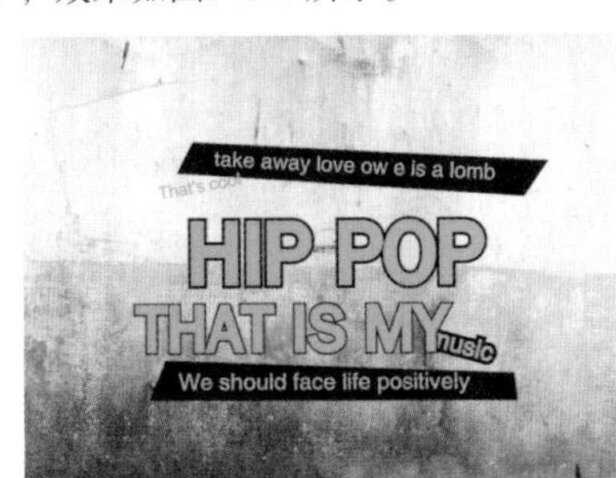

图 9.187

步骤 15 在【时间轴】面板中选中V4~V11轨道的图形和文字图层右击，在弹出的快捷菜单中执行【嵌套】命令，如图9.188所示。

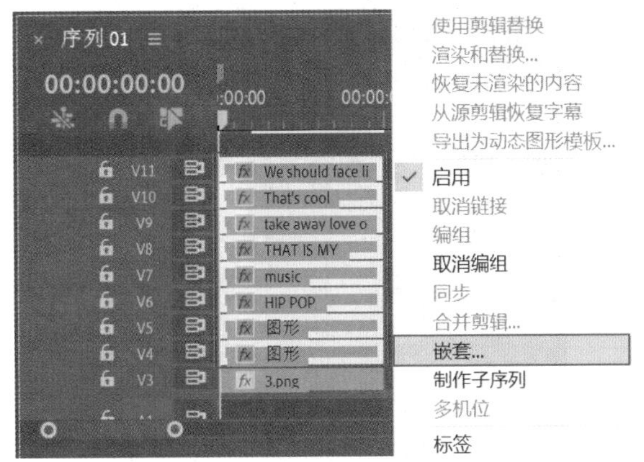

图 9.188

步骤 16 接着在弹出的【嵌套序列名称】对话框中单击【确定】按钮，如图9.189所示。

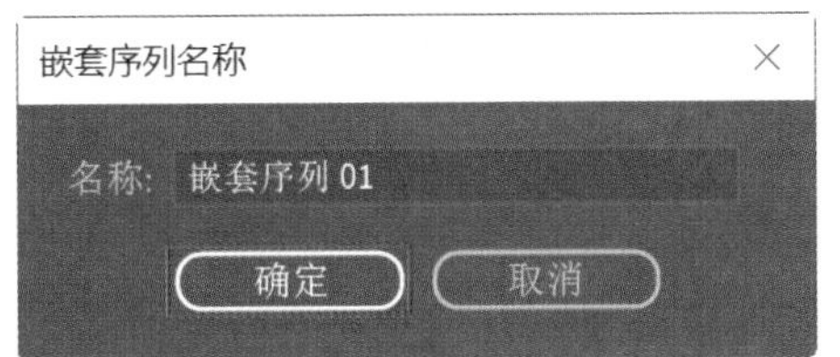

图 9.189

步骤 17 在【效果】面板的搜索框中搜索【波形变形】，按住鼠标左键将该效果拖动到V4轨道的【嵌套序列01】上，如图9.190所示。

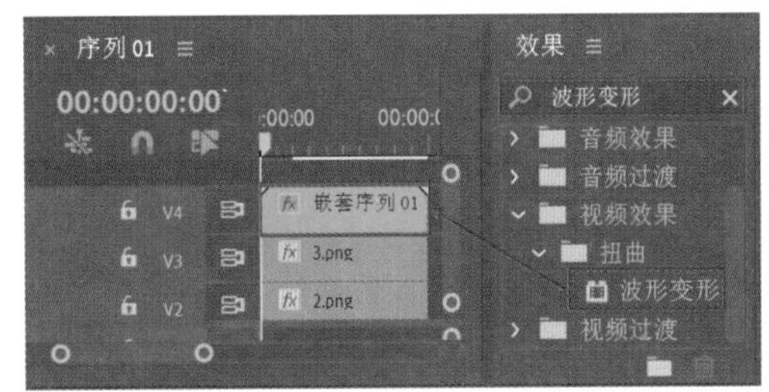

图 9.190

步骤 18 在【时间轴】面板中选择【嵌套序列01】，在【效果控件】面板中展开【运动】效果，将时间线拖动到00:00:03:00（3秒）的位置，单击【位置】左侧的按钮，开启自动关键帧，设置【位置】为(−283.0,288.0)，将时间线拖动到00:00:04:00（4秒）的位置，设置【位置】为(360.0,288.0)。展开【波形变形】效果，设置【波形高度】为3，【波形宽度】为62，【方向】为110.0°，如图9.191所示。

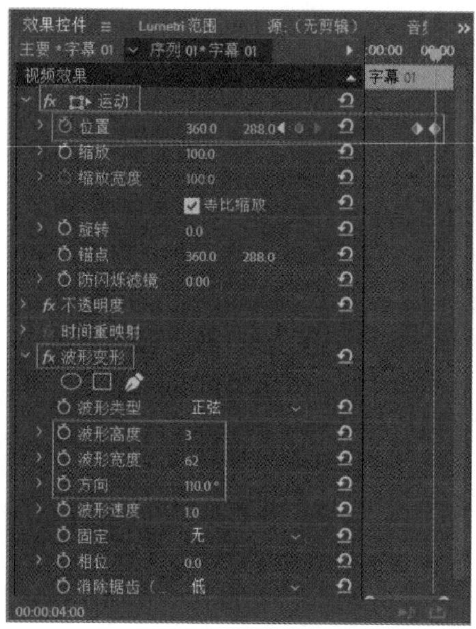

图 9.191

步骤 19 本实例制作完成，拖动时间线查看实例效果，如图 9.192 所示。

图 9.192